长江中游河床演变及模拟

夏军强　周美蓉　邓珊珊　著

科 学 出 版 社

北 京

内 容 简 介

本书以三峡工程运行后长江中游河段为主要研究对象，通过实测资料分析和数值模拟等手段，研究新水沙条件下长江中游的河床演变特点，并提出强人类活动影响下水沙输移与河床变形的数值模拟技术。本书主要研究内容：分析长江中游不同河型河段在多边界因素共同影响下的河床调整特点；提出适用于长江中游的动床阻力、水流挟沙力及非均匀悬沙恢复饱和系数计算方法；研发考虑大规模河道整治工程影响的一、二维水沙数学模型。

本书可供从事河床演变与河道治理等方面研究的专业科技人员及高等院校相关专业的师生阅读和参考。

图书在版编目(CIP)数据

长江中游河床演变及模拟 / 夏军强，周美蓉，邓珊珊著. —北京：科学出版社，2023.1

ISBN 978-7-03-072706-0

Ⅰ. ①长… Ⅱ. ①夏… ②周… ③邓… Ⅲ. ①长江中下游-河道演变-数值模拟-研究 Ⅳ. ①TV147

中国版本图书馆CIP数据核字(2022)第118250号

责任编辑：范运年 / 责任校对：王萌萌
责任印制：吴兆东 / 封面设计：赫 健

科学出版社 出版
北京东黄城根北街 16 号
邮政编码: 100717
http://www.sciencep.com
北京中科印刷有限公司 印刷
科学出版社发行 各地新华书店经销
*
2023 年 1 月第 一 版 开本：720 × 1000 1/16
2023 年 1 月第一次印刷 印张：19 1/4
字数：380 000

定价：168.00 元

(如有印装质量问题，我社负责调换)

前言

长江中游是我国重要的通航及防洪河段，但随着大型水库修建和大规模河道整治工程的实施，对该河段的干扰强度不断加大，导致长江中游河床冲淤变形十分剧烈，严重影响河势稳定及防洪安全。一些传统的适用于天然河流的河床演变学理论已无法满足实际要求，相应的演变分析方法和数值模拟技术均需要完善和改进。因此，建立描述强人类活动影响下河流非平衡演变的分析与模拟方法，有助于深化对河道整治工程作用下坝下游河床演变规律的认识。

为此我们在国家自然科学基金等项目的资助下，采用实测资料分析、力学理论分析及数学模型计算相结合的方法，开展了长江中游典型河段河床演变分析及数值模拟的研究。本书为相关研究成果的总结，包括以下三部分内容。

(1) 在水沙运动基础理论方面，提出了长江中游动床阻力的计算关系，确定了低含沙量条件下张瑞瑾水流挟沙力公式中两个关键参数的取值方法，建立了考虑床沙组成影响的非均匀悬沙恢复饱和系数的计算公式。由于动床阻力与床面形态关系密切，而床面形态又与水流条件紧密相关，所以建立了曼宁糙率系数与水流强度(弗劳德数)及相对水深(水深与床沙中值粒径之比)之间的幂函数关系，并采用长江中游实测资料进行率定和验证。张瑞瑾挟沙力公式中参数 k 和 m 取值与水沙条件相关，故建立了这两个关键参数与水沙综合条件之间的计算关系，并采用长江中游低含沙量条件下的挟沙力资料进行率定，该方法解决了以往在低含沙量条件下不易确定挟沙力公式中关键参数的难题。针对长江中游河道含沙量大幅降低和床沙组成的中细沙成分大幅减少的情况，基于 Markov 随机过程并考虑非均匀沙隐暴效应，提出了床沙补给受限条件下分组悬沙恢复饱和系数的计算公式。上述研究提高了对三峡工程运行后长江中游水沙输移特点及机理的认识。

(2) 在河床演变分析方面，研究了长江中游不同河型河段的平面形态、断面形态、过流能力变化特点及产生沿程差异的主要原因，揭示了河床形态与过流能力调整对不同边界条件变化的滞后响应规律。在平面形态方面，长江中游岸线崩退速率及洲滩变形强度均表现为沿程减弱趋势，且在荆江河段最为显著；在断面形态方面，长江中游河床冲刷逐步向下游河段发展，但越靠近大坝床沙粗化越显著，不同程度地限制了河床下切；在过流能力方面，长江中游平滩流量的调整受区间支流入汇顶托等因素的影响较大，故其与河床沿程冲刷未呈现较为一致的变化趋势。针对宜枝河段，建立了综合考虑进口水沙变化与床沙粗化影响的滞后响应模型，用于描述该卵石夹沙河段平滩水深的调整过程；针对荆江河段，建立了综合考虑进口水沙变化和出口水位变动影响的滞后响应模型，其计算结果表明荆江段平滩河槽形态调整主要受进口水沙条件控制，而平滩流量变化与河段进出口水位差变化基本同步。

(3)在数值模拟方面，建立了适用于长江中游在水库运用及河道整治工程共同影响下河床演变的数值模拟技术。针对三峡工程运用后长江中游沙量剧减、床沙粗化等显著变化，将改进的动床阻力、水流挟沙力及恢复饱和系数计算公式嵌入到数学模型中，使其能根据水沙因子自动调整参数，提高了模型的计算精度与适应能力。此外，基于长江中游实施大量河道整治工程的现状，研发了考虑大规模河道整治工程影响的一、二维水沙数学模型。对一维模型，提出了区分有无实施整治工程的河床边界条件确定方法；并基于有效水流挟沙力的概念，改进了悬沙输移及河床冲淤计算模块，用于考虑整治工程对河床冲刷的限制作用。对二维模型，进一步改进了床沙组成的平面插值方法，能更好地模拟整治工程对水沙要素横向分布、断面形态及平面形态调整的影响。

本书研究成果得到了国家自然科学基金项目(51725902、U2040215、52109098、52009095)、湖北省自然科学基金创新群体项目(2021CFA029)、博士后创新人才支持计划基金(BX2021228)等资助，在此一并表示感谢。参与本项研究的主要人员为夏军强、周美蓉、邓珊珊，另外刘鑫、李林林、孙启航、江青蓉、冯雪、姚记卓、毛禹等也参与了相关的研究工作。

由于作者经验不足，水平有限，难免出现疏漏，敬请读者批评指正。

作　者

2022年3月于武汉大学

目　　录

第一篇　研究背景及方法概述

第1章 绪 论

1.1 研究背景及意义

1.1.1 研究背景

长江是横贯我国东西的水运大动脉，素有“黄金水道”之称。三峡工程运用前，长江中游河道处于相对平衡状态，河床调整幅度较小，1975～2002年平滩河槽下的累计冲刷量仅为1.69亿m^3；而近20年来，人类对长江的利用和干预强度不断加大，三峡工程及其上游水库群的运用，不仅改变了进入长江中游河道的水沙过程，而且使中游河床发生持续冲刷。2002～2018年长江中游平滩河槽累计冲刷量达到24亿m^3(长江委水文局, 2018)，导致局部河段河势调整剧烈、堤岸坍塌、切滩撇弯、航槽移位，严重影响到航运及防洪安全(胡春宏和张双虎, 2020)。考虑到防洪安全与航槽稳定的需求，长江中游沿程修建了大量的河道整治工程(包括护滩、护底、护岸等工程)，仅在宜昌至城陵矶河段，护岸工程长度即达到300km(长江科学院, 2017)；而近年来中央更是投资44亿元在荆江河段(枝城至城陵矶)实施了大规模的河道整治工程(殷缶和梅深, 2013)，进一步影响了该河段的水沙输移及河床调整过程。

根据地理环境及水文特征，长江中游可进一步划分为宜枝(61km)、荆江(347km)、城汉(254km)及汉湖河段(295km)。

宜枝河段为典型的顺直型河段，主要为沙夹卵石河床，砾卵石所占比例自上而下递减，故近期上游床沙粗化更为显著，一定程度限制了河床冲刷下切；至于河岸组成，宜枝段岸线主要由低山丘陵组成，且受多个基岩节点控制，河道平面形态变化不大，河势也相对稳定。

荆江河段九曲连环，素有“万里长江，险在荆江”之说。2002～2018年荆江河段累计冲刷量达11.38亿m^3,河床平均冲深1.7m,最大冲深达16 m(调关弯道)。崩岸现象在荆江河段尤为普遍，据统计2002～2018年荆江段岸线累计崩退长度为124km，占总岸线长度的17.8%(夏军强等, 2021)。2004年6月向家洲段长180m、宽40m的岸线发生崩退；2005年12月青安二圣洲段出现三处“坐崩”，最大一处崩岸长度达80余米(姚仕明, 2016)。近期荆江段河床冲淤变形较为显著，不仅影响防洪安全及河势稳定，还严重威胁沿江经济社会发展和群众生命财产安全。

城汉河段以分汊河型为主，沿程分布有界牌、陆溪口等多个重点碍航河段，是长江中游防洪和航道整治的重点河段。城汉河段内广泛分布的洲滩对航道条件造成了不利影响：一方面，分汊河段枯水期水流分散，汊道进出口处容易形成碍航浅滩；另一方面，河段主流摆动、航槽易位较为频繁，导致航道的稳定性极低（孙昭华等, 2011）。三峡水库蓄水前，城汉河段总体河势基本保持稳定，仅局部河段有所调整；但蓄水后河床的普遍冲刷引起了河槽形态和洲滩格局的显著调整，河床演变趋势难以预测。

汉湖河段同样为分汊型河段，与城汉段河岸组成类似，均以亚黏土和亚砂土为主，河岸呈现出不均匀的抗冲强度，总体上抗冲性较弱。

此外，前期研究普遍认为，坝下游河床受低含沙水流冲刷而下切，会降低汛期水位从而提升河道防洪能力（Li et al., 2009; Yang et al., 2017）。然而近期的大规模洪水灾害表明，虽然三峡工程的运用削减了洪峰流量，例如三峡水库 2020 年第五号洪峰入库流量达到 75000m^3/s，经水库调蓄后下泄流量削减为 49200m^3/s，但长江中游河道本身的过流能力并未得到显著提升，故防洪压力依然存在。

1.1.2　研究意义

各种人类活动通常会对河流系统产生扰动，对河床调整的影响尤为显著，传统的适用于天然河流的河床演变学理论与方法已无法满足当前河床演变研究的实际需求。因此，亟须完善河床演变学的基础理论，发展用于描述强人类活动影响下河流非平衡演变的分析方法与模拟技术，深化对上游水库修建以及河道整治工程作用下坝下游河床演变规律的认识。强人类活动影响下河床演变分析方法与数值模拟技术是河流动力学研究的重要内容，这方面成果对拓展与丰富河床演变学的基本理论和研究手段，具有重要的科学意义。

开展强人类活动影响下的河床演变研究，不仅是学科发展的要求，也是江河治理必须解决的重要难题。一方面，采用河演分析方法研究坝下游河床调整的定量响应规律，用于预测其整体演变趋势，以确定河流开发的最大限度。另一方面，采用数值模拟进行详细的过程预测，研究变化环境条件下的水沙输移及河床变形过程，不仅有助于评估整治工程的实施效果，还能为防洪规划及河道治理提供更有力的技术支撑。

近 20 年来，上游建坝和大规模河道整治工程的实施，对长江中游河段水沙输移及河床调整产生了显著的影响。总体而言，进入中游的水量变化不大，但沙量剧减 70%～90%，坝下游河床持续冲刷。由于不同的河道特性和人类干扰程度，坝下游不同河型河段呈现出不同的演变特点，掌握强人类活动影响下长江中游河道的水沙输移及河床演变规律，不仅是当前长江中游河道系统治理与防洪体系完善的重要内容，而且也能为长江经济带发展提供坚实的水安全保障。

1.2 研究现状

1.2.1 坝下游河床演变的分析方法

冲积河流上修建大型水库后，坝下游河床演变过程不仅复杂，而且涉及范围大、历时长，不同河型河道呈现出了不同的演变特点。目前，实测资料分析法仍是河床演变研究的主要手段(许全喜，2013；唐金武等，2014；卢金友和朱勇辉，2014)，但具体应用方法仍在不断创新发展之中。一方面，实测资料趋于多源，除常规的水沙、地形资料外，遥感影像等也被逐步应用到河床演变分析中；另一方面，结合理论推导或统计分析，对实测资料的分析方法也在不断更新中。

1. 基于多元数据融合的河床调整特点研究

以往关于河床调整特点的研究主要基于实测地形资料，包括固定断面地形、长程河道地形等。通过套汇相邻年份固定断面地形，可确定断面形态的调整情况。唐金武等(2012)基于断面地形资料，统计了长江中下游不同河型、不同河岸地质的稳定坡比，探讨了深泓冲刷深度计算公式，通过计算三峡水库蓄水后两岸实际坡比，并与稳定坡比对比，进而预测两岸崩塌位置。夏军强等(2015; 2017; 2021)基于固定断面地形资料，提出了断面及河段尺度的平滩河槽特征参数计算方法，确定了长江中游平滩河槽形态的调整特点。然而，在长江中游，通常间隔2km设置一个固定断面，在弯道、汊道位置断面布置相对较密，各断面的测量点从几十到上百不等。因此，固定断面地形资料具有不连续的特点，仅能较为准确地反映断面所在位置的河床形态变化，无法体现相邻断面间局部河段的河床形态调整特点。但长程河道地形一般间隔200m(水上80～150m，水下200～250m)布设测量点，能更好地反映河道的地形和走向。许多学者常基于长程河道地形，研究河床冲淤变形情况，但长程河道地形数据测量耗时耗力，长江中游长程河道地形一般每5年测量1次，故适用于分析长时段的河床调整特点。若需研究更短时段内的河床调整情况，长程河道地形资料不能满足需求。

随着研究手段不断进步，遥感影像由于其长序列、间隔周期短、易获取、精度较高等优点，已被广泛应用于主槽摆动、洲滩调整、岸线变化和裁弯等河道平面变形的分析(Jung et al., 2010; Marcus and Fonstad, 2010; Thakur et al., 2012; Rozo et al., 2014; Rowland and Shelef, 2016; Li et al., 2017; Xie et al., 2018)。常用的遥感数据包括Landsat系列卫星获取的TM、ETM+和OLI/TIRS影像，每16天实现一次全球覆盖，影像空间分辨率为30m，基本满足河道平面变形研究的时间和空间要求。例如，Yang等(2015)基于1983～2015年遥感影像，提取了长江中游下荆江河段的主槽中心线，研究了三峡工程运行前后该河段的主槽摆动特点。Wen 等(2020)基于 1985～2018 年的枯水期遥感影像，总结了长江中下游 140 个洲滩面积的变化趋势。

长江中游河道条件复杂，存在顺直、弯曲、分汊等不同河型。尤其是上游建坝后，河床演变更趋复杂，不同河型河道呈现出不同的演变特点，既需关注长时段(十余年)的演变特点，也需关注较短时段内(年内汛期或非汛期)的具体演变情况。因此，有必要结合多源数据，更全面地分析典型河段的河床形态调整过程及特点。

2. 河床调整对边界条件响应机制的研究

考虑到上游建坝引起的再造床过程所覆盖的时间尺度往往达到数十年甚至上百年，人们关注重点在于河床演变特征量在较长时间尺度内的调整方向和粗略状态(郑珊, 2013)，故近年来基于非平衡态河流调整过程的理论与方法逐渐发展起来，包括建立河床调整对边界条件变化的响应机制，用于预测上游建坝引起的长距离、长历时的河床调整趋势(夏军强等, 2016)。这类研究主要经历了以下几个阶段。

1) 从定性规律到定量规律的研究

冲积河流由于具有可动边界及不恒定的来水来沙条件，始终处于不断调整或动态冲淤平衡状态，这就决定了研究河床演变的关键在于掌握它的变化规律，并进行定性以至定量的预报(谢鉴衡, 1997)。所谓规律，指的是事物之间内在的必然联系，决定着事物发展的必然趋向。在本书范畴，定性的规律指从性质上确定河床的演变规律；而定量的规律，指通过具体的数据来体现存在的属性，即给出河床演变规律的量化结果，包括河床调整与各影响因素之间的定量函数关系。

Lane(1955)提出，流量 Q、输沙量 Q_s、河床纵比降 J 和来沙组成(中值粒径 d_{50})是影响河道冲淤平衡的主要因素，其中，Q 和 J 的乘积代表水流能量，Q_s 和 d_{50} 的乘积代表输送泥沙所需要的能量，它们之间的关系可表达为 $QJ \propto Q_s d_{50}$。两者的相对变化将引起河床调整，式中任一变量的改变都将破坏河流的输沙平衡，河道将进行冲淤调整以重建平衡。根据该式可大致定性地判断河道可能发生的调整方向，但不能给出具体的调整大小(郑珊, 2013)。

随着本学科的进一步发展，不少学者开始探求河床演变的定量规律，其中基于平衡态河流演变理论提出的各类经验公式或河相关系成为一种重要的方式(Leopold and Maddock, 1953; Park, 1977; Lee and Julien, 2006; Navratil and Albert, 2010; Shibata and Ito, 2014)。冲积河流经过长期的水沙作用而达到相对平衡状态时，河床形态与水沙等边界条件之间存在某种定量关系，这种关系即称为河相关系(钱宁等, 1987)。由此可知，河相关系给出了河床调整与边界影响因素间的定量关系。在实际应用中，可采用平衡或准平衡态河流的大量实测资料，率定出河相关系式。根据河流在相对平衡冲淤状态下的边界条件，即可定量确定相应条件下的河床形态。

2)从准平衡态到非平衡态的研究

对于河相关系，Leopold和Maddock(1953)最早提出了这个概念，并通过分析美国西部大量处于准平衡状态的常流性河流的平滩河槽形态资料，建立了其与相应年均流量之间的幂函数关系，其河宽与水深指数的平均值分别为0.5及0.4；Park(1977)根据世界上72条河流的实测资料，给出了沿程河相关系的指数变化范围，总体上河宽指数在0.4～0.5，水深指数为0.3～0.4；Shibata和Ito(2014)利用日本七条河流368处的水文和地形数据，建立了平滩河槽宽度与不同特征流量之间的经验关系；Lee和Julien(2006)采用众多冲积河流的1485组实测数据，进行了非线性回归分析，表明平滩河槽形态不仅与造床流量有关，还受床沙中值粒径及河床纵比降影响。应当指出，这些经验关系对于受强人类活动影响而发生显著河床变形的坝下游河流而言，并不适用。

处于非平衡演变状态下的河流，河床形态调整与水沙等边界条件之间又存在怎样的定量关系？这值得深一步研究。对比准平衡与非平衡状态下的河床形态调整特点，本质的差别在于准平衡状态下的河床形态与当前的边界条件已达到相对稳定状态，故根据当前边界条件即可确定其河床形态；而非平衡状态下的河床形态不仅是当前水沙等边界条件作用的结果，更受到前期边界条件变化的影响，存在滞后响应。目前已有一些学者开展了非平衡状态下河床形态调整与水沙等边界条件之间的定量规律研究(冯普林等，2005；陈绪坚和胡春宏，2006；吴保生，2008a, b; Shin and Julien, 2010; Xia et al., 2016a, b)，主要包括三类。第一类，基于实测资料进行数学拟合得到定量关系式的经验或半经验方法。例如，Xia等(2016a,b)分析了三峡工程运用后荆江河段平滩河槽形态参数的调整特点，并建立了这些参数与前期水流冲刷强度的经验关系。第二类，利用各类极值假设来研究非平衡河床演变，认为当河流的平衡遭到破坏时，河道进行调整以使特征量朝极值发展。例如，陈绪坚等(2006)基于最小可用能耗率的原理，计算了黄河下游河道在不同水沙条件下均衡稳定的河槽断面。第三类，基于线性速率调整模式(即变率模型 $dy/dt=\beta(y_e-y)$，y 与 y_e 分别为河床形态某个特征参数及其平衡值，t 为时间，β 为系数)的河床演变滞后响应模型。例如，吴保生(2008a)基于线性速率调整模式，建立了河床演变滞后响应的基本模型，该模型考虑了前期多年水沙条件的综合影响，可用于定量描述河床特征变量随时间的响应过程。Shin和Julien(2010)假定河宽调整为线性速率变化模式，从而建立了指数函数关系来描述韩国Hwang河的河宽变化过程。

3）从考虑单边界因素到多边界因素影响的研究

上述非平衡河床演变的分析方法，多是建立河床形态调整与前期水沙条件之间的关系。然而坝下游河流的河床调整是一系列复杂过程的综合结果，其过程不仅依赖于进口水沙条件，也同样受河床边界和出口边界条件的影响(谢鉴衡, 1997; Piegay et al., 2005; Bartley et al., 2008; Xia et al., 2017)。

通常情况下，坝下游冲积河流多为沙质河床，其河床组成变化较小，且河段出口水位变动多由进口水流条件控制，其影响最终可归结为进口水沙条件的影响，故进口水沙条件对河床调整往往起到统治性的作用。因此目前大部分描述河床形态调整的经验关系，通常是建立河床调整与进口水沙条件之间的关系，如前面提到的经验或半经验公式(冯普林等, 2005; 吴保生等, 2008; Shin and Julien, 2010; Xia et al., 2016a, b)。然而，河岸及河床组成与河床冲淤变形密切相关，如冲淤过程中床沙组成变化剧烈，其影响不能忽略，目前已有一些学者对这方面进行了研究。Schumm(1968)根据美国中部 90 条河流的实测资料，发现河槽几何形态与床面及河岸组成中粉砂与黏土的含量有关，含量越大，断面愈窄深；Bray(1982)根据加拿大艾伯塔地区 70 处卵石河段的资料，建立了宽深比与两年一遇流量的幂函数关系，其中系数与河岸组成相关。此外，当研究河段的出口水位受除进口水沙外的其他因素影响且变动剧烈时，河段出口边界变化对河床调整的影响亦不能忽略。出口侵蚀基面(水位)是河道侵蚀作用的假想平面，被认为是冲积河道冲刷的下边界控制条件，基准面的变化会导致河道发生冲刷或淤积(钱宁等,1987)。吴保生等(2006)研究了三门峡库区淤积对出口坝前水位的滞后响应关系，发现潼关以下库区累积淤积量与前期 5 年线性叠加的坝前水位具有较好的相关关系；Musselman(2011)研究了由干流河道冲刷下切引起的基准面变动对支流河道河床冲淤变形的影响；Vachtman 和 Laronne(2013)研究了具有自适应性调整的河道对基准面下降的响应，并推出了考虑死海水位下降影响的河道水力几何关系式；Weatherly 和 Jakob(2014)发现，加拿大不列颠哥伦比亚省的 Lilloet 河在 1945 年至 1969 年间下游河床下切了 2m，这主要是下游 Lillooet 湖的基准面降低造成的；Xia 等(2017)的研究则表明，长江中游荆江段平滩流量大小受出口洞庭湖入汇顶托的影响，其调整与进出口水位变化差基本同步。总体而言，侵蚀基准面发生下降或上升，冲积河流河道会相应发生冲刷、淤积等响应(Bowman et al., 2010; Musselman, 2011)。

应当指出：上述研究只考虑了单边界因素变化对河床调整的影响，但在河流演变过程中，外部边界条件往往同时发生改变，共同影响河床的冲淤变形。目前关于这方面的研究很少，如 Makaske 等(2012)提出，巴西潘塔纳尔盆地的下部扇形洲滩切滩是上游和下游边界条件共同作用的结果，下游边界条件即为变动的侵蚀基面。Wilkerson 和 Parker(2011)同时考虑了水沙条件变化和床沙组成对河床形态调整的影响，并建立了相应的关系式。但该关系式十分复杂，实际应用较为困难。

1.2.2 坝下游河道水沙输移和河床变形的数值模拟方法

河流数值模拟，即通过建立水流、泥沙运动和河床变形的基本数学方程，在给定的边界和初始条件下，采用离散化的数值计算方法，求得河道水流要素和河床冲淤变形的研究方法。然而，当前大型水库和大规模河道整治工程对河床调整的影响十分显著。一方面，上游水库修建后含沙量急剧减少，在河流模型中一些关键参数的计算方法已不适应或需进一步改进。另一方面，大规模河道整治工程的实施显著改变了河床边界条件，使水沙输移及河床变形过程相应发生变化。因此，亟须发展适用于描述强人类活动影响下河流非平衡演变的数值模拟技术，深化对上游水库以及河道整治工程共同作用下的河床演变过程的认识。

1. 河流数学模型中关键参数的确定

三峡及其上游水库群运用后，长江中游河道处于持续冲刷状态，水流含沙量剧减，河床冲淤变形显著。在河流数学模型中，关键参数(如动床阻力、水流挟沙力、恢复饱和系数等)的计算直接影响着水沙输移及河床变形模拟精度。在当前的水沙条件下，这些关键参数的计算方法需进一步改进。

1) 动床阻力计算

准确预测动床阻力对水动力学模拟非常重要，同时也是河流动力学领域的科学难题。尤其是上游建坝后，坝下游河床持续冲刷，动床阻力的变化较为显著。已有研究表明，阻力系数随着床面形态的变化而变化，而床面形态调整与水沙条件及河床边界条件密切相关。总体上，影响动床阻力大小的主要因子包括水动力参数、沙波形态参数、河床组成及地形四类，各类因子不同程度地影响阻力计算且相互之间并不独立。因此，动床阻力计算的难点在于影响因素非常多且互相之间的联系尚不清楚。

目前，已有动床阻力计算公式主要分为阻力分割法和综合阻力法两种类型。阻力分割法基于水力半径或能坡分割理论，将动床阻力分为沙粒阻力和沙波阻力两部分(Einstein and Barbarossa, 1952; Engelund, 1966; Yang, 2005; Niazkar et al., 2019a; Saghebian et al., 2020)。天然河流床面形态观测难度较大，沙波形态及其运动与水沙条件之间的定量关系尚不清楚，因此这种方法的难点在于需要收集大量天然河流床面形态资料，并提出精度可靠的沙波阻力计算方法。综合阻力法不区分沙粒阻力和沙波阻力，直接讨论总阻力的变化特性，可通过建立阻力系数与水沙因子及床面形态参数之间的关系，推求阻力计算公式(李昌华和刘建民, 1963; Wu and Wang, 1999; Yu and Lim, 2003; Kumar, 2011; Andharia et al., 2013)。虽然已有研究表明，在大流量情况下曼宁公式计算的阻力系数偏小，但大部分学者在模型计算中仍然采用曼宁公式(Ferguson, 2010; Bricker et al., 2015; Song et al., 2017; Niazkar et al., 2019b)。已有动床阻力公式尚未应用到实际模型计算中，主要原因包括三个方面：①公式中包含比降，但天然河流中比降很难精确观测(Peterson and Peterson, 1988; Andharia et al., 2013)；②公式率定仅采用水槽试验资料，但水槽试验中水深太小且弗劳德数过大，导致这类公式不适用于天然河流(Karim, 1995; Ferro and Porto, 2018)；③公式需要迭代求解，增大了计算的不确定性(黄才安等, 2004; Niazkar et al., 2019c)。此外，已有关于动床阻力的研究，主要关注其影响因素或计算方法，较少关注上游建坝后下游河道阻力系数的时空变化规律。

对于长江中游河道，三峡工程运用后动床阻力变化特点及其计算方法受到广泛关注。一方面，三峡工程运用后，长江中游动床阻力有明显增大的趋势，影响河道行洪，因此有必要定量研究三峡工程运用后动床阻力的时空变化规律。另一方面，目前长江中游水沙模型仍然沿用已有的调试法确定阻力系数，过程繁琐且对沿程水文资料要求高，因此有必要提出结构简单、精度较高且可以直接嵌入水沙模型的动床阻力公式。

2) 水流挟沙力计算

水流挟沙力通常指在一定的水流及边界条件下，能够通过河段下泄的最大含沙量(钱宁, 1987)，应该包括推移质及悬移质在内的全部沙量。但在大型冲积河流上，泥沙输移一般以悬移质为主，故水流挟沙力研究也多针对悬移质。迄今为止，已有众多学者对水流挟沙力公式进行了深入的研究，文献中至少有 100 个已发表的公式(Yalin, 1963; Engelund and Hansen, 1967; Yang, 1973; Wu et al., 2008; Liu et al., 2010; Tan et al., 2018)。这些公式主要基于物理原理(质量守恒和能量守恒)、量纲分析和实验室/现场测量数据建立(Tan et al., 2018)。准确估算水流挟沙力是水沙输移及河床变形模拟的关键(Ahmandi et al., 2006; Hessel and Jetten, 2007; Zhan et al., 2020)。但近年来，全球 40%的主要河流泥沙通量发生了显著变化(Hu, 2020; Li et al., 2020)，亚洲河流的含沙量下降趋势极为明显(Habersack et al., 2016)，有必要研究低含沙量下的水流挟沙力计算。

在各类水流挟沙力公式中，通常都存在需要提前率定的关键参数。目前确定各类挟沙力公式中参数的方法主要包括两类：一是通过不断调试系数和指数，使计算的含沙量过程与实测值能较好地符合(Zhou et al., 2009; Yuan et al., 2012)；二是通过大量实测挟沙力资料，直接率定出公式中的参数。例如，Engelund 和 Hansen(1967)提出的水流挟沙力公式是基于实验室测得的 116 组数据率定得到的；Ackers 和 White(1973)建立的公式则采用了 925 组实验数据进行参数率定；杨志达公式(1973)中的系数也是采用实验测量的悬移床沙质数据确定的(Yang et al., 1996)。在这些公式中，部分公式用来确定推移质的输移能力(Yalin, 1963)；部分是针对悬移床沙质的水流挟沙力，还有一部分则是针对床沙质的水流挟沙力(推移质和悬移床沙质之和)(Engelund and Hansen, 1967; Yang, 1973; Yang et al., 1996)或分别针对推移质和悬移床沙质(Bagnold, 1966; van Rijn, 1984a, b)。因此，针对不同水流挟沙力公式，需采用不同类型的含沙量数据来率定。

三峡工程运用后，进入长江中游的悬沙质含沙量急剧减小，从蓄水前的1.0kg/m^{3}减小到蓄水后的0.1kg/m^3。故有必要研究低含沙量条件下的水流挟沙力公式，以适用于近期长江中游悬沙输移过程计算。

3)恢复饱和系数计算

在计算悬移质不平衡输沙时，恢复饱和系数是泥沙数学模型中的重要参数，其取值的合理性直接影响数学模型预测结果的准确性(Yang and Marsooli, 2010; Ahn and Yang, 2015)。因此，众多学者针对泥沙恢复饱和系数开展了大量的理论研究及实测资料分析(窦国仁, 1963; 韩其为和何明民, 1997; 王新宏等, 2003; 韩其为和陈绪坚, 2008; 葛华等, 2011)。

基于泥沙连续方程和河床变形方程，窦国仁等(1963)将恢复饱和系数解释为泥沙沉降概率，其计算结果恒小于1；韩其为(1979)假定不平衡输沙和平衡输沙的河底含沙量梯度相同，对二维扩散方程积分后得出恢复饱和系数为河床近底含沙量与垂线平均含沙量的比值，但其计算值大于1，并建议在淤积时取0.25，冲刷时取1。为了使数模计算结果与实际情况更加接近，部分学者对非均匀沙恢复饱和系数进行研究，从不同角度提出了恢复饱和系数的经验或半经验半理论公式(张应龙, 1981; 韦直林, 1997; 史传文和罗全胜, 2003; 杨晋营, 2005; 韩其为和陈绪坚, 2008; 李侃禹, 2018)。王新宏等(2003)采用概率统计方法指出分组沙的恢复饱和系数与该粒径组泥沙的沉速成反比，提出了半经验半理论的分组沙恢复饱和系数计算公式；韦直林等(1997)认为恢复饱和系数只能通过实测数据来率定，提出了分组沙恢复系数与其沉速成反比的经验关系。韩其为等(韩其为和何明民, 1997; 韩其为和陈绪坚, 2008)根据泥沙运动统计理论，建立了不平衡输沙的边界条件方程，并得到恢复饱和系数的理论表达式；在此基础上，基于河床变形方程，提出了底部恢复饱和系数的概念；但在实际应用时，该公式首先需要主观确定与河床冲淤状态有关的非饱和调整系数，对计算结果影响较大。

综上所述，韩其为等提出的公式理论性较强，但个别参数需要人为确定；而韦直林提出的公式一般只适用于高含沙水流，在适用范围上具有一定局限性。此外，上述计算方法均没有考虑床沙组成对悬沙恢复过程的影响，而荆江局部河段近期床沙粗化严重，床沙组成变化对悬沙沿程恢复的影响不可忽略。因此，开展床沙补给受限条件下恢复饱和系数计算方法的研究，具有重要意义。

2. 河道整治工程作用下的水沙输移及河床变形的数值模拟方法

除受上游建坝的影响外，长江中游还实施了大规模河道整治工程，影响河床变形过程。与研究坝下游河道长距离、长历时的河床调整不同，小规模河道整治工程的主要影响范围在工程周围，故人们更为关注局部位置或较短时段内的河床变形情况。针对这类三维性较强的问题，可通过物理模型试验进行观测，该方法可行性较高且被广泛应用，多用于研究丁坝布置、桥墩冲刷这些工程问题(周银军等, 2010; 孙东坡等, 2012)。目前考虑河道整治工程影响的数学模型较少，且多研究工程附近的局部河床调整。但在实施了大规模河道整治工程的河段，有必要研究工程对水沙输移及河床调整的整体影响。

1) 工程附近的河床变形模拟

目前相关数学模型多是模拟某一特定整治工程引起的局部水流结构变化、泥沙运动及河床冲淤等(Asaro et al., 2000; Giri et al., 2004; 潘军峰等, 2005; Minor et al., 2007; 冯民权等, 2009; 闫军等, 2012; Nakagawa et al., 2013)。这类模型基本为二维或三维，一部分仅考虑工程对水流结构的影响，另一部分进一步考虑了泥沙运动及河床变形。例如，Giri 等(2004)采用二维模型模拟了布设有丁坝的弯道水槽中的水流运动特性，包括湍流场和涡量场；冯民权等(2009)采用平面与立面二维模型，计算了导流板周围的流速场，比较导流板不同布置方式和尺寸对流速的影响；潘军峰等(2005)建立了边界拟合曲线坐标下的二维数学模型，计算了单个丁坝与丁坝群产生的流速场与涡量场，比较了不同布置方式对局部冲刷坑范围的影响；闫军等(2012)通过二维模型计算了两种护滩工程作用下江心滩的变形过程，发现两者均可实现对心滩头部的守护，但所引起的河床局部冲淤特性上存在差异；Minor 等(2007)则采用三维模型，模拟了弯道丁坝群附近的紊流结构及泥沙运动过程。

以丁坝研究为例，现有相关的数学模型主要关注两类问题：工程附近的水流结构与局部冲刷。对于工程附近水流结构的研究，多采用引入湍流模型闭合雷诺方程组的方法及大涡模拟技术来计算湍流场，以此研究丁坝附近的绕流问题(潘军峰等, 2005; Minor et al., 2007; 冯民权等, 2009)。对于工程附近的河床冲刷，目前，不少学者采用基于模型试验数据提出的经验或半经验局部冲刷公式进行计算，如马卡维也夫公式、阿尔图宁公式，Siow-Yong Lim 和 Yee-Meng Chiew 公式等《堤防工程设计规范》(GB 50286—2013)；也有部分学者采用三维数学模型直接计算河床变形过程(Minor et al., 2007; 崔占峰等, 2008; 张新周等, 2012)。

2) 局部河段的河床变形模拟

在一些情况下，研究大尺度的河道整治工程对水沙输移及河床调整的整体影响是十分必要的，特别是在修建了大量工程的重点防洪河段。与工程附近的局部模拟不同，这类模型不仅考虑整治工程对其附近河床变形的影响，还考虑了工程实施对下游河道的影响。钟德钰等(2009)采用“局部动网格技术”追踪河槽的变化，在处理河道整治工程时，令工程所在单元标记点的移动速度为 0，由此将工程所在区域处理成固定边界，并将该模型应用到了黄河下游柳园口-夹河滩河段；张为等(2010)在二维水沙动力学模型中通过网格划分考虑工程局部情况，并采用概化处理方法来反映工程对河道调整的影响，包括增大工程附近网格的满名糙率系数以反映工程的阻水作用，最后采用该模型计算了长江中游荆江段马家咀水道在实施航道整治工程后的河床调整过程；李肖男等(2017)采用三维水沙数学模型，对黄河下游花园口至艾山河段的一道防线方案和包括生产堤的两道防线方案进行了模拟，结果表明，两道防线方案可提高河道的输沙能力，减少河道淤积，并可有效地减缓滩区大规模的淹没，模型对生产堤的处理主要采用如下方式，非过流部位的计算采用固壁边界条件处理；过流部位则概化为溢流堰。上述数学模型多将整治工程处理为固定边界，不发生冲淤变形。而目前大规模实施的河道整治工程主要包括护岸、护滩(底)等，这类工程对河床展宽及床面下切起到限制作用。虽然实施这类工程的区域不能发生进一步冲刷，但允许发生淤积，且因水流无法冲刷工程防护区域，从而可能加剧冲刷其他未防护位置或影响下游河段的河床冲淤强度(余文畴和卢金友, 2008)。常规的河流水沙数学模型大多忽略了这些影响，故需进一步建立考虑大规模河道整治工程(护岸及护滩(底)工程)影响的数学模型。

1.3　本书主要内容

本书针对近期长江中游受人类活动干扰严重的现象，分析了坝下游不同河型河段在多边界因素共同影响下的河床调整过程及特点；并通过改进水沙数学模型中关键参数的计算方法及在模型中考虑河道整治工程影响，建立了适用于长江中游的水沙数学模型。具体内容分为三篇。

第一篇　研究背景及方法概述

第1章　介绍研究背景及意义，并从强人类活动影响下坝下游非平衡河床演变分析及数值模拟两个方面，阐述现有研究取得的进展及存在的不足，并介绍本书的主要研究内容。

第2章　河床演变的研究方法。介绍本书主要采用的实测资料分析法，包括两种非平衡态河床演变分析方法——基于经验回归的滞后响应模型和基于线性速率调整模式的滞后响应模型。另外介绍本书采用的一维及二维数学模型以及模型中关键问题的处理方法。

第二篇　长江中游河床演变分析

第 3 章　长江中游水沙过程及冲淤特性。本章分别介绍宜枝、荆江、城汉三个河段在河型、床面及河岸组成、水沙特性、河床冲淤等方面的基本特点。

第 4 章　长江中游顺直型河段河床调整过程及特点。宜枝河段总体为宽谷型顺直微弯河段。本章分析宜枝河段平面形态、断面形态及过流能力的调整特点。宜枝河段平面变形较不显著，故主要研究其断面形态及过流能力调整特点。首先采用河段尺度的平滩河槽特征参数计算方法，计算河段尺寸的河槽特征参数(包括平滩河槽形态参数及平滩流量)；然后研究建坝后宜枝河段各边界条件(进口水沙、床沙组成、出口水位)的变化对平滩河槽特征参数调整的影响；并构建基于经验回归的滞后响应模型，用于预测河床形态及过流能力随各边界条件变化的调整趋势。

第 5 章　长江中游弯曲型河段河床调整过程及特点。荆江河段是典型的弯曲河段。本章从平面形态、断面形态及过流能力变化三个方面，定量分析新水沙条件下荆江河段的河床调整特点。在平面形态方面，主要侧重研究岸线变化。在断面形态及过流能力调整方面，首先计算了河段尺度的河槽特征参数(包括平滩河槽形态参数及平滩流量)，然后采用基于经验回归的滞后响应模型，综合分析各类边界条件变化对河床形态及过流能力调整的影响。

第 6 章　长江中游分汊型河段河床调整过程及特点。城汉河段以分汊河型为主。本章系统分析三峡工程运行后城汉河段平面及断面形态的调整特点；并定量研究该河段过流能力的变化过程及其主要影响因素。

第 7 章　长江中游河床演变的沿程差异及发展趋势。首先分析长江中游不同河段河床冲淤、平面形态、断面形态及过流能力的沿程变化情况，并探讨产生沿程差异的主要原因。此外，分别采用基于经验回归和基于线性速率调整模式的滞后响应模型，分析沿程不同河段河床调整的滞后响应差异。

第三篇　长江中游水沙运动及河床演变数值模拟

第 8 章　长江中游河道动床阻力计算。本章收集长江中游枝城、沙市、监利、螺山和汉口五个水文站 2001～2017 年的实测数据，首先计算并分析长江中游动床阻力变化特点及其主要影响因素，进而建立基于水流强度与相对水深的动床阻力计算公式，最后将其嵌入到一维水沙数学模型中，对比不同动床阻力计算方法对水流模拟结果的影响。

第 9 章　长江中游河道水流挟沙力计算。本章选取长江中游相对冲淤平衡状态下的水流含沙量资料，将其近似等于水流挟沙力；然后点绘水流挟沙力和水沙综合参数的关系，从而确定低含沙量条件下张瑞瑾水流挟沙力公式中参数 k 和 m 的计算关系；最后将改进后的水流挟沙力公式嵌入到一维水沙动力学模型中，对比不同的挟沙力公式参数确定方法对悬沙输移模拟结果的影响。

第 10 章　长江中游河道非均匀悬沙恢复饱和系数计算。本章分析荆江段不同粒径组悬移质输沙量随时间及沿程的输移特点；然后基于非均匀沙隐暴效应及 Markov 随机过程，提出了非均匀沙运动的三态转移概率矩阵计算方法；结合悬移质扩散理论，提出床沙补给受限条件下分组悬沙恢复饱和系数计算方法；最后将提出的恢复饱和系数计算模式应用到一维水沙模型，对比恢复饱和系数的不同计算方法对悬沙恢复过程模拟结果的影响。

第 11 章　考虑整治工程影响的长江中游河道冲淤变形模拟。对于一维模型，首先提出考虑整治工程影响的河床边界条件确定方法，并改进一维水沙动力学模型中的输沙及河床冲淤变形模块，以考虑整治工程对河床冲刷的限制作用；然后开展模型率定和验证工作，定量地比较有或未考虑整治工程影响时模拟得到的荆江段水沙输移和河床冲淤变形过程。对于二维模型，基于相同原则将河床进行区域划分及分层，着重研究河道整治工程对荆江典型段河床演变特征变量的横向分布及平面形态调整情况。

第2章　河床演变的研究方法

在冲积河流上修建水库，水沙条件的急剧变化将引起坝下游河流的再造床过程，包括河床冲刷、床沙粗化、横断面及纵剖面形态调整、崩岸及河型转化等。河床演变过程的影响因素错综复杂，实践中通常用实测资料分析、物理模型试验或数值模拟等多种手段来分析。其中，实测资料分析方法主要是通过分析水沙、地形及遥感影像等资料，研究河道的水沙输移及河床变形过程；而数值模拟则是通过建立水流、泥沙运动和河床变形的基本数学方程，采用离散化的数值计算方法，对河床变形进行计算。本章着重介绍了两种基于实测资料的非平衡态河床演变分析方法，包括基于经验回归的滞后响应模型和基于线性速率调整模式的滞后响应模型，并介绍了本书采用的一维及二维水沙数学模型以及关键问题处理方法。

2.1　实测资料分析方法

2.1.1　水沙资料分析

常见的实测水沙资料，通常包括流量、水位、流速(断面平均、垂线平均、三维流场)、含沙量(断面平均、垂线平均)、输沙率等。下面主要介绍水沙关系及水沙变化趋势的主要分析方法。

1. 水沙关系分析

常见的水沙关系包括水位—流量关系、输沙率—流量关系等。主要是通过建立经验关系式，简单直观地描述出不同水沙变量之间的定量函数关系，在实测资料分析过程中被广泛应用。例如，图 2.1(a)点绘了长江中游沙市站的水位—流量曲线，两者呈很好的幂函数关系，该关系可用于预测某一断面水位随流量的变化趋势；比较不同年份的水位—流量关系，还可反映出河槽过流能力的变化情况，若关系曲线抬高，则相同流量下水位升高，河道过流能力减弱。图 2.1(b)则拟合了长江中游沙市站的输沙率—流量关线曲线，结果表明，月均输沙率与流量之间同样存在幂函数关系 $Q_s=aQ^b$，且指数 b 约为 2.0。而相对平衡状态下的输沙率—流量关系，可反映不同流量下水流的输沙能力。

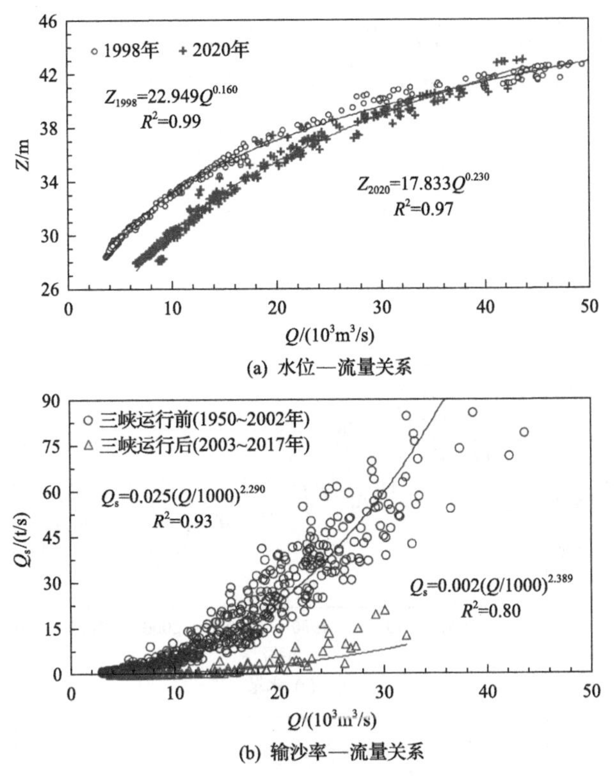

图 2.1　沙市水文站的水沙关系分析

2. 水沙变化趋势分析

Mann-Kendall (M-K) 检验方法是世界气象组织推荐的用于时间序列趋势分析的非参数检验方法，其优点是不需要样本遵从一定的分布，也不受少数异常值的干扰。当前 M-K 检验法常用于分析水量沙量的年际变化，包括趋势检验和突变检验两大类。首先介绍 M-K 趋势检验法：给定一个需要分析的数据序列 $X=\{x_1,\cdots,x_i,\cdots,x_n\}$，其趋势可由下式计算：

$$S=\sum_{i=1}^{n-1}\sum_{j=i+1}^{n}\text{sig}(x_j-x_i),\quad \text{sig}(x_j-x_i)=\begin{cases}1, & x_j-x_i>0\\0, & x_j-x_i=0\\-1, & x_j-x_i<0\end{cases}\tag{2.1}$$

假定 X 是独立的，则 S 近似地服从正态分布，统计检验值 Z：

$$Z=\begin{cases}(S-1)/\sqrt{\text{Var}(S)}, & S>0\\0, & S=0\\(S+1)/\sqrt{\text{Var}(S)}, & S<0\end{cases}\tag{2.2}$$

式中，Var(*S*)为 *S* 的方差，若 $Z>0$ 为上升趋势，$Z<0$ 为下降趋势。在趋势检验中，给定显著性水平 α，查标准正态分布分位数表得到 $U_{1-\alpha/2}$，$U_{1-\alpha/2}$ 是概率超过 $1-\alpha/2$ 时标准正态分布的值。若 $|Z| \geqslant U_{1-\alpha/2}$，表明该数据序列通过了 α 显著性检验，且显著水平 α 越小，数据序列变化趋势越显著。经计算，长江中游宜昌站水量和沙量自 1950 年以后均呈显著性减少趋势，且 $|Z| \geqslant 2.58$，通过了 1%显著性检验(图 2.2)。

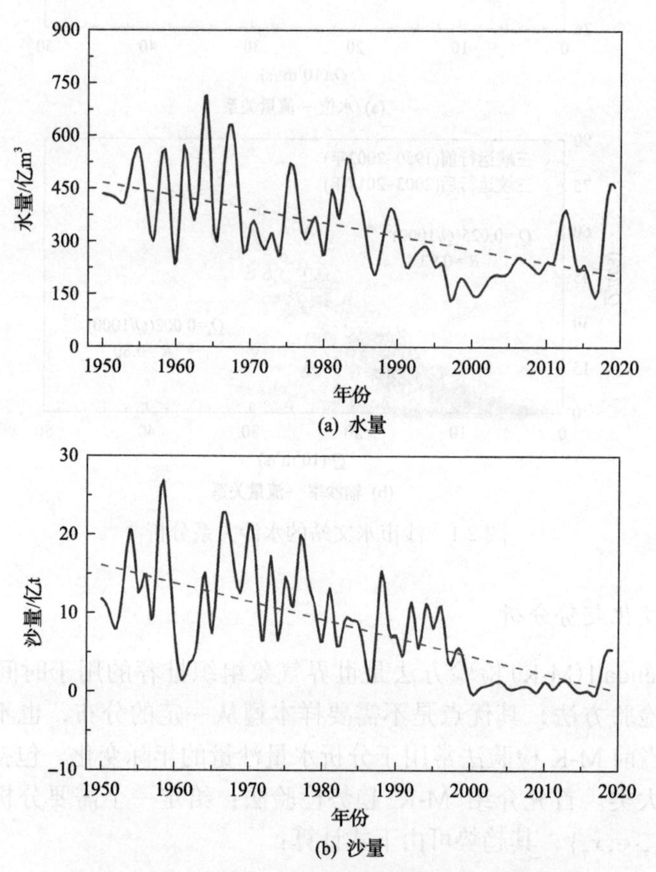

图 2.2　长江中游宜昌站水量和沙量变化趋势检验

M-K 突变检验的计算方法如下：对需要分析的数据序列 $X=\{x_1,\cdots,x_i,\cdots,x_n\}$，构造一个秩序列 S_k，表示第 i 时刻数值大于 j 时刻数值个数的累计数：

$$S_k=\sum_{i=1}^{k} r_i, \qquad k=1,2,3,\cdots,n \tag{2.3}$$

式中，$r_i=\begin{cases}1, & x_i>x_j \\ 0, & x_i \leqslant x_j\end{cases}$，$j=1,2,3,\cdots,i$。

在时间序列为随机的假设下，定义统计量 UF_k：

$$UF_k = \frac{[S_k - E(S_k)]}{\sqrt{Var(S_k)}}, \qquad k = 1, 2, \cdots, n \tag{2.4}$$

式中，$UF_1=0$；$E(S)$和 $Var(S_k)$分别为 S_k的均值和方差。再按时间序列 X 的逆序，重复上述过程，同时使 $UB_k=-UF_k(k=n,n-1,\cdots,1)$，$UB_1=0$，$UB_k$为按时间序列 X 的逆序计算出的统计量序列。若 UB_k和 UF_k两条曲线出现交点，且交点在临界线之间，那么交点对应的时刻便是突变时刻。若 UF_k值大于 0，则表明数据序列呈上升趋势，小于 0 则表明呈下降趋势。当其超过临界直线时，表明上升或下降趋势显著。经突变检验，宜昌站水量基本呈下降趋势，沙量开始呈减小趋势的年份为 1993 年，而水量和沙量突破显著水平临界线的年份分别为 2003 和 2002 年(图 2.3)。

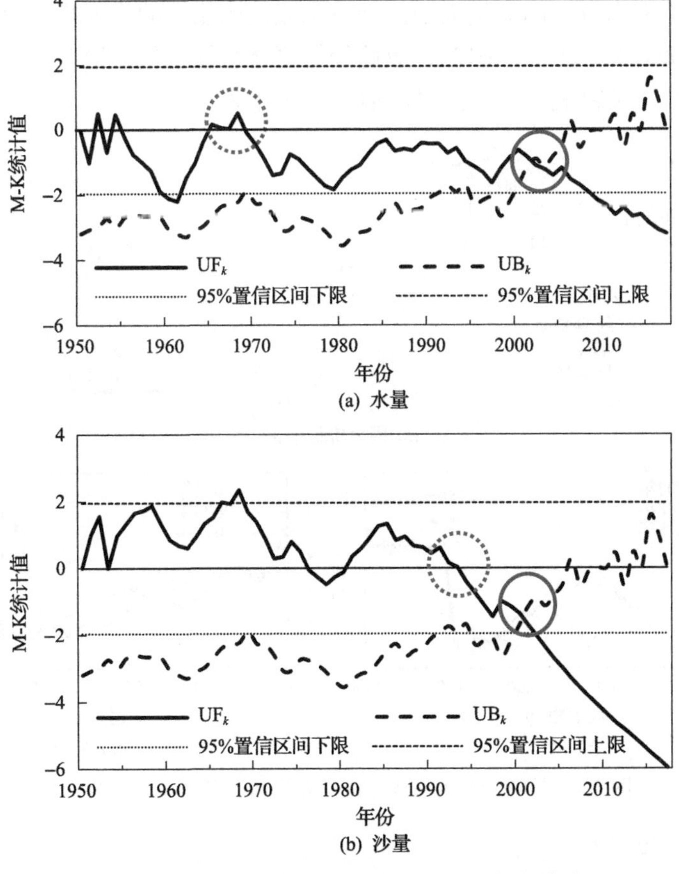

图 2.3　长江中游宜昌站的水量和沙量突变检验

2.1.2　地形资料分析

1. 断面地形资料分析

固定断面地形数据，包括测点距(距左岸起点)及高程系列，布设断面基本垂直于主流方向。在长江中游，通常间隔2km设置一个固定断面，在弯道、汊道位置断面布置相对较密，各断面上的测量点从几十到上百不等。如图2.4(a)所示，长江中游荆江段长约347km，共布设173个固定断面。通过套汇相邻年份固定断面地形，即可确定断面形态的调整情况。图2.4(b)和(c)分别给出了三峡工程运行后荆江河段荆34和荆98断面形态的变化过程。2002～2018年间荆34断面右岸岸坡逐年崩退，累计崩宽达150m；荆98断面右岸累计崩退距离达328m，故断面形态调整十分剧烈。由于目前研究常采用平滩河槽形态的变化来描述横断面形态的调整，而平滩水位下的流量大小是衡量水流造床能力的重要指标(Julien, 2002; 夏军强等, 2009; Wu et al., 2012)，故此处简要介绍基于断面地形资料的平滩河槽形态参数、平滩及警戒流量、深泓摆动参数的计算方法。

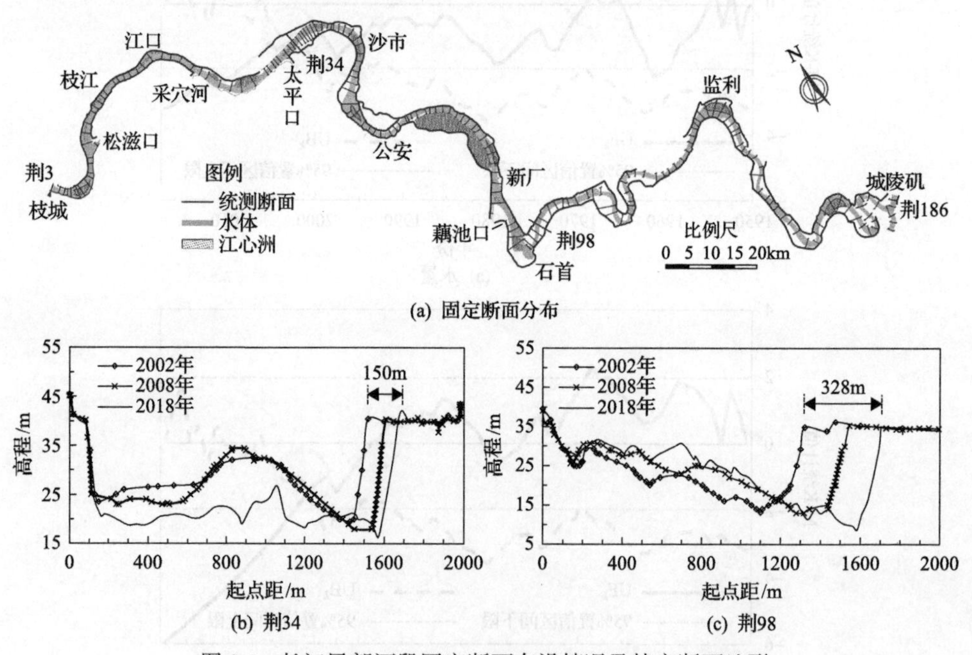

图2.4　长江局部河段固定断面布设情况及特定断面地形

1) 平滩河槽形态参数计算

平滩河槽形态参数包括平滩河宽、水深及面积。确定平滩河槽形态参数，关键要确定平滩高程。平滩高程的确定，需通过套绘相邻年份各固定断面地形来实现，具体原则如下(吴保生, 2008b; Xia et al., 2014)：①当主槽滩唇明显时，以两岸滩唇较低者为平滩高程。长江中游河道断面形态多呈“V”或“U”型，如荆 122 断面为典型的“V”型断面，以两岸滩唇较低者(右侧)为平滩高程(图 2.5(a))；部分断面由于江心洲的存在呈现非对称的“W”型，如荆 18 断面则以左、右河槽两岸滩唇较低者为平滩高程(图 2.5(b))；②当主槽滩唇不明显时，则尽量使滩唇高度自上游而下呈递减趋势且相邻测次不发生大的变动。

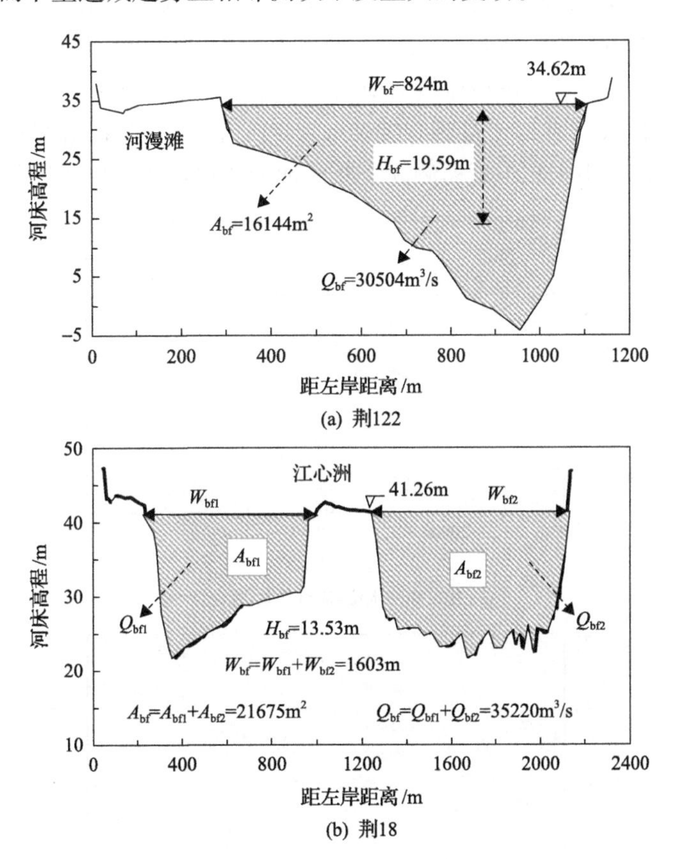

图 2.5　长江中游典型断面平滩特征参数的确定

图中，Q_{bf} 为平滩流量，由此可确定各断面的平滩高程，两岸滩唇的间距为平滩河宽(W_{bf})，若为双河槽断面，平滩河宽则为两槽的河宽之和；平滩水位与河床围成的面积为平滩面积(A_{bf})；而平滩水深则为面积与河宽的比值(H_{bf})。通过分析平滩河槽形态的时空变化规律，可较好地掌握河床调整过程。

2) 平滩及警戒流量计算

平滩流量指断面某一水位与河漫滩齐平时通过该断面的流量(Wolman and Leopold, 1957; Williams, 1978; 夏军强等, 2009)，而警戒流量为防洪控制站在警戒水位下的过流流量，一般可采用实测水位-流量关系或一维水动力学模型计算来确定。首先根据研究河段实测的水沙数据及固定断面地形资料，通过一维数学模型率定出各断面的水位-流量关系（夏军强等, 2009, 2010）；然后根据上一个步骤确定的平滩高程以及各控制站警戒水位，由水位-流量关系求出相应的平滩流量和警戒流量。

(1)给定模型边界条件：在进口断面，设定不同的流量级作为进口水流条件；在出口断面，采用实测的水位-流量关系作为出口边界条件。根据实测水位-流量关系曲线，可计算得到各进口流量对应的出口水位。如图 2.6(a)所示，2015 年长江中游荆江段枝城站进口流量为 40000m^3/s 时，出口处莲花塘站对应的水位为 29.14m。此外，利用当年汛后实测固定断面地形资料作为河床边界条件。

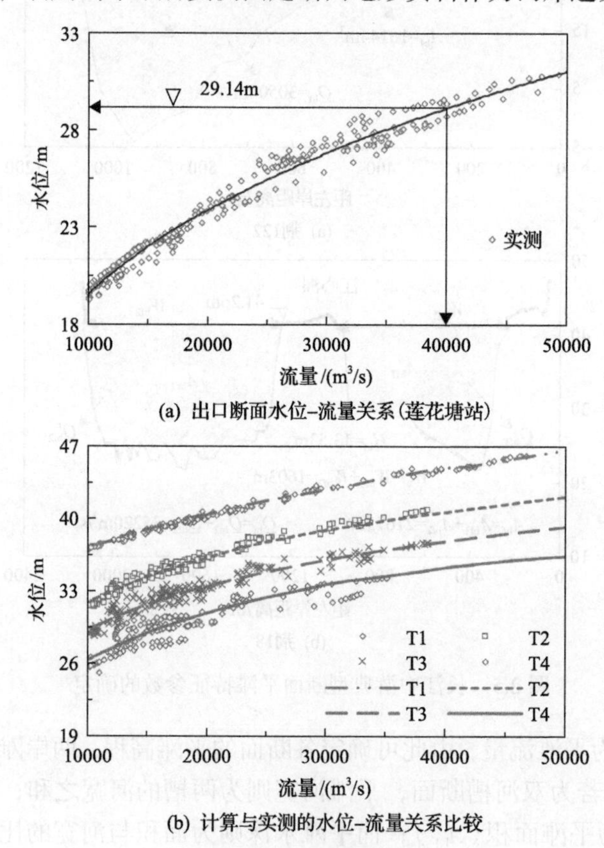

图 2.6　平滩流量计算

T1：枝城站; T2：沙市站; T3：新厂站; T4：监利站，说明，图中画出了实测点和趋势线

(2)率定各水文断面间的曼宁糙率系数：利用一维水动力学模型，率定不同流量级下各水位或水文站之间的糙率，并插值得到该河段其他固定断面的曼宁糙率

系数值；通过不断调试，使水文断面计算得到的水位-流量关系与实测值能较好地符合，从而确定其他固定断面的水位-流量关系。图 2.6(b)给出了 2015 年长江中游荆江段沿程枝城、沙市、新厂和监利站水位-流量关系的率定结果。

(3)确定平滩及警戒流量：基于各断面的水位-流量关系曲线，根据各断面的平滩高程和各控制站警戒水位，确定对应的流量，即为平滩流量(Q_{bf})和警戒流量(Q_{wn})。如监利站所在断面 2015 年的平滩高程为 33.05m(85 高程)，根据该站的水位-流量关系曲线，求出相应的平滩流量为 27351m^3/s。而监利站警戒水位为 33.45m，2015 年其相应的警戒流量为 31375m^3/s。

3)深泓摆动参数

河道主流线是决定河势变化的重要因素，且主流摆动将引起深泓的频繁移位。断面深泓摆动宽度的计算，主要分为以下两步：首先，根据固定断面地形资料，逐一确定平滩河宽以及床面最低点(深泓点)；然后，定义各断面当前及上一年汛后深泓点位置的变化距离为该断面的深泓摆动宽度 ΔL^i。为确定深泓摆动方向，此处定义深泓位置参数 M_{th}^i 为第 i 个断面深泓点距左岸滩唇距离(W_{th}^i)与相应平滩河宽(W_{bf}^i)的比值，即 $M_{th}^i = W_{th}^i / W_{bf}^i$。当 $M_{th}^i < 0.5$ 时，深泓居于河道左侧；$M_{th}^i > 0.5$ 时，深泓居右；$M_{th}^i = 0.5$ 时，深泓居中(图 2.7)。

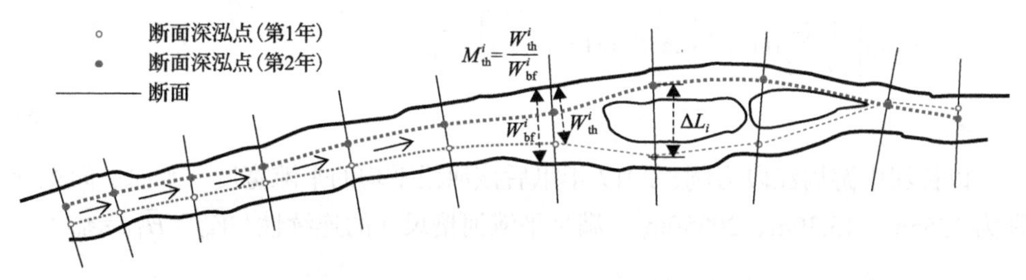

图 2.7　某一断面的深泓摆幅(ΔL^i)和深泓位置参数(M_{th}^i)计算方法示意图

4)河段尺度的平滩河槽特征参数确定

各固定断面的平滩河槽形态沿程差异显著，故特定断面的变化规律不能代表整个河段的变化特点。为进一步研究其整体调整特点，此处采用河段平均方法(夏军强和宗全利, 2015)，确定河段尺度的平滩河槽特征参数。该方法将基于对数转换的几何平均和断面间距加权平均相结合。假定计算河段长度为 L，内设若干固定断面，第 i 个断面的平滩河槽特征参数为 G_{bf}^i (包括平滩宽度 W_{bf}^i、水深 H_{bf}^i、面积 A_{bf}^i、流量 Q_{bf}^i 及深泓摆动宽度 ΔL^i 等)，则河段尺度的平滩河槽特征参数 $\bar{G}_{bf}$ 可用下式计算：

$$\bar{G}_{\mathrm{bf}} = \exp\left[\frac{1}{2L}\sum_{i=1}^{N-1}(\ln G_{\mathrm{bf}}^{i+1} + \ln G_{\mathrm{bf}}^{i}) \times (x_{i+1} - x_i)\right] \tag{2.5}$$

式中，x_i 表示第 i 个断面距计算起始断面的距离；N 为计算河段的固定断面数量。目前，计算河段尺度的平滩河槽特征参数一般采用算数平均或几何平均的方法，但算数平均计算得到的平滩河槽宽度和相应水深之积不等于平滩河槽面积（$\bar{W}_{\mathrm{bf}} \times \bar{H}_{\mathrm{bf}} \neq \bar{A}_{\mathrm{bf}}$）；另外几何平均无法反映断面间距不等对计算结果产生的影响。因此河段尺度的平滩河槽特征参数计算方法，可较好地解决上述问题，相关证明见式(2.6)：

$$\begin{aligned}
\bar{W}_{\mathrm{bf}} \times \bar{H}_{\mathrm{bf}} &= \exp\left[\frac{1}{2L}\sum_{i=1}^{N-1}(\ln W_{\mathrm{bf}}^{i+1} + \ln W_{\mathrm{bf}}^{i}) \times (x_{i+1} - x_i)\right] \times \exp\left[\frac{1}{2L}\sum_{i=1}^{N-1}(\ln H_{\mathrm{bf}}^{i+1} + \ln H_{\mathrm{bf}}^{i}) \times (x_{i+1} - x_i)\right] \\
&= \exp\left[\frac{1}{2L}\sum_{i=1}^{N-1}(\ln W_{\mathrm{bf}}^{i+1} + \ln W_{\mathrm{bf}}^{i}) \times (x_{i+1} - x_i) + \frac{1}{2L}\sum_{i=1}^{N-1}(\ln H_{\mathrm{bf}}^{i+1} + \ln H_{\mathrm{bf}}^{i}) \times (x_{i+1} - x_i)\right] \\
&= \exp\left[\frac{1}{2L}\sum_{i=1}^{N-1}(\ln W_{\mathrm{bf}}^{i+1} + \ln H_{\mathrm{bf}}^{i+1} + \ln W_{\mathrm{bf}}^{i} + \ln H_{\mathrm{bf}}^{i}) \times (x_{i+1} - x_i)\right] \\
&= \exp\left[\frac{1}{2L}\sum_{i=1}^{N-1}(\ln W_{\mathrm{bf}}^{i+1} \times H_{\mathrm{bf}}^{i+1} + \ln W_{\mathrm{bf}}^{i} \times H_{\mathrm{bf}}^{i}) \times (x_{i+1} - x_i)\right] \\
&= \exp\left[\frac{1}{2L}\sum_{i=1}^{N-1}(\ln A_{\mathrm{bf}}^{i+1} + \ln A_{\mathrm{bf}}^{i}) \times (x_{i+1} - x_i)\right] = \bar{A}_{\mathrm{bf}}
\end{aligned} \tag{2.6}$$

以长江中游荆江段为例，2017 年汛后该河段平均的平滩宽度、水深、面积分别为 1355m、15.39m、20850m^2，满足平滩河槽尺寸的连续性（$\bar{W}_{\mathrm{bf}} \times \bar{H}_{\mathrm{bf}} = \bar{A}_{\mathrm{bf}}$）。

2. 长程河道地形资料分析

实测长程河道地形资料包括各测量点的大地平面坐标及高程(x, y, z)。在长江中游，一般间隔 200～250m 设置一行测量点(图 2.8(a))，较断面地形能更为详细地反映局部地形变化，但测量年份间隔较大，无法用于研究短时段的河道地形调整情况。实际应用中，可通过提取长程河道地形图中的深泓点，得到河道深泓线，用于分析深泓线的平面摆动情况，近似也可反映主流的变化(图 2.8(b))。由图可知，1998～2009 年间藕池口河段深泓摆动幅度较小，这主要是由于三峡工程的运用及各类整治工程的实施。通过提取水边线，也可研究河道岸线变化情况。基于长程河道地形资料，还可提取某一高程下的江心洲(滩)平面形态，由此比较不同高程下洲滩形态的调整特点，计算洲头的蚀退或淤长速率，以及江心洲两侧滩缘的崩退速率等。

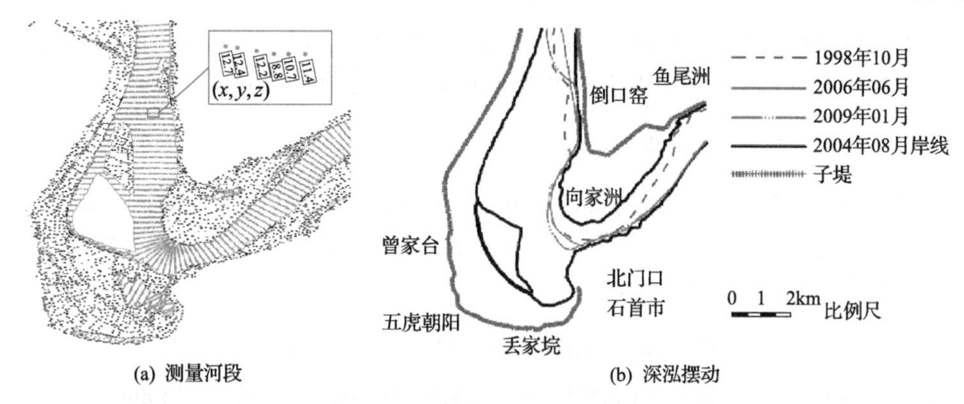

(a) 测量河段　(b) 深泓摆动

图 2.8　长江中游某局部河段实测长程河道地形

2.1.3　遥感资料分析

遥感技术通过分析地球表面反射不同波段电磁波的特性，从高空中获取地球表面陆地和水体信息，并对所获取的信息进行整理、提取、比较和处理分析，获得研究目标及其环境的位置、状态等信息特征(Fischer et al., 1976; Campbell and Wynne, 2011)。目前遥感影像已广泛应用于主槽摆动、洲滩调整、岸线变化和裁弯等河道平面变形的分析(Jung et al., 2010; Marcus and Fonstad, 2010; Thakur et al., 2012; Rozo et al., 2014; Rowland and Shelef, 2016; Li et al., 2017; Xie et al., 2018)。遥感数据主要来自美国航天局和美国地质勘探局发布的 Landsat 系列遥感影像，可从“GloVis”(https://glovis.usgs.gov/)、“地理空间数据云”(http://www.gscloud.cn/)等网站免费获取。遥感数据包括 Landsat 5、7、8 卫星获取的 TM、ETM+和 OLI 影像，每 16 天实现一次全球覆盖，影像空间分辨率为 30m，基本满足河道平面变形研究的时间和空间要求。河道水位和遥感图云量对河道平面形态参数确定有较大的影响，因此要求选取的遥感影像拍摄当天研究河段的水位相近，即与参考水位相差不超过 1m(不同研究河段参考水位不同)，且云量小于 30%。针对选取的代表影像，结合 ArcGis 软件提取其平面形态参数，具体步骤如图 2.9 所示。

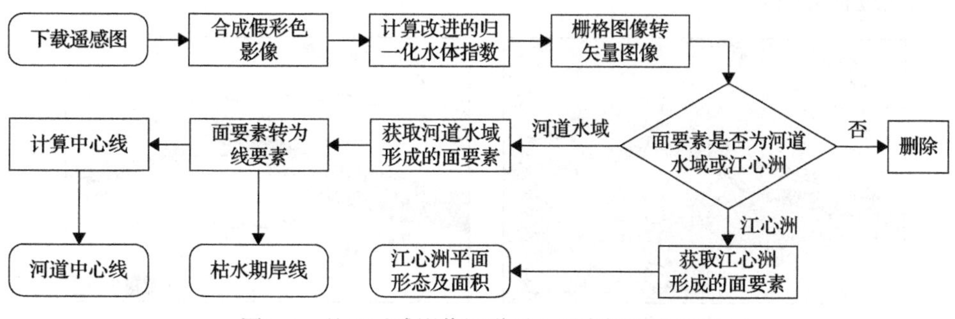

图 2.9　基于遥感影像河道平面形态提取流程图

通过确定研究时段内逐年的河道平面形态参数，并结合 ArcGIS 软件的空间查询与分析工具，可对研究河段的河道平面形态演变进行系统分析。

1. 改进的归一化水体指数计算

采用改进的归一化水体指数(Modified Normalized Difference Water Index, MNDWI)提取遥感影像中的水体区域，该方法能够有效地抑制植被、建筑和土壤信息，减少背景噪声，可表示为

$$\text{MDNWI}=(\text{Green}-\text{MIR})/(\text{Green}+\text{MIR}) \tag{2.7}$$

式中，Green 和 MIR 分别为遥感数据中的绿波段和中红外波段。在 Landsat 5/7/8 卫星影像中，Green 对应的波段为 B2/ B2/ B3，MIR 对应的波段为 B5/ B5/ B6。

2. 河道平面形态参数提取

采用 ArcGIS 软件并结合归一化水体指数提取河道平面形态，具体步骤如下。

(1)结合“波段合成”工具，选取影像的近红外、中红外及红波段合成非标准假彩色图像，以突出水陆边界，便于目视识别(图 2.10(a))。

(2)利用“栅格计算器”计算 MNDWI 后，获取由−1(非水体)、0(水体)和1(异常值)组成的栅格影像，提取结果如图 2.10(b)所示。

(3)利用“栅格转面”工具将上述栅格图像转换为矢量图像，其中，相互连通且具有相同值的像元转化为独立的面元素(图 2.10(c))。

(4)结合假彩色图像，手动删除非河道水域和非江心洲面要素，并对由于卫星运行失常、桥梁、船只和工程导致的不连续的河道水域和江心洲面要素进行调整，获取清晰连续的河道水域和江心洲面要素。

(5)在属性表中可直接读取江心洲要素的面积，即为江心洲面积 A_b。

(6)结合“面转线”工具，将河道水域面要素转为线要素，即可获得标准水位下研究河段的岸线；结合“提取中心线”工具，可获得研究河段的两侧岸线的中心线，即河道中心线(图 2.10(d))。根据提取到的河道平面形态参数，即可展开河床演变过程分析。

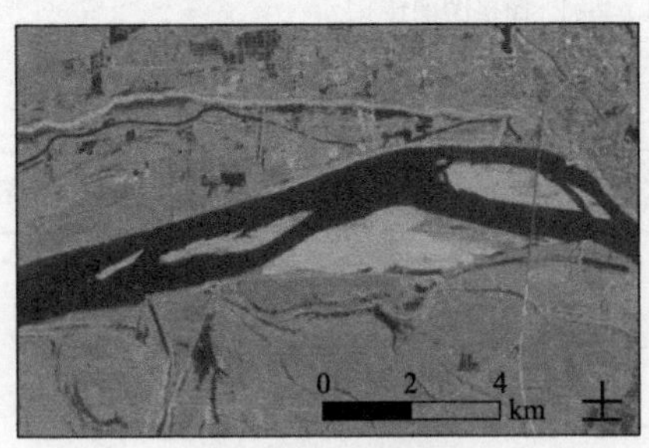

(a) 假彩色合成影像

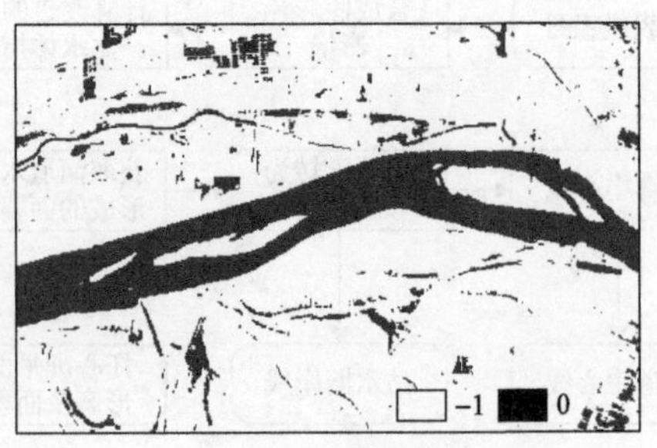

(b) MNDWI提取结果

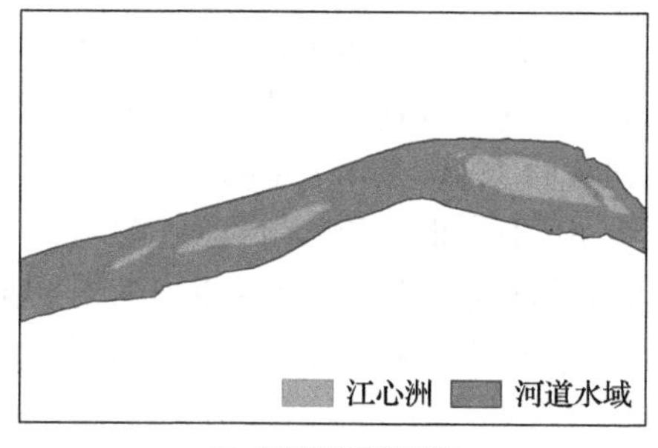

(c) 矢量面要素图像

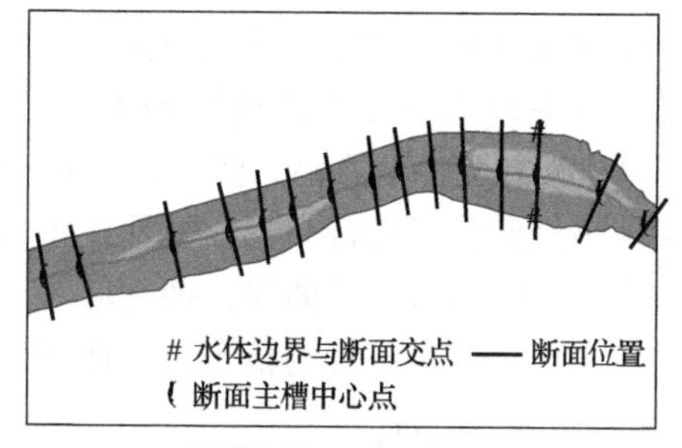

(d) 河道水域和江心洲提取结果

图 2.10　长江中游典型河段河道平面形态

2.2　河床变形的经验模拟方法

近年来，基于非平衡态河床演变的理论与方法逐渐发展起来，可用于预测上游建坝引起的长距离、长历时的河床调整趋势。该方法主要以长序列的实测资料为基础，定量分析非平衡态河床调整过程与水沙、河床边界等条件之间的关系。此处着重介绍的非平衡态河床演变分析方法，包括夏军强等(2015)提出的基于经验回归的滞后响应模型和由清华大学吴保生(2008a, b)提出的基于线性速率调整模式的滞后响应模型。

2.2.1　基于经验回归的滞后响应模型

基于经验回归的滞后响应模型，主要是建立河床形态要素(河宽、水深、面积等)与水流泥沙因素、河床边界条件之间的经验函数关系，并通过实测资料进行拟合，确定经验函数中的参数。该方法简便、实用，被广泛应用于河床形态随水沙条件等变化的调整趋势预测。

1. 水沙条件表征参数选取及计算

水沙条件主要指一定时期内进入下游河段的流量、含沙量及其过程。在冲积河流上，汛期集中输沙明显，故主要考虑其汛期的造床作用。此处采用汛期水流冲刷强度参数(F_{fi})来表征汛期水沙条件(Xia et al., 2014; 2016; 2017)，相应表达式为

$$F_{fi} = (\overline{Q}_i^2 / \overline{S}_i) / 10^8 \tag{2.8}$$

式中，$\overline{Q}_i$ 为第 i 年汛期平均流量(m^3/s)；$\overline{S}_i$ 为相应的平均悬移质含沙量(kg/m^3)。平均值均由控制水文站的日均资料计算得到。

汛期水流冲刷强度参数 F_{fi} 的物理含义如下：在平衡状态下，冲积河流某一断面的输沙率 Q_s 与该断面的流量 Q 存在经验关系：$Q_s = a(Q)^b$，其中 a 为系数，b 为指数。以长江中游宜昌、枝城、沙市、监利断面 1950～2017 年的月均流量和输沙率对该经验公式进行率定，如图 2.11 所示。由图可知，三峡运行前各站的 Q_s-Q 曲线高于三峡运行后的曲线，即三峡工程运行后同流量下的输沙率远小于三峡运行前，主要是因为工程的蓄水拦沙作用使下泄水流处于不饱和状态，水流中的含

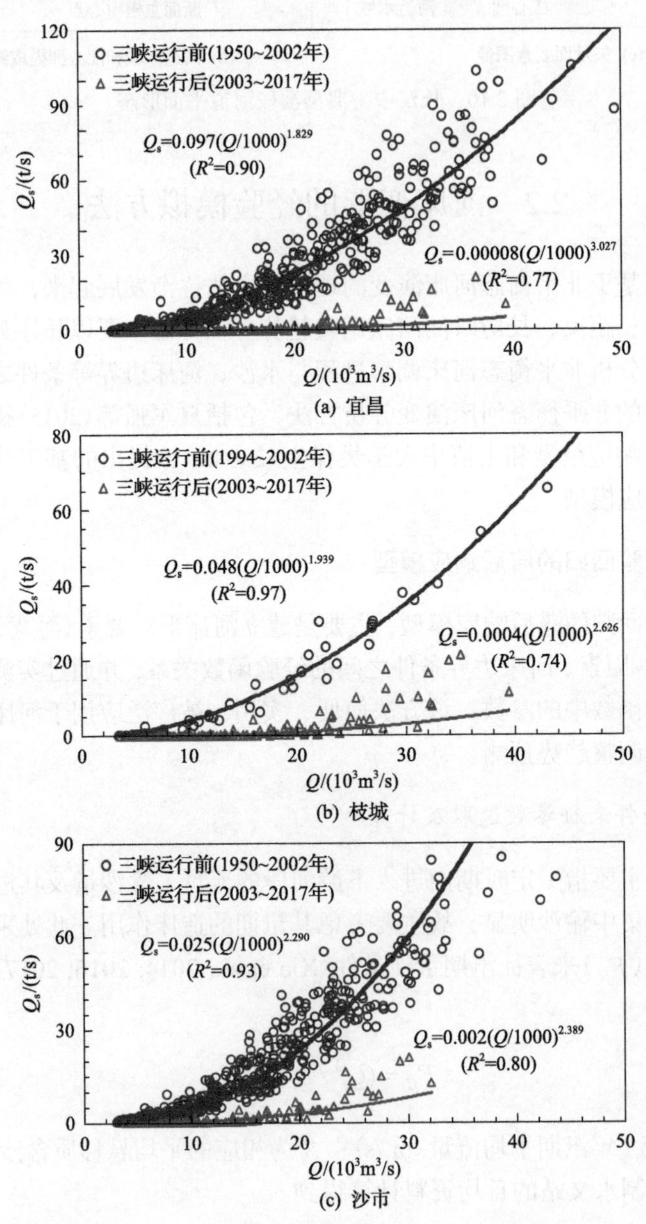

(a) 宜昌

(b) 枝城

(c) 沙市

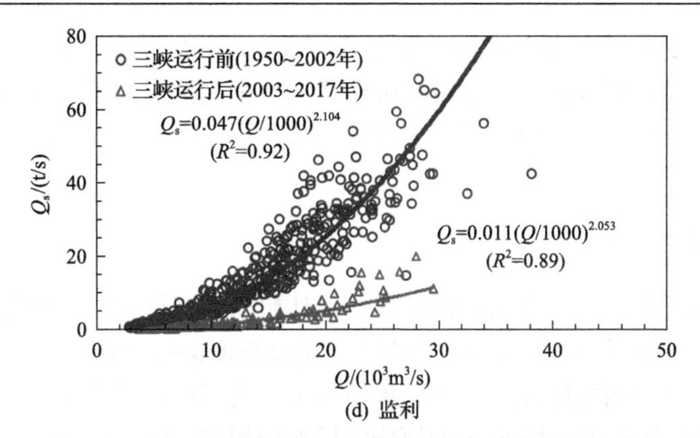

(d) 监利

图 2.11　长江中游典型断面月均输沙率与月均流量的关系

沙量显著减小。故三峡水库运行前典型断面的 Q_s-Q 关系更接近于相对平衡状态下的输沙情况，且在各站的相关程度均较高($R^2 \geqslant 0.90$)。进一步研究发现四站在三峡运行前的 Q_s-Q 关系式的指数 b 大约在 2.0。因此，$\bar{Q}_i^2$ 可近似代表该断面的水流挟沙能力，而 $\bar{Q}_i^2 / \bar{S}_i$ 则代表了特定流量下挟沙力与含沙量的比值。

与平衡或准平衡状态下的河床调整相比，非平衡状态下平滩河槽形态的调整不仅与当前水沙条件相关，还受到前期多年水沙条件的滞后影响。此处，前期水沙条件采用前 n 年平均的汛期水流冲刷强度 $\bar{F}_{nf}$ 表示：

$$\bar{F}_{nf} = \frac{1}{n}\sum_{i=1}^{n} F_{fi} \tag{2.9}$$

式中，n 为滞后响应年数；F_{fi} 为第 i 年的汛期水流冲刷强度。理论上，不同年份的水沙条件变化对当前河床形态的影响所占的权重不同，且年份越远权重应越小，但此处为应用简单，近似将前期各年水沙条件的影响权重视为相同。

2. 滞后响应经验模型的建立

基于滞后响应理论，建立平滩河槽特征参数与前期水沙条件之间的函数关系，即基于经验回归的滞后响应模型，可写成如下形式：

$$\bar{G}_{\text{bf}} = \alpha(\bar{F}_{nf})^{\beta} \tag{2.10}$$

式中，α 为系数，β 为指数，均需实测资料率定。

2.2.2　基于线性速率调整模式的滞后响应模型

吴保生(2008a,2008b)基于冲积河流自动调整的基本原理，根据河床在受到外部扰动后的调整速率与河床当前状态和平衡状态之间的差值成正比的基本规律，建立了河床演变滞后响应的基本模型(变率模型)，并提出了适用于不同条件的计算模式，包括通用积分模式、单步解析模式和多步递推模式等。该方法基于理论推导，但仍需要系列实测资料对模型的关键参数进行率定，在不同河流上参数取值不同。

1. 滞后响应基本原理

一般来讲，在河床的自动调整过程中，其初始的调整速度是较为迅速的，但随着河床的调整不断趋近于新的平衡状态，调整速度会逐渐降低，最后趋近于零。根据上述河床自动调整原理，由外部扰动所引起的河床冲淤变化和河槽形态调整的过程，可以概括为图 2.12 所示的河床滞后响应模式。图 2.12 中，y 为河床演变的特征变量，y_0 为初始状态，y_e 为平衡状态，t 为时间。对于图 2.12(a)所示冲积河流特征变量随时间的变化过程，可以划分为 3 个阶段(吴保生和郑珊, 2015)。

(1)反应阶段，即系统对于外部扰动所需要的反应时间。

(2)调整阶段，即系统调整至平衡状态的时间。

(3)平衡阶段，即系统维持平衡状态的时间。

考虑到冲积河流系统时空变化的多样性和复杂性，系统的滞后响应曲线将会具有一系列不同形状，相应的反应时间和调整时间也各不相同。事实上，自然界的冲积河流在受到扰动后，一般情况下河床将通过冲淤变形对水沙变化立即作出响应，不存在反应阶段，故图 2.12(a)所示的滞后响应模式可以简化为图 2.12(b)的滞后响应模式。

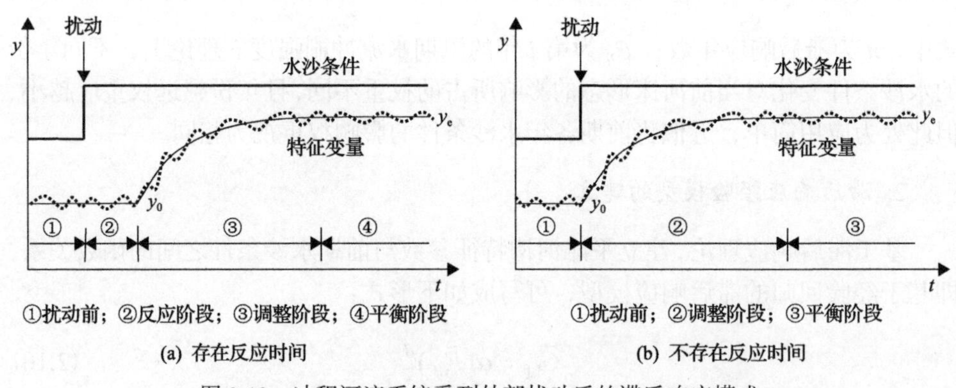

图 2.12　冲积河流系统受到外部扰动后的滞后响应模式

2. 滞后响应模型的建立

根据图 2.12(b)的滞后响应模式，假定河床的某一特征变量 y 在受到外部扰动后的调整变化速率 $\mathrm{d}y/\mathrm{d}t$，与该变量的当前状态 y 和平衡状态 y_e 之间的差值成正比。这种河床从扰动前的原有状态演变到新的平衡状态的过程，可以用以下一阶常微分方程来描述：

$$\frac{\mathrm{d}y}{\mathrm{d}t}=\beta(y_{\mathrm{e}}-y) \tag{2.11}$$

式中，y 为特征变量；y_{e} 为特征变量的平衡值；t 为时间；β 为系数。

原则上 β 是可以随时间变化的，但为了求解方便，假定 β 为常数，其值需较长序列的实测资料率定。式(2.11)即为冲积河流滞后响应的基本模型，可以用来描述河床冲淤和河床形态变量随时间的变化过程，具有普遍的适用性(吴保生和郑珊, 2015)。

1)通用积分模式

为了便于求解，将式(2.11)改写为如下的一般形式：

$$\frac{\mathrm{d}y}{\mathrm{d}t}+\beta y=\beta y_{\mathrm{e}} \tag{2.12}$$

显然，式(2.12)表示的常微分方程是一阶非齐次线性方程，其通解为

$$y=\mathrm{e}^{-\int\beta\mathrm{d}t}\left(\int\beta y_{\mathrm{e}}\mathrm{e}^{\int\beta\mathrm{d}t}\mathrm{d}t+C_1\right) \tag{2.13}$$

式中，C_1 为积分常数。

令 $t=0$ 时 $y=y_0$，代入式(2.13)得到如下特解：

$$y=y_0\mathrm{e}^{-\beta t}+\mathrm{e}^{-\beta t}\left(\int_0^t\beta y_{\mathrm{e}}\mathrm{e}^{\beta t}\mathrm{d}t\right)\quad(模式\ \mathrm{I}) \tag{2.14}$$

考虑到含有积分项，将式(2.14)称为通用积分模式。

2)单步解析模式

考虑到 β 和 y_{e} 均为常数，可以对式(2.14)右边的积分项直接求解，由此得到

$$y=(1-\mathrm{e}^{-\beta t})y_{\mathrm{e}}+\mathrm{e}^{-\beta t}y_0\quad(模式\ \mathrm{II}) \tag{2.15}$$

或

$$y=y_{\mathrm{e}}+(y_0-y_{\mathrm{e}})\mathrm{e}^{-\beta t}\quad(模式\ \mathrm{II\,a}) \tag{2.16}$$

式(2.15)和式(2.16)为模型的直接解析解，称为单步解析模式。该模型适用于图2.12(b)所示只有一个时段，且在外部扰动突然发生后扰动维持不变的简单情

况。显然，当$t=0$时满足$y=y_0$，当$t=\infty$时满足$y=y_e$。

3) 多步递推模式

本时段河床调整的结果，无论是否已经达到平衡状态，都将作为下一个时段的初始条件y_0对其河床演变产生影响，并由此使前期的水沙条件对后期的河床演变产生影响。按照这一思路，将上一时段的计算结果作为下一时段的初始条件，并逐时段递推，便可以得到经过多个时段后的状态值。为此，将式(2.15)记为

$$y_1=(1-e^{-\beta\Delta t})y_{e1}+e^{-\beta\Delta t}y_0 \tag{2.17}$$

式中，Δt为时段长度；下标1表示第1个时段。

为了研究方便，取等时段长。与式(2.17)相似，对于第2个时段同样有

$$y_2=(1-e^{-\beta\Delta t})y_{e2}+e^{-\beta\Delta t}y_1 \tag{2.18}$$

合并式(2.17)和式(2.18)得到

$$y_2=(1-e^{-\beta\Delta t})(y_{e2}+e^{-\beta\Delta t}y_{e1})+e^{-2\beta\Delta t}y_0 \tag{2.19}$$

如此递推至第n个时段时得到

$$y_n=(1-e^{-\beta\Delta t})\sum_{i}^{n}(e^{-(n-i)\beta\Delta t}y_{ei})+e^{-n\beta\Delta t}y_0 \quad （模式Ⅲ） \tag{2.20}$$

式中，n为递推时段数；i为时段编号。

式(2.20)是单步解析模式的扩展模式，当取n=1时，式(2.20)又可以退化为式(2.18)。式(2.20)称为多步递推模式，其逐时段递推关系见图2.13，图中的Q和S代表时段输入的水沙条件。

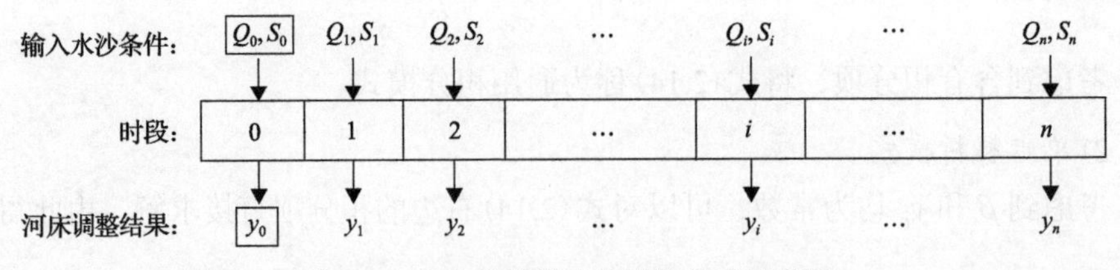

图2.13　多步递推模式的递推关系示意图

考虑到$e^{-n\beta\Delta t}$小于1，且随n的增大而不断减小，即随时间的增加，初始条件y_0对y_n的影响逐渐减小。因此，可以用y_{e0}近似代替y_0，以消除对初始值y_0的依赖。由此得到

$$y_n=(1-e^{-\beta\Delta t})\sum_{i=1}^{n}(e^{-(n-i)\beta\Delta t}y_{ei})+e^{-n\beta\Delta t}y_{e0} \quad （模式Ⅳ） \tag{2.21}$$

式(2.20)和式(2.21)表示的多步递推模式表明，当前时段的河床演变不仅是当前时段水沙条件的函数，而且还受前期若干时段内水沙条件的影响，这就是前期影响或累计影响的实质所在。

以上三种计算模式适用于描述河床演变中的不同滞后响应现象。一般来讲，模式Ⅰ既适用于只有一个时段的简单情况，又适用于外部扰动阶梯状变化的情况；模式Ⅱ适用于只有一个时段，且在外部扰动突然发生后扰动维持不变的简单情况；模式Ⅲ和模式Ⅳ适合于外部扰动阶梯状变化且初始状态未知的复杂情况。

2.3　河床变形的数值模拟方法

水沙数学模型是以水流运动、泥沙输移及河床变形方程求解为目的的一种常用技术，其基本原理在于水流及泥沙运动过程中质量守恒、动量守恒。在水沙输移数学模型发展的过程中，通常按照空间维度将其分为一维至三维模型，按照是否随时间发生改变分为恒定流和非恒定流，按照泥沙粒径大小及其运动方式分为悬移质、推移质和全沙模型，以及按照泥沙组成分为均匀沙和非均匀沙模型等。下面主要介绍一维及二维水沙数学模型以及关键问题处理方式。

2.3.1　一维水沙数学模型

一维水沙数学模型将河道水沙运动过程概化为一维问题(图 2.14)，将水和沙均视为连续体，且着眼于断面平均要素的变化过程。通常用于计算流量、水位、断面平均悬移质含沙量、河床冲淤面积及推移质输沙率等变量随时间及空间的变化过程。

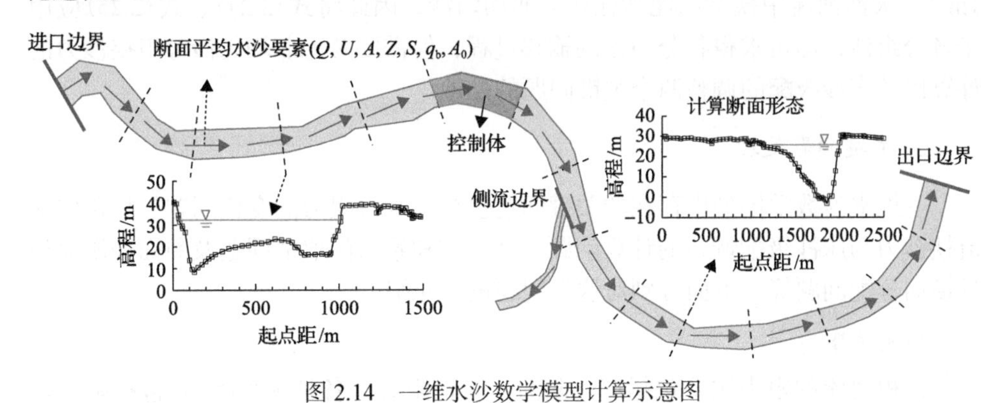

图 2.14　一维水沙数学模型计算示意图

1. 控制方程

一维水沙数学模型的控制方程，主要包括水流连续方程、动量方程、非均匀悬沙不平衡输移方程以及河床变形方程(谢鉴衡, 1990)：

$$\frac{\partial Q}{\partial x}+B\frac{\partial Z}{\partial t}=q_{\mathrm{L}} \tag{2.22}$$

$$\frac{\partial Q}{\partial t}+\left(gA-\alpha_{\mathrm{f}}B\frac{Q^2}{A^2}\right)\frac{\partial Z}{\partial x}+2\alpha_{\mathrm{f}}\frac{Q}{A}\frac{\partial Q}{\partial x}=\frac{Q^2}{A^2}\left(\frac{\partial A}{\partial x}\right)\bigg|_Z-gA(J_{\mathrm{f}}+J_{\mathrm{L}})-\frac{\rho_{\mathrm{L}}q_{\mathrm{L}}u_{\mathrm{L}}}{\rho_{\mathrm{m}}} \tag{2.23}$$

$$\frac{\partial}{\partial t}(AS_k)+\frac{\partial}{\partial x}(AUS_k)=B\omega_k\alpha_k(S_{*k}-S_k)+S_{\mathrm{L}k}q_L \tag{2.24}$$

$$\rho'\frac{\partial A_{\mathrm{b}}}{\partial t}=\sum_{k=1}^{N}B\omega_k\alpha_k(S_k-S_{*k}) \tag{2.25}$$

式中，Q、Z 分别为流量和水位($\mathrm{m^3/s}$ 和 m)；A、B 分别为过水断面面积和水面宽度($\mathrm{m^2}$ 和 m)；x、t 分别为沿程距离及时间(m 和 s)；g 为重力加速度，取为 $9.81\mathrm{m/s^2}$；α_{f} 为动量修正系数；q_{L}、ρ_{L}、u_{L} 分别为出入流的单位河长流量、密度及流速在主流方向的分量($\mathrm{m^2/s}$、$\mathrm{kg/m^3}$ 和 m/s)；J_{f} 为水力坡度，可由公式 $J_{\mathrm{f}}=(Q/A)^2n^2/R^{4/3}$ 计算，R 为水力半径(m)，在宽浅河道中水力半径 R 可近似由断面平均水深 h 代替(m)，n 为河床的曼宁糙率系数；ρ_{m} 为浑水密度($\mathrm{kg/m^3}$)；U 为断面平均流速(m/s)；J_{L} 为断面扩张与收缩引起的局部阻力；S_k、S_{*k}、ω_k 分别为第 k 粒径组悬沙的分组含沙量($\mathrm{kg/m^3}$)、水流挟沙力($\mathrm{kg/m^3}$)及浑水沉速(m/s)；α_k 为恢复饱和系数，其值多根据实测资料率定。$S_{\mathrm{L}k}$ 为出入流的分组含沙量($\mathrm{kg/m^3}$)；ρ' 为床沙干密度($\mathrm{kg/m^3}$)；N 为悬沙分组数；A_{b} 为冲淤可动层面积($\mathrm{m^2}$)。天然河流中挟带的泥沙往往为非均匀沙，因此将式(2.24)、式(2.25)应用于各分组沙，即可求得各分组沙的输移过程，但需要考虑非均匀沙分组挟沙力的计算以及床沙级配的调整两个关键问题的处理。

2. 关键问题处理

一维水沙数学模型中存在的关键问题包括：水流阻力的变化问题、悬移质水流挟沙力与床沙级配调整的计算问题、恢复饱和系数的取值问题及断面冲淤面积的横向分配问题等。下面分别对这类问题进行介绍。

1) 水流阻力

冲积河流的阻力主要包括床面阻力、滩地阻力、各种附加阻力(包括岸壁阻力、河势阻力等)，这些阻力综合反映出水流机械能耗损，可认为表征能量耗损大小的能坡与水流泥沙要素有关。要确定他们的关系式比较困难，只能借助半理论半经验的办法估算。通常采用曼宁(Manning)公式进行计算水力坡度，即

$$J_{\mathrm{f}}=\frac{n^2Q^2}{A^2R^{4/3}} \tag{2.26}$$

式中，Q 为流量（$\mathrm{m^3/s}$）；R 为水力半径（m）；n 为曼宁糙率系数，通常需不断调试，率定得到不同流量级下各水位或水文站之间的曼宁糙率系数，从而插值得到该河段其他固定断面的曼宁糙率系数。

2）悬移质水流挟沙力

水流挟沙力被定义为河床冲淤平衡条件下，能够通过河段下泄的最大沙量。水流挟沙力公式及其参数的选取直接影响河床冲淤变形的计算精度。长期以来，国内外众多学者对其进行了深入研究，或从理论出发，或从河流实测资料及水槽试验出发，推导出了经验的、半经验半理论的公式。在长江上，通常采用张瑞瑾（1961）提出的水流挟沙力公式，具体形式如下：

$$S_*=k\left(\frac{U^3}{gh\omega_{\mathrm{m}}}\right)^m \tag{2.27}$$

式中，k 为系数，m 为幂指数，均需采用实测资料率定；ω_{m} 为非均匀悬沙的群体沉速（m/s）。对于非均匀沙，其群体沉速 $\omega_{\mathrm{m}}=\left(\sum_{k=1}^{N}\Delta P_{*k}\omega_k^m\right)^{1/m}$，其中 ΔP_{*k} 表示挟沙力级配。

本书采用李义天方法（1987）计算挟沙力级配。在输沙平衡时，第 k 粒径组泥沙在单位时间内沉降在床面上的总沙量等于冲起的总沙量，然后根据垂线平均含沙量和河底含沙量之间的关系，确定挟沙力级配 ΔP_{*k} 和床沙级配 $\Delta P_{\mathrm{b}k}$ 的关系为

$$\Delta P_{*k}=\Delta P_{\mathrm{b}k}\frac{\varPsi(1-\mathrm{e}^{-\lambda_k})}{\sum_{k=1}^{N}\Delta P_{\mathrm{b}k}\varPsi(1-\mathrm{e}^{-\lambda_k})} \tag{2.28}$$

式中，$\varPsi=1-\theta_k/\omega_k$，$\lambda_k=6\omega_k/\kappa u_*$，$\theta_k=\omega_k/[(\delta_{\mathrm{v}}/\sqrt{2\pi})\exp(-0.5\omega_k^2/\delta_{\mathrm{v}}^2)+\omega_k\varPhi(\omega_k/\delta_{\mathrm{v}})]$，$\kappa$ 为卡门常数，δ_{v} 为垂向紊动强度，通常取 $\delta_{\mathrm{v}}=u_*$；$\varPhi(\omega_k/\delta_{\mathrm{v}})$ 为正态分布函数，u_* 为摩阻流速。

3）恢复饱和系数

在泥沙不平衡输沙问题研究中，泥沙恢复饱和系数的取值相当重要。它反映了不平衡输沙时，含沙量向水流挟沙力靠近的恢复速度。其值越大，表示含沙量向水流挟沙力靠近得越快；其值越小，表示含沙量向水流挟沙力靠近得越慢。泥沙恢复饱和系数的取值不仅与来水来沙条件有关，也与河床边界条件有关，是一个十分复杂的参数，但如何具体取值，目前还没有统一的定论。例如，王新宏等

(2003)采用概率统计方法指出分组沙的恢复饱和系数与该粒径组泥沙的沉速成反比，提出了半经验半理论的分组沙恢复饱和系数计算公式；韦直林等(1997)认为恢复饱和系数只能通过实测数据来率定，提出了分组沙恢复系数与其沉速成反比的经验关系。在长江中游，河床发生冲刷时恢复饱和系数一般取为0.3；发生淤积时，取为0.2。本书在后面章节也相应改进了恢复饱和系数的计算方法。

4)冲淤面积的横向分配

一维模型仅能计算出各断面的冲淤面积，不能给出冲淤面积沿河宽方向的分布。必须采用合理的冲淤分配模式，计算沿河宽方向的冲淤厚度。主要的分配模式包括依据流量大小、挟沙力饱和程度及等厚分配。在本专著中，采用等厚冲淤模式分配(图2.15)，即

$$\Delta Z_{\mathrm{b}}=\frac{\Delta A_0}{\chi} \tag{2.29}$$

式中，ΔZ_{b}为冲淤厚度(m)；ΔA_0为冲淤面积(m^2)；χ为冲淤分配的河床长度(m)，当河床发生冲刷时，冲刷面积在整个主槽区域分配，对于宽浅河段，可将χ近似等于主槽宽；当发生淤积时，χ为全断面湿周长度，对于宽浅河段，可近似认为χ等于水面宽B。

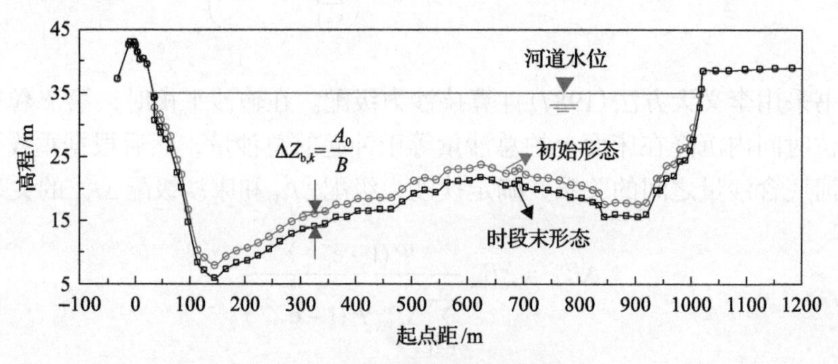

图2.15　等厚分配的示意图

5)床沙级配调整计算

非均匀沙输移计算过程中，床沙级配调整常采用混合层方法进行计算。为模拟河床在冲淤过程中的床沙粗化或细化现象，首先将床沙分为两大层，最上层的床沙活动层(或称床面交换层)及该层以下的分层记忆层，如图2.16所示。床沙活动层的厚度为H_{b}，相应的级配为$\Delta P_{\mathrm{b},k}$。通常假设一个时段内的河床冲淤变化，限制在某一厚度之内，这一厚度称为床沙活动层厚度。分层记忆层可根据实际情况共分N层，各层的厚度及相应的级配分别为$\Delta H_{\mathrm{m},i}$、$\Delta P_{\mathrm{m},i,k}$。计算中当河床发生淤积时，且淤积厚度大于事先设定的记忆层厚度时，则记忆层数相应增加，即

为 i+1 层，且该层的级配为 t 时刻的床沙活动层级配 $\Delta P_{b,k}^t$；若淤积厚度小于设定值，则记忆层数不变，最上部的记忆层厚度与级配做相应调整。当河床发生冲刷时，根据冲刷量的大小，记忆层数相应减少若干层，且最上面若干记忆层的级配作相应的调整。

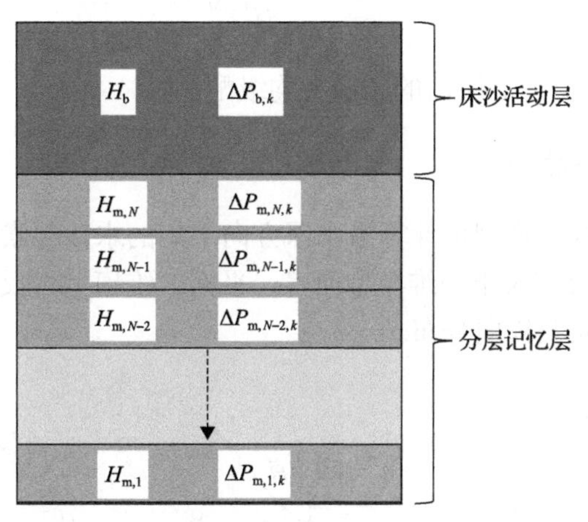

图 2.16　床沙级配的分层记忆计算模式

当通过模型计算获得某断面或某子断面的各粒径组的冲淤厚度 $\Delta Z_{b,k}$ 及总的冲淤厚度 ΔZ_b 后，则床沙级配的调整计算，通常可分为如图 2.17 所示的两种情况。

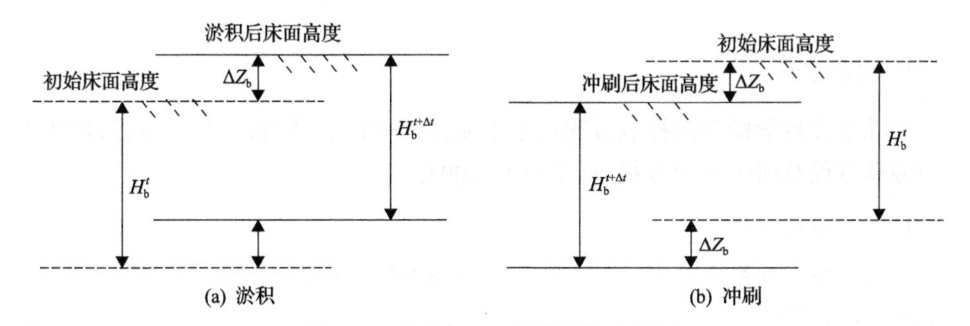

图 2.17　床沙级配调整的计算示意图

第 1 种情况，各粒径组均发生淤积，$\Delta Z_{b,k} > 0$，或部分粒径组发生冲刷，但总的冲淤厚度 $\Delta Z_b > 0$ 的情况(图 2.17(a))。则床沙活动层的级配可用下式计算：

$$\Delta P_{b,k}^{t+\Delta t} = \frac{\Delta Z_{b,k} + \Delta P_{b,k}^t (H_b^t - \Delta Z_b)}{H_b^{t+\Delta t}} \tag{2.30}$$

式中，$\Delta P_{b,k}^t$ 和 $\Delta P_{b,k}^{t+\Delta t}$ 别为第 t 时刻和 $t+\Delta t$ 时刻的床沙活动层的级配；H_b^t 和 $H_b^{t+\Delta t}$ 分别为第 t 时刻和 $t+\Delta t$ 时刻的床沙活动层的厚度。

第 2 种情况，各粒径组均发生冲刷，$\Delta Z_{b,k} < 0$，或有部分粒径组发生淤积，但总的冲淤厚度 $\Delta Z_b < 0$ 的情况(图 2.17(b))。则床沙活动层的级配可用下式计算：

$$\Delta P_{b,k}^{t+\Delta t} = \frac{\Delta Z_{b,k} + \Delta P_{b,k}^{t} H_b^t + \left|\Delta Z_b\right| \Delta \bar{P}_{m,k}}{H_b^{t+\Delta t}} \tag{2.31}$$

式中，$\Delta \bar{P}_{m,k}$ 为若干个记忆层内的床沙平均级配。

2.3.2　二维水沙数学模型

平面二维水沙数学模型可计算沿水深方向平均的水沙要素随时间及空间的变化过程(图 2.18)。故相对于一维模型而言，平面二维模型可反映水沙要素及河床冲淤厚度沿河道纵向及横向分布。

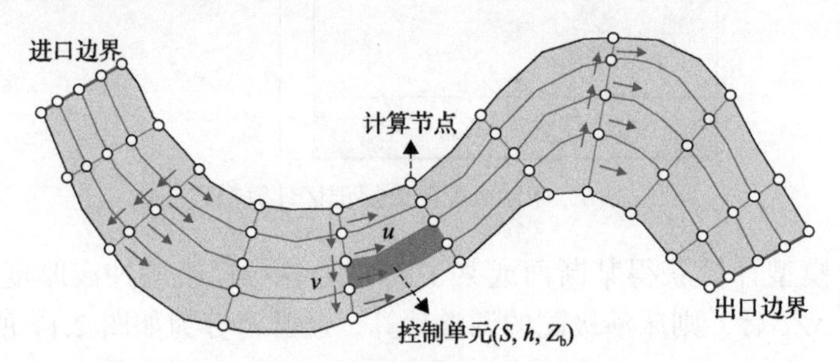

图 2.18　二维水沙输移计算示意图

1. 控制方程

二维水沙数学模型的控制方程包括水流连续方程、动量方程、非均匀悬沙不平衡输移方程及河床变形方程(夏军强等, 2004)。

1) 水流控制方程

正交曲线坐标系下沿水深平均的水流控制方程，主要包括水流连续方程和 ξ、η 方向动量方程：

$$\frac{\partial Z}{\partial t} + \frac{1}{C_\xi C_\eta}\frac{\partial}{\partial \xi}(UhC_\eta) + \frac{1}{C_\xi C_\eta}\frac{\partial}{\partial \eta}(VhC_\xi) = 0 \tag{2.32}$$

$$\begin{aligned}&\frac{\partial U}{\partial t} + \frac{U}{C_\xi}\frac{\partial U}{\partial \xi} + \frac{V}{C_\eta}\frac{\partial U}{\partial \eta} + \frac{UV}{C_\xi C_\eta}\frac{\partial C_\xi}{\partial \eta} - \frac{V^2}{C_\xi C_\eta}\frac{\partial C_\eta}{\partial \xi} + \frac{g}{C_\xi}\frac{\partial Z}{\partial \xi} + gn^2\frac{\sqrt{U^2+V^2}}{h^{4/3}}U \\ &= \frac{\nu_t}{C_\xi}\frac{\partial A}{\partial \xi} - \frac{\nu_t}{C_\eta}\frac{\partial B}{\partial \eta}\end{aligned} \tag{2.33}$$

$$\frac{\partial V}{\partial t}+\frac{U}{C_\xi}\frac{\partial V}{\partial \xi}+\frac{V}{C_\eta}\frac{\partial V}{\partial \eta}+\frac{UV}{C_\xi C_\eta}\frac{\partial C_\eta}{\partial \xi}-\frac{U^2}{C_\xi C_\eta}\frac{\partial C_\xi}{\partial \eta}+\frac{g}{C_\eta}\frac{\partial Z}{\partial \eta}+gn^2\frac{\sqrt{U^2+V^2}}{h^{4/3}}V =\frac{\nu_t}{C_\xi}\frac{\partial B}{\partial \xi}+\frac{\nu_t}{C_\eta}\frac{\partial A}{\partial \eta} \tag{2.34}$$

式中，Z 为水位(m)；t 为时间(s)；ξ 和 η 、U 和 V 分别为正交曲线坐标系下的坐标及相应流速分量(m^3/s)；C_ξ 和 C_η 为拉梅系数；h 为水深(m)；g 为重力加速度($9.81m/s^2$)；n 为曼宁糙率系数；ν_t 为紊动黏性系数(m^2/s)；$A=\frac{1}{C_\xi C_\eta}\left[\frac{\partial}{\partial \xi}(C_\eta U)+\frac{\partial}{\partial \eta}(C_\xi V)\right]$；$B=\frac{1}{C_\xi C_\eta}\left[\frac{\partial}{\partial \xi}(C_\eta V)-\frac{\partial}{\partial \eta}(C_\xi U)\right]$。

2) 非均匀悬沙不平衡输移方程

$$\frac{\partial}{\partial t}(hS_k)+\frac{1}{C_\xi C_\eta}\left[\frac{\partial}{\partial \xi}(C_\eta UhS_k)+\frac{\partial}{\partial \eta}(C_\xi VhS_k)\right] =\frac{1}{C_\xi C_\eta}\left\{\frac{\partial}{\partial \xi}\left[\varepsilon_\xi\frac{C_\eta}{C_\xi}\frac{\partial}{\partial \xi}(hS_k)\right]+\frac{\partial}{\partial \eta}\left[\varepsilon_\eta\frac{C_\xi}{C_\eta}\frac{\partial}{\partial \eta}(hS_k)\right]\right\}+\alpha_k\omega_{sk}(S_{*k}-S_k) \tag{2.35}$$

式中，S_k 、S_{*k} 、ω_{sk} 、α_k 分别为第 k 粒径组泥沙的含沙量(kg/m^3)、水流挟沙力(kg/m^3)、沉速(m/s)及恢复饱和系数；ε_ξ 、ε_η 分别为 ξ 、η 方向的泥沙扩散系数。

3) 河床变形方程

$$\rho'\frac{\Delta Z_b}{\Delta t}=\sum_{k=1}^{N}\alpha_k\omega_{sk}(S_k-S_{*k}) \tag{2.36}$$

式中，ρ' 为床沙干密度(kg/m^3)；ΔZ_b 为由悬移质泥沙输移引起的床面冲淤厚度(m)；Δt 为时间步长(s)；N 为非均匀沙分组数。

2. 数值解法

1) 水流控制方程的数值解法

首先采用空间概念上的分步法，将水流控制方程式(2.32)～式(2.34)按 ξ 、η 方向进行算子分裂(夏军强等, 2005)，分别得到相应的两组方程，即式(2.37)、式(2.38)：

$$\left.\begin{aligned}
&\frac{\partial Z}{\partial t}+\frac{1}{C_\xi C_\eta}\frac{\partial}{\partial \xi}(UhC_\eta)=0 && (2.37\text{-}1)\\
&\frac{\partial U}{\partial t}+\frac{U}{C_\xi}\frac{\partial U}{\partial \xi}+\frac{UV}{C_\xi C_\eta}\frac{\partial C_\xi}{\partial \eta}-\frac{V^2}{C_\xi C_\eta}\frac{\partial C_\eta}{\partial \xi}+\frac{g}{C_\xi}\frac{\partial Z}{\partial \xi}+gn^2\frac{\sqrt{U^2+V^2}}{h^{4/3}}U=\frac{\nu_t}{C_\xi}\frac{\partial A}{\partial \xi} && (2.37\text{-}2)\\
&\frac{\partial V}{\partial t}+\frac{U}{C_\xi}\frac{\partial V}{\partial \xi}+fU=\frac{\nu_t}{C_\xi}\frac{\partial B}{\partial \xi} && (2.37\text{-}3)
\end{aligned}\right\}\tag{2.37}$$

$$\left.\begin{aligned}
&\frac{\partial Z}{\partial t}+\frac{1}{C_\xi C_\eta}\frac{\partial}{\partial \eta}(VhC_\xi)=0 && (2.38\text{-}1)\\
&\frac{\partial V}{\partial t}+\frac{V}{C_\eta}\frac{\partial V}{\partial \eta}+\frac{UV}{C_\xi C_\eta}\frac{\partial C_\eta}{\partial \xi}-\frac{U^2}{C_\xi C_\eta}\frac{\partial C_\xi}{\partial \eta}+\frac{g}{C_\eta}\frac{\partial Z}{\partial \eta}+gn^2\frac{\sqrt{U^2+V^2}}{h^{4/3}}V=\frac{\nu_t}{C_\eta}\frac{\partial A}{\partial \eta} && (2.38\text{-}2)\\
&\frac{\partial U}{\partial t}+\frac{V}{C_\eta}\frac{\partial U}{\partial \eta}-fV=-\frac{\nu_t}{C_\eta}\frac{\partial B}{\partial \eta} && (2.38\text{-}3)
\end{aligned}\right\}\tag{2.38}$$

然后，采用交替方向隐式法(alternating direction implicit，ADI)对水流连续方程和动量方程进行求解。图 2.19 给出了交错网格布置示意图，水深、流速等数据分别储存在不同网格中(夏军强等, 2005)。

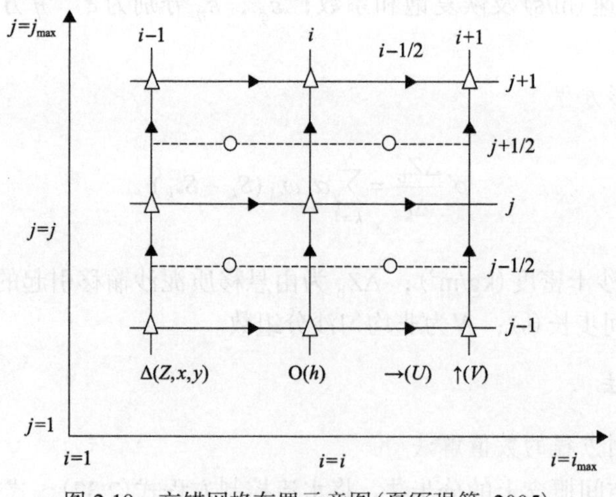

图 2.19　交错网格布置示意图(夏军强等, 2005)

(1) 在前半步长 $n\Delta t\to\left(n+\dfrac{1}{2}\right)\Delta t$ 内，在 ξ 方向，隐式求解 $Z_{i,j}^{n+1/2}$ 、$U_{i+1/2,j}^{n+1/2}$。

分别将 ξ 方向的水流连续方程和动量方程式(2.37-1)和式(2.37-2)在(i,j)点和 $\left(i+\dfrac{1}{2},j\right)$ 点离散，得到两组方程；联立两组方程，并将进出口边界条件代入上述方程组，可得一个三对角的方程组，采用追赶法求解，求得 $Z_{i,j}^{n+1/2}$ 、$U_{i+1/2,j}^{n+1/2}$。

(2)在前半步长 $n\Delta t \to \left(n+\dfrac{1}{2}\right)\Delta t$ 内，在 η 方向，采用显格式离散式(2.37-3)，求解 $V_{i,j+1/2}^{n+1/2}$。

(3)在后半步长 $\left(n+\dfrac{1}{2}\right)\Delta t \to (n+1)\Delta t$ 内，在 η 方向，隐式求解 $Z_{i,j}^{n+1}$ 、$V_{i,j+1/2}^{n+1}$；在 ξ 方向，显式求解 $U_{i+1/2,j}^{n+1}$。具体求解方法与前半步长类似。

2)悬移质泥沙输移方程及河床变形方程的数值解法

对于悬移质泥沙不平衡输移方程式(2.35)，先将其分裂成 ξ 、η 方向的两个一维方程；对 ξ 方向的方程，采用指数显格式离散，对 η 方向的方程，采用 C-N 型隐格式离散；然后采用分步法求解，进而计算各节点的悬移质含沙量($S_{i,j}$)(夏军强等, 2004)。河床变形方程式(2.36)则采用显格式离散并求解。

3. 关键问题处理

二维动床水沙输移过程模拟中关于泥沙的水流挟沙力、床沙级配调整及恢复饱和系数等的处理方法与一维模拟类似。二维模拟中，对于初、边界条件的给定以及动边界处理等关键问题，不同模型的处理方法存在区别，此处仅给出其中较为简单的处理方法。

1)初、边界条件的给定

对于计算中所用的初始水流条件，一般以下游水位为起点，根据河床比降计算出河段内的水位初值，并令初始流速 u 和 v 均为零。含沙量或者输沙率依据实测值给定或取为零。床沙级配需给定实测数据。在给定的边界条件下，模型通常需在不进行地形更新的情况下，运行足够长的时间 ΔT，以达到稳定状态。

对于进出口边界条件，进口水流边界通常给定流量过程，出口水流边界给定水位过程或水位-流量关系曲线。对泥沙而言，进口一般给定含沙量过程及相应的级配，出口则认为含沙量沿出口断面法线方向的梯度为零。

对于岸边界条件，水流计算通常一般采用无滑移条件，以及取 u 和 v 均为零。泥沙计算则通常取沿岸边界法线方向的泥沙通量为零。

2)动边界处理

在平面二维水沙输移模拟中，动边界处理是模拟中主要难点之一。动边界是指计算区域中有水和无水区域的交界线(如河岸边滩及江心洲的区域)。在模拟中对于动边界的处理有两种方法：一是追踪动边界的准确位置，然后把计算区域分为有水区域和无水区域进行计算，这种方法处理起来相对复杂；另一种方法是让整个计算域网格均参与计算，通过某些处理技巧对干网格进行处理，常用的方法有“窄缝法”“冻结法”及“最小水深”假设等方法。其中，“冻结法”的具体操作为根据水位与河底高程的关系，可以判断该网格节点是否露出水面，若该节点不露出水面，则曼宁糙率系数取正常值；反之，该节点的曼宁糙率系数取特大值(如 n=1000)，代入动量方程，则相应单元的水流流速会趋近于零，并使该处的水位“冻结”不变。此外，为使该单元处动量方程的计算可以持续下去，通常给未露出水面的节点一微小虚拟水深。本书采用“冻结法”进行动边界处理。

第二篇　长江中游河床演变分析

第3章　长江中游水沙过程及冲淤特性

三峡工程运用后，进入长江中游的沙量剧减，引起了坝下游河床的持续冲刷及床沙组成的相应调整。本章描述长江中游沿程不同河段概况，详细分析水沙条件、河床冲淤以及床沙组成变化情况。2002～2018年间长江中游干流的水量有所减小，减幅在10%～15%。但进入长江中游的沙量大幅降低，降幅在70%～90%。含沙量急剧减少使长江中游发生显著冲刷，但由于含沙量的沿程恢复，冲刷强度在不同河段存在较大差异。床沙粗化程度在宜枝河段明显大于下游河段，即越靠近三峡大坝床沙粗化程度越高，故床沙粗化限制了宜枝河段河床的进一步冲刷，导致其冲刷强度小于其他河段。

3.1　河段概况

长江作为我国第一大河，发源于青藏高原，并自西向东注入东海，全长约6300km，通常分为上、中、下游三段(图3.1(a))。长江中游指宜昌到湖口之间的河段，总长约955km，流域面积68万km^2。本段汇入的主要支流，包括南岸的清江及洞庭湖水系的湘、资、沅、澧等四水和鄱阳湖水系的赣、抚、信、修、饶等五水，以及北岸的汉江，水系极为复杂。

当今世界最大的水利工程—三峡工程，位于长江中游进口宜昌市三斗坪镇，葛洲坝水利枢纽则位于其下游约38km处。长江中游干流河道共设有7个水文站(宜昌、枝城、沙市、监利、螺山、汉口和九江)、11个水位站(红花套、宜都、马家店、陈家湾、郝穴、新厂、石首、调弦口、广兴洲、莲花塘，石矶头)，

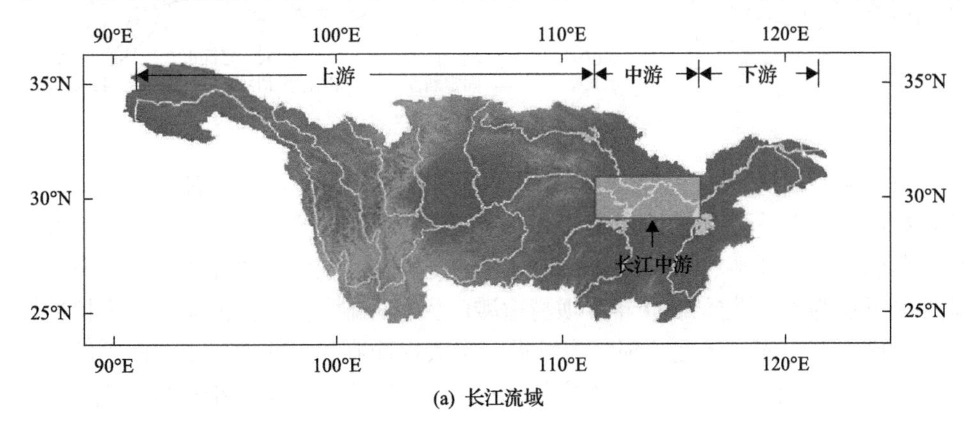

(a) 长江流域

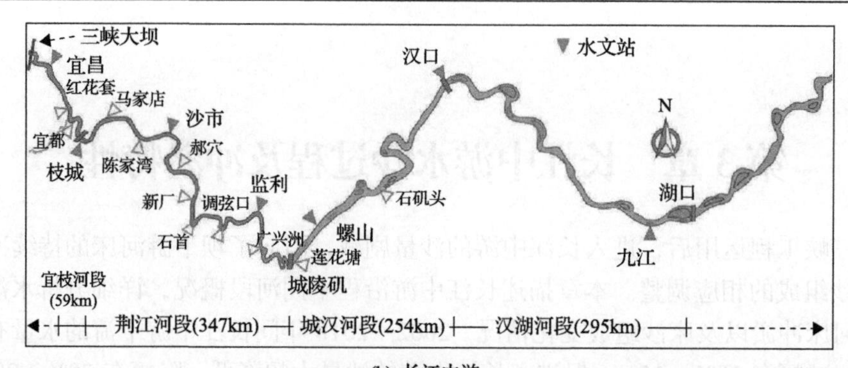

(b) 长江中游

图 3.1　河段概况

如图 3.1(b)所示。根据地理环境、水文、河型特征，长江中游干流又可进一步划分为宜枝(59km)、荆江(347km)、城汉(254km)及汉湖(295km)河段。

1. 宜枝河段

宜枝河段位于长江中游，上起宜昌，下迄枝城，长约 59km，为三峡及葛洲坝水利枢纽下游的近坝段，其间有清江等支流入汇，如图 3.2 所示。该河段是山区河流到平原河流的过渡段，总体为宽谷型顺直微弯河段，平滩河宽约为 1150m，而平滩水深达 21.0m。根据河床组成不同，以宜 69 断面为界将宜枝段分为上、下两个河段，分别长为 42km 及 17km。三峡水库蓄水运用前，宜枝河段主要为沙夹卵石河床，砾卵石所占比例自上而下递减，上段河床组成基本为细沙与砾卵石两相，且沙质覆盖层较薄；而下段河床组成以细沙为主，砾卵石和粗中沙为次，冲刷主要集中在沙质河床部分，沙泓覆盖层厚达 10m 左右。

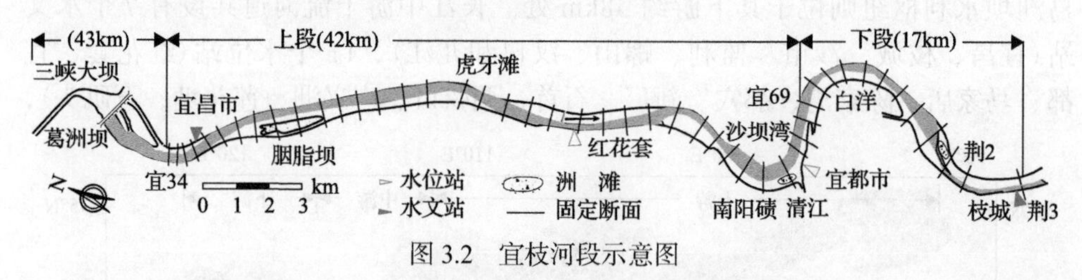

图 3.2　宜枝河段示意图

宜枝河段岸线主要由低山丘陵组成，再加上沿程虎牙滩、宜都、枝城等基岩节点控制，河道平面形态变化不大，河势也相对稳定(卢金友等, 2012)。该河段沿程有胭脂坝、虎牙滩、南阳碛等洲滩，冲淤变化以沙坝湾边滩冲刷崩退以及南阳碛冲刷下切为主，但至 2009 年沙坝湾边滩已大幅冲刷、南阳碛河床组成中抗冲性较强的砾石层出露，因此沙坝湾边滩进一步大幅冲刷的可能性较小，南阳碛也不会完全消失(金正等, 2009)。虽然宜枝河段岸坡较为稳定，但为抵御特大洪水，两岸仍修建了各类堤防及护岸工程。

2. 荆江河段

荆江河段上起枝城，下至城陵矶，紧临宜枝河段，全长347km，进口位于三峡大坝下游102km处。该河段水沙主要来自上游，其间通过松滋口、太平口、藕池口分流入洞庭湖，又于城陵矶处重新汇入长江干流；除三口分流，洞庭湖也接收来自湘江、资江、沅江、澧水四水的入汇。荆江河段总体较为窄深，平滩河宽约为1350m，平滩水深则为14.5m；以藕池口为界，又分为上、下荆江，分别长172km和175km(图3.3)。上荆江为微弯分汊型河道，由江口、沙市、郝穴等6个弯道及其过渡段组成。河弯处多有江心洲，自上而下为关洲、董市洲、柳条洲等。枝城至江口段河床组成为沙及砾卵石，平均厚度达20～25m，两岸受低山丘陵控制较为稳定；江口以下河道位于冲积平原上，床沙组成为中细沙，河岸组成呈二元结构，上部黏土层厚度一般为8～16m，而下部沙土层较薄。下荆江属于典型的弯曲型河道，由石首、调关(调弦口)、监利等10个弯曲段组成；床沙组成多为中细沙，中值粒径约为0.18mm，而卵石层已深埋至床面层以下；河岸为二元结构，河岸上部为黏性土层，主要由粉质黏土或壤土组成，厚度仅数米，而河岸下部土层以中细沙为主，厚度一般超过30m(夏军强和宗全利, 2015)。

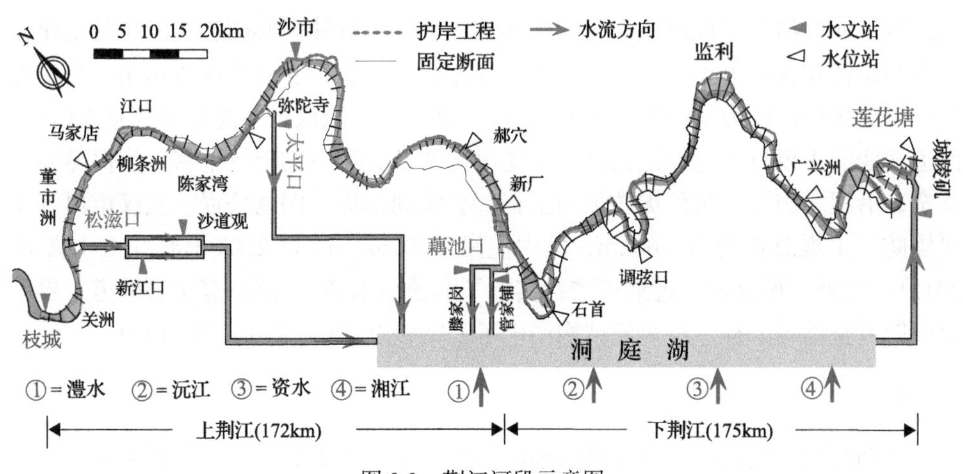

图3.3　荆江河段示意图

荆江河段河床演变复杂，碍航浅滩多，河势变化频繁，历来是水利及航道等部门关注的重点河段。为维护防洪及航运安全，荆江段修建了大规模的整治工程。截至2016年，已完成的护滩(底)工程主要包括：枝江至江口河段航道整治一期工程，长江中游荆江河段航道整治工程(昌门溪至熊家洲段工程)，腊林洲守护工程，三八滩应急守护一、二期工程及沙市河段航道整治一期工程，瓦口子马家咀航道整治工程等。在护岸工程方面，近 60 年来荆江干流完成护岸长度约 252km，上荆江实施了长达 123km 的护岸工程，在下荆江守护岸线长度为 129km。由于众多护岸工程的控制，近期荆江河床平面变形不大，但汊道段主流摆动频繁，河势调整相对剧烈，局部河段岸线崩退较为显著。

3. 城汉河段

城汉河段上迄城陵矶，承接长江干流荆江来水及洞庭湖水系，下至长江中游重要城市武汉，全长约 254km(图 3.4)，是长江中游防洪和航道整治的重点河段。该河段下游有汉江入汇，此外还有东荆河、沦水、陆水、金水等主要支流。该河段以分汊河型为主，河道内沿程江心洲发育，分布有南门洲、白沙洲、铁板洲、天兴洲等洲滩。按照平面形态特征不同，可将其分为顺直分汊型、弯曲分汊型和鹅头分汊型。

城汉河段河道宽窄相间，滩多水浅，呈现宽处分汊、窄处单一的形态特点，平滩河宽达 1700m，平滩水深约为 17.0m。河道沿江分布有白螺矶、杨林矶、螺山、纱帽山等多处节点，相邻节点之间的纵向间距为 5～40km，对河道起控制作用。例如，杨林山与龙头山两岸节点对峙，河道束窄形成锁口；青山与阳逻节点交错分布，河道发育形成微弯型分汊河段。受地层岩石分布不均、岸坡组成的影响，城汉河段河岸呈现出不均匀的抗冲性。节点和抗冲性共同影响河型的变化，如当凸岸存在控制节点，而凹岸抗冲性较差时，河道将受节点挑流作用影响发育形成以陆溪口河段为例的鹅头型分汊河道。近年来，城汉河段总体河势基本稳定，河道演变的主要特点为深泓摆动、主支汊交替及分流点的上提下移。为保障防洪安全，沿程实施了大量的堤防加固工程，有洪湖干堤、四邑公堤、武汉市堤等重要堤防，干堤总长约为 460km，其中左岸 240km，右岸 220km(长江委水文局，2015)。此外，城汉河段近期还陆续实施了陆溪口水道、嘉鱼-燕子窝航道、界牌河段航道整治等工程，对水流结构产生了一定影响(陈怡君和江凌，2019)。

4. 汉湖河段

汉湖河段上迄武汉，下至鄱阳湖出口与长江交汇处(湖口)，受到鄱阳湖水系的顶托，全长约 295km(胡振鹏和傅静，2018)(图 3.5)。该河段除有鄱阳湖水系外，还有其他支流入汇，包括举水、巴水、浠水、蕲水等。两岸分布有太子矶、龙王矶、燕矶、马当矶等多处天然节点，对河势起控制作用，由此形成藕节状宽窄相间的分汊型河段，沿程分布沙洲、东槽洲、戴家洲、新洲等洲滩。汉湖河段较城汉河段更为窄深，平滩河宽约为 1600m，而平滩水深达 18.0m。长期以来，该河段的河道平面形态和多数汊道的主支汊地位稳定少变，仅有部分汊道主泓摆动不定，滩

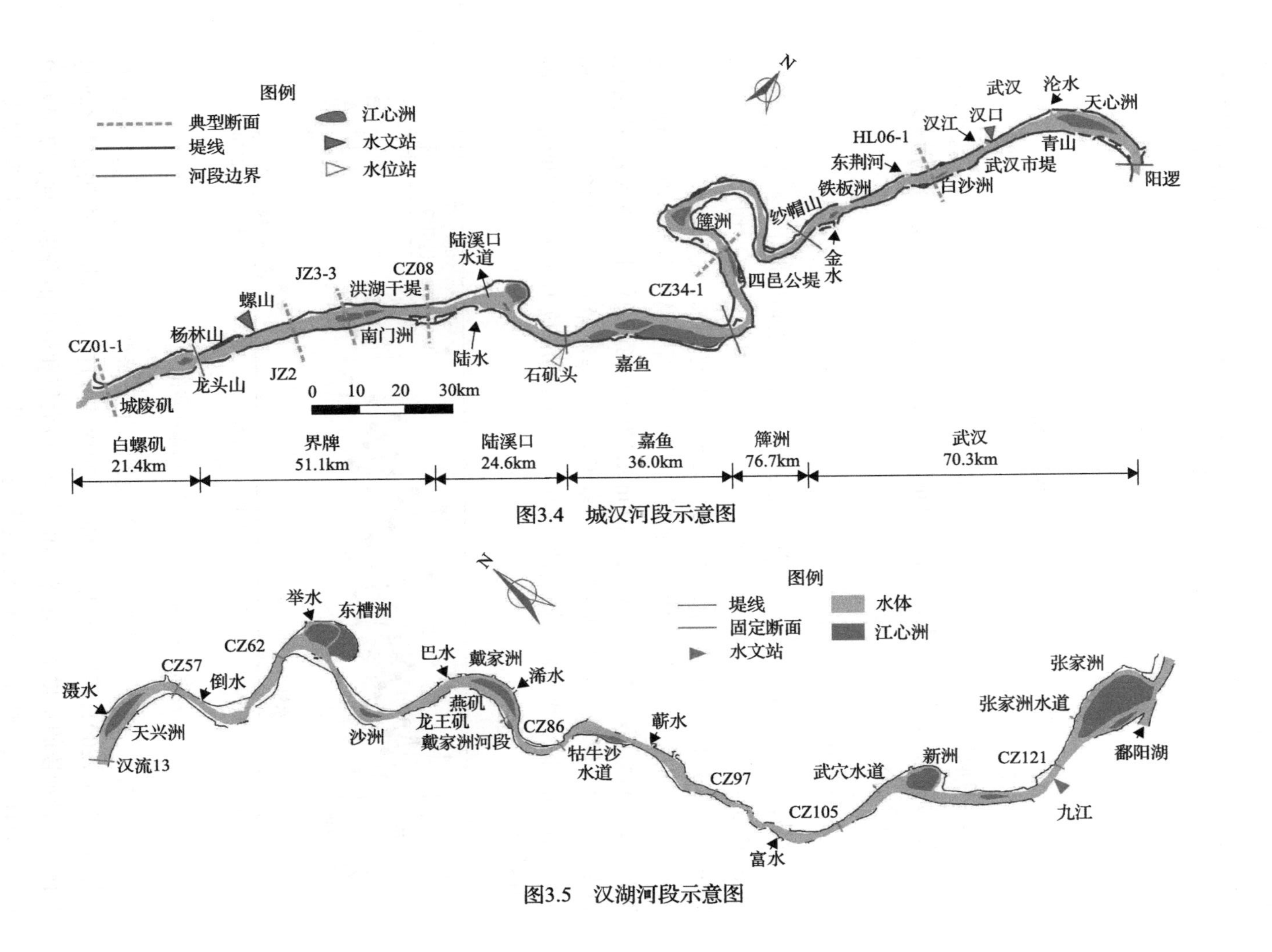

图3.4　城汉河段示意图

图3.5　汉湖河段示意图

槽冲淤交替较为频繁(胡向阳, 2012)。河岸土体以亚黏土、亚砂土质为主，岸坡结构多变，抗冲强度不均，总体抗冲性较弱。床沙组成以细沙为主，其次是极细沙。该河段内有戴家洲河段、牯牛沙水道、武穴水道、张家洲水道、马当河段等重点碍航河段，随着长江中下游一系列航道整治工程的陆续实施，高滩崩退和滩槽移位现象得到缓解，通航条件得到不断改善(陈怡君和江凌, 2019)。

3.2　水沙特性变化

上游建坝显著改变了进入坝下游河道的水沙边界条件。三峡工程运行后，进入长江中游的水量变化不大，但沙量剧减；由于悬沙的沿程恢复，沙量减少幅度沿程逐渐减小。

1. 宜枝河段

宜枝段水沙主要源于长江上游干流，宜昌站是该河段进口水沙条件的控制断面(图 3.6)。三峡工程运行后(2002～2018 年)，宜昌站多年平均水量达 $4086\times10^8m^3/a$，为蓄水前多年平均水量(1950～2001 年)的 93%；由于宜枝段的水量主要集中在汛期(5～10 月)，计算得到三峡工程运行后宜昌站多年平均汛期水量为 $3013\times10^8m^3/a$，较蓄水前的 $3464\times10^8m^3/a$ 减少 13%。总体上，进入宜枝段的水量变化不大。但宜昌站输沙量剧减，多年平均年输沙量由 $4.97\times10^8t/a$ 减小到 $0.47\times10^8t/a$，而多年平均汛期输沙量则由 $4.79\times10^8t/a$ 减小到 $0.47\times10^8t/a$，降幅均达 90%以上。

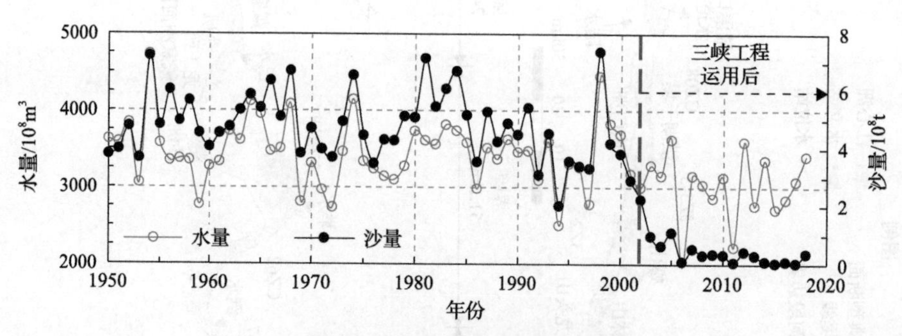

图 3.6　宜昌站汛期水量和输沙量的逐年变化

三峡工程运行后，宜枝段水沙过程也发生了显著变化。图 3.7(a)为三峡水库运用前(1950～2001 年)与运用后(2002～2018 年)宜昌站多年月平均流量之间的对比。宜枝河段的水量集中在 5～10 月份，最大值和最小值分别出现在 7 月和 2 月。一方面，受三峡水库调度方式的影响，主汛期水库下游洪峰流量明显削减，月均流量相应降低。如宜昌站 7 月份的平均流量由蓄水前的 $30276m^3/s$ 减小到蓄水后的 26681m³/s，8 月份平均流量则由 27176m³/s 减小到 23779m³/s；蓄水前该站各年内最大日均流量介于 31500～69500m³/s，而蓄水后减小至 27400～58400m³/s。另一方面，由于水库的补偿调度，宜枝河段非汛期流量略有增加，如宜昌站 2 月份的平均流量由蓄水前的 3829m³/s 增加到蓄水后的 5624m³/s，3 月份的平均流量由 4343m³/s 增加到 6208m³/s；蓄水前该站各年内最小日均流量介于 2270～4180m³/s，蓄水后最小流量增加至 2950～6640m³/s。就输沙过程而言，宜昌站汛期输沙占全年输沙比例由 96%增加到 99%，可知蓄水前后宜枝段汛期输沙的现象都十分显著。图 3.7(b)给出了三峡水库蓄水前、后宜昌站多年月均输沙率的对比，可以看出，受水库拦沙作用的影响，宜昌站汛期月均输沙率大幅度降低，如蓄水前 7 月均输沙率为 58.4t/s，而蓄水后降低到 6.4t/s，降幅达 89%。

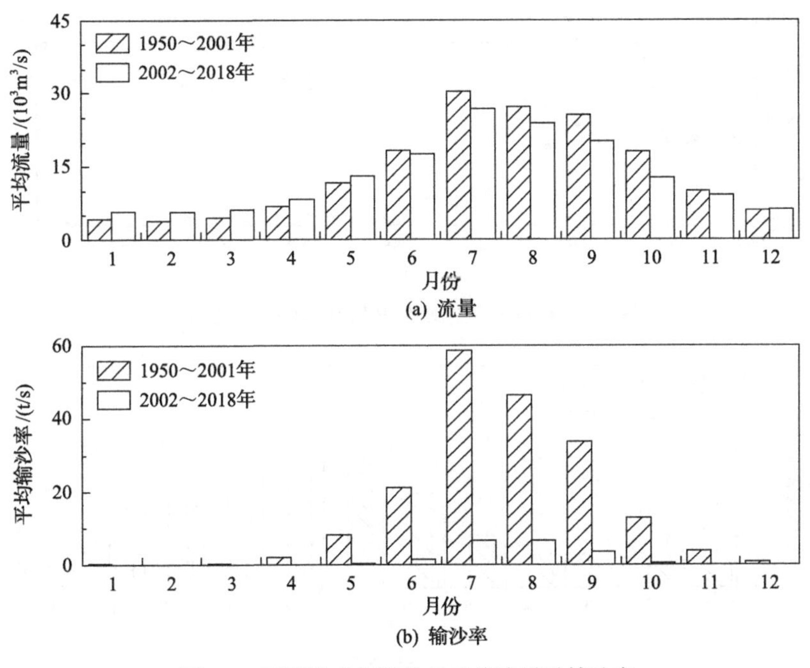

图 3.7　宜昌站多年平均的月均流量及输沙率

2. 荆江河段

如忽略三口(松滋口、太平口及藕池口)分流的影响，枝城站实测水沙过程可代表进入整个荆江段的水沙条件(图 3.8)。三峡工程运用前(1994～2001 年)，枝城站多年平均年水量和汛期水量分别为 4342×10⁸m³/a 和 3413×10⁸m³/a，而输沙量分别为 3.89×10⁸t/a 和 3.76×10⁸t/a。三峡工程运用后(2002～2018 年)，受人类活动及气候变化的影响，枝城站多年平均年水量和汛期水量分别减小到 4006×10⁸m³/a 和 3056×10⁸m³/a，为蓄水前的 92%和 90%；受上游水土保持工程、三峡及上游水库群拦沙作用的影响，枝城站多年平均年输沙量和汛期输沙量大幅减小到 0.55×10^8t/a 和 0.53×10^8t/a，降幅均高达 86%以上。总体上，近期荆江河段的沙量减小幅度远大于水量变化，且汛期输沙的现象也十分明显。

三峡工程运用后，枝城站汛期(5～10 月)月均流量较蓄水前有所减少，相较工程运用前平均减少 7%；非汛期则有所增加，相较工程运用前平均增加 26%。枝城站月均输沙率相较工程运用前大幅减少，全年平均减少 81%，其中汛期减少最为明显，平均减少 86%。其中 7 月为来水来沙最多的月份，多年平均月均流量和输沙率在三峡工程运用前分别为 33434m^3/s 和 49.09t/s，运用后分别减小至 26931m^3/s 和 6.46t/s；2 月为来水来沙最少的月份，多年平均月均流量和输沙率在三峡工程运用前分别为 4133m^3/s 和 0.11t/s，运用后分别为 5950m^3/s 和 0.04t/s(图 3.9)。

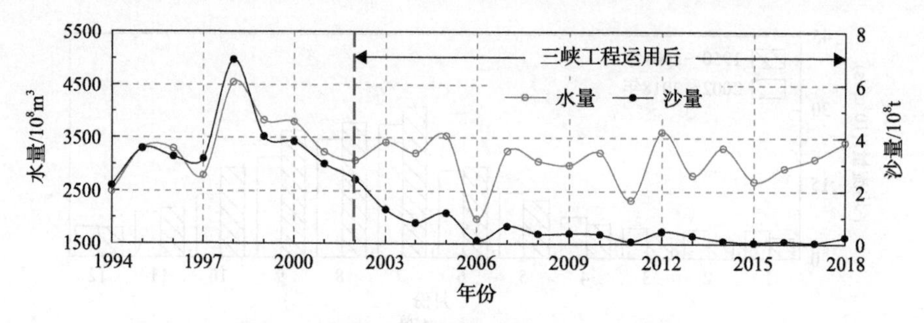

图 3.8　枝城站汛期水量和输沙量的逐年变化

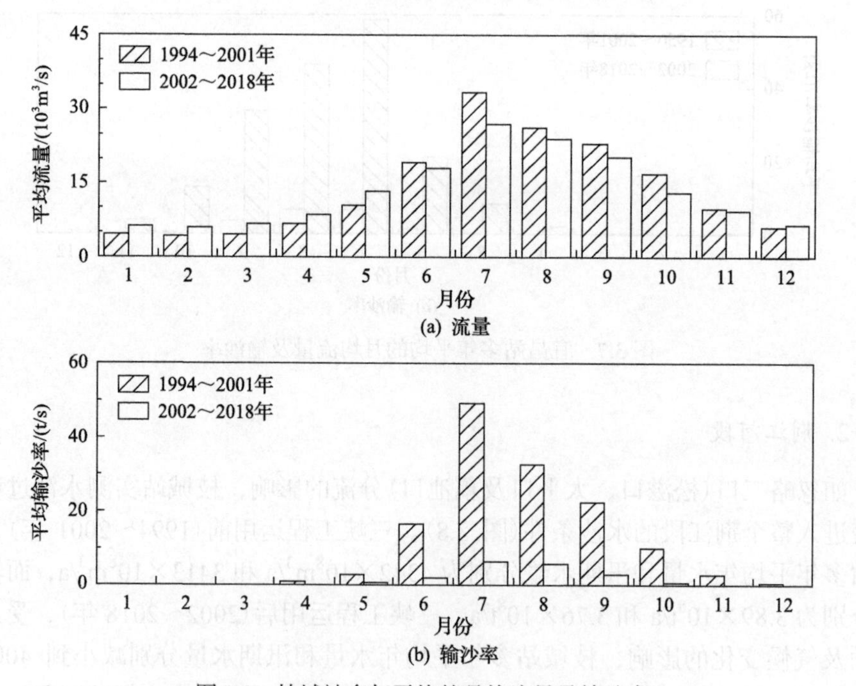

图 3.9　枝城站多年平均的月均流量及输沙率

3. 城汉河段

三峡水库蓄水前后，城汉河段的来水来沙变化均可采用位于河段进口处螺山站的实测水沙数据表示。水沙主要来自上游荆江来水、洞庭湖水系以及汉江支流和沿程其他支流，汛期通常为 5～10 月，最大洪水一般出现在 7 月，沙量的年内分配与径流过程对应。根据螺山站 1954～2018 年的流量与含沙量数据，统计了汛期径流量和沙量的变化过程，结果如图 3.10 所示。三峡工程运行后，进入城汉河段的水量略有减小，与三峡工程运行前(1954～2001 年)相比，2002～2018 年城汉河段多年汛期平均水量由 $4781\times10^8\mathrm{m}^3/\mathrm{a}$ 减小为 $4295\times10^8\mathrm{m}^3/\mathrm{a}$，减小幅度约为 10%；沙量则大幅减小，多年平均汛期沙量由 $3.52\times10^8\mathrm{t/a}$ 减小为 $0.74\times10^8\mathrm{t/a}$，减幅达到 79%。2013 年后金沙江下游梯级电站相继运行，进入三峡水库的沙量减小幅度进一步增大，导致进入坝下游的沙量也进一步减小，2013～2018 年进入城汉河段的汛期平均沙量较 2002～2013 年减小了 47%。

受水库调度的影响，水沙年内分布也有所变化。对比城汉河段的多年平均月均水量、沙量(图 3.11)，结果显示：城汉河段水沙集中在汛期(5～10 月)输送，月均水量、沙量的最大值均出现在 7 月，且在三峡水库蓄水后有所减小。2002～2018 年 7 月平均水量、沙量较 1954～2001 年分别减小了 10%和 78%。三峡工程运用前，汛期水量、沙量分别占全年总水量、沙量的 74%和 86%。三峡工程运用后，

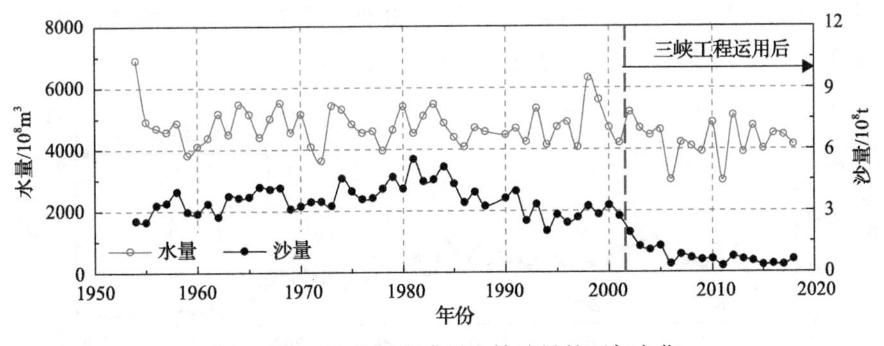

图 3.10　螺山站汛期水量和输沙量的逐年变化

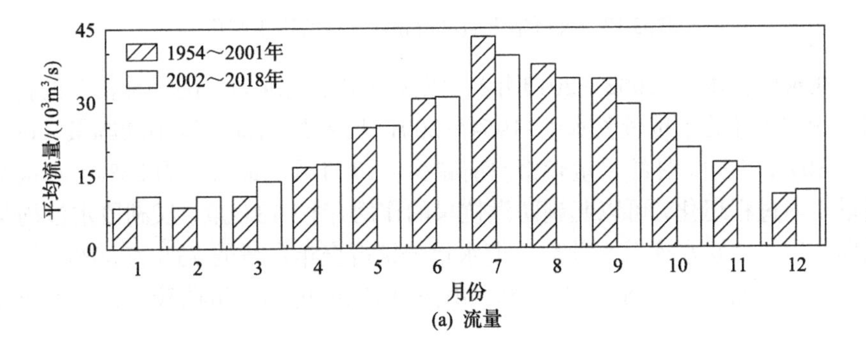

(a) 流量

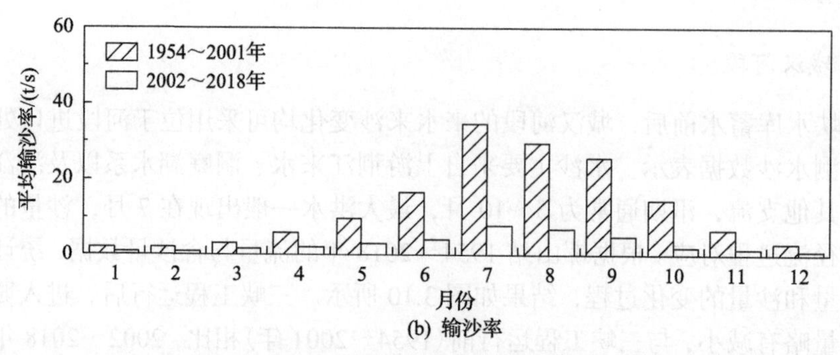

(b) 输沙率

图 3.11　螺山站多年平均的月均流量及输沙率

流量过程趋于坦化，其中多年平均月均水量在枯水期较蓄水前有所增加，洪水期有所减小；多年平均月均沙量则整体大幅减小，且汛期减小幅度较枯水期更大。

4. 汉湖河段

在汉湖河段，汉口站为进口控制站。根据汉口站 1954～2018 年的流量与含沙量数据，统计了汛期径流量和沙量的变化过程，如图 3.12 所示。三峡工程运行前(1954～2001 年)，汉口站多年汛期平均水量和汛期输沙量分别为 $5226\times10^8m^3/a$ 和 $3.52\times10^8t/a$。三峡工程运行后(2002～2018 年)，进入城汉河段的水量有所减小，汛期平均水量减少为 $4756\times10^8m^3/a$，减幅约 9%；汛期输沙量则大幅减小，减少为 $0.88\times10^8t/a$，减幅达 75%。与螺山站相似，受金沙江下游梯级电站投入运行的影响，2013 年后进入汉湖河段沙量进一步减小。

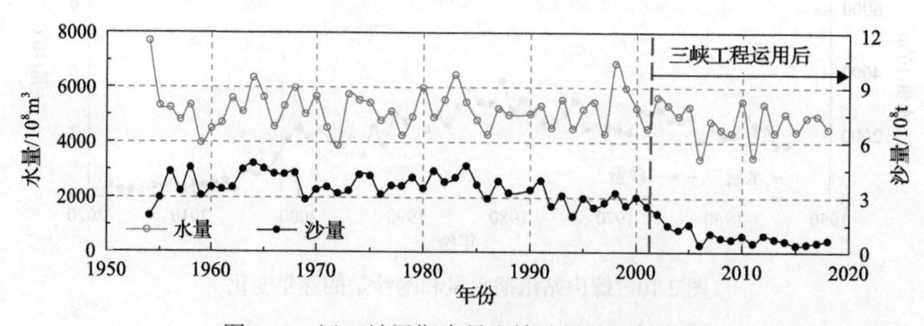

图 3.12　汉口站汛期水量和输沙量的逐年变化

三峡水库蓄水后(2002～2018 年)，汉湖段水量表现为“削峰补枯”的特点，1～6 月及 12 月的水量较蓄水前(1954～2001 年)有所增加，其中增幅最大的是 1 月，为 30%；7～11 月的水量较蓄水前减少，10 月减幅最大，为 25%；水量调节使流量年内过程坦化，可以起到防洪抗旱的作用(图 3.13(a))。汉湖段水沙均集中在汛期输运，三峡水库蓄水前后汛期水量分别占全年水量的 73%和 69%，汛期沙量分别占全年输沙量的 87%和 81%。由图 3.13(b)可知，汛期沙量较蓄水前显著减小：5～7 月减幅逐月递增，7 月平均输沙率(2002～2018 年)从蓄水前(1954～2001 年)的 34.5t/s 显著减少至 8.4t/s，减幅为 76%；7～10 月减幅逐月递减；枯水季沙量变化不大。

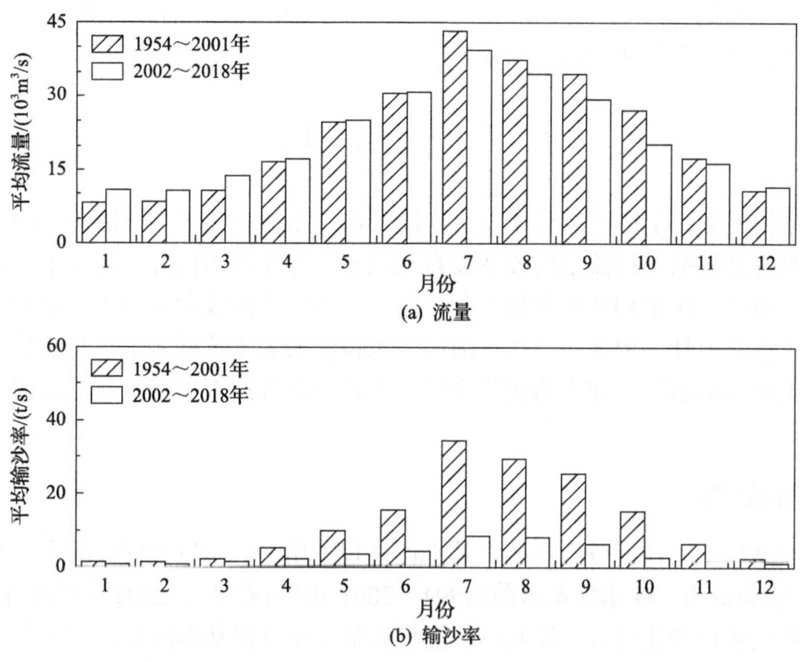

图 3.13　汉口站多年平均的月均流量及输沙率

采用第 2 章介绍的 Mann-Kendall(M-K)趋势检验法和 Mann-Kendall 突变检验法对长江中游各站汛期水量变化特征进行分析，结果如表 3.1 所示。例如，计算得到的长江中游宜昌站 M-K 趋势统计检验值 $Z=-3.07$，该值小于 0，表明宜昌站水量呈下降趋势。在趋势检验中，给定显著性水平 α，查标准正态分布分位数表得到 $U_{1-\alpha/2}$。若 $|Z|\geqslant U_{1-\alpha/2}$，表明通过了 α 显著性检验。此处取显著水平 $\alpha=10\%$,

表 3.1　长江中游各站汛期水量变化趋势和突变年份

站点	时间序列/年	M-K 趋势检验值 Z	突变年份
宜昌	1950～2018	–3.07	2001
枝城	1994～2018	–1.05	2005
沙市	1998～2018	–2.03	2000
监利	1975～2018	–1.69	2006
螺山	1954～2018	–2.21	2003
汉口	1950～2018	–1.90	2004

5%,1%，查标准正态分布分位数表可得 $U_{1-\alpha/2}$=1.64,1.96,2.58。宜昌站$|Z|=3.07>2.58$，故该站水量变化通过了 1%显著性检验。由表可知，长江中游枝城、沙市等其他站水量也呈减少趋势，分别通过了 10%、5%、10%、5%和 10%的显著性检验，表明水量减少趋势均较为显著。经过 M-K 突变检验，发现各站汛期水量发生突变的年份相近，基本在 2000～2006 年。

3.3　出口水位变化

通常情况下，上游建坝对坝下游河段的出口水位变化无直接影响。因为坝下游河段水位会根据进口流量的改变而自动调整，保持水力比降与河床平均比降基本一致。由于河床平均比降变化十分缓慢，水力比降的变化也很小，对河床调整的影响可忽略不计。但在一些典型河段，水位受较大支流的入汇顶托，抬升了入汇点以上河道的水位，使水力比降变缓，这将一定程度上影响该河道的河床调整过程。

1. 宜枝河段

枝城站位于宜枝河段出口处，其水位过程可用于表示宜枝河段的出口水位过程。图 3.14(a)为三峡水库蓄水前(1994～2001 年)与蓄水后(2002～2018 年)枝城站多年年均水位变化过程。枝城站水位与流量变化过程基本同步，2006 年属于特枯年，出现水位较小的情况。三峡工程运行后，枝城站水位在 39.34～41.21m 波动。由图 3.14(b)可知，三峡水库蓄水前宜昌站和枝城站水位差保持在 2.50m 左右；水库蓄水后，水位差变化范围在 1.91～2.62m，平均值为 2.30m，较蓄水前有所减小，且总体较为稳定。其主要原因在于三峡工程运行后坝下游河床比降不断调平。综上所述，宜枝河段出口水位变化主要受进口流量控制，随进口流量变化而变化，且进出口水位差保持稳定，即水面比降变化不大，与河床比降相近，洞庭湖入汇对该河段的顶托作用影响很小。

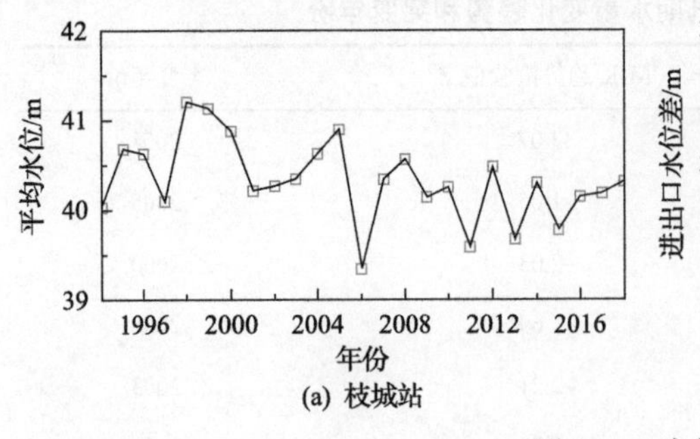

(a) 枝城站

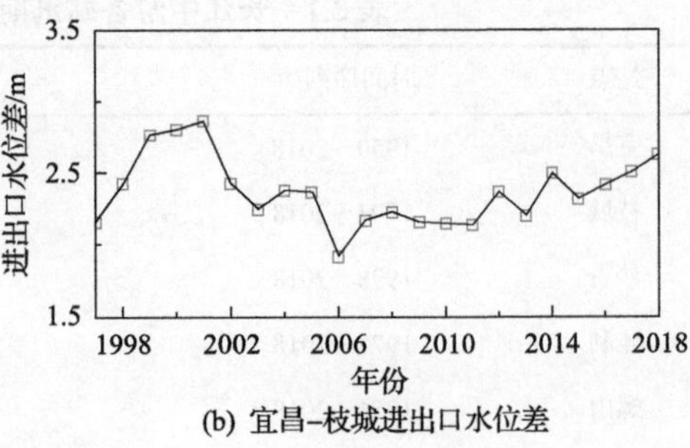

(b) 宜昌–枝城进出口水位差

图 3.14　水位过程

2. 荆江河段

在荆江河段，出口水位受到洞庭湖的入汇顶托作用。莲花塘水位站位于荆 183 断面，为荆江河段的出口控制站；七里山水文站则为洞庭湖入汇长江干流前的控制站，入汇点位于莲花塘站上游约 3km 处(图 3.3)。洞庭湖的入汇流量与干流流量十分接近(图 3.15(a))，1991～2018 年监利站汛期平均的流量约为 16989m^3/s，而同时期洞庭湖的入汇流量则高达 11645m^3/s，因此洞庭湖的入汇对莲花塘站及其上游河道的水位产生了十分显著的顶托作用。莲花塘站的流量近似等于上游

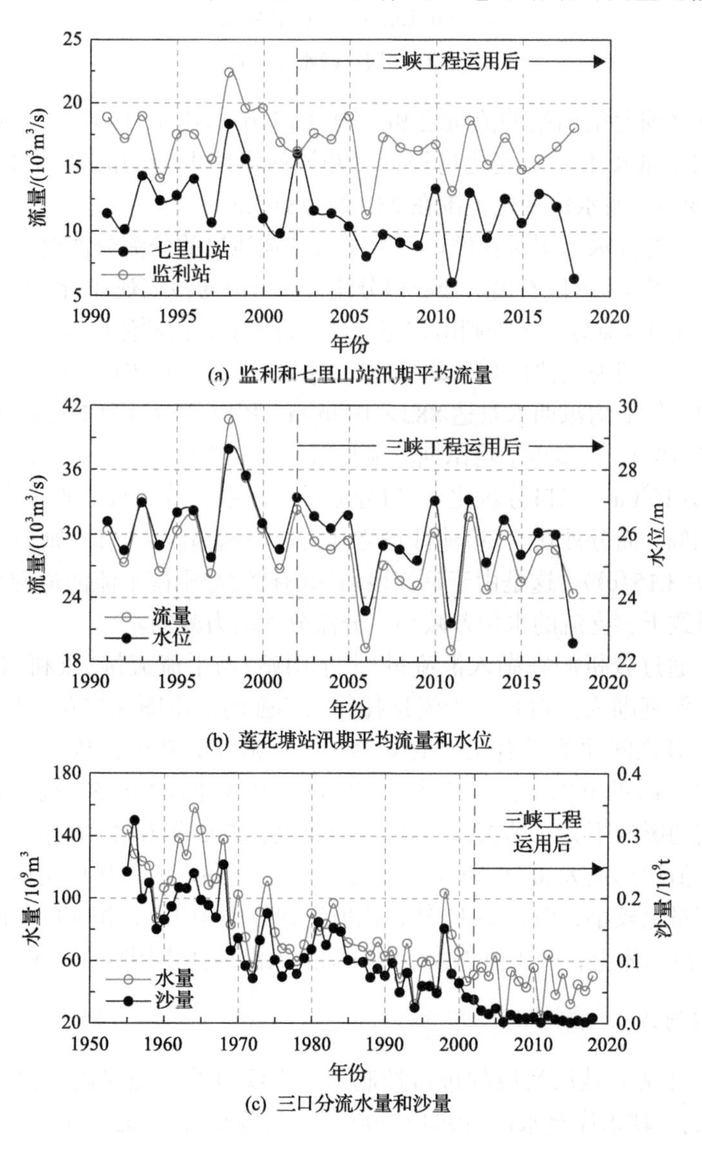

(a) 监利和七里山站汛期平均流量

(b) 莲花塘站汛期平均流量和水位

(c) 三口分流水量和沙量

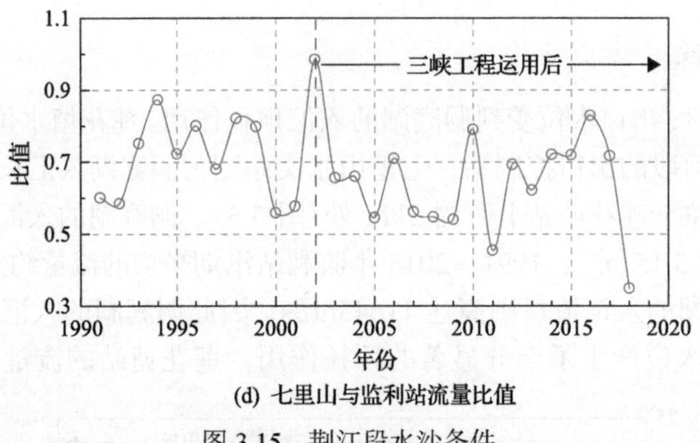

(d) 七里山与监利站流量比值

图 3.15　荆江段水沙条件

监利站与洞庭湖七里山站的流量之和。图 3.15(b)给出了 1991～2018 年莲花塘站汛期平均流量及水位的变化过程，可知该站汛期平均的流量在 19063m^3/s～40711m^3/s 变动，而水位变化范围在 23.19～28.63m。

三峡水库的蓄水运用对松滋口、太平口及藕池口的分流分沙过程也产生了一定的影响。从图 3.3 可以看出，松滋口分流分沙量应为沙道观和新江口站的水沙量之和；太平口的分流分沙过程则由弥陀寺站进行监测；而藕池口分流分沙后，分为两汊，控制站分别为藕池口(管)和藕池口(康)水文站。蓄水前(1955～2001 年)，三口分流的多年平均汛期水量达 882×10^{8}m^3/a，相应分沙量为 1.32×10^{8}t/a；蓄水后(2002～2018 年)，多年平均汛期分流量减小至 463×10^{8}m^3/a，分沙量则大幅下降至 0.104×10^{8}t/a。三口分流比(三口分流量之和占枝城站水量的比值)由 20.5%减小到 11.1%，而分沙比(三口输沙量之和占枝城站输沙量比值)则由 35.2%减小至 24.1%(图 3.15(c))。这是由于荆江段河床的持续冲刷使干流河道的水位有所降低，从而导致干、支流的水位差减小，分流分沙动力减弱。

此外，通过分析洞庭湖入汇流量(七里山站)与干流流量(监利站)的比值关系，来分析洞庭湖入汇对长江干流顶托作用的强弱。由图 3.15(d)可知，三峡工程运用后两者之间比值没有明显的变化，有小幅度的减小，从三峡工程运行前(1991～2001 年)的 0.71 减小到运行后(2002～2018 年)的 0.65，故三峡工程运用对顶托作用的影响不大。其次，三峡工程运用后 2002 年和 2016 年入汇流量和干流流量的比值达到最大(0.99 和 0.83)，意味着洞庭湖入汇顶托作用最为显著，相应的平滩流量也较小；而在 2011 年，比值达到最小(0.46)，相应的平滩流量则达到最大值。故总体上，该比值越大，洞庭湖的入汇顶托作用越强，平滩流量越小。

3. 城汉河段

螺山水文站为城汉河段的进口控制站，而汉口站为该河段的出口控制站。图 3.16(a)为三峡水库蓄水前(1954～2001 年)与蓄水后(2002～2018 年)螺山站多年平均水位变化过程，水位随进口流量变化在 17.33～21.93m 变动。从图 3.16(b)可知，蓄水前螺山站和汉口站水位差变化范围在 3.75～5.03m；水库蓄水后，水位差保持在 5.00m 左右，较蓄水前有小幅增加，但总体较为稳定。城汉河段区间有 16 条支流入汇，通常仅汉江的流量较大，其流量级在 1000m³/s 左右，其余支流年平均流量通常在 100m³/s 以下，但在水量较大的年份，区间 16 条支流入汇对长江径流有较强的调节作用。根据历史实测资料记载，在丰水年，区间支流流量可达数万以上。例如，1958 年支流沦水岱家山的流量达到了 15400m³/s；聂、倒、举、浠、蕲水的最大流量分别达到了 3460m³/s、3490m³/s、5360m³/s、7440m³/s 和 3600m³/s；南岸富水的阳辛站流量也在 1969 年达到了 3940m³/s。但在三峡工程运行后，汉江仍为城汉河段主要的入汇支流，但平均入汇流量(仙桃站)仅为 1100m³/s 左右，相对于干流(汉口站)约 21000m³/s 的平均流量，其入汇对城汉河段的顶托作用影响很小。因此，城汉河段出口水位变化主要仍受进口流量控制。

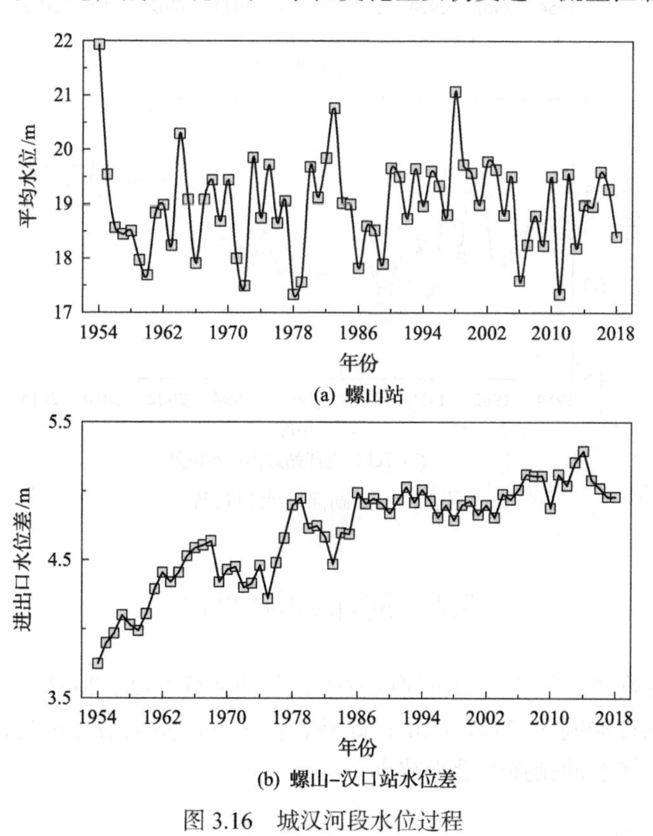

(a) 螺山站

(b) 螺山-汉口站水位差

图 3.16 城汉河段水位过程

4. 汉湖河段

汉口水文站为汉湖河段的进口控制段，而九江站为该河段的出口控制站。

图 3.17(a)为三峡水库蓄水前(1954～2002 年)与蓄水后(2002～2018 年)九江站平均水位变化过程，其值随进口流量变化在 9.53～13.87m 变动。从图 3.17(b)可知，三峡水库蓄水前汉口站和九江站水位差变化范围在 4.77～5.69m；水库蓄水后，水位差在 5.25～5.91m 波动，较蓄水前有小幅度增加。

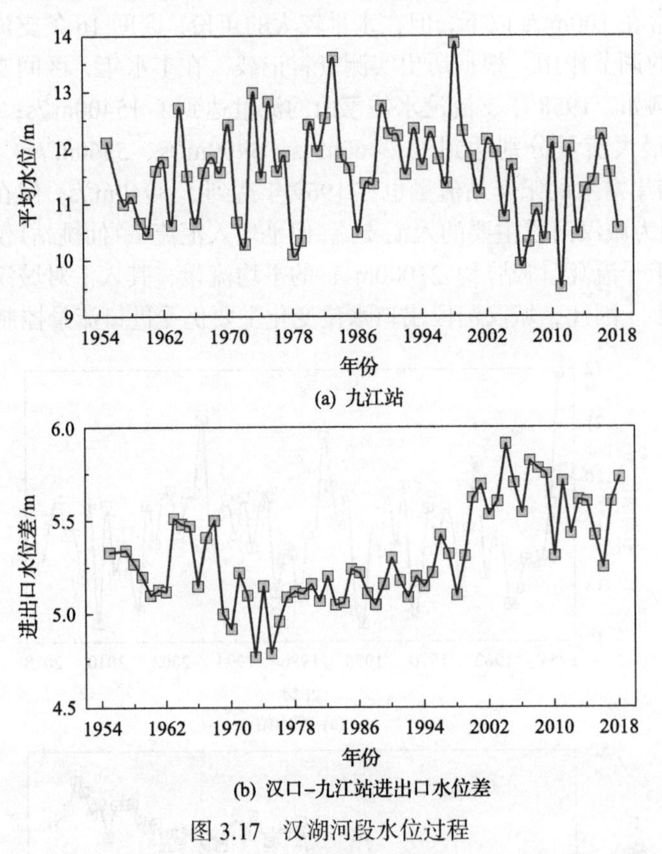

图 3.17 汉湖河段水位过程

3.4 河床冲淤变化

含沙量急剧减少使长江中游河床发生显著的持续冲刷，2002～2018 年中游河段平滩河槽累计冲刷达 $24\times10^8\text{m}^3$；此外，由于含沙量的沿程恢复，冲刷逐渐向下游发展，总体上冲刷强度沿程减小。

1. 宜枝河段

三峡工程修建前，宜枝河段河床经历了冲淤交替的演变过程。据统计：该河段在 1975～1996 年总体表现为冲刷，平滩河槽累计冲刷量达 $1.35\times10^8\text{m}^3$；1996～

1998 年发生淤积，累计淤积量达 $0.35\times10^8m^3$，尤其是 1998 年大水期间，长江中下游高水位持续时间较长，使该河段淤积较为明显；之后又发展为冲刷，1998～2002 年累计冲刷量为 $0.44\times10^8m^3$。三峡工程运用后，宜枝河段总体上保持较高强度的持续冲刷，年均冲刷量达 $0.11\times10^8m^3/a$，远大于水库运用前(1975～2002 年)的 $0.05\times10^8m^3/a$。从图 3.18 可知：宜枝河段河床冲刷主要集中在水库运用的前 3 年(2002～2005 年)，其河槽冲刷量占总冲刷量的 48%；2006 年和 2008 年为枯水少沙年，故冲刷量较小；随着河床的粗化，2009～2012 年该河段河床冲刷强度呈减小趋势；2013 年总体表现为淤积；2014～2018 年河床冲刷强度呈进一步减小。

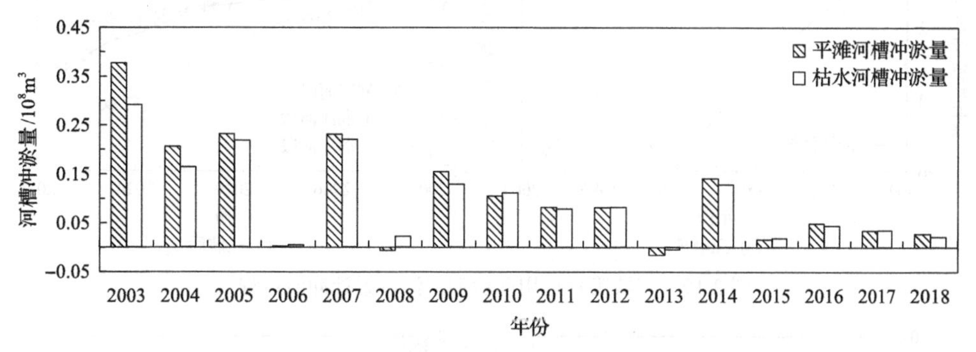

图 3.18　三峡工程运用后宜枝河段冲淤过程(正值表示冲刷，负值表示淤积)

从图 3.18 还可看出，2003～2018 年宜枝河段平滩河槽累计冲刷为 $1.70\times10^8m^3$，而枯水河槽冲刷总量达 $1.56\times10^8m^3$，占平滩河槽冲刷总量的 92%，故近期宜枝河段冲刷主要集中在枯水河槽。近期河床冲刷主要集中在宜枝下段，而宜枝上段近期冲淤变化均不明显，已基本达到了冲淤平衡状态。

2. 荆江河段

三峡工程建成前，荆江河床冲淤交替。1966～1981 年在下荆江裁弯期及裁弯后，荆江河床一直呈持续冲刷状态，累计冲刷泥沙 $3.46\times10^8m^3$，年均冲刷量为 $0.23\times10^8m^3/a$；1981 年葛洲坝水利枢纽建成后，荆江河床继续冲刷，1981～1986 年冲刷泥沙 $1.72\times10^8m^3$，年均冲刷量为 $0.34\times10^8m^3/a$；1986～1996 年则以淤积为主，其淤积量为 $1.19\times10^8m^3$，年均淤积泥沙 $0.12\times10^8m^3/a$；1998 年大水期间，长江中下游高水位持续时间长，荆江河床“冲槽淤滩”现象明显，1996～1998 年枯水河槽冲刷泥沙 $0.54\times10^8m^3$，但枯水位以上河床则淤积泥沙 $1.39\times10^8m^3$，主要集中在下荆江；1998 年大水后，荆江河床冲刷较为剧烈，1998～2002 年冲刷量为 $1.02\times10^8m^3$，年均冲刷量 $0.26\times10^8m^3/a$。三峡水库的蓄水拦沙作用，使荆江段平滩河槽累计冲刷量达 $11.38\times10^8m^3$(2002～2018 年)。全河段单位河长的年均冲刷量为 20.48×$10^4m^3/a$，远大于蓄水前(1975～2002 年)的 3.18×$10^4m^3/a$(图 3.19(a))。其中上荆江河段单位河长的年均冲刷量为 23.35×$10^4m^3/a$，远大于蓄水前的 7.48×$10^4m^3/a$；下荆江河段单位河长的年均冲刷量为 18.01×$10^4m^3/a$，而蓄水前整体表现为淤积状态，单位河长的年均淤积量为 1.03×$10^4m^3/a$。此外，河床冲刷自上而下发展，上荆江的冲刷强度大于下荆江(图 3.19(b))。从冲淤部位来看，荆江河段以枯水河槽冲刷为主，2002～2018 年间累计冲刷量约为 10.25×10^8m^3，占平滩河槽的 90%，如图 3.20(a)所示。

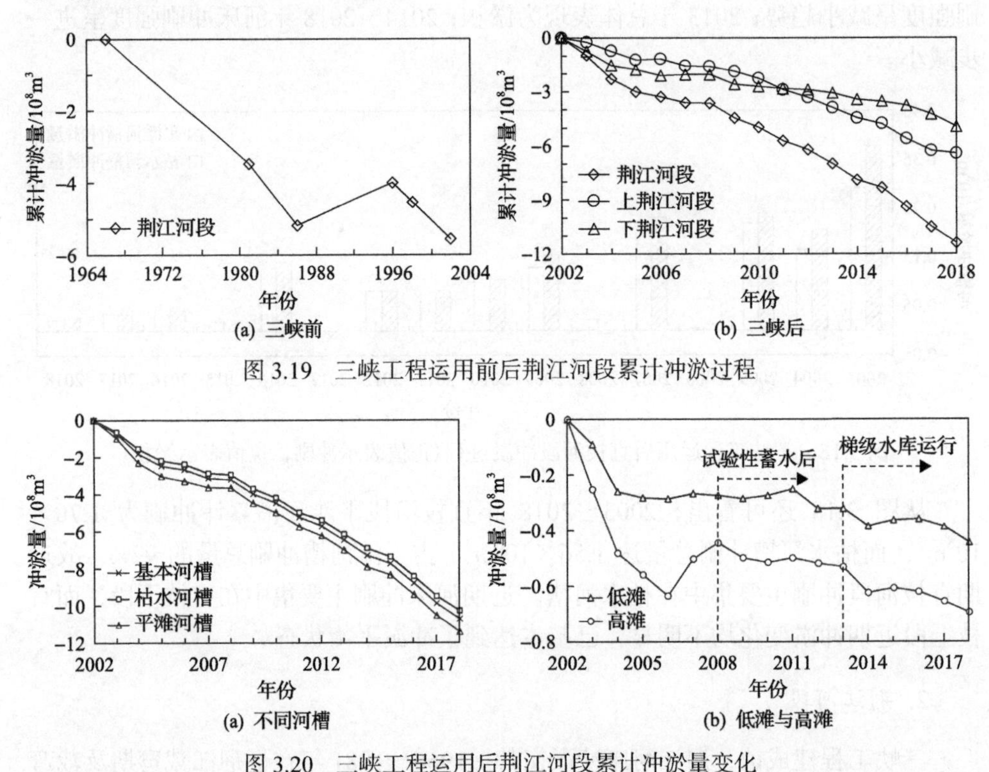

图 3.19 三峡工程运用前后荆江河段累计冲淤过程

图 3.20 三峡工程运用后荆江河段累计冲淤量变化

三峡水库蓄水后，大量泥沙被拦截在库区内，导致下泄沙量大幅减小，坝下游河段整体呈现冲刷趋势，但滩槽冲淤特点有所不同(许全喜，2012；杨云平等，2018)。此处分别对河槽和滩地的冲淤过程予以详细分析。一般将基本河槽与平滩河槽之间的区域定义为高滩，枯水河槽与基本河槽之间的区域定义为低滩。三峡水库蓄水后，荆江河段以枯水河槽冲刷为主，低滩、高滩冲淤幅度很小，总体表现为先冲后淤再冲的特点，且在三峡上游梯级水库运行后，高滩、低滩冲刷幅度有较明显提升。2002～2018 年低滩、高滩累计冲刷量分别为 0.44×10^8m^3 和 0.69×10^8m^3，累计冲淤量曲线如图 3.20(b)所示。2002～2006 年高滩冲刷较为显著，累计冲刷量达 $0.63\times10^8m^3$，之后转冲为淤，2006～2009 年高滩淤积量达 $0.14\times10^8m^3$；三峡水库试验性蓄水后，高滩持续保持冲刷。低滩在蓄水初期整体冲淤趋势不明显；直至 2011 年，低滩开始发生持续冲刷，2011～2018 年累计冲刷量达 $0.19\times10^8m^3$。

3. 城汉河段

三峡工程运用前，城汉河段有冲有淤，整体以淤积为主(图 3.21)。1959～1966 年，城汉河段累计淤积 $3.30\times10^8m^3$，1966～1970 年冲刷约 $2.23\times10^8m^3$。1970 年后城汉河段持续淤积，其淤积过程大致可以分为两个阶段：第一阶段为 1970～1986 年，河床累计淤积泥沙 $5.15\times10^8m^3$，年均淤积量为 $0.32\times10^8m^3/a$；第二阶段为 1986～1993 年，河床累计淤积泥沙 $0.08\times10^8m^3$，年均淤积量为 $0.01\times10^8m^3/a$，淤积速度明显减缓。1993 年开始河床转淤为冲，至 2001 年累计冲刷 $1.76\times10^8m^3$，年均冲刷量约为 $0.22\times10^8m^3/a$；该阶段河槽虽整体冲刷，但滩地以淤积为主。受 1998 年洪水影响，城汉河段内高滩部分淤积泥沙 $2.41\times10^8m^3$(1996～1998 年)；低滩部分淤积泥沙 $0.24\times10^8m^3$(1998～2001 年)。

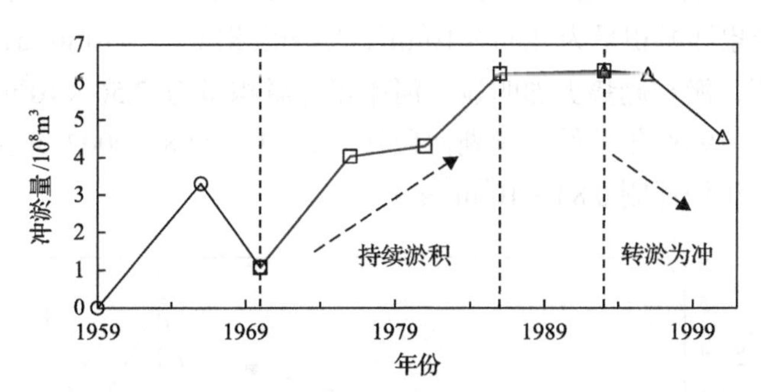

图 3.21　三峡工程运用前城汉河段累计冲淤过程

三峡水库蓄水后(2003～2017 年)，城汉河段枯水河槽累计冲刷 $3.6\times10^8m^3$，基本河槽累计冲刷 $3.7\times10^8m^3$；由于高滩略有淤积，平滩河槽累计冲刷约 $3.4\times10^8m^3$(图 3.22(a))。城汉河段高滩、低滩在三峡水库蓄水后整体呈现出先淤后冲的特点，其累计冲淤量变化如图 3.22(b)所示。以 2008 年三峡水库试验性蓄水为节点，前期高低滩均以淤积为主；随后以冲刷为主，且低滩冲刷较高滩更为剧烈。总体而言，城汉河段在三峡水库蓄水后的累计冲淤量变化大致可以分为三个阶段：蓄水初期(2003～2008 年)冲槽淤滩，河段整体有冲有淤；2008 年三峡工程进入试验性蓄水阶段，城汉河段的来流含沙量进一步减小，滩地的淤积幅度减小，开始由缓慢淤积转变为以冲刷为主；2013 年后，金沙江下游各梯级水库相继运行，三峡大坝下游河段冲刷进一步加剧(Li et al., 2018)，此时城汉河段表现为高低滩均有冲刷，且低滩冲刷幅度较高滩更大。

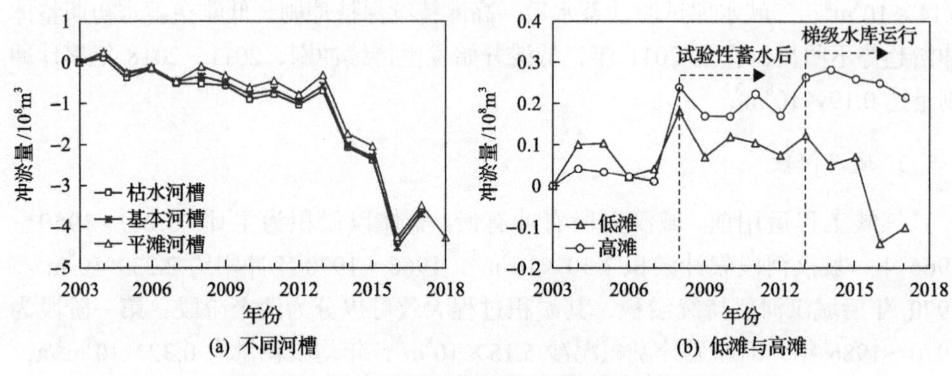

图 3.22 三峡工程运用后城汉河段累计冲淤过程

4. 汉湖河段

三峡水库蓄水前，汉湖段表现为先淤后冲的特点(图 3.23)。1975～1998 年汉湖河段保持持续淤积，其淤积过程大致可以分为两个阶段：第一阶段为 1975～1996 年，河床累计淤积量为 $2.44\times10^8m^3$，年均淤积 $0.12\times10^8m^3/a$；第二阶段为 1996～1998 年，淤积趋势更加明显，河床累计淤积量为 $2.56\times10^8m^3$，年均淤积 $1.28\times10^8m^3/a$；1998 年开始，汉湖河段转淤为冲，1998～2002 年河床累计冲刷 $3.3\times10^8m^3/a$，年均冲刷 $0.84\times10^8m^3/a$。

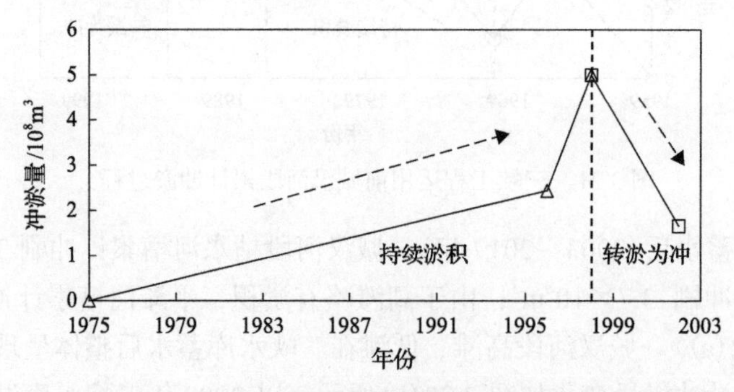

图 3.23 三峡工程运用前汉湖河段累计冲淤过程

三峡水库蓄水后，汉湖河段平滩河槽累计冲刷量达 $5.06\times10^8m^3$(2003～2017 年)，单位河长年均冲刷量为 $12.23\times10^4m^3/a$，对比蓄水前(1975～2002 年)的 $2.08\times10^4m^3/a$，增加了近 5 倍；基本河槽累计冲刷 $5.38\times10^8m^3$，枯水河槽累计冲刷 $5.57\times10^8m^3$(图 3.24a)。其中高滩有逐年淤积的趋势，至 2017 年其累计淤积量达 $0.32\times10^8m^3$；低滩有冲有淤，仅三峡水库蓄水后(2003～2006 年)、试验蓄水后的一年内及梯级水库运行后至 2016 年低滩冲刷，其余年份均淤积，至 2017 年其累计淤积量为 $0.19\times10^8\text{m}^3$(图 3.24(b))。

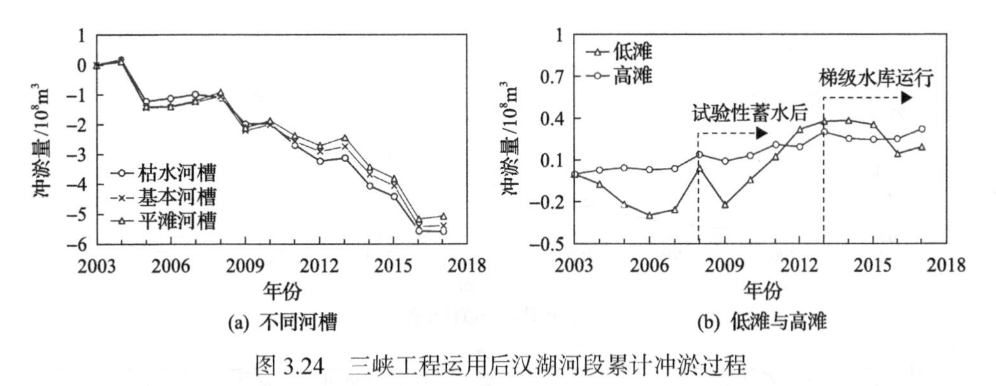

图 3.24　三峡工程运用后汉湖河段累计冲淤过程

3.5　床沙组成变化

在持续冲刷过程中，坝下游河床通常会发生粗化现象，细颗粒泥沙被水流分选带走，粗颗粒泥沙留在河床上(Williams and Wolman, 1984; 赵业安等, 1998)，一定程度上将限制河床的冲刷下切。由于缺少汉湖段床沙的详细实测资料，下面仅介绍长江中游宜枝、荆江、城汉河段的床沙粗化情况。根据不同粒径悬沙的特性，以 0.031mm 和 0.125mm 为分界粒径，将床沙分为细沙(d<0.031mm)、中沙(d=0.031～0.125mm)和粗沙(d>0.125mm)。

1. 宜枝河段

三峡水库蓄水前，宜枝河段进口宜昌站床沙组成主要为 0.25～0.50mm 和 10mm 以上的泥沙，两者分别占 50%和 30%，河床组成表现为沙夹卵石特性(长江流域规划办公室水文局, 1983)；蓄水后粗颗粒泥沙所占的比重逐年上升，河床逐步发展成卵石夹沙河床，当分选发展到一定程度时，床面将形成以不动粗颗粒为主体的粗化层。由于缺少 2010 年后宜枝段床沙组成实测资料，此处仅研究该河段 2002～2010 年的床沙粗化过程。首先，根据宜枝段 23 个固定断面的床沙组成资料，计算该河段的平均床沙中值粒径($\bar{D}_{50}$)。结果表明，宜枝上段的床沙粗化明显，$\bar{D}_{50}$ 从 2002 年的 0.420mm 增加到 2010 年的 38.990mm；而下段的 $\bar{D}_{50}$ 则从 0.230mm 增加到 6.820mm(图 3.25(a))。此外，宜昌站 2002～2006 年的床沙粒径基本在 0.1～1.0mm，比例几乎达 100%；随后发生较为显著的床沙粗化现象(2006～2010 年)，床沙级配曲线急剧变缓，粗颗粒泥沙的比例增加(图 3.25(b))。然而枝城站的床沙粗化现象较不明显(图 3.25(c))，2002～2006 年的床沙粒径范围为 0.1～1.0mm；之后该粒径范围的泥沙仅有小幅度的减少，较粗的 1.0～16.0mm 粒径的泥沙比例略有增加。

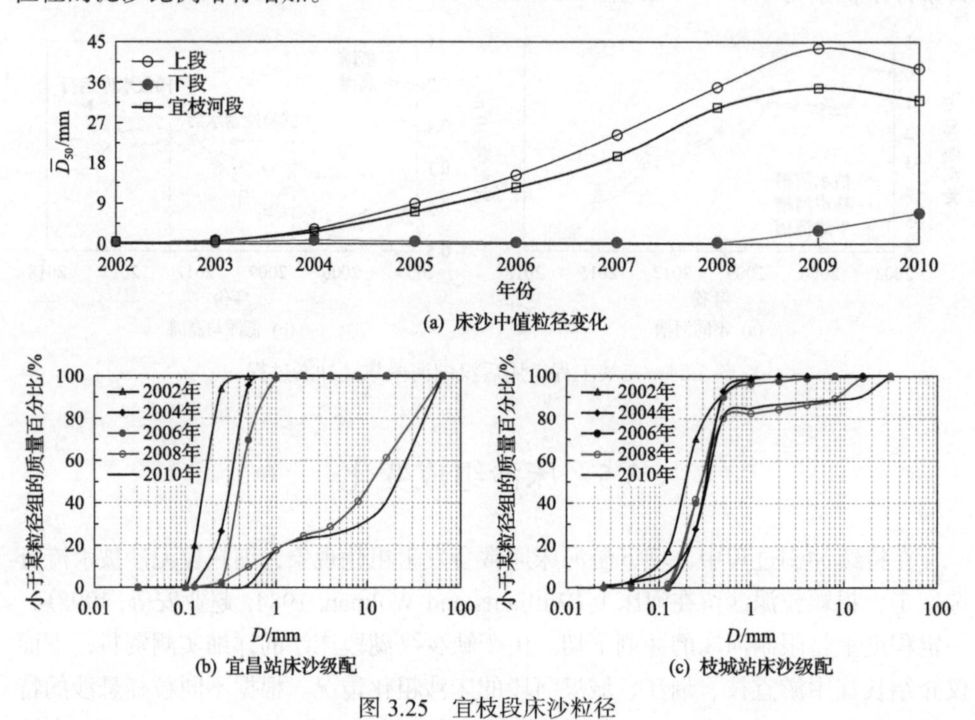

图 3.25　宜枝段床沙粒径

2. 荆江河段

荆江段河床组成为中细沙，卵石层已深埋至床面层以下。三峡工程运用后，荆江河段因河床持续冲刷，床沙组成也发生了一定程度的粗化，但并不明显。如图 3.26(a)所示，荆江段的床沙中值粒径（$\overline{D}_{50}$）从 2001 年的 0.188mm 增加到 2017 年的 0.244mm。其中，上荆江的 $\overline{D}_{50}$ 从 0.202mm 增加到 0.288mm；下荆江的 $\overline{D}_{50}$ 则从 0.167mm 增加到 0.215mm，总体而言，上荆江床沙粗于下荆江。分析典型断面的床沙组成可知，沙市站和监利站的床沙组成基本集中在 0.1～1.0mm（图 3.26(b)(c)）。沙市站 2002 年床沙中值粒径为 0.207mm；2018 年河床粗化后床沙中值粒径变为 0.284mm；相对于 2002 年，2018 年床沙粗化程度达 37%。在 2003～2017 年，该断面床沙中值粒径 D_{50} 总体呈上升趋势，其中在 2012 年以后有所波动，并在 2017 年达到最大值；同时 2002～2010 年粗化速率为 0.006mm/a，即 2010～2018 年床沙粗化速率明显慢于 2002～2010 年床沙粗化速率(6.2 倍)，床沙粗化速率呈递减趋势。而监利站 2003～2017 年床沙中的细沙成分所占比重介于 0～3.6%，多年平均值为 0.48%，其中细沙比重在 2003 年取得最大值 3.6%，之后逐年减少，并在 2010 年以后始终为 0。床沙中的中沙成分所占比重逐年减少，介于 3.6%～24.9%，多年平均值为 10.3%。另外，床沙中的粗沙成分所占比重介于 71.5%～96.4%，多年平均值为 89.2%，为监利站床沙组成的主要成分。

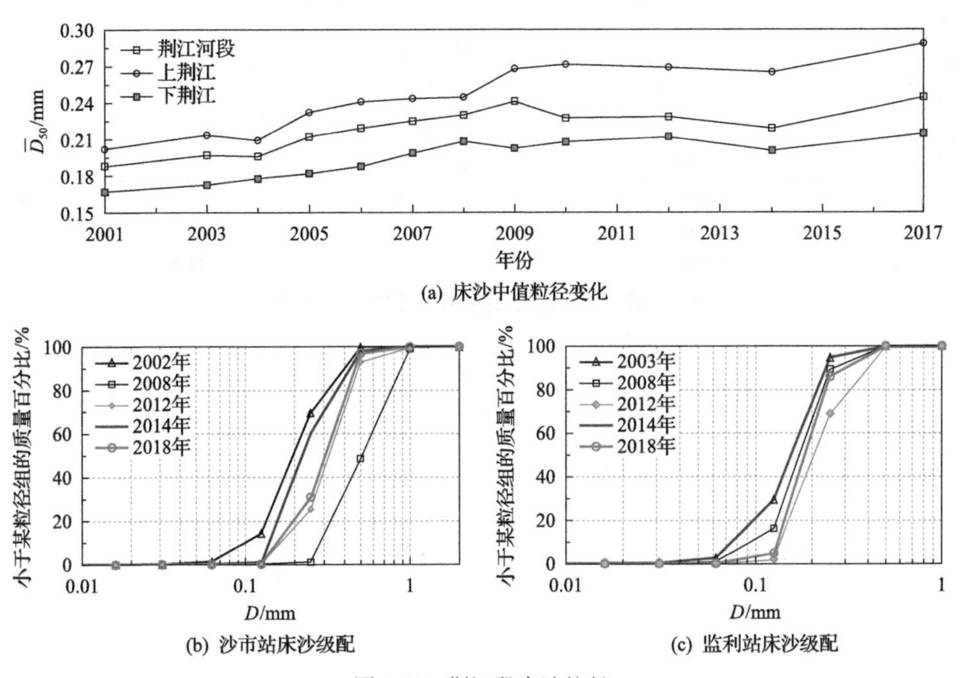

图 3.26　荆江段床沙粒径

3. 城汉河段

城汉河段床沙大多为现代冲积层，组成以细沙为主。在河床冲刷过程中，大量中细颗粒泥沙被挟带进水流中，造成城汉河段床沙发生一定程度的粗化。1998～2003 年螺山站床沙中值粒径(D_{50})先增后减；三峡工程运用后 D_{50} 由 2001 年的 0.186mm 增大到 2017 年的 0.196mm，增大幅度约为 5%(表 3.2)；2017 年螺山站床沙级配曲线较 2003 年整体右移，且粒径的变化范围略有缩窄(图 3.27(a))，汉口站 2001～2013 年床沙级配曲线持续右移，2017 年则左移(图 3.27(b))，这与城汉河段 2016 年后洲滩冲刷，部分细颗粒泥沙进入城汉河段下游有关。总体上，城汉河段河床粗化程度较小。

表 3.2　螺山站床沙中值粒径变化统计表

年份	1998	2001	2003	2004	2005	2006	2007	2009
D_{50}/mm	0.149	0.186	0.159	0.168	0.165	0.174	0.170	0.183
年份	2010	2011	2012	2013	2014	2015	2016	2017
D_{50}/mm	0.193	0.186	0.185	0.191	0.195	0.196	0.206	0.196

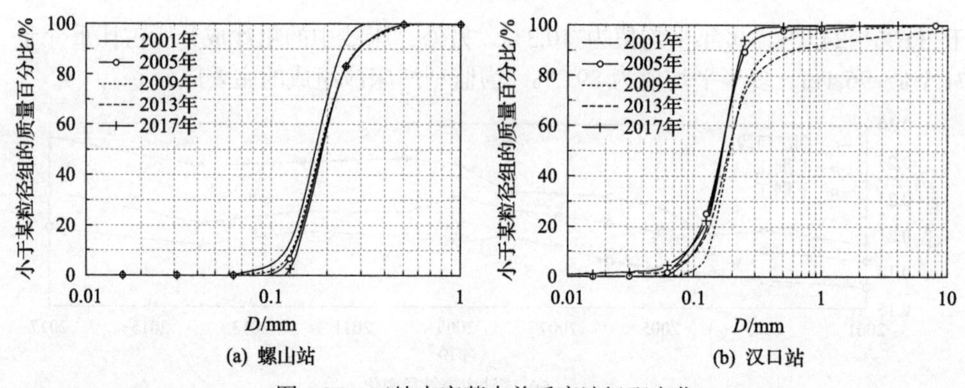

图 3.27　三峡水库蓄水前后床沙级配变化

第 4 章　长江中游顺直型河段河床调整过程及特点

长江中游宜枝河段是山区河流到平原河流的过渡段，总体为宽谷型顺直微弯河段。上游建坝显著地改变了进入宜枝河段的水沙条件，使其河床形态发生相应调整。平面形态调整方面，宜枝河段岸线主要由低山丘陵控制，总体较为稳定；深泓摆幅呈逐年减小的趋势，且总体表现为向左岸摆动。断面形态调整方面，由于河岸抗冲性及护岸工程的限制，宜枝河段平滩河宽变幅很小，主要表现为平滩水深及面积的增加；此外宜枝上段断面形态调整幅度远小于下段，主要是由于宜枝河段为卵石夹沙河段，且上段床沙粗化更为显著，限制了河床的冲刷。为了描述宜枝卵石夹沙河段的断面形态调整特点，提出了综合考虑进口水沙变化与床沙粗化影响的非平衡河床演变经验模型，能更准确地预测坝下游卵石夹沙河床的调整趋势。过流能力调整方面，揭示了宜枝河段平滩流量的调整特点及其对边界条件变化的响应规律。结果表明，宜枝河段平滩流量可较好地对由三峡工程运用引起的水沙条件改变做出快速响应，而受床沙粗化、出口水位变动的影响较小。

4.1　宜枝河段平面形态调整特点

三峡工程运用以来，宜枝河段总体上保持较高强度的持续冲刷，但由于该河段两岸主要由低山丘陵控制，岸线总体较为稳定；然而部分位置深泓摆动仍较为剧烈。故此处计算宜枝段深泓摆动幅度及方向，以此研究其河势稳定情况。

4.1.1　深泓摆动幅度

河道主流线是决定河势变化的重要因素，而深泓摆动一定程度上可以反映主流的变化。为了研究近期宜枝河段深泓摆动过程，计算了 2002～2018 年该河段 51 个固定断面的年均深泓摆幅。计算结果表明，沿程各断面年均深泓摆幅差异较大，如宜 53 断面的年均深泓摆幅高达 165m/a，而宜 54 断面仅为 6m/a。由此可知，单个断面的深泓摆动特点难以代表整个河段，故此处采用基于河段尺度的河床演变特征参数的计算方法，计算河段平均的年均深泓摆幅（$\Delta\bar{L}$）。

计算结果如表 4.1 所示，三峡工程运用后(2002～2018 年)，宜枝河段深泓摆动受限，冲刷多发生于深槽，河床下切明显。河段尺度的年均深泓摆幅仅为 10m/a，且呈逐年减小的趋势，且在 2009 年后趋于稳定；但局部区域的深泓摆幅仍较为剧烈，如宜都弯道弯顶附近的宜 66 断面，2002～2018 年间深泓最大摆幅达 1420m。

表 4.1 宜枝河段年均深泓摆幅计算结果

年份	2002～2003	2003～2004	2004～2005	2005～2006	2006～2007	2007～2008	2008～2009	2009～2010
$\Delta\bar{L}$ /(m/a)	26.4	18.8	11.4	6.3	8.1	18.0	17.7	6.5
年份	2010～2011	2011～2012	2012～2013	2013～2014	2014～2015	2015～2016	2016～2017	2017～2018
$\Delta\bar{L}$ /(m/a)	9.3	4.9	5.1	5.7	3.3	3.0	4.0	4.2

4.1.2 深泓摆动方向

采用第 2 章提到的方法，定义深泓位置参数 M_{th}^i 为第 i 个断面深泓点距左岸滩唇距离（W_{th}^i）与相应平滩河宽（W_{bf}^i）的比值，即 $M_{th}^i = W_{th}^i / W_{bf}^i$。当 $M_{th}^i < 0.5$ 时，深泓位于河道左侧；当 $M_{th}^i > 0.5$ 时，深泓位于河道右侧。采用基于河段尺度的河床演变特征参数的计算方法，同样可计算出 2002～2018 年间的河段平均深泓位置参数（$\bar{M}_{th}$），结果如表 4.2 所示。由表 4.2 可知，2002～2018 年宜枝河段的 $\bar{M}_{th}$ 值均小于 0.5，故该河段深泓线位置始终偏向河道左侧。三峡工程运用后，宜枝段河势总体稳定，深泓呈缓慢左移的趋势，2002～2018 年间 $\bar{M}_{th}$ 减小约 0.025，深泓向左摆幅累计达平滩河宽的 10%。

表 4.2 宜枝河段深泓位置参数计算结果

年份	2002	2003	2004	2005	2006	2007	2008	2009	2010
$\bar{M}_{th}$	0.410	0.414	0.394	0.376	0.378	0.375	0.418	0.386	0.391
年份	2011	2012	2013	2014	2015	2016	2017	2018	
$\bar{M}_{th}$	0.390	0.385	0.397	0.380	0.385	0.382	0.384	0.385	

4.2 宜枝河段断面形态调整特点

由于宜枝河段上段(宜 34-宜 69)、下段(宜 69-荆 3)在河床组成上差异较大，且不同断面的河槽形态沿程变化显著，故采用基于河段平均的方法，分别计算了上、下两段 2002～2018 年的平滩河槽形态参数，研究其断面形态的调整特点。

4.2.1 平滩河槽形态调整过程

1. 断面尺度的平滩河槽形态参数

表 4.3 给出了 2002～2018 年宜枝段各断面的平滩河槽形态参数计算结果，由表可知，宜枝段平滩高程在 45.8～55.0m；平滩河宽（W_{bf}）沿程差异显著，其值在

上段的变化范围为 7.2～18.3×10^{2}m，在下段则介于 7.8～18.5×10^{2}m；两个河段相应的平滩水深（H_{bf}）变化也十分明显，范围分别为 12.9～24.5m 和 14.5～27.9m；上、下两段的平滩面积（A_{bf}）分别在 16.0～32.5×10^{3}m^2 和 16.6～38.6×10^{3}m^2 变化。从空间尺度上看，该研究河段内平滩河槽形态沿程差异显著，故特定断面的平滩河槽形态变化规律不能代表整个河段的变化特点。

表 4.3　宜枝段断面尺度的平滩河槽形态参数统计结果

年份	宜枝上段			宜枝下段		
	W_{bf} /10^{2}m	H_{bf} /m	A_{bf} /10^{3}m^2	W_{bf} /10^{2}m	H_{bf} /m	A_{bf} /10^{3}m^2
2002	7.2～18.2	12.9～22.7	16.0～27.3	7.9～17.9	14.5～23.0	16.6～26.1
2003	7.2～18.0	13.5～24.1	17.3～28.2	7.8～17.9	14.9～23.4	17.8～26.6
2004	7.2～18.1	13.8～24.2	17.3～28.4	7.8～17.9	15.7～22.9	17.4～28.1
2005	7.2～18.0	14.3～24.3	17.4～28.1	7.8～17.9	15.3～25.2	19.2～27.7
2006	7.2～18.0	14.6～24.2	17.3～28.2	7.8～17.9	15.8～25.1	18.7～28.2
2007	7.2～18.0	14.7～24.1	17.3～28.1	7.8～17.9	16.1～26.0	20.3～29.0
2008	7.1～18.1	14.7～24.1	17.2～28.9	7.8～17.9	16.2～26.3	20.1～29.3
2009	7.2～18.1	14.3～24.2	17.3～29.4	7.8～17.9	17.0～26.5	20.3～30.4
2010	7.2～18.1	14.6～24.3	17.4～29.4	7.8～18.1	18.6～27.2	21.3～36.8
2011	7.2～18.2	14.7～24.2	17.3～29.9	7.8～18.1	18.6～27.2	21.3～36.8
2012	7.2～18.2	14.7～24.3	17.4～30.4	7.8～18.1	18.7～27.5	21.3～37.6
2013	7.2～18.2	14.7～24.1	17.2～29.5	7.8～18.1	18.6～27.6	21.6～37.9
2014	7.2～18.2	14.8～24.2	17.4～32.5	7.8～18.1	18.7～27.7	21.1～37.7
2015	7.2～18.3	14.7～24.2	17.3～30.2	7.8～18.1	18.7～27.8	21.6～37.6
2016	7.2～18.2	14.9～24.5	17.5～30.2	7.8～18.1	18.7～27.9	21.8～38.3
2017	7.2～18.3	14.9～24.1	17.2～30.3	7.8～18.1	18.7～27.7	21.2～38.2
2018	7.2～18.3	14.8～24.2	17.3～27.8	7.8～18.5	18.8～27.7	21.1～38.6

2. 河段尺度的平滩河槽形态参数

表 4.4 给出了 2002～2018 年宜枝段的河段尺度平滩河槽形态参数的计算结果。由表 4.4 可知，在宜枝河段，由于河岸抗冲特性及护岸工程的限制，河段尺度的平滩河槽宽度（$\overline{W}_{bf}$）变幅很小，上下两段平均值分别为 1164m 及 1154m；该时期河床断面形态调整主要表现为平滩水深（$\overline{H}_{bf}$）的增加，其值在上、下段增幅分别为 1.59m 和 5.08m；相应的平滩面积（$\overline{A}_{bf}$）也呈持续增加趋势，在两河段的增幅分别为 1898m^2 和 6043m^2。在三峡工程运用后的前 3 年，宜枝段的河床冲刷强度较大，相应地平滩河槽形态调整也较为剧烈；2006 年为特枯水年，宜枝段发生

淤积；随着三峡水库进入第二、第三期蓄水阶段，拦沙作用愈加明显，宜枝段河床冲刷又有所加剧，2006～2018 年上、下段两段平滩河槽分别冲深 0.37m 和 3.47m。从时间尺度上看，该研究河段的平滩水深及面积呈逐年增加趋势，但上、下河段增幅有所不同。

表 4.4　宜枝河段平滩河槽形态参数逐年计算结果

年份	宜枝上段					宜枝下段				
	平滩河槽形态参数			影响因素		平滩河槽形态参数			影响因素	
	$\overline{W}_{bf}$ /m	$\overline{H}_{bf}$ /m	$\overline{A}_{bf}$ /m^2	$\overline{F}_{5f}$	$\overline{R}_r$	$\overline{W}_{bf}$ /m	$\overline{H}_{bf}$ /m	$\overline{A}_{bf}$ /m^2	$\overline{F}_{5f}$	$\overline{R}_r$
2002	1164	19.02	22135	4.88	31.87	1154	18.40	21246	4.88	39.74
2003	1162	19.75	22952	6.85	19.91	1151	18.94	21804	6.85	33.05
2004	1165	20.08	23395	9.71	4.88	1152	19.34	22271	9.71	12.58
2005	1164	20.23	23550	12.13	1.86	1151	20.13	23165	12.13	18.86
2006	1164	20.24	23560	18.18	0.86	1151	20.01	23042	18.18	25.97
2007	1165	20.35	23701	21.99	0.65	1154	20.88	24089	21.99	35.39
2008	1165	20.24	23590	26.17	0.44	1154	21.16	24419	26.17	31.99
2009	1164	20.61	23996	27.57	0.34	1154	21.36	24643	27.57	3.50
2010	1163	20.59	23939	31.63	0.40	1154	21.81	25160	31.63	1.66
2011	1163	20.63	23990	39.36	—	1153	22.59	26040	39.36	—
2012	1164	20.66	24040	43.29	—	1153	22.77	26243	43.29	—
2013	1164	20.59	23957	41.78	—	1153	22.82	26309	41.78	—
2014	1162	20.71	24070	69.24	—	1154	23.35	26944	69.24	—
2015	1163	20.69	24073	108.36	—	1155	23.39	27005	108.36	—
2016	1163	20.77	24147	115.98	—	1154	23.47	27085	115.98	—
2017	1162	20.77	24132	183.90	—	1158	23.46	27176	183.90	—
2018	1166	20.61	24033	187.09		1162	23.48	27289	187.09	
增幅		8%	9%				28%	28%		

4.2.2　进口水沙变化对平滩河槽形态调整的影响

将第 2 章中介绍的基于经验回归的滞后响应模型（夏军强等，2015）应用到三峡大坝下游的宜枝河段。根据计算的汛期平均流量和含沙量，进一步计算得到宜枝河段进口水文站（宜昌站）的汛期平均的水流冲刷强度参数（F_{fi}）。在蓄水前（1950～2002 年），宜昌站 F_{fi} 处于较稳定状态，其值在 1.85 到 5.83 变化（图 4.1）。在这个阶段，宜枝河段处于准平衡状态，相应的河床调整较弱。然而，三峡工程的运用扰动了该河段原有的水沙输移平衡，宜昌站的水流冲刷强度 F_{fi} 持续增加，由 2002 年的 4.78 增加到 2017 年的 383.10，2018 年又骤减至 43.62（图 4.1）。

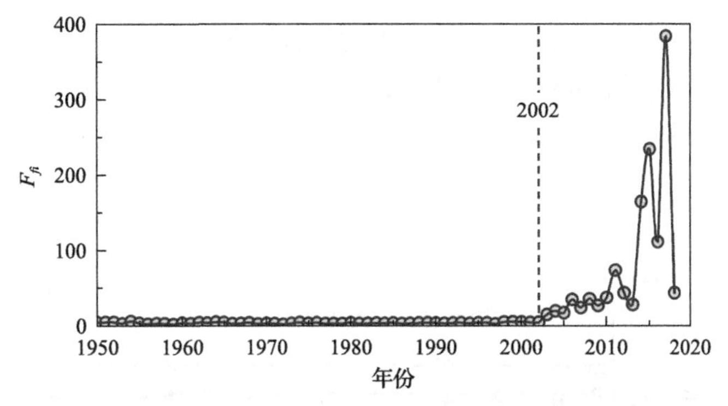

图 4.1　宜昌站 1950～2017 年的汛期水流冲刷强度（F_{fi}）

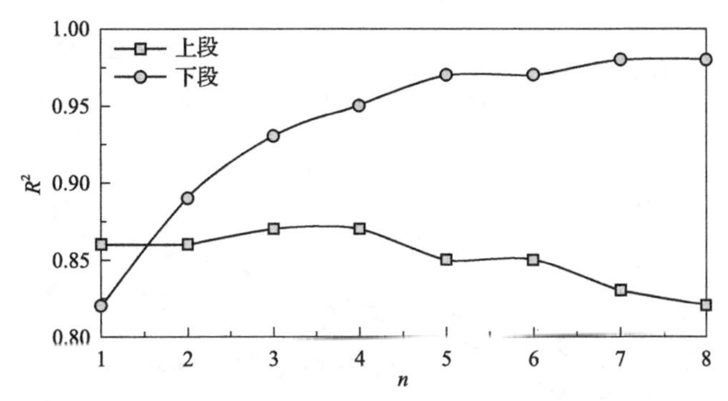

图 4.2　仅考虑水沙条件变化影响的经验模型的决定系数 R^2 与滑动年份 n 的关系

采用计算得到的 2002～2010 年宜枝段平滩河槽形态参数（$\bar{G}_{bf}$）与宜昌站汛期平均的水流冲刷强度参数（F_{fi}），对仅考虑水沙条件变化影响的经验模型式(2.10)进行率定。需要说明的是，由于缺少 2010 年后宜枝段床沙组成资料，故只研究 2002～2010 年间该河段床沙粗化过程对河床调整的影响。为具有可比性，此处也只分析 2002～2010 年进口水沙条件变化所产生的影响。以河段尺度的平滩水深为例进行试算，滑动平均年数 n 从 1 增加到 8。

(1)在上段，当 n=4 时经验模型的决定系数达到最大值 0.87，之后有小幅减小趋势。

(2)在下段，决定系数 R^2 从 0.82 增加到 0.97，但在 n=5 之后，其值几乎不变。究其原因，主要是由于超过前 4 或 5 年的水沙条件对当前的河床调整的影响已十分微弱，可忽略不计。从空间尺度上看，两个河段滞后响应的年数不同，主要是由于河床组成的纵向差异性。床沙粗化现象在宜枝上段更为显著，限制了河床的冲刷下切，故宜枝上段河床较下段更容易达到新的平衡，对水沙条件改变的响应也更迅速，n 值也越小。其他平滩河槽形态参数与 $\bar{F}_{nf}$ 之间相关程度的变化规律与图 4.2 类似。

为便于分析，$\overline{F}_{nf}$ 在两河段的滑动平均年数均取为 5，对计算结果影响很小。由表 4.4 可知，宜昌站前 5 年汛期平均的水流冲刷强度（$\overline{F}_{5f}$）呈逐年增大的趋势，由 2002 年的 4.88(包括 2002 年在内的前 5 年)增大到了 2018 年的 187.09。图 4.3 给出了宜枝段各平滩河槽形态参数与宜昌站前 5 年汛期平均的水流冲刷强度的相关关系。

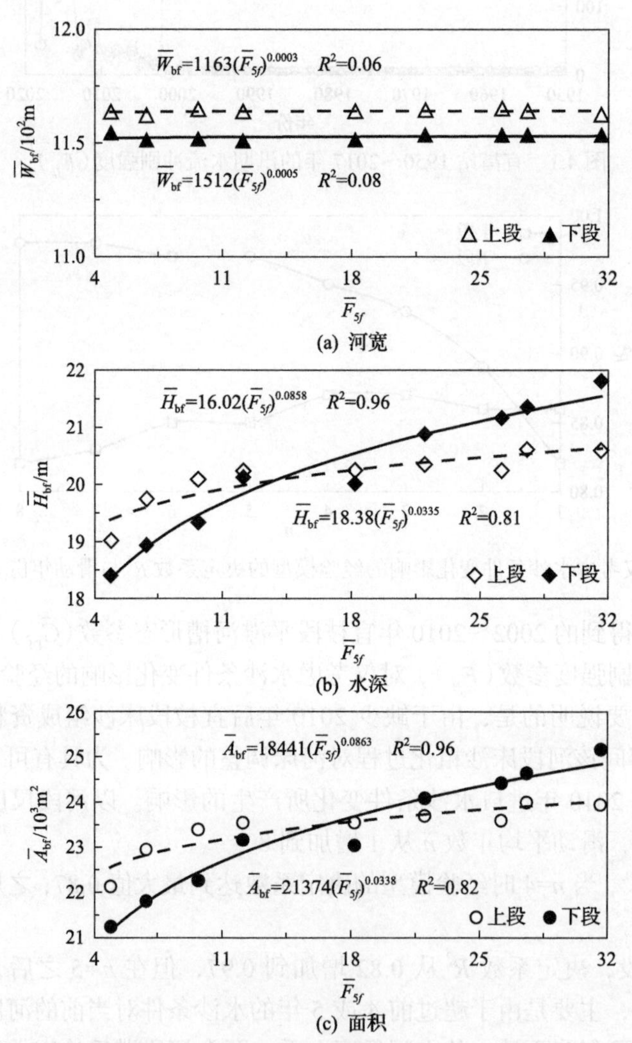

图 4.3　宜枝河段平滩河槽形态调整与前期水沙条件的关系

(1) 对于河段平滩水深与面积，各变量率定的参数α和β均大于 0，故平滩河槽形态的调整与水沙条件的变化成正相关。

(2) 上、下段的 $\overline{W}_{bf}$ 与 $\overline{F}_{5f}$ 的相关程度均较低，决定系数 R^2 仅为 0.06 和 0.08

(图 4.3a)。主要是由于宜枝段河岸抗冲性强，受进口水沙变化的影响小。

(3) 上、下段的 $\bar{H}_{\mathrm{bf}}$ 、$\bar{A}_{\mathrm{bf}}$ 对前期水沙条件变化的响应程度均较高，在上段 R^2 分别为 0.81 和 0.82，而在下段 R^2 均达 0.96(图 4.3(b) 和 (c))。

故宜枝河段平滩水深、面积可较好地对由于三峡工程运用引起的水沙条件改变做出快速响应。总体上，宜枝上段的河床调整对进口水沙条件变化的响应弱于下段，主要是由于宜枝上段的床沙粗化限制了河床的冲刷下切，即使在较大的水流冲刷强度下，河床调整速率仍较小。

4.2.3　床沙粗化对平滩河槽形态调整的影响

由上节分析可知，床沙粗化同样会对河床调整造成显著的影响，故本节将重点研究这两者之间的定量关系，建立仅考虑床沙粗化影响的非平衡河床演变经验模型。

1. 仅考虑床沙粗化影响的非平衡河床演变经验模型的建立

目前已有研究通过理论推导或建立经验关系式，考虑床沙组成对河床形态调整的影响(Julien, 2002; Wilkerson and Parker, 2011)，但大多数公式都较为复杂。本节采用相对水深，即河段平均水深 $\bar{H}$ 和河段平均床沙中值粒径 $\bar{D}_{50}$ 的比值 ($\bar{R}_{\mathrm{r}} = \bar{H} / \bar{D}_{50} / 1000$) 代表河床的粗糙程度。在同一河段且水深变幅较小的情况下，相对水深减幅越大，表明床沙粗化越明显；且相对水深 ($\bar{R}_{\mathrm{r}}$) 已体现了床沙粗化的前期累积作用。故建立了平滩河槽形态参数 ($\bar{G}_{\mathrm{bf}}$) 和相对水深 ($\bar{R}_{\mathrm{r}}$) 的幂函数关系，即仅考虑床沙粗化影响的非平衡河床演变经验模型，可以写为

$$\bar{G}_{\mathrm{bf}} = \alpha_2 (\bar{R}_{\mathrm{r}})^{\beta_2} \tag{4.1}$$

式中，α_2 为系数；β_2 为指数，均由实测资料率定。

2. 经验模型的建立

同样将该模型应用到宜枝河段。首先基于实测床沙资料，计算了宜枝河段 2002～2010 年的相对水深 ($\bar{R}_{\mathrm{r}}$)。结果表明，宜枝上段的相对水深 ($\bar{R}_{\mathrm{r}}$) 从 31.87 减小到 0.40，而下段的值则从 39.74 减小到 1.66(表 4.4)。其中宜枝上段的平均水深 ($\bar{H}$) 为宜昌站和红花套站的汛期平均水深的平均值，而下段的平均水深由宜都站和枝城站的相应水深值平均得到，各站位置如图 3.2 所示。然后采用计算得到的 2002～2010 年宜枝段河段尺度的平滩河槽形态参数 ($\bar{G}_{\mathrm{bf}}$) 及相对水深 ($\bar{R}_{\mathrm{r}}$)，来率定仅考虑床沙粗化影响的经验关系式 (4.1) 中的相关参数，如图 4.4 所示。

(1) α_2 的值大于 0，而 β_2 小于 0，故 $\bar{G}_{\mathrm{bf}}$ 与 $\bar{R}_{\mathrm{r}}$ 为负相关关系。

(2) $\overline{W}_{bf}$ 和 $\overline{R}_r$ 的相关程度较小，在上、下两段的决定系数分别为 0.12 和 0.05。

(3) 宜枝上段的 $\overline{H}_{bf}$ 和 $\overline{A}_{bf}$ 对河床粗化过程的响应较好，决定系数 R^2 分别达到 0.82 和 0.83，而在宜枝下段其值均为 0.38。

(4) 总体上，各平滩河槽形态参数调整与 $\overline{R}_r$ 的相关程度在下段低于上段。主要是由于宜枝下段的床沙粗化程度较小，对河床的限制下切作用有限，故其对平滩河槽形态调整的影响较小。

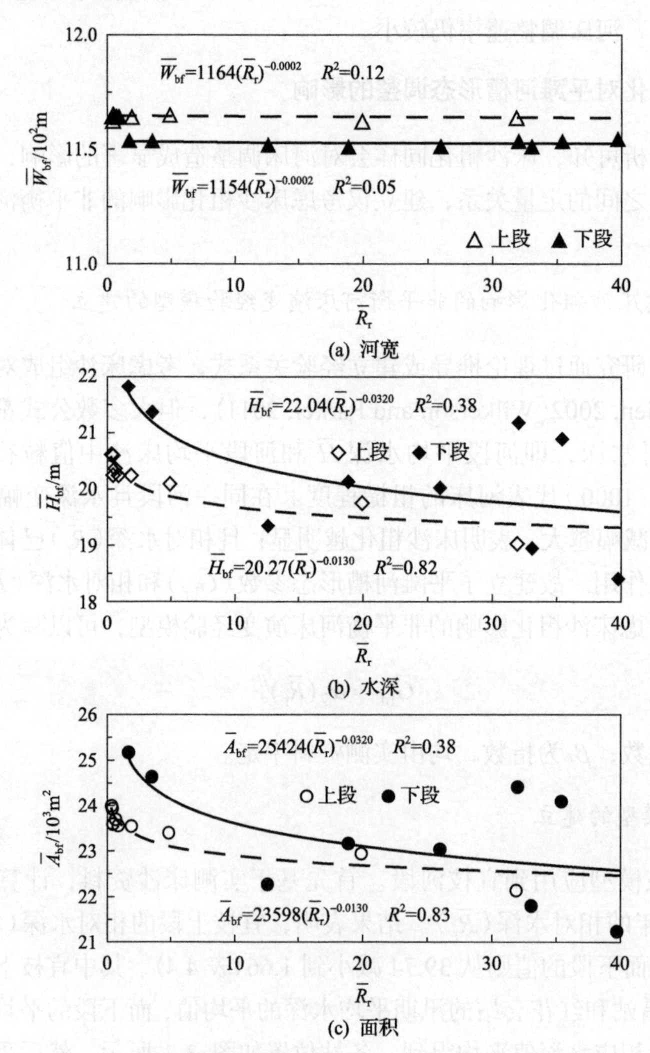

图 4.4 宜枝河段平滩河槽形态调整与相对水深的关系

床沙粗化也会影响平滩河槽形态的调整，而其粗化程度往往取决于床沙的组成。若床沙主要由非均匀泥沙(砾石与沙)构成，当上游泥沙供给受到限制时，该河床更容易粗化并形成粗化层。如图 4.5 所示，2002 年宜枝河段上段各断面的床沙中值粒径(D_{50})差别较小，其值在 0.19～2.51mm。但该河段河床上层的细沙层较薄，下层主要由砾石和细沙组成且砾石所占比例较高，故河床在水流分选的作用下粗化明显，各断面的床沙中值粒径在 2010 年增加到了 15.10～80.60mm。床沙粗化限制了河床下切，故其对平滩河槽形态调整的影响较大。相反地，若河床主要组成为细沙且有充足的沙源供应冲刷，则河床不易形成粗化层，如宜枝下段的河床主要由细沙组成，沙层厚达 10m 且砾石比例较小，因其相对均匀的床沙组成，河床粗化现象并不明显。2010 年宜枝下段各实测断面的床沙中值粒径主要在 0.26～32.70m，且大部分断面的中值粒径在 0.34mm 左右(图 4.5)。

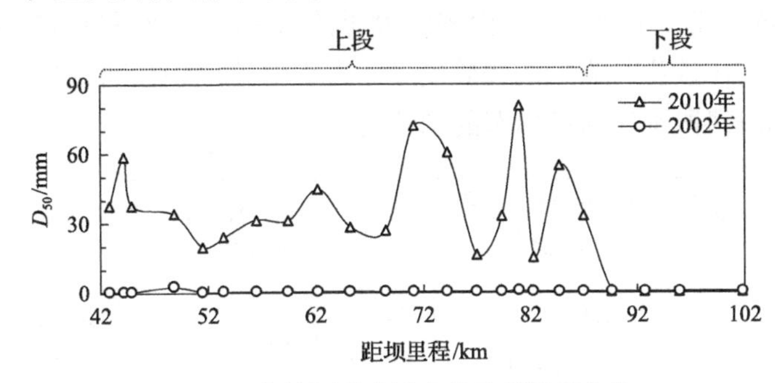

图 4.5　宜枝河段床沙中值粒径沿程变化

4.2.4　进口水沙变化和床沙粗化对平滩河槽形态调整的共同影响

通常情况下，冲积河流多为沙质河床，其河床组成变化较小，故进口水沙条件对河床调整往往占据着统治性的作用。但在冲淤过程中，河床组成变化剧烈时，如宜枝河段，这两者对河床调整的影响均不能忽略。综上原因，提出了综合考虑进口水沙变化与床沙粗化影响的坝下游非平衡河床演变综合经验模型。

1. 非平衡河床演变综合经验模型的建立

如前文所述，在床沙粗化较为显著的坝下游河段，河床形态的调整同时受到进口水沙变化和床沙粗化的影响，故此处提出了考虑这两者共同影响的非平衡河床演变经验模型。分析多个因素的综合影响时，本研究采用一种常用的方法，用于关联两个或多个变量集(Adamowski et al., 2012)，即因变量(Y)可与 p 个解释变量($X_1,X_2,\cdots,X_p$)相关，形式为 $Y=a(X_1)^b+c(X_2)^d+\cdots+m(X_p)^n$。故非平衡河床演变综合经验模型，可表示为

$$\underset{}{\overline{G}_{\mathrm{bf}}}=\underbrace{\alpha_1(\overline{F}_{nf})^{\beta_1}}_{\mathrm{I}}+\underbrace{\alpha_2(\overline{R}_{\mathrm{r}})^{\beta_2}}_{\mathrm{II}} \tag{4.2}$$

式中，$\overline{G}_{bf}$ 包括平滩面积 $\overline{A}_{bf}$ 和平滩水深 $\overline{H}_{bf}$；α_1、α_2 为系数；β_1、β_2 为指数，均由实测资料率定。基于实测资料，采用 SPSS 分析软件(statistical product and service solutions，SPSS)对模型进行非线性回归，确定参数。

2. 综合经验模型的应用

利用计算得到的 2002～2010 年宜枝河段上、下段的 $\overline{G}_{bf}$、$\overline{F}_{5f}$ 和 $\overline{R}_r$ 的值，对综合经验模型式(4.2)进行率定，率定结果如图 4.6 所示。

(1)在宜枝上段，平滩水深、面积的综合经验模型的决定系数 R^2 分别为 0.96 和 0.97，高于仅考虑单一影响因素的经验模型式(2.10)与式(4.1)。

(2)在宜枝下段，平滩水深、面积的 R^2 也分别高达 0.96 和 0.97。因此，综合考虑水沙变化与床沙粗化影响的经验模型，可更好地反映在同时受到水沙变化及河床粗化影响时河段平滩河槽形态的调整趋势。

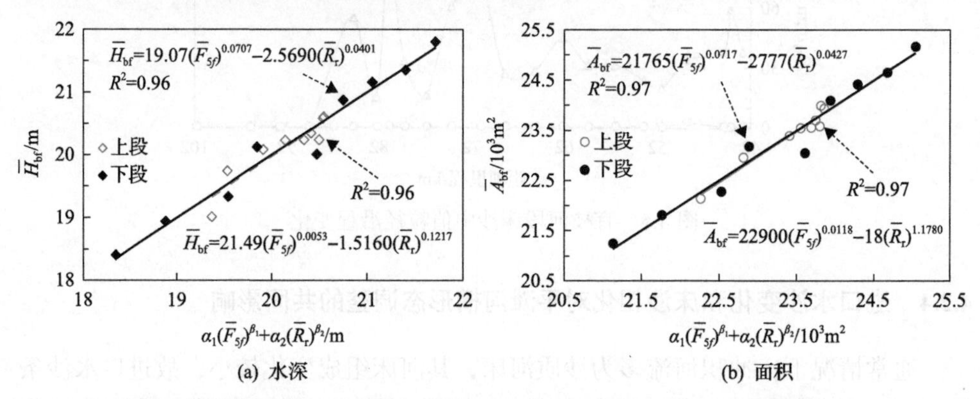

图 4.6　宜枝河段平滩河槽形态调整与前期水沙条件及相对水深的关系

3. 综合经验模型的适用性

此外，采用的综合考虑多边界因素影响的非平衡河床演变经验模型同样适用于其他处于非平衡状态下的冲积性河流，只需获得研究时段内河段进口的水沙条件，以及实测固定断面地形资料和床沙级配等数据，但在其他河流上应用时，存在几点不同。

(1)前 n 年汛期平均的水流冲刷强度中的滑动平均年份(n)在不同的河段有所不同，该值为当经验模型的决定系数(R^2)达到最大时的 n 值。实际上，n 的大小反映了河道受上游建坝扰动后河床的调整速率(吴保生等, 2008)。n 值越小，表示响应越快。响应时间受多种因素的影响，其中床沙组成是决定响应时间的重要因素。在河床组成相对不均匀的河段，河床较容易发生粗化，形成粗化层，故该河段比河床组成均匀的河段更容易达到新的平衡，从而对水沙条件变化的响应时间也更短。

(2)根据不同河流的实测资料，率定所得的模型参数也有所不同。例如，系数 α_1 通常反映研究河段的大小，其值与多年平均的河段平滩河槽特征参数相近，故其随河流大小不同而变化显著(夏军强等, 2015)。

4.2.5　不同影响因素的重要性比较

进口水沙条件变化及床沙粗化是决定河床形态调整的两个重要因素。然而，这两者中哪个因素的影响较大？总的来说，哪个因素引起的河床调整更加明显，则其对河床调整的影响更大。以宜枝河段为例，分别计算了 2002～2010 年式(4.2)中的第Ⅰ与第Ⅱ部分的值，结果如表 4.5。可知，进口水沙条件的变化使河段平滩面积平均增加约 521m^2，而床沙粗化则使平滩面积在同时期内相应增加 1066m^2。因此，床沙粗化在宜枝上段的河床调整过程中起着更重要的作用。而在宜枝下段，式(4.2)计算的平滩面积第Ⅰ部分数值从 2002 年的 24383m^2 增加到 2010 年的 27880m^2，增幅达 3497m^2，而第Ⅱ部分增幅仅为 411m^2。因此，进口水沙条件变化是影响宜枝下段平滩河槽形态调整的主要因素。

表 4.5　式(4.2)计算的平滩面积 $\overline{A}_{bf}$ 第Ⅰ部分与第Ⅱ部分的数值

河段	$\overline{A}_{bf}$ /m^2	2002 年	2003 年	2004 年	2005 年	2006 年	2007 年	2008 年	2009 年	2010 年	|差值|
上	Ⅰ	23333	23427	23524	23586	23699	23752	23801	23816	23854	521
	Ⅱ	−1072	−616	−118	−38	−15	−11	−7	−5	−6	1066
下	Ⅰ	24383	24984	25618	26029	26795	27163	27504	27607	27880	3497
	Ⅱ	−3249	−3224	−3094	−3148	−3191	−3233	−3219	−2929	−2838	411

注：|差值|=| $\overline{A}_{bf(2010)}-\overline{A}_{bf(2002)}$ |。

4.3　宜枝河段过流能力调整特点

断面平滩流量的大小主要取决于平滩面积和平滩水位下的断面平均流速(夏军强等, 2009)。由上一节分析可知，各固定断面的平滩面积存在显著差异，且不同断面河床阻力、水力坡降各不相同，影响断面的水流流速，这些因素均导致了断面平滩流量的沿程显著变化。因此采用河段平均的方法，计算 2002～2018 年宜枝河段断面及河段尺度的平滩流量。由于河床组成不同对平滩流量调整的影响较小，此处不区分上、下两段。

4.3.1 平滩流量调整过程

1. 断面尺度的平滩流量调整

基于一维水动力学模型，计算了 2002～2018 年宜枝段逐年的断面平滩流量，结果如表 4.6 所示。由表可知，2002～2018 年间宜枝段的最小平滩流量约为 $39.5\times10^3\text{m}^3/\text{s}$，而最大值为 $100\times10^3\text{m}^3/\text{s}$。实际上其中约有 4 个断面平滩流量的计算值超过了 $100\times10^3\text{m}^3/\text{s}$，在计算过程中，将其具体数值限制在了 $100\times10^3\text{m}^3/\text{s}$ 以内。宜枝河段个别断面平滩流量计算结果偏大的主要原因是该河段两岸多由低山丘陵阶地控制，并无明显的河漫滩，导致确定的平滩高程偏高，平滩流量计算值偏大。本节侧重研究宜枝河段各断面在某一高程以下的主槽形态和过流能力的调整，计算得到的特定水位下的流量也并非都是严格意义上的平滩流量。

表 4.6 断面及河段尺度的平滩流量计算结果

年份	断面尺度 / ($10^3\text{m}^3/\text{s}$)	河段尺度 / (m^3/s)	年份	断面尺度 / ($10^3\text{m}^3/\text{s}$)	河段尺度 / (m^3/s)
2002	41.0～100	67989	2011	44.7～100	74962
2003	39.5～99	68058	2012	44.5～100	74700
2004	39.8～100	69151	2013	44.9～100	75360
2005	42.1～100	69365	2014	45.3～100	76997
2006	41.8～100	70124	2015	46.0～100	77245
2007	43.1～100	72691	2016	45.8～100	78091
2008	42.4～100	71768	2017	45.4～100	77776
2009	42.3～100	73968	2018	47.4～100	76476
2010	42.6～100	73556			
变幅				15%	19%

注：变幅：极值之间的差值百分比，具体为 $|\bar{Q}_{\text{bf(max)}}-\bar{Q}_{\text{bf(min)}}|/\bar{Q}_{\text{bf(min)}}$。

2. 河段尺度的平滩流量调整

根据各固定断面的平滩流量，进一步采用河段平均的统计方法，计算得到 2002～2018 年宜枝段的河段平滩流量，结果如图 4.7 所示：宜枝段平滩流量由 2002 年的 $67989\text{m}^3/\text{s}$ 增加到 2018 年的 $76476\text{m}^3/\text{s}$。与典型断面的计算结果相比，宜 34 断面位于三峡坝下游 43km 处，2002～2018 年该断面平滩流量从 $61490\text{m}^3/\text{s}$ 增加到 $63348\text{m}^3/\text{s}$，增幅仅为 3%；宜 55 断面位于三峡坝下游 68km 处，该断面平滩流量在 16 年间增大了 5.4%。这与宜枝河段平滩流量 12.5%的增幅，均有一定的差异。

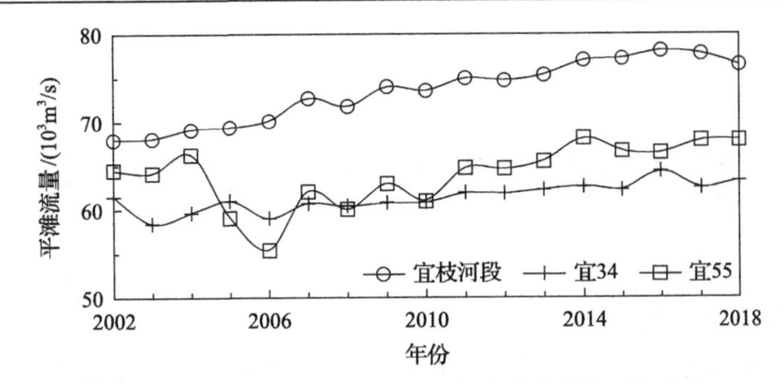

图 4.7　宜枝河段断面及河段尺度平滩流量的逐年变化

4.3.2　进口水沙变化对宜枝段平滩流量调整的影响

采用 2002～2018 年宜枝河段地形数据及宜昌站的水沙资料，计算得到 $\overline{Q}_{\rm bf}$ 及 $\overline{F}_{5f}$，建立两者之间的幂函数关系(式(2.10))，结果如图 4.8 所示。由图可知：宜枝河段 $\overline{Q}_{\rm bf}$ 与 $\overline{F}_{5f}$ 的决定系数高达 0.91，故宜枝河段平滩流量可较好地对由三峡工程运用引起的水沙条件改变做出快速响应。宜枝段进出口水位差 $\Delta\overline{Z}_{\rm f}$ (宜昌与枝城站水位差)几乎不变(2.33～3.12m)，主要是因为宜枝段水力比降不受洞庭湖入汇顶托影响，其值接近于河床比降，总体上变幅不大，故该河段平滩流量大小与进出口水位差的相关性不高。

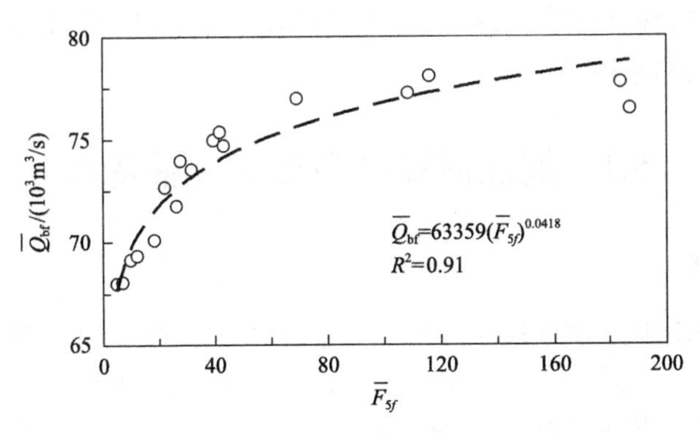

图 4.8　宜枝河段平滩流量与前期水沙条件的关系

第5章　长江中游弯曲型河段河床调整过程及特点

长江中游荆江河段九曲连环，为典型的弯曲河段。本章同样从平面形态、断面形态及过流能力变化三个方面，定量分析新水沙条件下荆江河段的调整特点。在平面形态调整方面，三峡工程运行后上荆江岸坡整体稳定，仅水流贴岸或主流顶冲部位的岸坡出现后退现象，下荆江河道蜿蜒曲折，岸坡崩退幅度较大；2002～2018年荆江段洲滩整体萎缩，枯水期滩体出露面积较2002年减小约28%，且上荆江洲滩的冲刷萎缩程度强于下荆江。在断面形态调整方面，2002～2018年荆江段河槽形态调整以冲深为主，其变化主要受进口水沙条件影响，与出口水位变动的关系不大。在过流能力调整方面，荆江段出口水位受洞庭湖入汇顶托的影响显著，平滩流量与进出口水位差呈同步波动趋势，本章分析了进口水沙变化和出口水位变动这两个因素对该河段平滩流量调整的影响。结果表明，荆江河段平滩流量的调整与前期水沙条件的相关程度较弱，但与河段进出口水位差关系密切，且综合考虑进口水沙变化和出口水位变动影响的非平衡河床演变经验模型的决定系数(R^2=0.92)大于仅考虑进口水沙变化影响的经验模型(R^2=0.18)或仅考虑出口水位变动影响的经验模型(R^2=0.78)，能够更好地预测河段平滩流量在进出口边界条件共同控制下的调整趋势。

5.1　荆江河段平面形态调整特点

5.1.1　岸线变化

三峡工程运用后，荆江段岸线发生明显调整，局部河段崩岸频繁发生，严重威胁堤防安全(夏军强等, 2017)。本节基于Landsat系列遥感影像，提取了三峡水库蓄水前后相同高水位下(沙市站30m，85高程)荆江段的水边线(图5.1和图5.3)，用于研究该河段的岸线调整情况。结果表明，2002～2018年荆江河段岸线累计崩退长度达133km，约占岸线总长度的19%；累计崩退面积达24.9km^2，其中约55%崩退区域分布在河道左岸。另外，藕池口和熊家洲等局部河段岸线出现淤长现象，至2018年累计淤长岸线长度达25km，为岸线总长的4%，淤长面积7.7km^2，主要分布在汊道进口和凸岸边滩下部等位置。由于上、下荆江在河道特性、边界条件和冲刷程度等方面具有差异性，岸线调整特点也不尽相同，故分别进行分析。

1. 上荆江岸线调整特点

上荆江河势总体较为稳定，岸线变形程度小，仅12%(约41km)的局部河段岸线存在明显调整，且主要分布在左岸(图5.1和表5.1)。具体而言，上荆江岸线崩退区域主要分布在青安二圣洲和腊林洲等凸岸边滩部位，累计崩岸长度约为38km，占岸线总长度的11%；最大崩退宽度在317～531m，累计冲刷崩退面积达9.1km^2，崩岸主要集中在左岸，左右岸分布比例分别为64%和36%。上荆江岸线淤长主要发生在腊林洲边滩下部，淤长的长度和面积均较小，分别为3.2km和0.5km^2。

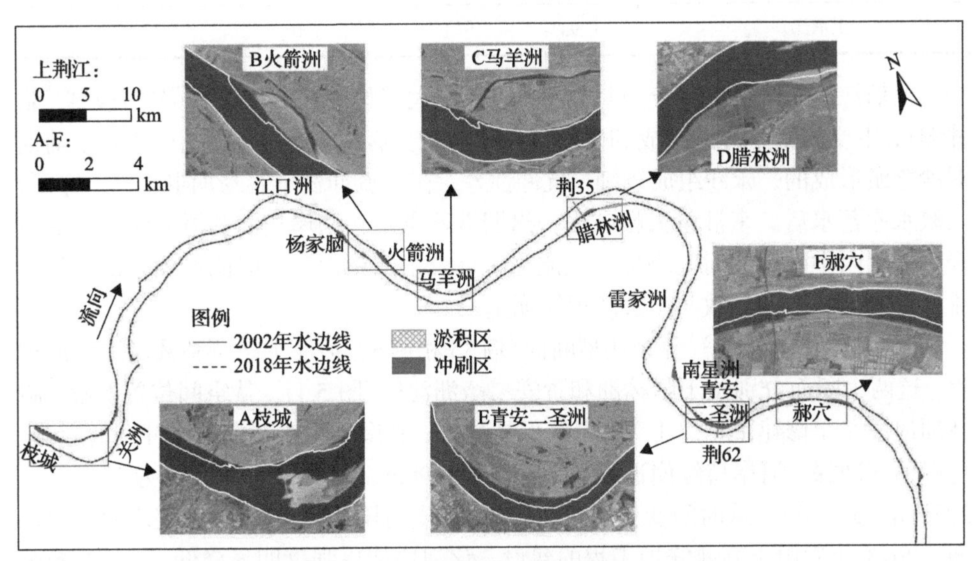

图5.1　三峡水库蓄水后上荆江岸线变化

表5.1　三峡水库蓄水后上荆江岸线崩退情况统计(2002～2018年)

序号	位置	岸侧	崩岸长度/km	最大崩退宽度/m	崩退面积/km^2	多年平均崩退速率/(km^2/a)
1	枝城	左岸	3.36	394	1.18	0.07
2	关洲	左岸	3.38	317	0.70	0.04
3	松滋口	右岸	0.72	335	0.13	0.01
4	杨家脑	右岸	2.70	343	0.65	0.04
5	火箭洲	左岸	3.77	409	0.77	0.04
6	马羊洲	左岸	1.96	350	0.41	0.02
7	腊林洲	右岸	4.90	317	0.76	0.04

续表

序号	位置	岸侧	崩岸长度/km	最大崩退宽度/m	崩退面积/km²	多年平均崩退速率/(km²/a)
8	南星洲	左岸	2.40	531	0.56	0.03
9	青安二圣洲	左岸	6.47	425	1.84	0.10
10	公安	右岸	7.21	370	1.89	0.11
11	蛟子渊	左岸	1.05	425	0.23	0.01
总计	上荆江		37.93		9.10	0.57

上荆江崩岸区域沿程分布具有不均匀性，大多集中在凸岸边滩部位(枝城、腊林洲)，主要与凸岸边滩组成和来水来沙过程改变有关。一方面，凸岸边滩是前期泥沙落淤形成的，床沙组成较细，抗冲性差，在水流冲刷下容易崩退。另一方面，三峡水库蓄水后，来沙量大幅减小，汛期漫滩洪水在凸岸边滩落淤的情况明显减轻，且年内中水持续时间增加，主流趋直且位于凸岸边滩的时间增加，次饱和水流长期冲刷凸岸，导致凸岸边滩坍塌崩退。

图 5.2 给出了上荆江两个典型断面(荆 35 和荆 62)河床形态调整及岸坡变形过程。这两个断面分别位于腊林洲和青安二圣洲河段(图 5.1)。从空间位置上看，腊林洲河段左岸修建了护岸工程，岸线保持稳定；右岸受主流长期贴岸冲刷的影响，近岸河床冲深，河岸持续崩退，崩岸长度约 4.9km，荆 35 断面处累计崩退宽度达 205m(图 5.2(a))。从时间变化上看，腊林洲河段崩岸主要发生在三峡水库运用初期，2013 年后由于高滩守护工程的建设，该河段崩岸强度明显降低。荆 62 断面位于青安二圣洲河段，左岸为凸岸边滩，高程较低，右岸分布着护岸工程，岸线基本稳定。三峡水库蓄水后，汛期主流摆向凸岸，荆 62 断面主槽逐渐淤积，凸岸边滩明显冲深，平均冲深幅度约为 10m，岸线左移约 230m。

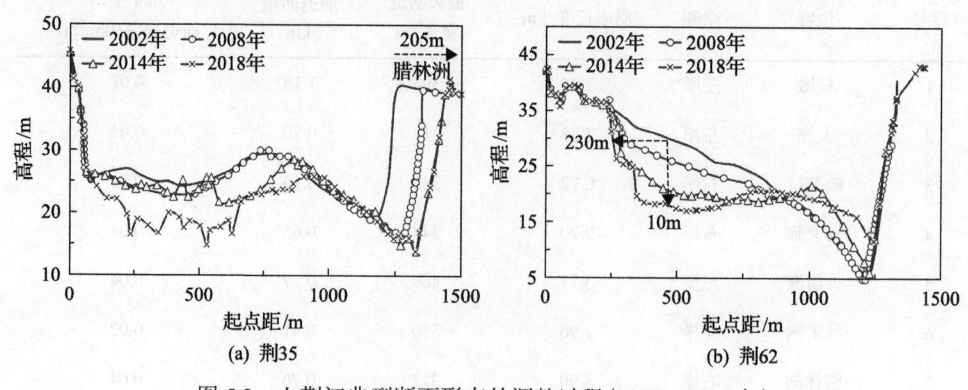

图 5.2　上荆江典型断面形态的调整过程(2002～2018 年)

2. 下荆江岸线调整特点

下荆江河岸抗冲刷能力小于上荆江，且河道蜿蜒曲折，河势变化频繁，因此下荆江的岸线调整范围和强度均大于上荆江，约 33%(117km)的岸线发生调整，且左右岸分布比例接近，分别约占50%(图5.3)。其中河岸崩退为下荆江主要的岸线调整形式，累计崩岸长度约达95km，主要位于北门口、北碾子湾等主流贴岸或顶冲的河段和调关、七弓岭等急弯段的凸岸边滩；崩岸区域面积约为15.8km^2，约为上荆江崩岸总面积的1.7倍；不同区域最大崩宽在87～724m，占下荆江平滩河宽的1/10～1/2。下荆江崩岸宽度和强度均明显大于上荆江，主要与河岸结构与土体组成密切相关。下荆江河岸上部黏土层厚度仅为数米，下部沙土层厚度一般超过 30m，河岸抗冲性较上荆江弱，河岸稳定性差。因此，在低含沙量的水流冲刷下，下荆江河岸崩塌现象更为明显，崩岸强度也更为剧烈，如表5.2所示。

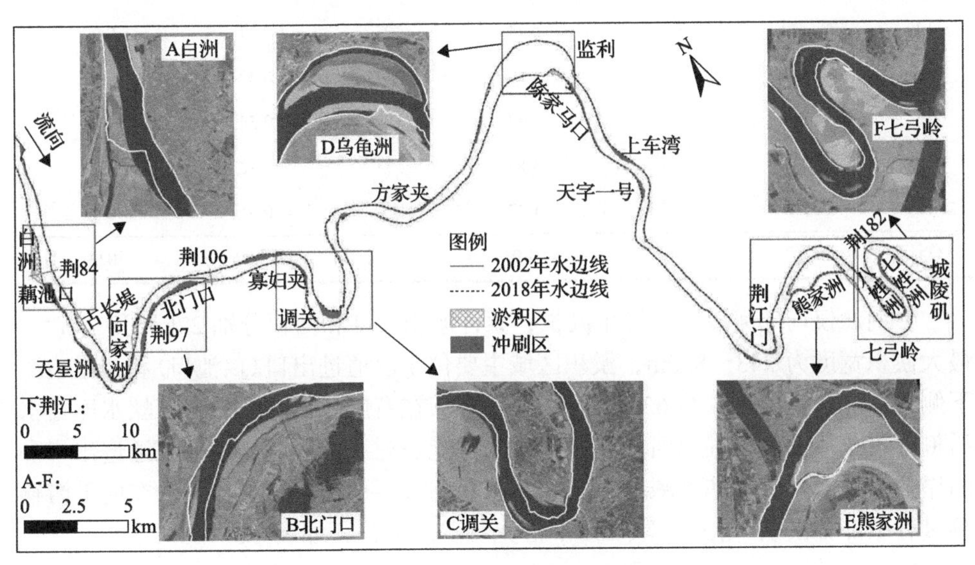

图5.3 三峡水库蓄水后下荆江岸线变化

表5.2 三峡水库蓄水后下荆江岸线崩退情况统计(2002～2018年)

序号	位置	岸侧	崩岸长度/km	最大崩退宽度/m	崩退面积/km^2	多年平均崩退速率/(km^2/a)
1	藕池口	右岸	4.06	724	1.27	0.07
2	天星洲	右岸	6.73	499	1.19	0.07
3	向家洲	左岸	4.59	208	0.51	0.03
4	北门口	右岸	10.80	551	3.11	0.17

续表

序号	位置	岸侧	崩岸长度/km	最大崩退宽度/m	崩退面积/km^2	多年平均崩退速率/(km^2/a)
5	寡妇夹	左岸	5.47	467	1.38	1.28
6	寡妇夹	右岸	4.12	269	0.57	0.03
7	调关	左岸	4.10	676	1.28	0.07
8	莱家铺	右岸	2.31	398	0.33	0.02
9	方家夹	左岸	7.97	189	0.71	0.04
10	塔市驿	左岸	3.55	194	0.45	0.02
11	上车湾	右岸	7.61	284	0.94	0.94
12	上车湾	左岸	5.72	350	0.89	0.89
13	天字一号	右岸	4.70	330	0.56	0.03
14	荆门口	左岸	4.11	307	0.44	0.02
15	熊家洲	右岸	3.60	247	0.32	0.02
16	八姓洲	左岸	9.42	192	0.54	0.03
17	七姓洲	右岸	4.84	264	0.82	0.05
18	城陵矶	左岸	1.22	87	0.51	0.03
总计	下荆江		94.93		15.82	0.99

下荆江仅局部河段岸线发生淤长，累计淤积长度和面积分别22km和7km^2；最大淤积宽度为243～850m，淤积区域主要位于汊道进出口(藕池口)和凸岸边滩下侧(北门口)等位置，约63%的淤积区域分布在右岸。目前来看，三峡水库蓄水后荆江段整体冲刷，局部河段淤积的成因可能是泥沙沿程恢复，在汊道进出口和凸岸边滩等部位水流速度减缓，加之在洞庭湖入汇顶托作用下，泥沙在向下游输移过程中部分淤积(杨云平等, 2016；薛兴华等, 2018)，如表5.3所示。

表5.3　三峡水库蓄水后下荆江岸线淤长情况统计(2002～2018年)

序号	位置	岸侧	淤积长度/km	最大淤积宽度/m	淤积面积/km^2	多年平均淤积速率/(km^2/a)
1	白洲	右岸	5.74	850	3.23	0.18
2	古长堤	左岸	2.89	507	1.01	0.06
3	向家洲	左岸	2.75	458	0.94	0.05
4	北门口	右岸	2.12	243	0.32	0.02
5	陈家马口	右岸	1.61	442	0.44	0.02

续表

序号	位置	岸侧	淤积长度/km	最大淤积宽度/m	淤积面积/km^2	多年平均淤积速率/(km^2/a)
6	熊家洲 1	右岸	1.96	359	0.32	0.02
7	熊家洲 2	右岸	3.44	291	0.59	0.03
8	八姓洲	左岸	1.77	288	0.38	0.02
总计	下荆江		22.29		7.23	0.40

图 5.4 给出了下荆江典型断面(荆 84、荆 97、荆 106 和荆 182)的形态调整与河岸变形过程。荆 84 断面位于藕池口河段，左岸修建了护岸工程，右岸分布着广阔的边滩。三峡水库蓄水后，右岸边滩发生淤积，最大淤积高度为 6m，岸线大幅向河中心靠近(图 5.4(a))。荆 97 和荆 106 断面位于北门口河段，两者相距约 8km，其中荆 97 断面右侧受贴岸水流冲刷而大幅崩退，而位于下游侧的荆 106 断面右侧岸顶整体淤高约 3m(图 5.4(b)(c))。荆 182 位于七姓洲弯道，该断面左侧受护岸

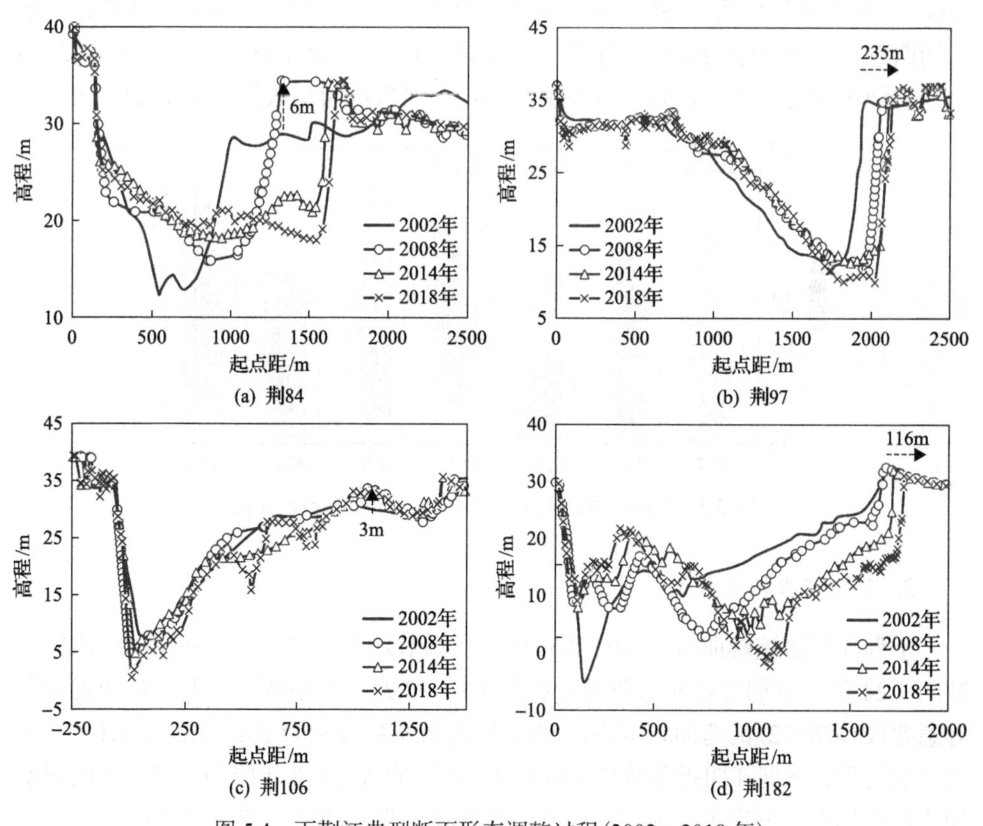

图 5.4　下荆江典型断面形态调整过程(2002～2018 年)

工程守护而岸线保持稳定，右侧河床整体冲深下切约 10m，主流右摆顶冲岸坡，崩退约 116m(图 5.4(d))。

5.1.2　曲折系数调整

荆江段是典型的弯曲型河段，由一系列河弯组成。上荆江主要有枝城、沙市等 6 个河弯，而下荆江由石首、调关等 10 个河弯组成(薛兴华和常胜, 2017)。三峡工程运行后，荆江局部河段河床冲淤剧烈，河弯曲率相应发生调整。故本节基于 2002 年、2008 年、2014 年和 2018 年枯水期遥感影像提取的河道中心线，计算了各河弯的曲折系数，并分别对上、下荆江河弯的曲折程度调整情况进行比较。

1. 上荆江曲折系数调整特点

上荆江自上而下分布着枝城、江口、涴市、沙市、公安和郝穴 6 个河弯，弯曲程度较低，2002 年整个河段的曲折系数约为 1.57，各河弯曲折系数范围在 1.19～1.63。三峡工程运行后，各河弯曲折系数整体保持稳定，仅枝城和公安河弯在蓄水初期曲折系数减小较为明显，分别由 1.42 和 1.63 减小至 1.38 和 1.61；但在 2008 年开始修建河道整治工程后，河势逐渐稳定，河弯弯曲系数保持不变(图 5.5)。

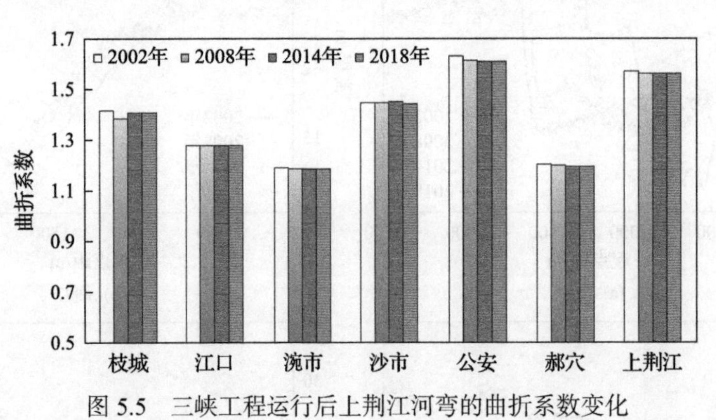

图 5.5　三峡工程运行后上荆江河弯的曲折系数变化

2. 下荆江曲折系数调整特点

下荆江河道蜿蜒曲折，2002 年整体曲折系数约为 1.94，为上荆江河段曲折系数的 1.24 倍。下荆江各河弯曲折系数在 1.10～3.21，其中调关、七弓岭和观音洲等急弯段($R/B<2$)的弯曲程度高，2002 年曲折系数分别为 2.4、3.2 和 3.1。三峡工程运行后，下荆江曲折系数呈小幅减小趋势，截至 2018 年降为 1.92。弯曲程度较小的寡妇夹、方家夹等河弯的曲折系数仍基本保持稳定，变化幅度在 1%左右；

而调关、七弓岭和观音洲等弯曲程度较高的河弯曲折系数略有减小，减小程度均大于 2%，其中调关河弯的曲折系数减小程度最大，约为 6%(图 5.6)。

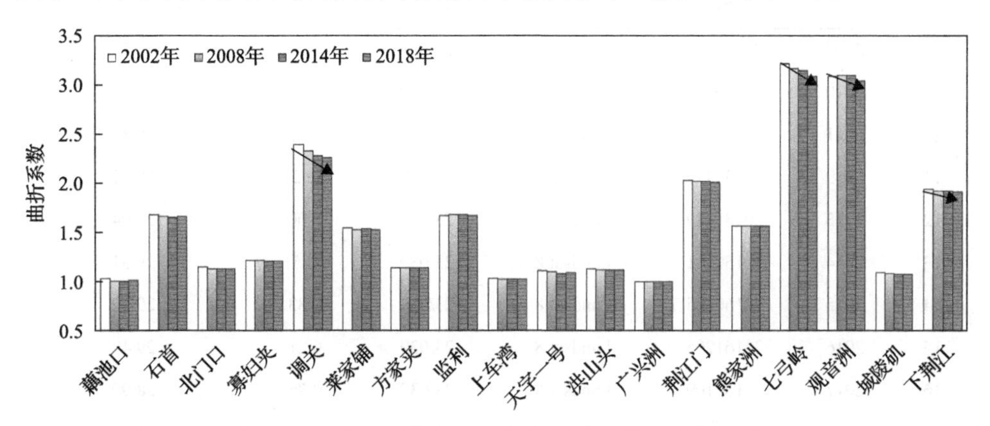

图 5.6　三峡工程运行后下荆江河弯的曲折系数变化

5.1.3　洲滩调整

长江中游沿程分布的江心洲是洪水漫溢的场所，其冲淤变化影响水沙的横纵向输移、局部河势稳定和河道演变(Wang et al., 2018; Li et al., 2019)。荆江河段内洲滩对三峡水库蓄水后水沙条件变化的响应较为显著，造成了洲滩萎缩、主支汊交替和河道展宽等问题(孙昭华等, 2011; Wang et al., 2018)。本节以蓄水前的 2002 年为基准，选取荆江段规模较大和发育度较高的 11 个典型江心洲(滩)为研究对象，其中 9 个位于上荆江，2 个位于下荆江。利用 2002～2018 年的遥感影像资料，提取典型江心洲(滩)的形态并计算了相应的面积，以此分析荆江段洲滩形态的调整趋势。考虑到枯水期洲滩出露更为完整，因此统一采用沙市站 30m 水位下的遥感影像资料(表 5.4)。

表 5.4　荆江段各年代表遥感影像图情况(2002～2018 年)

序号	年份	遥感影像	卫星	行列号	云量/%	沙市站水位/m
1	2002	20030321	Landsat 5	123/039	2.00	29.09
2	2003	20040408	Landsat 5	123/039	1.00	29.75
3	2004	20050113	Landsat 7	123/039	2.00	30.32
4	2005	20051215	Landsat 7	123/039	6.00	29.90
5	2006	20061202	Landsat 7	123/039	30.00	30.43
6	2007	20080326	Landsat 7	123/039	0.00	29.98
7	2008	20090414	Landsat 7	123/039	0.00	29.99

续表

序号	年份	遥感影像	卫星	行列号	云量/%	沙市站水位/m
8	2009	20091015	Landsat 5	123/039	16.00	30.71
9	2010	20110130	Landsat 7	123/039	8.00	30.42
10	2011	20111029	Landsat 7	123/039	4.00	30.31
11	2012	20130410	Landsat 8	123/039	33.24	29.22
12	2013	20131119	Landsat 7	123/039	0.00	29.94
13	2014	20150101	Landsat 8	123/039	12.51	29.31
14	2015	20160205	Landsat 8	123/039	4.83	29.12
15	2016	20161205	Landsat 8	123/039	0.21	29.49
16	2017	20180109	Landsat 8	123/039	0.75	28.90
17	2018	20191125	Landsat 8	123/039	0.04	29.50

1. 洲滩形态时空变化特点

2002～2018 年荆江段内洲滩总面积的变化过程表明(图 5.7)：①三峡水库蓄水后，洲滩整体萎缩，滩体总面积持续减小，2018 年滩体总面积为 39.4km^2，较 2002 年减小约 23%，多年平均冲刷速率达 0.73km^2/a；②受水沙条件和河道整治工程的影响，荆江段洲滩变形可分为三个阶段：三峡蓄水初期(2002～2008 年)、护滩工程修建期(2008～2014 年)、梯级水库运行期(2014～2018 年)。由图 5.7 可知，荆江段洲滩形态调整主要发生在三峡蓄水初期和梯级水库运行期，洲滩面积年均减小速率分别为 1.02km^2/a 和 1.10km^2/a，其中蓄水初期洲滩萎缩程度最大，滩体面积减幅占总萎缩面积的 52%；2008～2014 年洲滩较为稳定，部分年份有小幅增加趋势，这与该时期荆江段相继修建各类护滩带、护岸、丁坝及锁坝等整治工程有关(李明等, 2012; Long et al., 2021)。

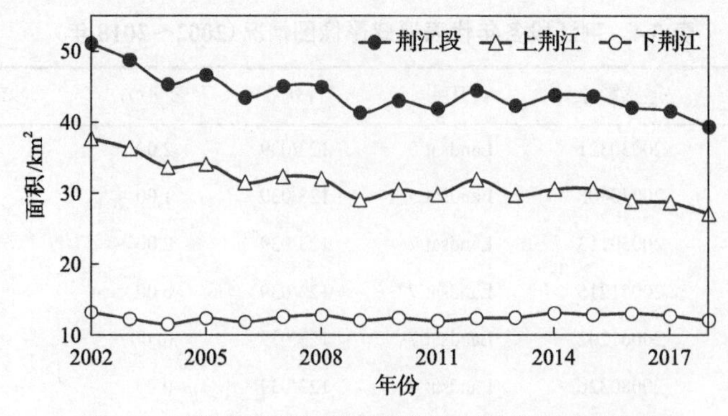

图 5.7　三峡水库蓄水后荆江段江心洲(滩)面积变化

三峡水库蓄水后，荆江段洲滩冲淤存在沿程差异（图 5.7 和图 5.8）：①总体上，上荆江江心洲发育程度较高，蓄水前上、下荆江的江心洲总面积分别为 37.8km^2 和 13.4km^2；②三峡水库蓄水后，上荆江江心洲的冲刷萎缩程度大于下荆江，2002～2018 年洲滩出露面积减小约 28%，而下荆江江心洲前期冲刷较为显著，后期保持稳定甚至出现明显淤积，2002～2018 年面积仅减小 9%；③根据床沙组成的差异，上荆江可进一步分为沙卵石河床（枝城-杨家脑）和沙质河床（杨家脑-藕池口）。由于沙质河床抗冲性弱，河势变化频繁，洲滩冲刷萎缩程度大，上荆江洲滩冲刷呈自上而下增大的趋势，洲滩面积萎缩程度最高达 85%。

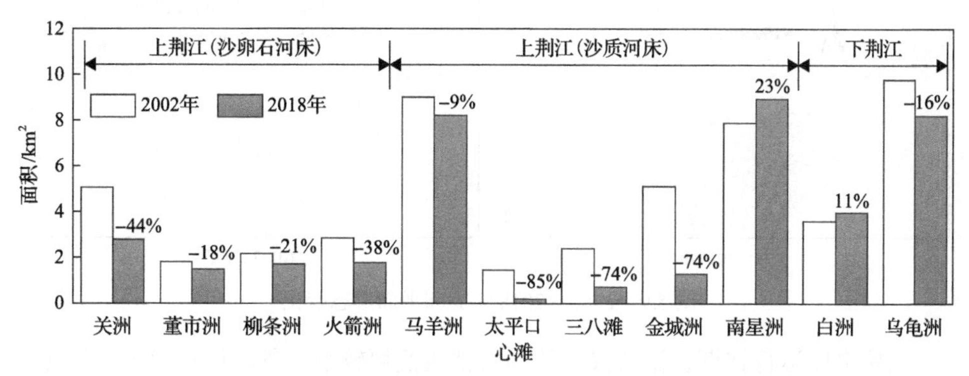

图 5.8　2002 和 2018 年荆江段典型江心洲（滩）面积变化幅度

2. 典型微弯段洲滩演变特点

天然河弯的水流动力轴线半径与流量及河弯轴线的弯曲半径成正比：流量增加，水流动力轴线趋直，半径增大，且弯曲半径越大的河段，水流动力轴线的响应越快，摆幅也越大（张植堂等, 1984; 庄灵光等, 2020）。受三峡水库调度的影响，进入荆江段的中水流量级（5000～20000m^3/s）持续时间增加，水流动力轴线半径增大，微弯段（$R/B>2$）水流动力轴线摆幅较小，汛期水流冲刷主汊，主流顶冲导致江心洲大幅崩退萎缩。而急弯段（$R/B<2$）水流动力轴线大幅摆向凸岸，主流带冲刷凸岸边滩，弯顶处河宽增大，凹岸流速减缓，产生回流且淤积形成心滩。

关洲河段为典型的微弯分汊河段，河道形态具有上下窄、中间宽的特点（图 5.9）。河道两侧河床抗冲性存在差异，凸岸分布着沙集坪边滩和同心垸边滩，土壤组成为沙黏土二元结构，抗冲性较差；凹岸紧临丘陵阶地，抗冲性较强，边界较为稳定。关洲河道水流动力轴线年内在两汊内摆动，右汊弯曲系数较大，呈弯曲形状，为枯水期主汊，一般表现为“洪淤枯冲”的特点；左汊弯曲系数较小，为洪水期主汊，一般表现为“洪冲枯淤”的特点。

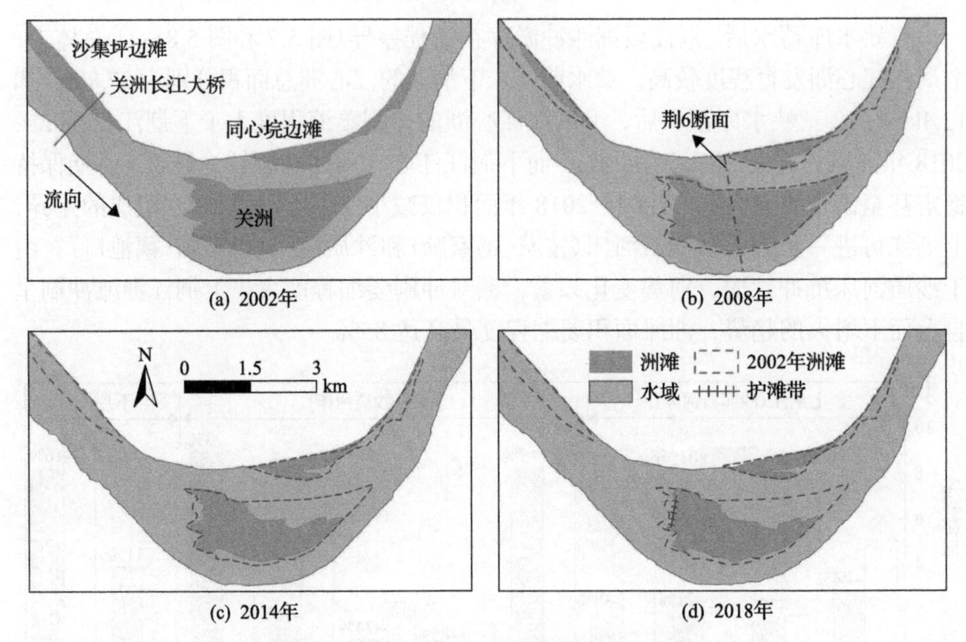

图 5.9　2002～2018 年关洲平面形态变化

三峡水库运行初期，微弯段水流动力轴线摆幅较小，基本保持稳定，低含沙水流冲刷下关洲洲头低滩冲刷后退，两侧滩缘小幅崩退(图 5.9 和图 5.10)。受汛期水流含沙量大幅减小的影响，洪水期水流冲刷强度远大于枯水期，左汊大幅冲深下切，右汊基本保持稳定(图 5.10)；水流动力轴线位于左汊的时长增加，主流顶冲关洲，左侧滩体大幅崩退。2014 年关洲左汊进口至关洲头部布置了一道护滩带及一道潜坝，关洲洲头逐渐稳定，滩体萎缩速率减缓(图 5.10)。

3. 典型急弯段洲滩演变特点

下荆江分布有调关、七弓岭和观音洲等典型的急弯段，河道弯曲程度高，凸岸分布有大规模的凸岸边滩，抗冲能力差；凹岸均修建了护岸工程，河岸稳定性强。三峡工程运行后，大流量作用下急弯段水流动力轴线趋直，其半径大幅增加，主流带向凸岸摆动，凸岸边滩崩退，河宽增加，凹岸流速相对较小，主流带和凹岸急弯之间产生回流，故凹岸处淤积形成心滩(朱玲玲等, 2017)。2002～2018 年遥感影像显示：在三峡工程运行后 3～5 年，调关等急弯段凹岸形成心滩且快速发育，至 2018 年凹岸心滩总面积达 2.42km^2；急弯段的心滩分布在弯顶上游的凹岸处，心滩初期可能形成于河道凹岸(调关和观音洲弯道)或凸岸(七弓岭)，随后整体向凹岸移动；心滩尾部位于弯顶上游，随弯顶下移而下移，头部向上游延伸(图 5.11 和图 5.12(a))。

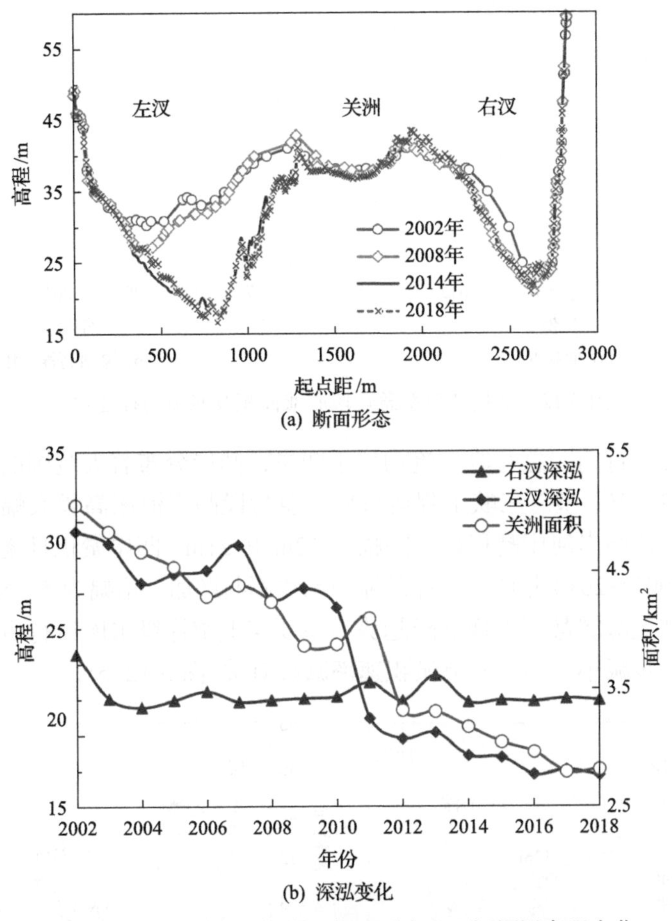

(a) 断面形态

(b) 深泓变化

图 5.10　2002～2018 年荆 6 断面形态和两汊深泓高程变化

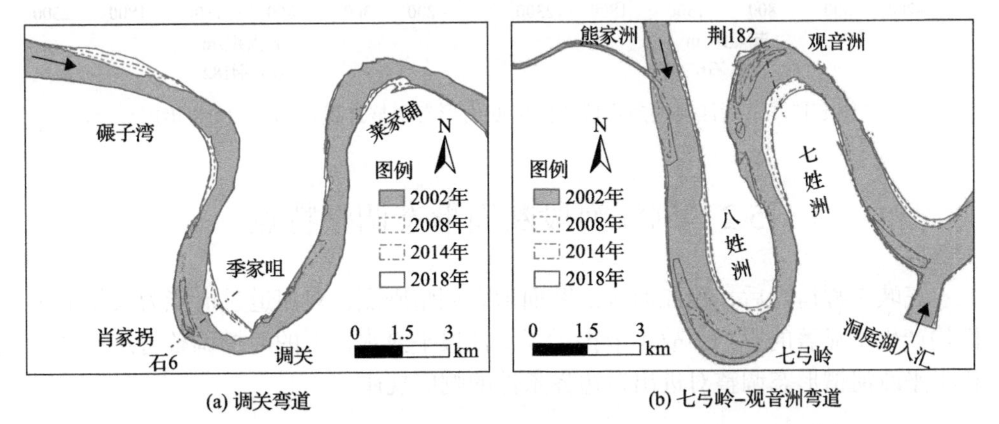

(a) 调关弯道　　(b) 七弓岭-观音洲弯道

图 5.11　下荆江典型弯道岸坡及心滩形态调整过程(2002～2018 年)

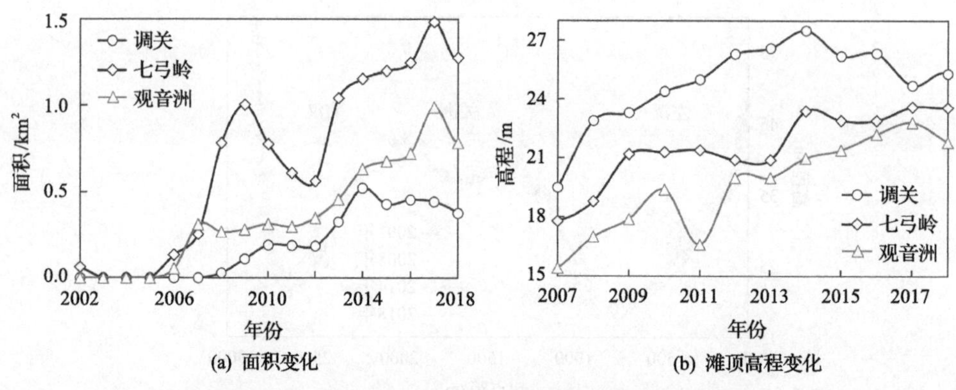

图 5.12　下荆江典型急弯段心滩面积及滩顶高程变化

三峡工程运行前，急弯段主流均位于凹岸，凸岸分布着大范围的边滩，断面形态呈明显的“V”型。三峡工程运行后，急弯段凸岸河床高程大幅降低，石 6 和荆 182 断面的凸岸河床高程最大降幅达 12m 和 21m，凹岸淤积且逐渐形成心滩(图 5.13)。2007～2014 年凹岸心滩的滩顶高程不断增加，增幅为 5～8m；2014 年后滩顶高程增速减缓甚至出现下降趋势，主要与上游梯级水库运行后进入下游河道的泥沙进一步减小、凹岸心滩淤积速率减缓有关(图 5.12(b))。

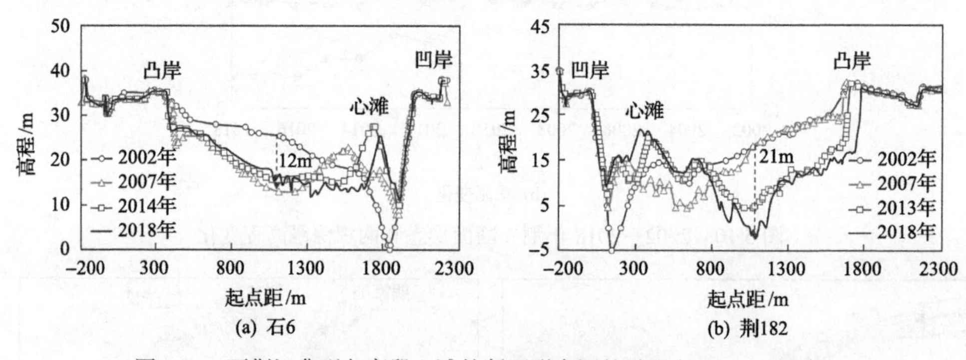

图 5.13　下荆江典型急弯段心滩的断面形态调整过程(2002～2018 年)

5.2　荆江河段断面形态调整特点

三峡工程运行后，荆江河段的断面形态调整剧烈，对河道过流能力及航道条件均产生了显著的影响。故本节揭示了荆江段平滩水位下的河槽调整特点；并分析了平滩河槽形态调整对进出口边界条件的响应规律。

5.2.1　平滩河槽形态调整过程

此处首先采用断面尺度的平滩河槽特征参数计算方法，确定了 2002～2018 年荆江段(173 个固定断面)的平滩河槽形态参数；然后采用河段平均的计算方法(式(2.5))，计算了其河段尺度的平滩河槽形态参数。表 5.5 给出了 2002～2018 年荆江段各断面平滩河槽形态参数计算结果。由表 5.5 可知，平滩高程变化范围为 28.0～47.2m，总体呈自上而下递减趋势；平滩宽度沿程变化剧烈，最小值不到 6.9×10²m，出现在石 5 断面，而最大值约为 35.7×10²m，出现在荆 56 断面；各断面的平滩水深在 6.1～23.7m 不等，最小和最大值分别出现在荆 92 和石 3+2 断面；平滩面积的变化范围为 9.9×10³～41.9×10³m²，总体上河槽趋于窄深。从空间尺度上看，荆江河段平滩河槽形态沿程差异显著，故特定断面的平滩河槽形态变化规律不能代表整个河段的变化特点。

表 5.5　断面尺度的平滩河槽形态参数计算结果

年份	W_{bf} /10²m	H_{bf} /m	A_{bf} /10³m²	年份	W_{bf} /10²m	H_{bf} /m	A_{bf} /10³m²
2002	7.6～35.7	6.5～21.4	10.8～33.6	2011	7.4～35.5	6.8～22.2	10.8～34.5
2003	7.5～35.5	6.1～22.3	11.0～31.0	2012	7.4～35.6	7.8～23.2	11.0～36.2
2004	7.4～35.5	6.7～21.8	10.9～32.4	2013	7.4～35.6	7.8～23.7	10.7～38.8
2005	7.4～35.7	6.8～23.7	11.0～32.7	2014	7.3～35.6	6.3～22.7	11.7～39.7
2006	7.4～35.6	7.2～21.9	10.7～34.4	2015	7.3～35.5	6.7～22.7	9.9～40.2
2007	7.4～35.6	7.5～21.7	11.4～33.2	2016	7.1～35.3	6.5～22.6	12.3～40.7
2008	7.4～35.6	7.2～21.6	11.2～33.9	2017	6.9～34.1	7.2～23.4	11.3～41.9
2009	7.4～35.5	7.1～21.9	11.3～36.2	2018	6.9～35.4	7.6～23.0	11.7～40.6
2010	7.4～34.6	7.0～22.1	12.0～36.8				

表 5.6 给出了 2002～2018 年荆江河段尺度的平滩河槽形态参数计算结果。由表可知，河段平滩宽度在 1341～1373m 变化，变幅仅为 2%；而近期河床持续冲刷使河段平滩水深增加 1.69m，增幅达 12%；河段平滩面积亦呈持续增加趋势，

表 5.6　河段尺度的平滩河槽形态参数计算结果

年份	$\bar{W}_{bf}$ /m	$\bar{H}_{bf}$ /m	$\bar{A}_{bf}$ /m²	年份	$\bar{W}_{bf}$ /m	$\bar{H}_{bf}$ /m	$\bar{A}_{bf}$ /m²
2002	1341	13.58	18214	2011	1357	14.44	19584
2003	1351	13.73	18550	2012	1353	14.54	19668
2004	1345	14.01	18848	2013	1354	14.66	19837
2005	1359	14.03	19065	2014	1353	14.77	19985
2006	1354	14.14	19149	2015	1358	14.81	20116
2007	1373	14.09	19337	2016	1358	15.19	20640
2008	1372	14.07	19312	2017	1355	15.39	20850
2009	1356	14.30	19400	2018	1368	15.27	20898
2010	1353	14.43	19515				
增幅						12%	15%

由 2002 年的 18214m² 增加到 2018 年的 20898m²，增幅为 15%。从时间尺度上看，平滩水深及面积呈逐年增加趋势。

5.2.2　进口水沙变化对平滩河槽形态调整的影响

根据实测水沙资料，采用式(2.8)计算了荆江段进口水文站(枝城站)的汛期水流冲刷强度(F_{fi})，结果如图 5.14 所示。三峡水库蓄水运用前(1994～2002 年)，枝城站 F_{fi} 处于较稳定的状态，其值在 2.69～5.63 变化。三峡水库蓄水后，枝城站的汛期水流冲刷强度 F_{fi} 持续增加，由 2002 年的 4.74 增加到 2017 年的 248.18，随后由于含沙量增大而减小至 2018 年的 39.29。

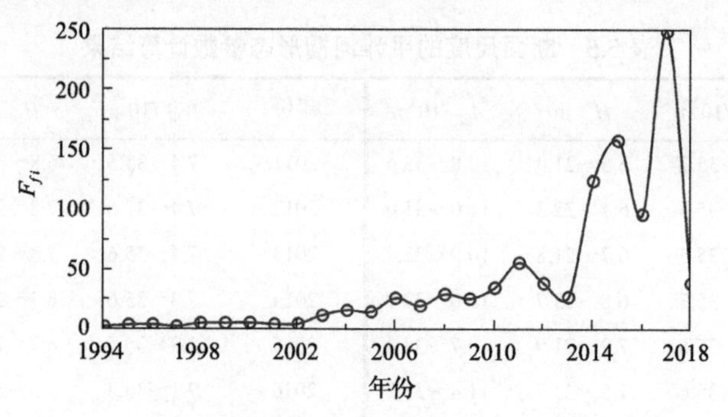

图 5.14　枝城站 1994～2018 年的汛期水流冲刷强度

第 2 章提出的仅考虑进口水沙条件变化影响的非平衡演变经验模型(式(2.10))，同样适用于荆江河段。本节采用计算得到的 2002～2018 年荆江段平滩河槽形态参数($\bar{G}_{bf}$)及枝城站汛期平均的水流冲刷强度参数(F_{fi})，对该经验模型进行了率定。通过试算，滑动平均年份(n)从 1 增加到 8，结果表明，该河段平滩河槽形态参数($\bar{H}_{bf}$ 和 $\bar{A}_{bf}$)与前 n 年汛期平均的水流冲刷强度($\bar{F}_{nf}$)之间的关系在 n=4～5 时，决定系数(R^2)达到最大值(图 5.15)。

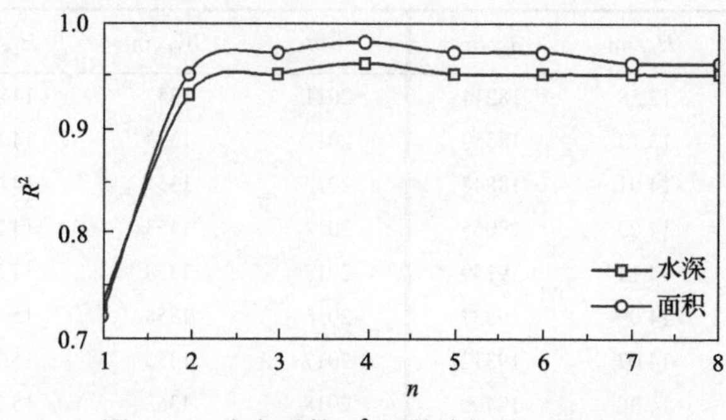

图 5.15　决定系数 R^2 与滑动年份 n 的关系

图 5.16 给出了 2002～2018 年枝城站($\bar{F}_{5f}$)和三口分流的 5 年平均汛期水流冲

刷强度（$\bar{F}_{\text{div}}$）的关系，发现两者存在很高的相关度（R^2=0.99），且前者的数量级远高于后者。因此，三口的分流分沙对干流的影响很小，荆江段进口和侧向水沙边界控制条件的综合因子可近似由枝城站的水流冲刷强度来表征。

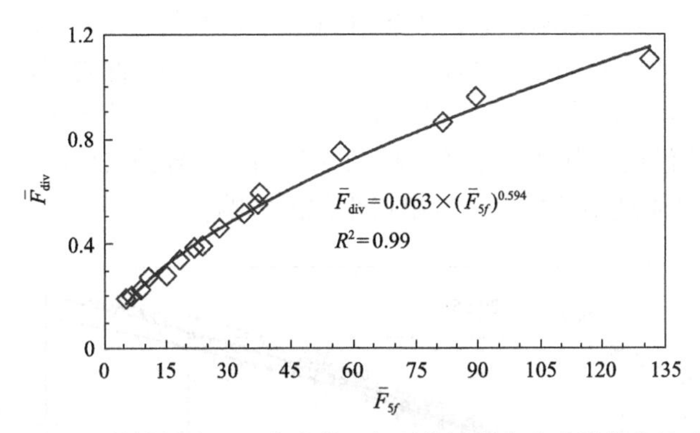

图 5.16　枝城站和三口分流的 5 年平均汛期水流冲刷强度关系

由图 5.17 可知，受护岸工程的限制，荆江段 $\bar{W}_{\text{bf}}$ 与 $\bar{F}_{5f}$ 相关程度较弱，且指数α率定值较小；其河段尺度的平滩水深、面积可较好地对由于三峡工程运用引起的水沙条件改变做出快速响应，$\bar{H}_{\text{bf}}$ 或 $\bar{A}_{\text{bf}}$ 与 $\bar{F}_{5f}$ 经验模型的决定系数分别高达 0.96 和 0.97。

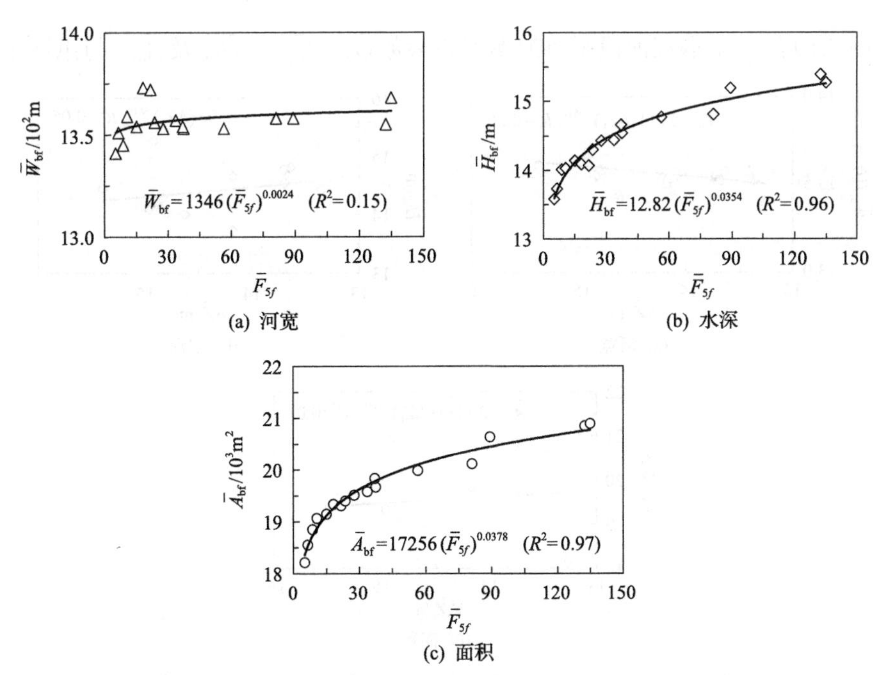

图 5.17　荆江段平滩河槽形态调整与前期水沙条件的关系

5.2.3　出口水位变动对平滩河槽形态调整的影响

图 5.18 给出了莲花塘站 2006 年和 2010 年汛期水位-流量关系曲线。由图可知，在 40000m^3/s 的特定流量下，2006 年莲花塘的水位为 28.72m，而在 2010 年其值为 29.55m。需注意的是，荆江河段经历着持续的河床冲刷下切，2010 年平均河底高程较 2006 年低 0.29m，故同流量下 2010 年的水位应当随着河床下切有所降低。然而洞庭湖的顶托作用使莲花塘的水位抬升，导致 2010 年的水位值高于 2006 年，由此可体现出顶托作用对出口水位的影响。

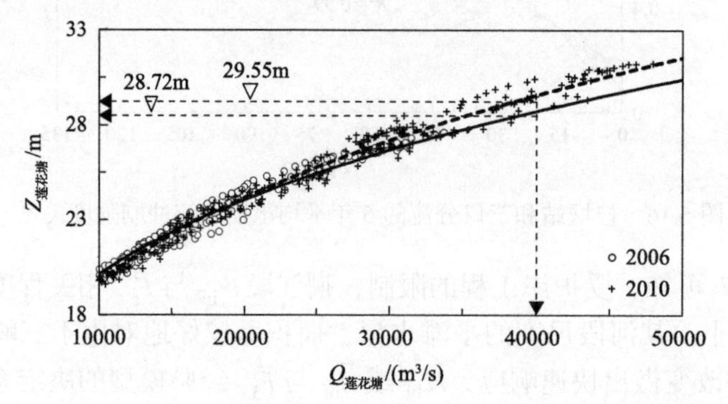

图 5.18　莲花塘站 2006 年和 2010 年的汛期水位-流量关系曲线

图 5.19 给出了荆江河段平滩河槽形态参数 $\overline{G}_{bf}$（$\overline{W}_{bf}$、$\overline{H}_{bf}$ 及 $\overline{A}_{bf}$）与汛期平均

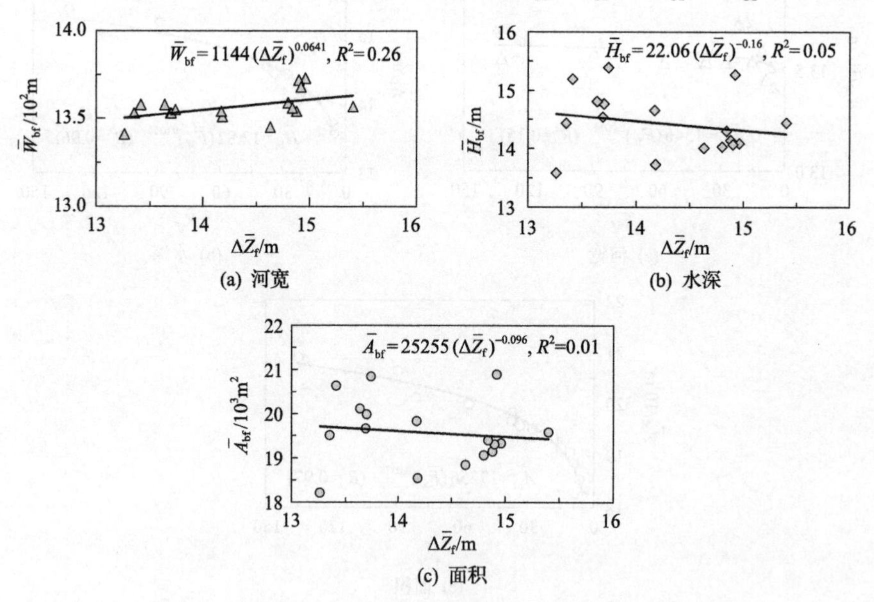

图 5.19　荆江段平滩河槽形态调整与进出口水位差的关系

的进出口水位差 $\Delta\bar{Z}_{\rm f}$（枝城站与莲花塘站汛期平均水位差）的相关关系（$\bar{Q}_{\rm bf}=\alpha_2(\Delta\bar{Z}_{\rm f})^{\beta_2}$）。可以看出，荆江段平滩河宽 $\bar{W}_{\rm bf}$、水深 $\bar{H}_{\rm bf}$ 及面积 $\bar{A}_{\rm bf}$ 与 $\Delta\bar{Z}_{\rm f}$ 的决定系数均较低，决定系数 R^2 分别为 0.26、0.05 和 0.01，故进出口水位差的变化对荆江段平滩河槽形态的调整影响很小。

5.2.4　进出口边界条件对平滩河槽形态调整的共同影响

为反映进出口边界条件对荆江段平滩河槽形态调整的共同影响，在此建立了平滩河槽形态参数 $\bar{G}_{\rm bf}$ 与前 5 年汛期平均水流冲刷强度 $\bar{F}_{5f}$、当年汛期平均的进出口水位差 $\Delta\bar{Z}_{\rm f}$ 之间的综合经验模型。考虑到平滩河宽 $\bar{W}_{\rm bf}$ 的调整受护岸工程限制，故仅对平滩水深 $\bar{H}_{\rm bf}$ 及面积 $\bar{A}_{\rm bf}$ 进行分析，形式如下：

$$\bar{G}_{\rm bf}=\alpha_1(\bar{F}_{5f})^{\beta_1}+\alpha_3(\Delta\bar{Z}_{\rm f})^{\beta_3} \tag{5.1}$$

式中，α_1、α_3 为系数；β_1、β_3 为指数，均由实测资料率定。

利用 2002～2018 年实测水沙数据及河段平滩河槽形态参数值对式(5.1)中的参数进行率定。表 5.7 给出了参数的率定结果，可以看出，综合考虑 $\bar{F}_{5f}$ 和 $\Delta\bar{Z}_{\rm f}$ 的影响，平滩河槽形态调整经验公式的相关性较仅考虑前期水沙条件的经验模型提升不大(式(2.10))，如平滩面积调整经验公式的决定系数(R^2)仅由 0.97 提升到 0.98；而对于平滩水深，其决定系数未有提升。故出口水位变动对荆江段平滩河槽形态调整的影响可忽略不计。

表 5.7　荆江段平滩河槽形态调整综合经验模型(式(5.1))的率定参数

参数	α_1	β_1	α_3	β_3	R^2
$\bar{H}_{\rm bf}$	1.263	0.203	12.737	−0.025	0.96
$\bar{A}_{\rm bf}$	2600	0.165	12642	0.065	0.98

5.3　荆江河段过流能力调整特点

受三峡工程运用及洞庭湖汇流顶托的影响，近期荆江河段过流能力调整较为显著，对两岸的防洪安全产生了一定影响。平滩流量是衡量河道过流能力的关键指标，其大小与断面形态及平均流速有关。此外，防洪控制站警戒水位下对应的过流流量也是反映冲积河道行洪能力大小的重要参数。故本节首先计算荆江段 2002～2018 年河段尺度的平滩流量，以及重要防洪控制站(监利站)相应警戒水位下的过流流量；然后定量分析进出口边界条件变化对该河段过流能力的影响。

5.3.1 平滩水位下的过流能力调整

1. 平滩流量调整过程

断面平滩流量的大小，主要取决于平滩面积和平滩水位下的断面平均流速(夏军强等, 2009)。由上一节分析可知，各固定断面的平滩面积存在显著差异，且不同断面河床阻力、水力坡降各不相同，从而影响水流流速，这些因素均导致了断面平滩流量的沿程显著变化。此处采用第 2 章中介绍的基于一维水动力学模型的方法，计算了 2002～2018 年荆江段逐年的断面平滩流量，结果如表 5.8 所示。

表 5.8 断面尺度的平滩流量计算结果

年份	断面尺度/($10^3m^3/s$)	年份	断面尺度/($10^3m^3/s$)
2002	16.1～60	2011	21.0～60
2003	20.5～60	2012	17.7～60
2004	20.1～60	2013	17.6～60
2005	20.4～60	2014	17.5～60
2006	19.7～60	2015	16.3～60
2007	21.4～60	2016	15.1～60
2008	19.4～60	2017	15.2～60
2009	22.3～60	2018	12.3～60
2010	17.4～60		

由表可知，2002～2018 年间荆江段各断面的过流能力相差明显，其值在 12.3×10^3～$60\times10^3m^3/s$ 变化。每年约有 4 个断面的平滩流量超过了 $60\times10^3m^3/s$，但将其限制在了 $60\times10^3m^3/s$ 以内。主要是因为这些断面的滩唇高程较高，但三峡水库的蓄水削峰作用使这些断面几乎不会发生洪水漫滩现象。对比 2002 年和 2018 年平滩流量的计算结果，荆江段平滩流量变化不大，主要是由于 2018 年洞庭湖的入汇顶托作用大于 2002 年，抵消了河床冲刷下切引起的平滩流量增幅。而 2011 年沿程各断面的平滩流量较 2002 年显著增大，是由于该年荆江段受洞庭湖入汇顶托影响较小，且河床冲刷下切导致平滩流量增大。

根据各固定断面的平滩流量，进一步采用基于河段尺度的统计方法(式 2.5)，计算得到 2002～2018 年荆江段的河段平滩流量，结果如表 5.9 所示，荆江段平滩流量在 2002～2018 年期间的变化范围为 32605～38949m^3/s，变动幅度约为 19%，其调整特点与特定断面的平滩流量调整也存在较为显著的差异。例如，沙市水文站(荆 42)位于三峡大坝下游 192km 处，2002～2018 年该断面平滩流量变化范围为 37291～57610m^3/s，变幅达 54%；而监利水文站(荆 136)位于大坝下游 333km

处，其平滩流量在 16 年间的变幅为 71%(图 5.20)。总体上，河段尺度的平滩流量变化更为平稳，更能反映整个河段过流能力的调整特点。

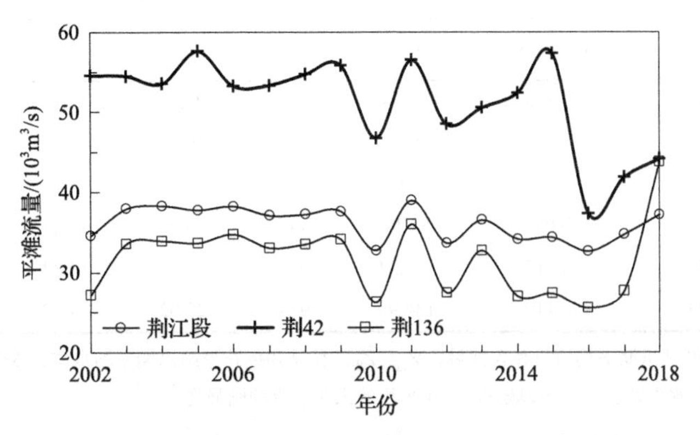

图 5.20　荆江断面及河段尺度平滩流量的逐年变化

2. 进口水沙变化对荆江段平滩流量调整的影响

采用计算得到的 2002～2015 年荆江段平滩流量($\overline{Q}_{bf}$)及枝城站汛期平均的水流冲刷强度参数(F_{fi})，对仅考虑进口水沙条件变化影响的经验模型(式(2.10))进行了率定。表 5.9 给出了 2002～2018 年荆江河段平滩流量及其影响因素。可知，三峡水库蓄水后，荆江段进口处枝城站的水位($\overline{Z}_{zc}$)在 38.45～41.35m 变化；受洞庭湖入汇顶托的影响，相应的出口莲花塘站水位($\overline{Z}_{lht}$)在 23.19～27.12m 波动，且进出口水位差($\Delta\overline{Z}_f$)波动亦较大(13.26～15.40m)。

表 5.9　荆江河段平滩流量及其影响因素

年份	进口边界			出口边界			平滩流量
	$\overline{Q}_i$/(m³/s)	$\overline{S}_i$/(kg/m³)	$\overline{F}_{5f}$	$\overline{Z}_{zc}$/m	$\overline{Z}_{lht}$/m	$\Delta\overline{Z}_f$/m	$\overline{Q}_{bf}$/(m³/s)
2002	19320	0.787	5.14	40.38	27.12	13.26	34552
2003	21478	0.377	6.51	40.71	26.53	14.18	37913
2004	20202	0.246	8.73	40.78	26.15	14.63	38273
2005	22274	0.328	10.63	41.35	26.55	14.80	37732
2006	12416	0.058	15.05	38.45	23.57	14.88	38214
2007	20458	0.207	18.14	40.57	25.61	14.96	37052
2008	19257	0.124	21.69	40.39	25.49	14.90	37208
2009	18800	0.135	23.60	39.99	25.15	14.84	37593
2010	20274	0.116	27.68	40.38	27.03	13.35	32731
2011	14656	0.038	33.61	38.59	23.19	15.40	38949
2012	22732	0.132	37.38	40.74	27.05	13.69	33634

续表

年份	进口边界			出口边界			平滩流量
	$\overline{Q}_i$ /(m³/s)	$\overline{S}_i$ /(kg/m³)	$\overline{F}_{5f}$	$\overline{Z}_{zc}$ /m	$\overline{Z}_{lht}$ /m	$\Delta\overline{Z}_f$ /m	$\overline{Q}_{bf}$ /(m³/s)
2013	17615	0.112	36.94	39.26	25.09	14.17	36505
2014	20863	0.035	56.51	40.13	26.43	13.70	34130
2015	16912	0.018	81.01	38.98	25.34	13.64	34336
2016	18440	0.035	89.19	39.43	26.02	13.41	32605
2017	19550	0.015	132.34	39.69	25.95	13.74	34720
2018	21593	0.119	134.90	39.94	25.02	14.92	37180

注：$\overline{Q}_i$, $\overline{S}_i$ =枝城站汛期平均流量和含沙量；$\overline{Z}_{zc}$, $\overline{Z}_{lht}$ =枝城和莲花塘站汛期平均水位；$\Delta\overline{Z}_f = \overline{Z}_{zc} - \overline{Z}_{lht}$ =枝城和莲花塘站汛期平均水位差；$\overline{F}_{5f}$ =枝城站前 5 年平均的汛期水流冲刷强度。

通过试算，滑动平均年份 n 从 1 增加到 8。结果表明，该河段平滩流量与前 n 年汛期平均的水流冲刷强度（$\overline{F}_{nf}$）之间的关系较为散乱，模型的决定系数均在 0.00～0.13。这主要是由于在荆江河段平滩流量的调整同时受到进口水沙条件改变及出口水位受入汇顶托的影响。考虑到荆江段紧位于宜枝段下游，其平滩流量调整与进口水沙条件的关系应与宜枝河段有一定的相似性，故将荆江河段滑动平均年份 n 亦取为 5 年。由图 5.21 可知，荆江河段尺度的平滩流量 $\overline{Q}_{bf}$ 与枝城站前 5 年汛期平均的水流冲刷强度 $\overline{F}_{5f}$ 的相关程度较弱，决定系数仅为 0.18(图 5.21)。综上，仅考虑进口水沙条件对荆江段平滩流量的单一影响有所欠缺，需分析进口水沙条件变化和出口水位变动对平滩流量调整的综合影响。

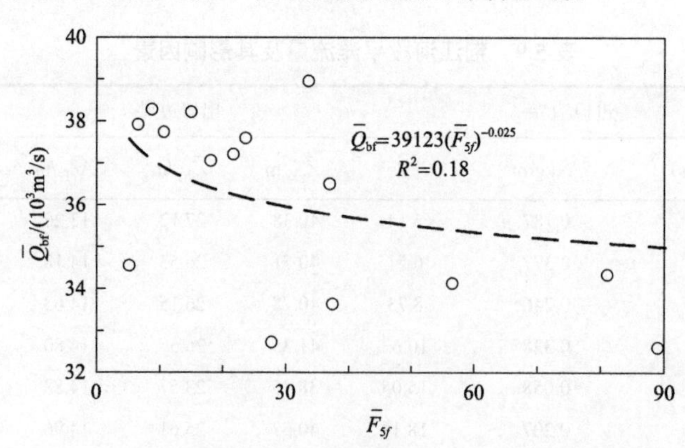

图 5.21　荆江河段尺度的平滩流量与前期水沙条件的关系

3. 出口水位变动对荆江段平滩流量调整的影响

图 5.22 给出了 2002～2018 年荆江河段平滩流量 $\overline{Q}_{bf}$ 和相应的进出口水位差

$\Delta\bar{Z}_f$ 的变化过程。由图可知，$\bar{Q}_{bf}$ 随着 $\Delta\bar{Z}_f$（枝城与莲花塘站水位差）同步变化，相关程度较高。由此可知，荆江河段尺度的平滩流量调整与出口边界条件密切相关。基于上述分析，建立河段尺度的 $\bar{Q}_{bf}$ 与 $\Delta\bar{Z}_f$ 的幂函数关系，即为仅考虑出口水位变动影响的经验模型：

$$\bar{Q}_{bf}=\alpha_3(\Delta\bar{Z}_f)^{\beta_3} \tag{5.2}$$

式中，α_3 为系数；β_3 为指数，均由实测资料率定。将该模型应用到荆江河段，采用 2002～2015 年实测资料率定模型中的参数，结果表明，α_3 为 2210.4，β_3 为 1.0515，且模型的决定系数 R^2 达到 0.78。与进口水沙条件对河床形态调整的影响不同，出口水位变动对平滩流量的影响是即时的，不存在滞后响应，即河段平滩流量的调整只与当前年份的进出口水位差 $\Delta\bar{Z}_f$ 相关。

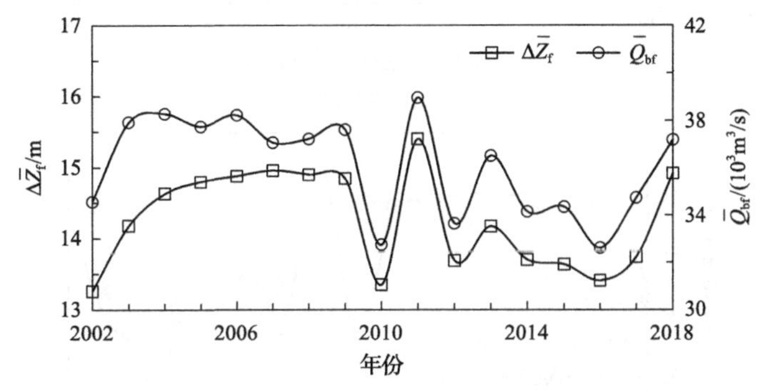

图 5.22　荆江河段尺度的平滩流量 $\bar{Q}_{bf}$ 和进出口水位差 $\Delta\bar{Z}_f$ 的变化过程

4. 进出口边界条件对荆江段平滩流量调整的共同影响

上述分析表明，平滩流量同时受进出口边界条件的影响，且分别可采用进口前 n 年平均的汛期水流冲刷强度 $\bar{F}_{nf}$ 和进出口水位差 $\Delta\bar{Z}_f$ 来表示，综合考虑多边界因素影响的经验模型，可进一步写成如下形式：

$$\bar{Q}_{bf}=\underbrace{\alpha_1(\bar{F}_{nf})^{\beta_1}}_{\text{I}}+\underbrace{\alpha_3(\Delta\bar{Z}_f)^{\beta_3}}_{\text{II}} \tag{5.3}$$

式中，α_1、α_3 为系数；β_1、β_3 为指数，均由实测资料率定。根据计算得到的 $\bar{Q}_{bf}$、$\bar{F}_{nf}$ 和 $\Delta\bar{Z}_f$，采用 SPSS 分析软件，可率定多因素综合经验模型（式(5.3)）的参数。

将综合模型应用到荆江河段，采用该河段 2002～2015 年计算得到的 $\bar{Q}_{bf}$ 和 $\bar{F}_{5f}$、$\Delta\bar{Z}_f$，对模型进行率定。由结果可知，综合考虑水沙条件变化与出口水位变动影响的经验模型的 R^2 高达 0.92（图 5.23(a)），远高于仅考虑单一因素的经验模型式(2.10)或式(5.2)。然后采用 2016～2018 年的实测资料验证模型的精度，由式(5.3)计算得到平滩流量与式(2.5)计算的值符合程度较高(图 5.23(b))。例如，采用式(5.3)计算得到的 2018 年河段尺度的 $\overline{Q}_{\mathrm{bf}}$ 为 37392m^3/s，非常接近实测值(37180m^3/s)。因此，建立的综合考虑水沙条件变化与出口水位变动影响的经验模型，可以较好地预测河段平滩流量在进出口边界条件共同控制下的调整趋势。

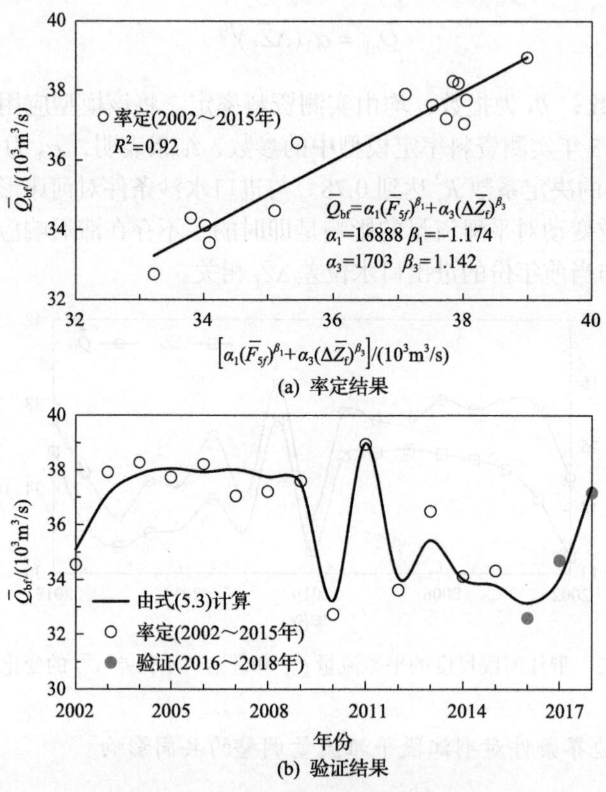

图 5.23 综合模型的率定和验证结果

通过上述分析可知，荆江段平滩河槽形态调整主要受前期水沙条件变化的影响，而平滩流量的主导因素则为进出口水位差。当外界条件发生扰动，河床往往需要较长时间才能重新达到新的平衡，即当前的河床形态是前期外界条件变动的综合影响，故平滩河槽形态的调整对前期水沙条件的变化存在滞后响应。至于平滩流量，由其确定过程可知，在各断面的水位-流量关系曲线上，平滩高程对应的流量即为平滩流量。近期长江中游河道较少漫滩，平滩高程几乎不变。荆江段平滩流量调整的主要原因是河床边界条件变化改变了各断面的水位-流量关系。一方面，上游建坝使坝下游河床发生持续冲刷下切，导致了水位-流量关系曲线下移；另一方面，出口处洞庭湖的入汇顶托抬升上游水位，使各断面的水位-流量关系曲线又整体上移。因此，平滩流量的调整受两者的共同作用，是两种影响博弈的结果。

若河床下切导致的水位-流量关系曲线下移程度大于入汇顶托作用造成的水位-流量关系曲线抬升，平滩流量增大。由于河床下切对进口水沙条件存在滞后响应，平滩流量对其也存在滞后响应；而支流入汇顶托对水位-流量关系变动的影响是即时的，平滩流量调整对出口水位变动是即时响应关系。

5. 不同影响因素的重要性比较

坝下游河道平滩流量的调整过程不仅受进口水沙条件的影响，还与河段出口水位变动情况密切相关。通常情况下，河段出口水位变动多由进口水流条件控制，其最终可归结为进口水沙条件的影响，因此进口水沙条件对平滩流量的调整往往占据着统治性的作用。但在冲淤过程中，出口水位变动受除进口水流外的其他因素影响时，如支流入汇顶托，其影响不能忽略。水沙条件变化及出口水位变动是决定平滩流量调整的两个重要因素。然而，这两者中哪个因素的影响较大？以荆江段为例，分别计算了 2002～2018 年式(5.3)中的第Ⅰ与第Ⅱ部分的数值，结果如表 5.10 所示。由表可知，水沙条件的变化使河段平滩流量减小约 2416m^3/s(2002～2018 年)，而出口水位变动则使河段平滩流量在同时期内的变幅达 6083m^3/s。总体上进出口水位差变化引起的平滩流量变幅远大于河床冲刷下切引起的变化。因此出口水位变动对荆江段平滩流量调整的影响占据更重要的作用。

表 5.10　式(5.3)计算的平滩流量第Ⅰ部分与第Ⅱ部分的值

部分	2002 年	2003 年	2004 年	2005 年	2006 年	2007 年	2008 年	2009 年	2010 年
Ⅰ	2469	1871	1325	1052	699	561	455	412	342
Ⅱ	32634	35233	36513	36998	37227	37456	37284	37113	32887
部分	2011 年	2012 年	2013 年	2014 年	2015 年	2016 年	2017 年	2018 年	|变幅|
Ⅰ	272	240	244	148	97	86	54	53	2416
Ⅱ	38717	33846	35205	33874	33705	33056	33987	37339	6083

注：|变幅| = |最大值 – 最小值|。

5.3.2　警戒水位下的过流能力调整

监利站作为荆江的重要防洪控制站，其防汛特征水位是荆江河段汛期报险处险时的重要参数(荆州市长江河道管理局, 2005)。防汛特征水位一般分为三级，即设防水位、警戒水位和保证水位。警戒水位是指江河堤防可能出险的起始水位，防汛部门需加强戒备，实行昼夜巡堤查险(长江河道管理局, 2005)。作为长江防洪预案中的重要指标之一，在此将对监利站警戒水位下的过流流量 $Q_{\mathrm{wn}}^{\mathrm{JL}}$ 及其影响因素进行研究。

1. 警戒水位下过流流量的调整过程

监利站位于荆 140 断面，相应断面形态如图 5.24 所示。三峡工程运用后该站所在断面整体均以冲刷为主，2002～2018 年平滩面积增大 15%。图 5.25 则给出了监利站警戒水位下(33.45m，85 高程)过流流量 $Q_{\mathrm{wn}}^{\mathrm{JL}}$ 及当年上下游汛期平均水位差 $\Delta\bar{Z}_{\mathrm{f}}$ 的历年变化过程。可以看出，$Q_{\mathrm{wn}}^{\mathrm{JL}}$ 调整虽较为剧烈，但与 $\Delta\bar{Z}_{\mathrm{f}}$ 的变化相对一致。监利站警戒水位下的过流流量 $Q_{\mathrm{wn}}^{\mathrm{JL}}$ 取值范围为 27873～38964m^3/s，其多年平均值为 34195m^3/s。

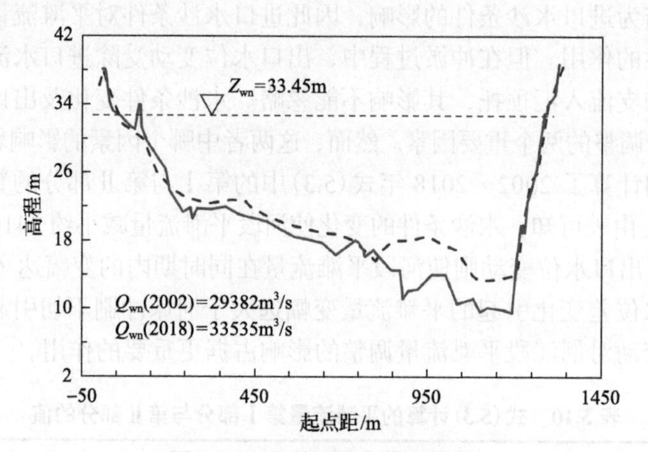

图 5.24 监利站所在断面形态

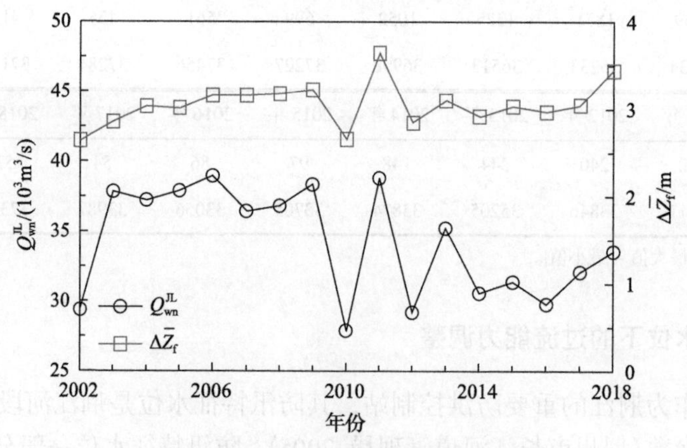

图 5.25 监利站 $Q_{\mathrm{wn}}^{\mathrm{JL}}$ 和 $\Delta\bar{Z}_{\mathrm{f}}$ 历年变化过程

2. 警戒水位下过流流量调整对进口边界条件的响应

为研究进口来水来沙条件变化对监利站警戒水位下的过流流量 $Q_{\mathrm{wn}}^{\mathrm{JL}}$ 的影响，

图 5.26 给出了 Q_{wn}^{JL} 与前 5 年汛期平均水流冲刷强度 $\bar{F}_{5f}$ 之间的关系。可见 $\bar{F}_{5f}$ 的变化对 Q_{wn}^{JL} 的影响相对较小，二者之间的决定系数仅为 0.14。因此，进口来水来沙条件不是决定监利站警戒水位下的过流流量 Q_{wn}^{JL} 大小的关键因素。

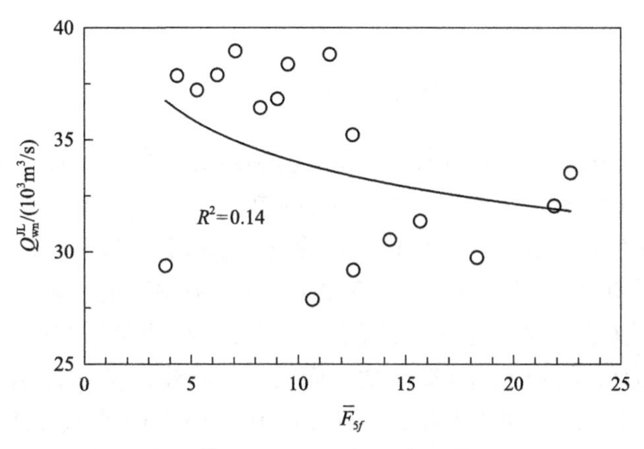

图 5.26　Q_{wn}^{JL} 对河段进口边界条件 $\bar{F}_{5f}$ 的响应

3. 警戒水位下过流流量调整对出口边界条件的响应

图 5.27 则给出了监利站警戒水位下的过流流量 Q_{wn}^{JL} 与当年进出口汛期平均水位差 $\bar{Z}_f$ 之间的关系，可以看出，Q_{wn}^{JL} 与 $\Delta\bar{Z}_f$ 二者之间的决定系数为 0.39，且 Q_{wn}^{JL} 基本上随 $\Delta\bar{Z}_f$ 的增加而增大。因此，与出口来水来沙条件 $\bar{F}_{5f}$ 对比，Q_{wn}^{JL} 与 $\Delta\bar{Z}_f$ 的决定系数明显比 $\bar{F}_{5f}$ 高，即出口边界条件对监利站警戒水位下的过流流量 Q_{wn}^{JL} 的调整影响更大。

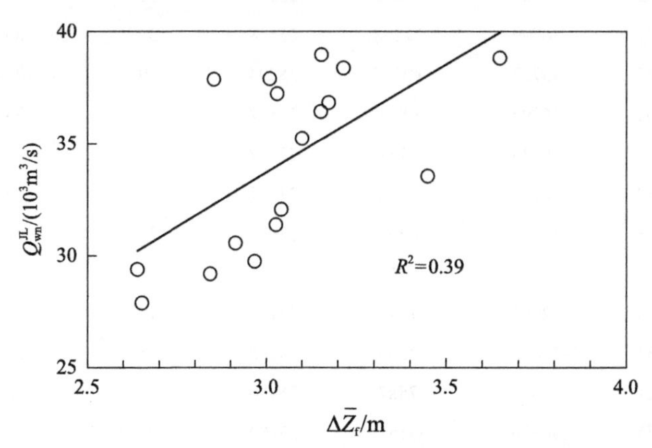

图 5.27　Q_{wn}^{JL} 对河段下游边界条件 $\Delta\bar{Z}_f$ 的响应

4. 警戒水位下过流流量调整对进出口边界条件的综合响应

综合考虑进出口边界条件对监利站警戒水位下的过流流量 $Q_{\mathrm{wn}}^{\mathrm{JL}}$ 调整的影响，同样建立 $Q_{\mathrm{wn}}^{\mathrm{JL}}$ 与 $\overline{F}_{5f}$ 、$\Delta\overline{Z}_{\mathrm{f}}$ 之间的综合关系式：

$$Q_{\mathrm{wn}}^{\mathrm{JL}} = \alpha_1(\overline{F}_{5f})^{\beta_1} + \alpha_3(\Delta\overline{Z}_{\mathrm{f}})^{\beta_3} \tag{5.4}$$

根据 2002～2015 年的实测水文数据及监利站警戒水位下的过流流量 $Q_{\mathrm{wn}}^{\mathrm{JL}}$，可以看出，监利站 $Q_{\mathrm{wn}}^{\mathrm{JL}}$ 对上下游边界条件的响应规律与河段平滩流量 $\overline{Q}_{\mathrm{bf}}$ 相似：①综合考虑 $\overline{F}_{5f}$ 和 $\Delta\overline{Z}_{\mathrm{f}}$ 的影响，$Q_{\mathrm{wn}}^{\mathrm{JL}}$ 经验公式的决定系数有所提升，R^2 由仅考虑单因素 $\Delta\overline{Z}_{\mathrm{f}}$ 影响下的 0.55 提升至 0.76；②变量 $\overline{F}_{5f}$ 的参数率定值一正一负（α_1 =23917，β_1 =−0.454），故 $Q_{\mathrm{wn}}^{\mathrm{JL}}$ 随 $\overline{F}_{5f}$ 的增大而减小；③变量 $\Delta\overline{Z}_{\mathrm{f}}$ 的参数率定值均为正数（α_3 = 4510，β_3 =1.564），故 $Q_{\mathrm{wn}}^{\mathrm{JL}}$ 随 $\Delta\overline{Z}_{\mathrm{f}}$ 的增大而增大。此外，表 5.11 给出了 $Q_{\mathrm{wn}}^{\mathrm{JL}}$ 实测值与计算值的对比结果，可以看出，$\alpha_1(\overline{F}_{5f})^{\beta_1}$ 和 $\alpha_3(\Delta\overline{Z}_{\mathrm{f}})^{\beta_3}$ 在式(5.4)中的占比平均值分别为 25%和 75%，故 $\Delta\overline{Z}_{\mathrm{f}}$ 是决定 $Q_{\mathrm{wn}}^{\mathrm{JL}}$ 大小的主要因素。例如 2011 年采用式(5.4)计算得到的 $Q_{\mathrm{wn}}^{\mathrm{JL}}$ 为 42087m³/s，其中 $\alpha_1(\overline{F}_{5f})^{\beta_1}$ 与 $\alpha_3(\Delta\overline{Z}_{\mathrm{f}})^{\beta_3}$ 的值分别为 7898m³/s 和 34189m³/s。

表 5.11　$Q_{\mathrm{wn}}^{\mathrm{JL}}$ 计算值与实测值对比

年份	$Q_{\mathrm{wn}}^{\mathrm{JL}}$（实测值）	式(5.4)计算值			变量所占百分比/%		相对误差/%
		$Q_{\mathrm{wn}}^{\mathrm{JL}}$（计算值）	$\alpha_1(\overline{F}_{5f})^{\beta_1}$	$\alpha_3(\Delta\overline{Z}_{\mathrm{f}})^{\beta_3}$	$\overline{F}_{5f}$	$\Delta\overline{Z}_{\mathrm{f}}$	
2002	29382	33684	13078	20607	39	61	14.64
2003	37862	35507	12282	23225	35	65	6.22
2004	37221	36796	11238	25558	31	69	1.14
2005	37897	35722	10427	25294	29	71	5.74
2006	38964	36995	9838	27157	27	73	5.05
2007	36427	36335	9178	27157	25	75	0.25
2008	36830	36229	8802	27427	24	76	1.63
2009	38373	36562	8592	27970	23	77	4.72
2010	27873	28894	8165	20729	28	72	3.66
2011	38813	42087	7898	34189	19	81	8.44
2012	29184	30678	7580	23098	25	75	5.12
2013	35221	34073	7587	26486	22	78	3.26
2014	30555	30936	7155	23782	23	77	1.25
2015	31375	31954	6857	25098	21	79	1.85
2016	29740	30711	6394	24316	21	79	3.26
2017	32057	31581	5893	25688	19	81	1.48

续表

年份	Q_{wn}^{JL}（实测值）	式(5.4)计算值			变量所占百分比/%		相对误差/%
		Q_{wn}^{JL}（计算值）	$\alpha_1(\bar{F}_{5f})^{\beta_1}$	$\alpha_3(\Delta\bar{Z}_f)^{\beta_3}$	$\bar{F}_{5f}$	$\Delta\bar{Z}_f$	
2018	33535	37068	5804	31264	16	84	10.54
多年平均值	34195	—	—	—	25	75	4.23
最大值	38964	—	—	—	39	84	14.64
最小值	27873	—	—	—	16	61	0.25

利用 2016～2018 年的实测水文数据及监利站警戒水位下的过流流量 Q_{wn}^{JL} 对式(5.4)进行验证，结果如图 5.28 所示，Q_{wn}^{JL} 的计算值与实测值比较吻合。同时从表 5.9 可以看出，采用式(5.4)计算得到的 Q_{wn}^{JL} 与实测值之间的相对误差介于 0.25%～14.64%，平均相对误差为 4.23%，二者吻合度较高。例如，2016 年监利站警戒水位下的过流流量 Q_{wn}^{JL} 的计算值与实测值分别为 30711m³/s 和 29740m³/s。

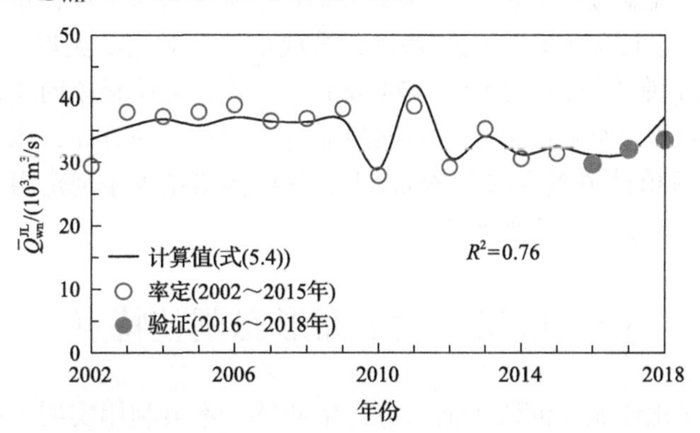

图 5.28　监利站 Q_{wn}^{JL} 对进出口边界条件的综合响应

第 6 章　长江中游分汊型河段河床调整过程及特点

长江中游城陵矶-汉口河段(简称城汉河段)以分汊河型为主，是重点防洪与通航河段。本章基于水文泥沙、断面地形及遥感影像等实测资料，系统分析三峡工程运行后城汉河段的平面、断面形态及过流能力的调整特点。该河段的平面形态分析表明，2003～2018 年城汉河段深泓位置和岸线整体稳定，但部分深泓贴岸的弯道及凸岸边滩存在岸坡冲刷崩退现象；此外河道内江心洲发生冲淤调整，整体呈先淤积(2003～2016 年)后冲刷(2016～2018 年)的趋势；与弯曲分汊段相比，顺直分汊段洲滩格局调整更为剧烈。城汉河段的断面形态分析表明，三峡水库蓄水后平滩河槽整体呈现小幅度冲深展宽的趋势，且其调整对水沙条件变化的响应较好。该河段的过流能力分析表明，2003～2018 年城汉河段呈现枯水流量下水位降低、洪水流量下水位无明显变化的特点；警戒水位下对应的流量分别减小 1%和 3%；河段尺度平滩流量在 43050～47480m^3/s 变化，无明显单向变化趋势。一方面，河段过流面积及纵比降的增加对河道泄流有利；另一方面，床沙中值粒径增大近 30%，洲滩植被覆盖度增大 6%以上，这些因素增大了河道阻力，成为限制大流量时河道过流能力的主要因素。

6.1　城汉河段平面形态调整特点

河床冲淤变化使城汉河段平面形态发生调整。本节利用实测水沙及地形资料和遥感影像，结合地理信息系统，从深泓摆动、岸线变化及洲槽格局调整三个方面，定量分析城汉河段在三峡水库蓄水后的平面形态调整特点。结果表明，城汉河段深泓位置和岸线整体较为稳定，但部分深泓贴岸的弯道及凸岸边滩存在岸坡冲刷崩退现象。另外，城汉河段为典型的分汊河段，河道内江心洲较为发育，河床冲淤引起了洲槽格局显著调整。

6.1.1　深泓摆动

城汉河段以分汊型河道为主，深泓调整特点能够在一定程度上反映出汊道冲淤调整及主支汊的交替变化。此处从摆动宽度和摆动方向两个方面，分析三峡水库蓄水后城汉河段的深泓摆动特点。首先根据 2003～2018 年 128 个固定断面的实测地形数据计算了断面尺度的深泓摆动宽度 ΔL^i 和深泓位置参数 M_{th}^i (为反映出分汊段的深泓摆动，此处将两汊的固定断面合并为单一固定断面处理)，并将计算结果代入式(2.5)，得出河段尺度的计算结果（$\Delta\bar{L}$ 和 M_{th}^{i}），如表 6.1 所示。三峡工程运用后，城汉河段深泓位置整体较为稳定，但受局部河段主支汊交替的影响仍存在一定摆动，多年平均深泓摆幅约为 40m/a。深泓线位置基本稳定在河槽左侧，2003～2018 年累计右移幅度约为平滩河宽的 6%。

表 6.1　城汉河段深泓调整过程

年份	2003	2004	2005	2006	2007	2008	2009	2010
$\Delta\bar{L}$ / m	33.72	35.42	50.17	34.64	41.31	37.90	40.54	42.97
$\bar{M}_{th}$	0.310	0.301	0.309	0.301	0.308	0.341	0.322	0.342
年份	2011	2012	2013	2014	2015	2016	2017	2018
$\Delta\bar{L}$ / m	27.64	48.75	43.36	41.28	46.64	37.24	32.26	—
$\bar{M}_{th}$	0.313	0.328	0.354	0.359	0.338	0.352	0.350	0.328

进一步将城汉河段分为白螺矶、界牌、陆溪口、嘉鱼、簰洲、武汉 6 个子河段。深泓摆动情况受河床形态和节点控制作用的影响不同而存在一定的差异，故采用相同方法，计算了城汉河段的深泓平均摆幅及历年深泓位置参数(表 6.2)。结果表明，白螺矶、界牌、武汉段在蓄水后的深泓摆幅较大，年均深泓摆幅达到 45m/a 以上；陆溪口、嘉鱼、簰洲段深泓摆幅则相对较小，其中陆溪口河段年均深泓摆幅仅为 29m/a。比较 2018 年与 2003 年的深泓位置参数 M_{th}^{i}，除界牌及簰洲河段深泓向左摆动外，其余河段深泓均右摆。

表 6.2　城汉河段不同子河段深泓调整情况(2003～2018 年)

河段	年均深泓摆动幅度 (m/a)	2003～2018 年深泓位置移动占平滩河宽的比例 (向右为“+”，向左为“−”)
白螺矶	46	+3.7%
界牌	46	−15.4%
陆溪口	29	+4.5%
嘉鱼	40	+15.8%
簰洲	32	−1.2%
武汉	55	+47.6%

6.1.2　岸线变化

城汉河段的岸坡组成以土质、沙质岸坡为主，抗冲能力分布不均，加之近期河床持续冲刷，局部河段的崩岸现象时有发生。此处采用美国陆地卫星 Landsat7/8 系列遥感影像资料(空间分辨率约为 30m)，分别提取了 2003 年城汉河段汛期和枯水期相同水位下的水边线，并与 2018 年遥感影像资料进行比较，即可大致判断城汉河段 2003～2018 年的岸坡变形情况。

通过对比 2003 和 2018 年汛期相同水位下(螺山站 28m 水位，85 高程)岸线变化(图 6.1(a))，发现城汉河段近年来岸线整体较为稳定，仅在界牌河段石码头附近、陆溪口河段宝塔洲凸岸及簰洲河段虾子沟附近存在局部崩岸的现象。最大崩岸宽度出现在宝塔洲附近，约为 275m。而城汉河段 2003～2018 年枯水期水边线的遥感影像资料表明(图 6.1(b))，部分河段岸坡存在较为显著的冲刷现象，主要区域为腰口、宝塔洲、潘家湾、簰洲镇及大咀等，冲刷主要在水下坡脚附近，会影响河岸上层土体的稳定性继而引发崩岸。

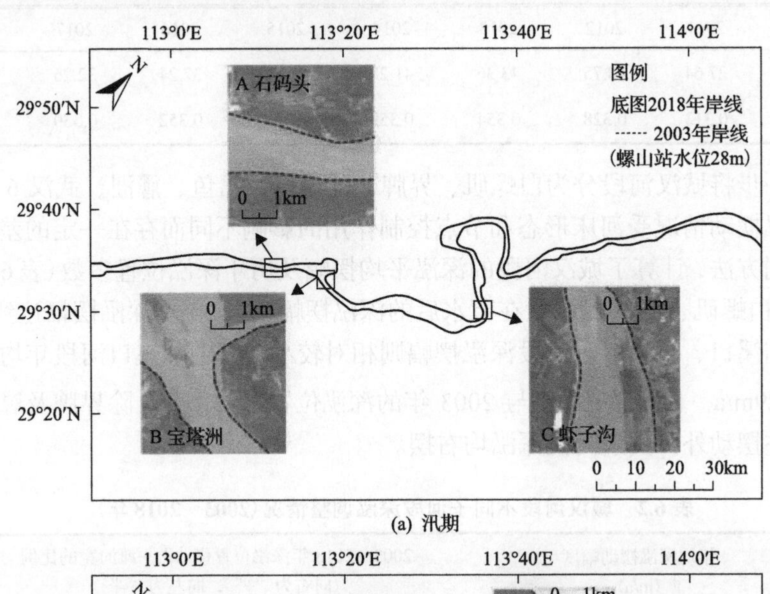

(a) 汛期

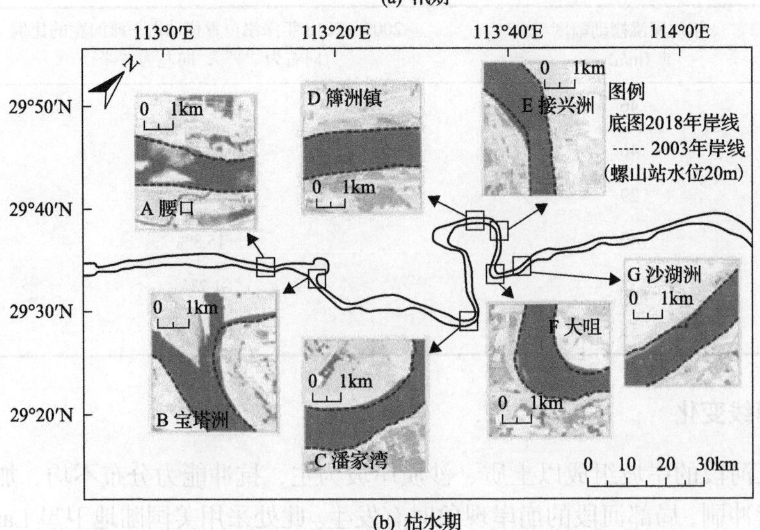

(b) 枯水期

图 6.1　城汉河段 2003～2018 年汛期及枯水期水边线变化

城汉河段局部位置岸坡的最大崩退宽度在 111～209m 不等，多年平均崩退速率约为 11m/a(表 6.3)。河道岸坡发生崩塌或坡脚发生冲刷的主要原因与河岸的土体组成和来水来沙条件有关，发生的位置主要集中在深泓贴岸的弯道段，如陆溪口河段宝塔洲附近深泓紧贴左岸，水流持续冲刷中洲洲尾及下游河岸，造成约 3.61km 长的岸线崩退。对于潘家湾、接兴洲和大咀附近出现的凸岸岸坡冲刷现象，则主要是由三峡水库蓄水后进入城汉河段的输沙量大幅减小且退水过程加快造成的。凸岸边滩在汛期冲刷加剧，而退水历时缩短导致冲刷后的凸岸滩体无法得到及时恢复，造成岸坡冲刷的现象。此外，中水流量持续时间增加导致主流向凸岸摆动，也是造成凸岸岸坡冲刷的重要原因(朱玲玲等, 2015; Li et al., 2019)。

表 6.3　城汉河段不同位置岸坡冲刷情况统计(2003～2018 年)(螺山站 20m 水位)

序号	位置	崩岸长度/km	最大崩退宽度/m	多年平均崩退速率/(m/a)
A	腰口	3.04	153	10.2
B	宝塔洲	3.61	197	13.1
C	潘家湾	5.64	162	10.8
D	簰洲镇	2.99	111	7.4
E	接兴洲	3.50	202	13.3
F	大咀	1.69	149	9.9
G	沙湖洲	1.32	209	13.9

6.1.3　滩槽格局调整

由于遥感影像资料具有覆盖面积广、时间序列长等特点，所以此处利用 2003～2018 年的遥感影像资料，提取并计算了城汉河段主要洲滩的面积变化，以此研究近期该河段滩槽格局调整趋势。考虑到枯水位下洲滩出露更加完整，结合考虑遥感图片的质量，此处统一采用螺山水文站 22m 水位下(85 高程)的遥感影像资料。

1. 界牌河段滩槽格局调整

界牌河段上起杨林山，下至赤壁，长约 51.5km，是长江中游的典型顺直分汊段。河段内分布有杨林山、螺山、鸭栏、赤壁山等多处控制节点，左右岸分别为洪湖干堤和咸宁长江干堤。河道内的主要洲滩为新淤洲和南门洲，此外在新河脑-叶家墩段有众多新洲分布。根据该河段 2003 年和 2018 年的遥感影像资料，提取了水边线进行对比，如图 6.2 所示。三峡工程运用后，受来水来沙条件变化的影响，界牌河段主流摆动频繁，导致江心洲切割合并，洲滩格局调整较为剧烈，新洲的冲淤变化尤为明显。

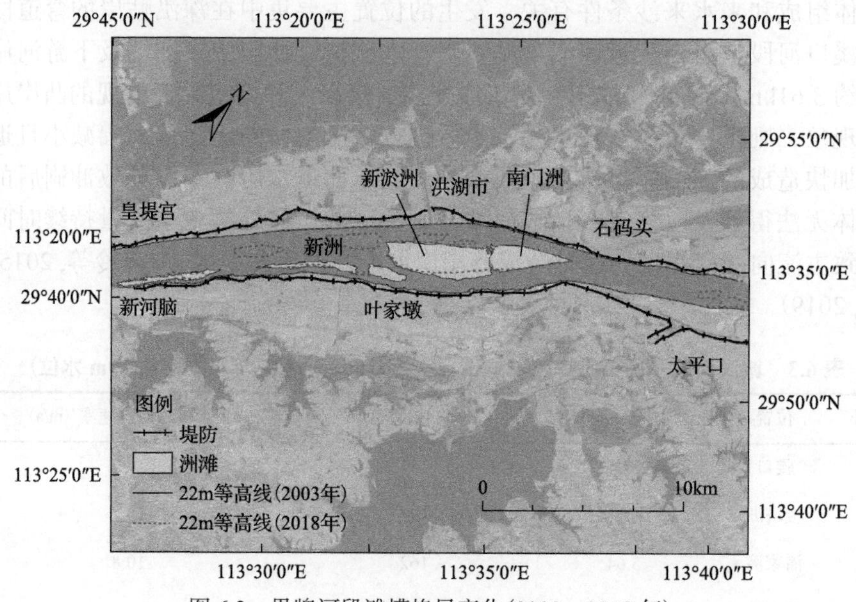

图 6.2　界牌河段滩槽格局变化(2003～2018 年)

三峡工程运用后，新河脑-叶家墩段新洲整体左移，靠右岸洲体在 2003 年后不断冲刷萎缩，河道左岸形成新的淤积体。2003～2016 年新洲面积整体增长了 110%，由 2003 年的 3.17km^2 增长至 2016 年的 6.65km^2；2016～2018 年新洲略有冲刷，面积减小至 3.38km^2。南门洲及新淤洲洲体右缘冲刷，左缘淤积，洲滩面积整体变化不大(表 6.4)。2016 年之前洲滩以淤积为主，2003～2016 年新淤洲及南门洲面积增加了 0.45km^2，增幅为 4.3%，最大变幅约为 11.8%；2016～2018 年新淤洲冲刷，2018 年洲滩面积较 2016 年减小 7%。

表 6.4　界牌河段洲滩面积变化(2003～2018 年)　　(单位：km^2)

年份	2003	2004	2006	2007	2010	2014	2015	2016	2018
新洲	3.17	4.25	3.64	7.40	5.86	6.13	5.83	6.65	3.38
新淤洲与南门洲	10.40	10.71	10.24	11.45	10.64	10.84	10.65	10.85	10.08

2. 陆溪口河段滩槽格局调整

陆溪口河段是典型的鹅头型分汊河段，中洲和新洲将河道分为左、中、右三汊，洲滩以可冲的沙壤土为主。河段右岸受赤壁山和石矶头等天然节点控制，左岸则为二元结构的阶地与河漫滩，土壤组成主要为中细沙、亚沙土和亚黏土，抗冲性较差。陆溪口河段上游来水经赤壁山单侧节点挑流后冲刷左岸，使河槽拓宽发展形成弯曲河湾，并经漫滩水流切割形成目前的鹅头分汊形态。2003 年和 2018 年陆溪口河段的遥感影像资料显示(图 6.3)：2003～2018 年新洲洲体向左岸淤积延伸，右缘洲头略有冲刷，且有形成窜沟之势；中洲整体位置移动幅度很小，仅右缘洲尾略有冲刷。受新洲冲淤变化的影响，陆溪口鹅头分汊段中汊明显束窄。

图 6.3　陆溪口河段滩槽格局变化(2003～2018 年)

2003～2018 年，中洲面积变化幅度不大，洲滩面积在 10.04～10.26km^2，最大变幅不超过 2.2%(表 6.5)。新洲的冲淤调整经历了冲刷-淤积-冲刷的过程：2003～2007 年，新洲受上游清水下泄的影响，洲头严重冲刷并形成窜沟，洲滩面积由 2003 年的 5.05km^2 缩小为 2006 年的 4.63km^2，减小约 8.3%；2007 年后新洲实施了洲滩守护工程，遏制了窜沟的形成和发展，使新洲得以淤积，在 2016 年洲滩面积增大至 8.20km^2，较 2003 年增加了 62.4%，淤积主要发生在洲头及洲体左缘；2016～2018 年新洲洲头再次冲刷，洲滩面积缩减至 7.11km^2。

表 6.5　陆溪口河段洲滩面积变化(2003～2018 年)　(单位：km^2)

年份	2003	2004	2006	2007	2010	2014	2015	2016	2018
中洲	10.25	10.12	10.04	10.26	10.18	10.21	10.14	10.21	10.18
新洲	5.05	5.04	4.63	7.77	7.48	7.47	7.40	8.20	7.11

3. 簰洲河段滩槽格局调整

簰洲河段上起潘家湾，下至纱帽山，全长约 76.6km，属于典型的弯曲分汊段。由于簰洲河段存在多处险工段，自 20 世纪 70 年代以来，该河段实施了大量的堤防加固和护岸工程，稳定了簰洲河段的河势，使其岸线在近几年基本保持稳定。簰洲湾虾子沟附近有边滩切割现象，弯顶处分布有团洲。三峡工程运用前，簰洲段江心洲的主要变化为洲头的冲刷崩退和左右缘的冲淤交替。2003 年和 2018 年螺山站水位 22m 条件下的遥感影像资料显示(图 6.4)：潘家湾上游潜洲随水流冲刷逐渐从椭圆形洲滩演变为窄长型洲滩。2003～2018 年潜洲洲宽从 1083m 减小为 535m，缩窄 50.6%；洲长从 3.0km 延长至 3.7km，增加 23.3%。虾子沟附近右岸边滩受水流切割形成江心洲，洲滩随水沙条件变化而冲淤调整；洲体左缘保持稳定，右缘随水沙条件变化有冲有淤。

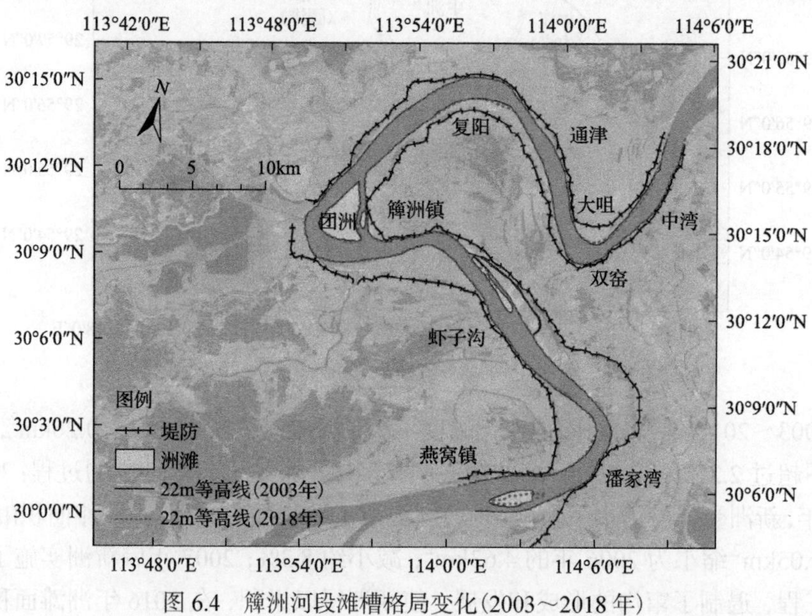

图 6.4　簰洲河段滩槽格局变化(2003～2018 年)

2003～2018 年潘家湾上游附近潜洲面积在 1.37～3.30km^2 变化，最大淤积幅度达到 48.6%。簰洲湾进口处的虾子沟附近边滩切割形成的江心洲在 2003～2016 年间总体呈淤积趋势，面积从 2003 年的 1.31km^2 增加至 2007 年的 2.66km^2，增加 103.1%；随后冲刷萎缩，至 2018 年洲滩面积仅为 0.35km^2。2003～2007 年，团洲面积有所增加，增幅达到 20.7%，主要淤积部位集中在右缘与洲头，同时洲尾略有下延；随后略有冲刷，至 2018 年团洲面积为 6.57km^2，较 2007 年减小了 20.6%(表 6.6)。总体来说，三峡工程运用后，簰洲河段的洲体平面位置变化不大，滩槽格局的变化幅度较小。

表 6.6　簰洲河段洲滩面积变化（2003～2018 年）　（单位：km^2）

年份	2003	2004	2006	2007	2010	2014	2015	2016	2018
潘家湾上游潜洲	2.22	2.72	2.65	3.30	2.04	1.62	1.60	2.15	1.37
虾子沟附近潜洲	1.31	1.86	1.62	2.66	1.67	1.42	1.45	1.70	0.35
团洲	6.85	7.16	7.06	8.27	7.33	7.46	7.51	7.80	6.57

4. 武汉河段滩槽格局调整

武汉河段内天兴洲分汊段，上起余家头，下至罗家咀，全长 14km。天兴洲将河道分为左右两汊，右汊为主汊。2003 年之前，天兴洲的年内变化一般表现为汛期洲头冲刷，枯水期洲头淤积；2004 年天兴洲实施了洲头守护工程，洲头的冲刷趋势被遏制。采用遥感影像资料提取并计算了天兴洲 2003～2018 年的洲滩形态变化，如图 6.5 所示。由图可知，天兴洲洲头淤积延伸，洲体右缘基本保持不变，左缘略有淤积；洲尾处左汊淤积形成一浅滩，该浅滩在 2018 年的面积约为 $0.32km^2$。天兴洲右汊始终为主汊，多年来汊道形态基本保持不变。

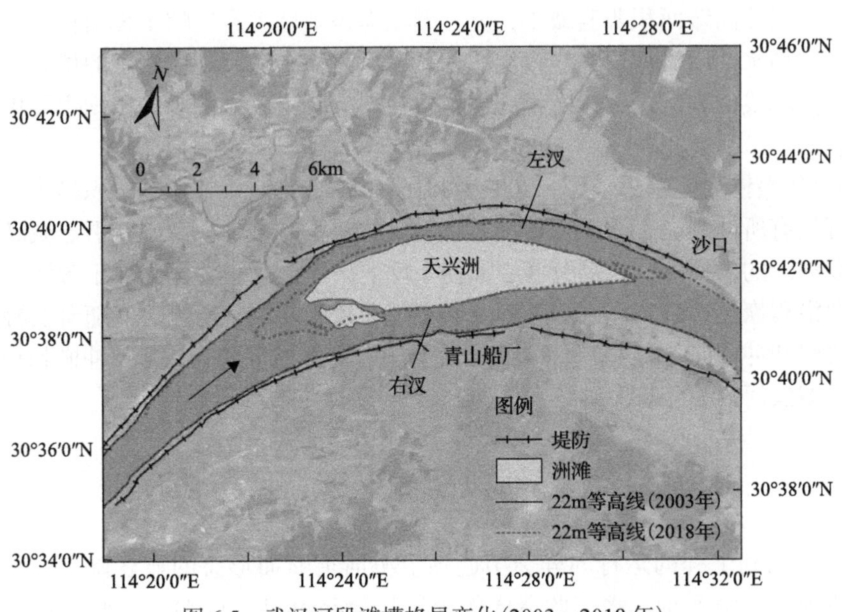

图 6.5　武汉河段滩槽格局变化（2003～2018 年）

表 6.7 给出了天兴洲洲滩面积的变化。2003～2018 年，天兴洲有冲有淤，整体以淤积为主。洲滩面积从 2003 年的 $18.29km^2$ 增加至 2016 年的 $22.88km^2$，随后发生冲刷，至 2018 年洲滩面积为 $21.36km^2$，累计增加 16.8%。淤积主要发生在天

兴洲洲头和洲体左缘，右缘岸线基本保持稳定。这主要是由于天兴洲上实施的洲头守护工程封堵了洲头心滩与高滩之间的窜沟，导致心滩与洲头连接形成大片低滩(叶志伟, 2018)。

表 6.7　武汉河段洲滩面积变化(2003～2018 年)　　(单位：km^2)

年份	2003	2004	2006	2007	2010	2014	2015	2016	2018
天兴洲	18.29	19.83	18.37	22.37	20.22	21.76	21.85	22.88	21.36

5. *不同类型分汊段洲滩格局调整特点*

对比城汉河段不同类型分汊段的洲滩格局变化，可以看出三峡工程运用后城汉河段洲滩格局调整具有以下特点。

(1) 顺直型分汊河段与鹅头型分汊河段洲滩调整更为剧烈。与弯曲型分汊河段相比，顺直型和鹅头型分汊河段更加宽浅，水流动力轴线的横向摆动幅度大，导致江心洲相应冲淤调整，主支汊随之发生摆动。

(2) 从年内变化来看，洲滩面积变化基本遵循“洪淤枯冲”的变化特点，对于洪水期较短的年份(如 2006 年、2010 年、2018 年)，洲滩在枯水期冲刷后不能及时回淤，因此洲滩面积普遍减小，反之洲滩面积则增大；三峡工程运行后，洪峰削减，中枯水期历时加长，导致江心洲总体呈萎缩趋势。冲淤发生的位置主要受水流动力轴线的影响，洲滩淤积部位集中在洲头及支汊一侧，冲刷则主要集中在主汊一侧。

(3) 从整体变化趋势来看，2003～2016 年各主要洲滩整体呈淤积趋势，2016 年后开始有所冲刷。三峡工程蓄水后来沙量的减小并未在一开始就引起城汉河段内主要洲滩的大幅冲刷，部分江心洲洲头反而淤积，其主要原因在于含沙量在上游河段沿程恢复，故水流次饱和程度减小，导致洲滩调整不显著。随着上游梯级水库修建和冲刷向下游发展，2016 年后城汉河段各洲滩也开始呈现冲刷趋势，预计未来城汉河段洲滩将会继续发生冲刷。

6.2　城汉河段断面形态调整特点

大型水利工程的运行同样会引起坝下游河道断面形态的显著调整。当水位与河漫滩大致齐平时，水流的造床作用最强(Xia et al., 2014)，故平滩河槽形态变化能够反映出河床形态调整特点。此处采用城汉河段 2003～2018 年的实测断面地形资料，从平滩河槽形态调整的角度分析了城汉河段的断面形态调整过程。结果表明，三峡工程运行后城汉段河槽调整以床面冲深为主，河宽保持基本不变。

6.2.1　平滩河槽形态调整过程

受三峡工程运用后清水下泄的影响，城汉河段河床持续冲刷，断面形态发生显著调整。此处采用第 2 章提出的方法，计算了城汉河段 128 个实测断面的平滩河槽形态参数；并采用河段平均的方法，计算了 2003～2018 年河段尺度的平滩河槽形态参数。

1. 断面尺度的平滩河槽形态调整

城汉河段 2003 年汛后平滩河槽形态参数的结果表明(图 6.6)：平滩水深和平滩河宽沿程差异均较为明显，变化范围分别为 9～29m 和 788～3059m；对应平滩面积的最大值约为 42517m^2，是最小值的 2.3 倍。各断面的平滩河槽形态参数差异较大，若要从河段整体角度分析河槽形态的变化特点，还应计算河段尺度的河槽形态参数。

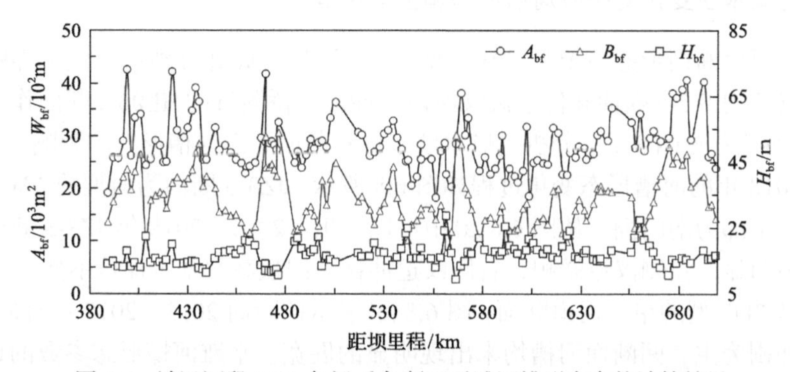

图 6.6　城汉河段 2003 年汛后各断面平滩河槽形态参数计算结果

2. 河段尺度的平滩河槽形态调整

此处采用式(2.5)计算城汉河段 2003～2018 年河段尺度的平滩河槽形态特征参数(平滩河宽 $\overline{W}_{bf}$、水深 $\overline{H}_{bf}$ 和面积 $\overline{A}_{bf}$)，结果如图 6.7 所示。城汉河段主槽呈现出冲深的趋势，河段平滩水深 $\overline{H}_{bf}$ 累计增加约 1.35m，增幅 8.2%，相应河段平滩面积 $\overline{A}_{bf}$ 增加近 10.3%；受河道两岸护岸工程的影响，平滩河宽 $\overline{W}_{bf}$ 仅增加约 33m，增幅约为 1.9%。从变化趋势来看，2013 年以前河床冲深幅度较小，2003～2013 年平滩水深仅增加 3.0%，年均冲深 0.05m/a；2013～2018 年平滩水深增幅达到 5.0%，年均冲深 0.14m/a，这主要是由于 2013 年后，三峡水库蓄水造成的坝下游河床冲刷向下游发展至城汉河段，水流次饱和程度增加，城汉河段开始冲刷；再加上金沙江下游梯级电站陆续运行，进入城汉河段的沙量进一步减小(2013～2018 年进入城汉河段的年均沙量较 2003～2013 年减小了 29.7%)，河床冲刷幅度进一步增大。

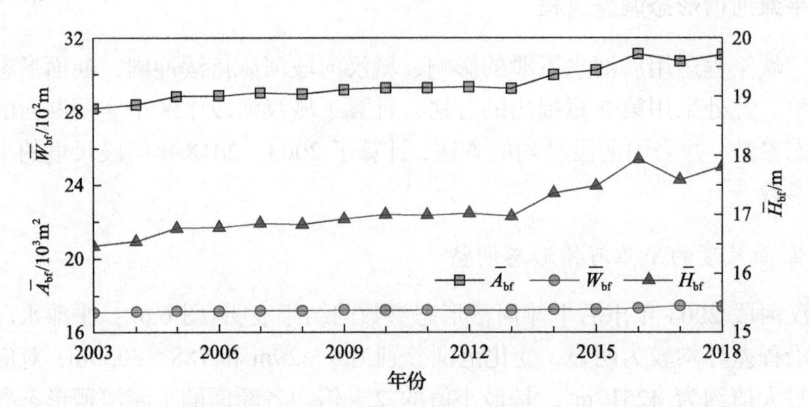

图 6.7　城汉河段平滩河槽形态参数计算结果(2003～2018 年)

6.2.2　进口水沙变化对平滩河槽形态调整的影响

城汉河段断面形态主要呈“W”型或“U”型。此处分别选取位于界牌河段南门洲汊道的JZ3-3断面和位于武汉河段白沙洲大桥附近的HL06-1断面作为典型断面(断面位置见图 3.4)，分析进口水沙条件对断面平滩河槽形态的影响。两断面2003～2018 年的河槽形态变化过程如图 6.8 所示。JZ3-3 断面为典型的“W”型断面，断面中部为南门洲。从图 6.8(a)中可以看出，2003～2018 年 JZ3-3 断面冲淤变化较为明显，左侧汊道淤积，右侧汊道冲刷，洲顶高程基本保持不变。HL06-1断面为呈“U”型的单一河道断面，图 6.8(b)显示该断面 2003～2018 年有冲有淤，整体以冲刷为主。两断面河槽均未出现明显的展宽。平滩河槽形态参数的计算结果表明，两断面 2003～2018 年平滩水深 H_{bf} 分别增加 18.6%和 10.3%，相应平滩面积 A_{bf} 分别增加 22.6%和 12.3%。

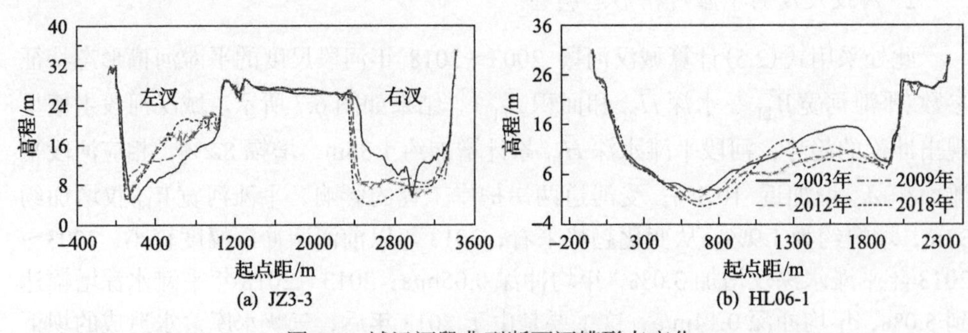

图 6.8　城汉河段典型断面河槽形态变化

城汉河段的水沙来自于上游长江干流与支流，鉴于螺山站更靠近城汉河段进口控制断面，故本节根据螺山站的流量和含沙量数据计算前期水沙条件(汛期水流

冲刷强度 $\bar{F}_f$），并建立断面尺度的平滩河槽形态参数（G_{bf}）与前期水流冲刷强度（$\bar{F}_{nf}$）之间的关系，以此探究前期水沙条件变化对河槽断面形态调整的影响。图 6.9 给出了城汉河段两个典型断面形态参数与前期水流冲刷强度之间呈幂函数关系，其相关系数同样在 n=5 时达到最大。两断面的平滩面积(A_{bf})与螺山站前 5 年汛期水流冲刷强度（$\bar{F}_{5f}$）之间具有较好的相关性，平滩面积随水流冲刷强度的增大而增加，相关系数分别为 0.64 和 0.75。

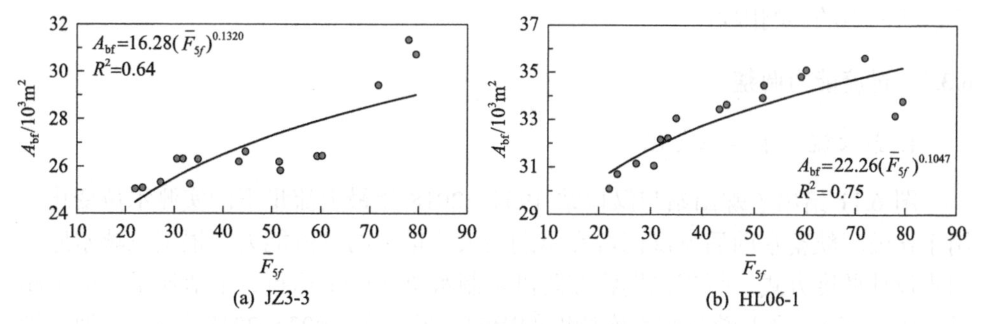

(a) JZ3-3 (b) HL06-1

图 6.9 城汉河段典型断面平滩河槽形态调整与水沙条件之间的关系

图 6.10 进一步给出了采用式(2.5)计算的河段尺度平滩河槽形态参数（$\bar{A}_{\mathrm{bf}}$、$\bar{H}_{\mathrm{bf}}$ 和 $\bar{W}_{\mathrm{bf}}$）与水沙条件 $\bar{F}_{5f}$ 之间的定量关系式。由图可知，河段尺度的平滩河槽形态参数与水沙条件之间呈现明显的正相关，其中平滩面积 $\bar{A}_{\mathrm{bf}}$、平滩水深 $\bar{H}_{\mathrm{bf}}$ 与 $\bar{F}_{5f}$ 之间的相关系数达到 0.85 以上，表明水沙条件变化对城汉河段平滩河槽形态的调整有较大的影响：随着水流冲刷强度的增大，河床呈冲深趋势，平滩面积相应增大。故该经验公式能够较好地通过水沙条件预测河段平滩河槽形态的变化趋势。

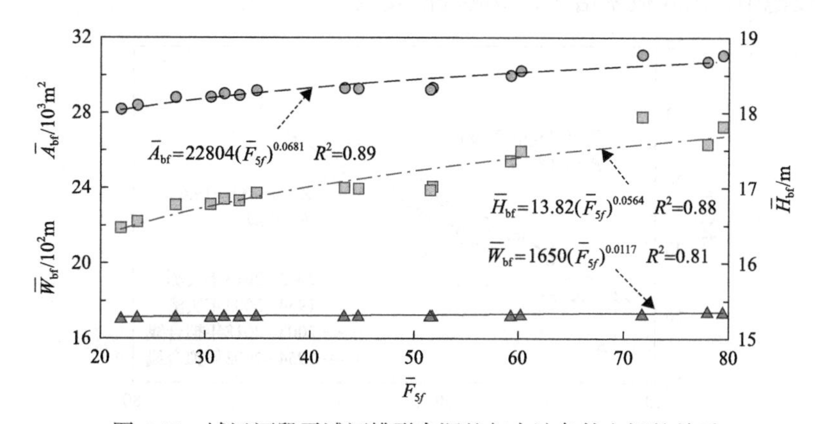

图 6.10 城汉河段平滩河槽形态调整与水沙条件之间的关系

6.3 城汉河段过流能力调整特点

基于城汉河段 2003～2018 年固定断面的实测地形资料及沿程重要水文站的水沙资料，本节统计了水文断面洪水和枯水期的水位-流量关系、警戒流量变化、最大流量下的水位变化，并计算了断面及河段尺度的平滩流量。根据这 4 个指标，研究城汉河段过流能力的变化特点，并从河槽形态调整和河床阻力等方面分析河道过流能力的影响因素。

6.3.1 过流能力调整

1. 最大流量下水位变化

图 6.11 给出了螺山站与汉口站 1954～2018 年最大流量下的实测水位变化，用于比较三峡蓄水前后城汉河段在汛期最大流量下的过流能力。根据三峡水库的初步设计调度方式，每年汛期将按防洪限制水位 145m 运行，下泄流量一般不超过 55000m^3/s。受上游三峡水库调度的影响，近年来(2003～2018 年)城汉河段螺山与汉口站最大流量均有所减小，2003 年后极少出现 60000m^3/s 以上的特大流量。由图 6.11 可以看出，两站在最大流量下的水位-流量关系拟合线均呈左移趋势，即相同流量下对应的水位有所抬升，且螺山站的左移现象更为明显。水位-流量的拟合线公式表明，螺山站在 35000～60000m^3/s 流量级下的水位整体抬高约 0.96m；而汉口站水位抬升的幅度随流量的增大而减小，50000m^3/s 以上流量下的水位基本与 2003 年之前保持一致。2016 年汛期，螺山站流量超过 43000m^3/s，汉口站流量超过 50000m^3/s 时，两站水位均超出防洪警戒水位。仅 2016 年 7 月，螺山站水位有 18 天处于 30m 以上，汉口站水位有 23 天处于 25m 以上，导致堤防长时间处于高水位浸泡中，出险概率增大，威胁堤防安全。

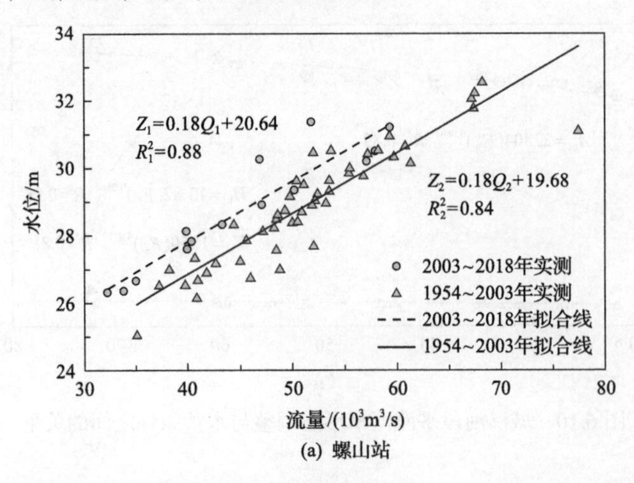

(a) 螺山站

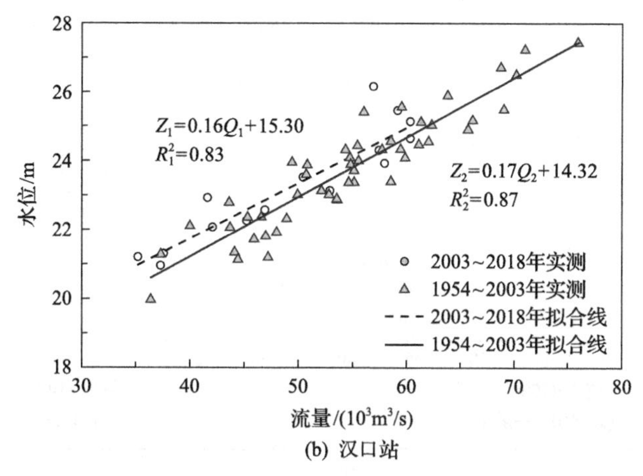

(b) 汉口站

图 6.11　城汉段不同断面年最大流量下的水位变化

2. 水位-流量关系变化

选取了 2003 年、2010 年、2012 年与 2014 年四个丰水年，根据实测水位流量资料分别绘制了螺山站、汉口站枯水期与洪水期的水位-流量关系，如图 6.12 所示。考虑到洪水期河道过流受下游阳逻附近弯道段顶托作用的综合影响，洪水期水位-流量关系采用连时序法绘制的绳套曲线表示(如图 6.12(a)(b))，枯水期则采用拟合曲线表示(如图 6.12(c)(d))。

螺山站与汉口站的水位-流量关系表明，三峡工程蓄水后城汉河段总体呈现出洪水流量下水位无明显变化，枯水流量下水位下降的变化特点。由图 6.12(a)(b)可知，两站洪水期的水位-流量关系均表现为逆时针绳套曲线。在绳套曲线上，选取同一侧数据进行比较。从各年洪水过程可以看出，螺山站与汉口站相同流量下对应的水位均未有明显的变化，城汉河段大流量-高水位的变化趋势未得到有效的缓解。与 2003 年涨水过程相比，2010 年螺山站 45000m^3/s 流量下水位抬升 1.31m，2012 年、2014 年同流量下水位与 2003 年相比基本保持不变；汉口站 2010 年 45000m^3/s 流量下水位与 2003 年相比抬升 1.13m，2012 年、2014 年仅分别降低 0.07m 和 0.19m。

而枯水期小流量下，两站同流量下水位呈现减小趋势(由图 6.12(c)(d))。螺山站 2010 年、2012 年、2014 年 15000m^3/s 流量下对应的水位较 2003 年分别下降 0.21m、0.56m、0.65m；汉口站则分别下降 0.59m、0.80m、1.07m。这一现象表明，近年来城汉河段持续冲刷引起的河槽冲深、过流面积增大，降低了枯水期同流量下的水位，但对洪水过程中的河道过流能力影响并不明显，过流面积的变化在洪水期河道过流能力的影响因素中不占据主要地位；除过流面积外，洪水期水位-流量关系的变化还受到如比降、河床阻力等其他因素的影响。

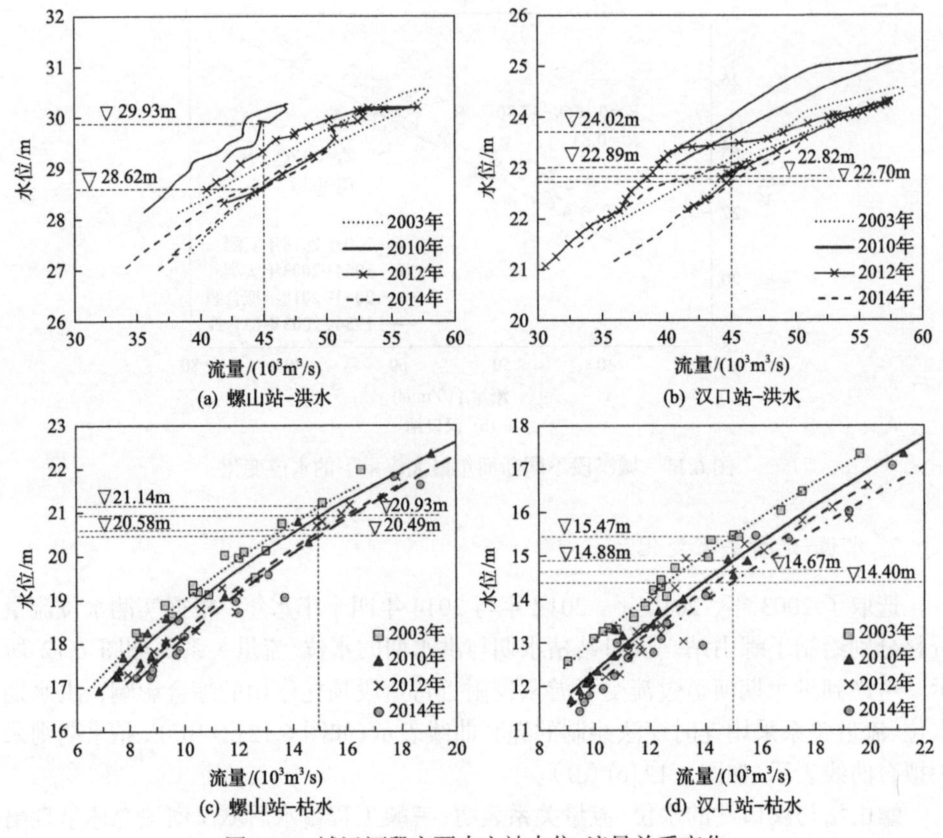

图 6.12　城汉河段主要水文站水位-流量关系变化

3. 警戒水位下流量变化

近年来受上游清水下泄的影响，螺山站与汉口站位置断面形态主要表现为冲刷下切，2003 年与 2018 年断面形态如图 6.13(a)(b)所示。螺山站与汉口站的警戒水位分别为 30.0m 和 25.2m(85 高程)。利用水位-流量关系即可确定两站警戒水位下的过流流量，结果如图 6.13(c)所示。2003～2018 年城汉河段螺山站及汉口站警戒水位下的过流量有增有减，整体以减小为主。2016 年螺山与汉口站警戒流量达到最小，较 2003 年分别减少 9%和 16%；2016～2018 年有所回升。警戒流量在两站的变化趋势基本一致，但在 2007 年和 2011 年有所差异。这两个年份都属于枯水年与丰水年的交替年份，水沙条件较上一年变化十分剧烈。河道沿程对水沙条件变化的响应速度存在差异，因此位于上游的螺山站与位于下游的汉口站呈现出不同的变化趋势，可以得到如下结论。

(1)警戒流量随进口水沙条件的变化有增有减，枯水年情况下河道过流面积的增加对水位-流量关系的影响占主要地位，同水位下流量相应增大；而丰水年情况下河槽形态的变化对水流的影响较小，因此丰水年变为枯水年时，警戒流量呈现出上升趋势；枯水年变为丰水年时，警戒流量呈下降的趋势。

(2) 2003～2018 年两站所在断面的警戒流量整体呈下降趋势，受上游汉江入汇及武汉段下游弯道的壅水作用影响，汉口站警戒流量的减小程度较螺山站更为显著。该两站警戒流量的减小表明：河道过流能力减小，对城汉河段的防洪产生了一定的不利影响。

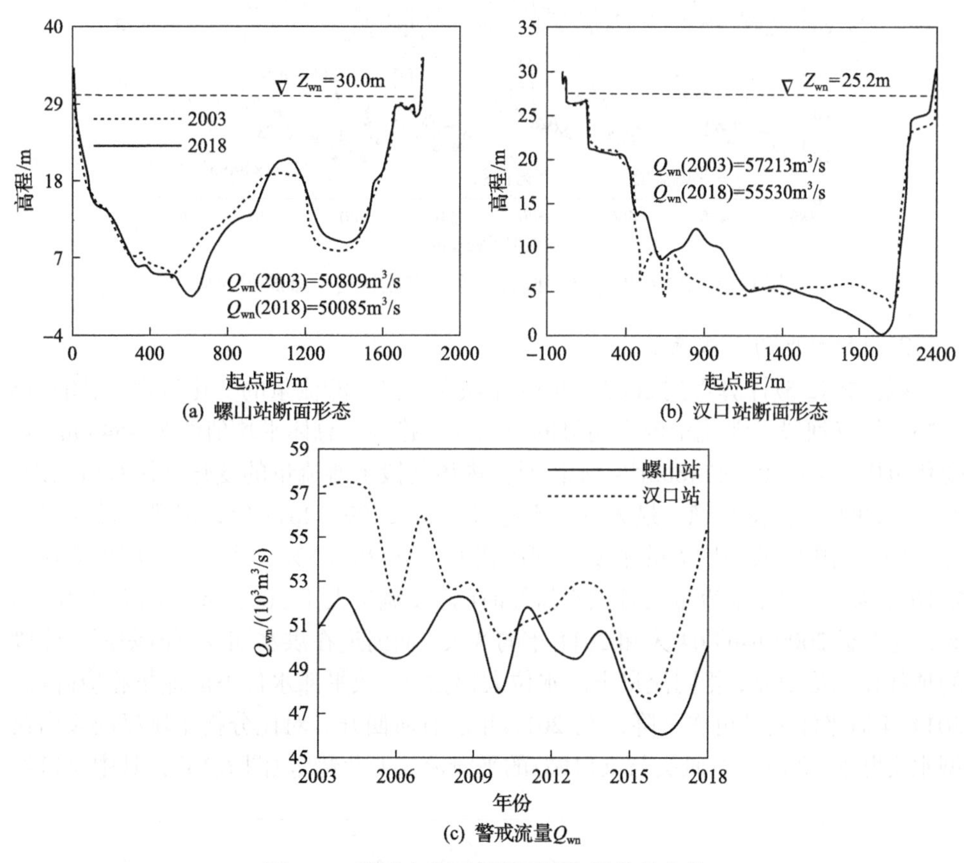

(a) 螺山站断面形态　(b) 汉口站断面形态

(c) 警戒流量 Q_{wn}

图 6.13　警戒水位下的断面形态及流量变化

4. 平滩水位下流量变化

1) 断面尺度的平滩流量

采用第 2 章中所述方法，计算了城汉河段各固定断面的平滩流量。对比 2016 年各断面的平滩流量与平滩面积计算结果，发现平滩流量与平滩面积沿程变化剧烈，但变化趋势并不完全一致(图 6.14)：2016 年城汉河段平滩面积最大值出现在 CZ37 断面，约为 67273m^2，最小值出现在 CZ48-1 断面，约为 18990m^2；平滩流量最大值约为 60000m³/s，位于 CZ03 断面，最小值约为 28798m³/s，位于 CZ37-1 断面。平滩流量与平滩面积的最值所在断面并不相同，说明平滩面积的变化对平滩流量的影响有限，大流量下的河道过流能力还受其他因素变化的影响。

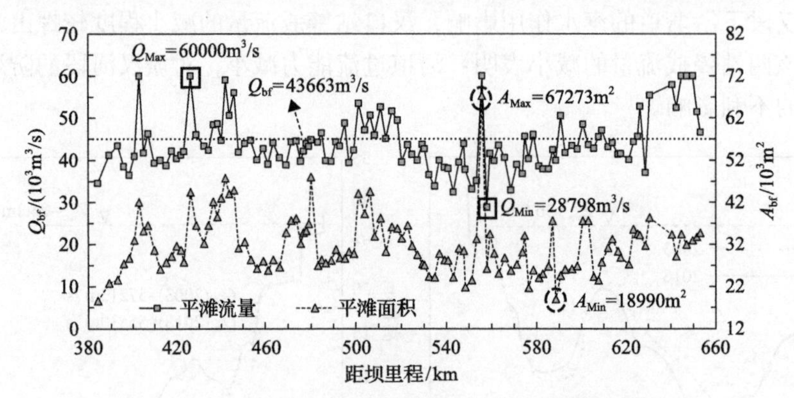

图 6.14　2016 年城汉河段各断面平滩流量与平滩面积变化

2) 河段尺度的平滩流量

根据式(2.5)计算得到 2003～2018 年城汉河段平滩流量的变化过程。由图 6.15 可知，城汉河段平滩流量没有明显的单向变化趋势；总体平均值约为 45450m³/s，变化范围为 43050～47480m³/s。不同时段内该河段平滩流量的变化规律有所区别，2003～2009 年保持平稳，最大变幅不超过 3%；2009～2011 年，河段平滩流量先降后增，其中降低和增大的幅度分别达到了 5.4%和 7.8%，其主要原因可能在于 2010 年为丰水年，来流量大且洪水持续时间长，流量大于 30000m³/s 的天数为 109 天，远大于 2009 年的 64 天和 2011 年的 8 天，而河道在洪水期受下游阳逻弯曲段的顶托作用更明显，相同流量下的水位大幅抬升，故平滩水位下的流量相应降低；2014 年后平滩流量再次下降，至 2017 年后有所回升。对比分析了城汉河段内典型水文断面(螺山、石矶头与汉口站)的平滩流量变化趋势(图 6.15)，其中汉口站

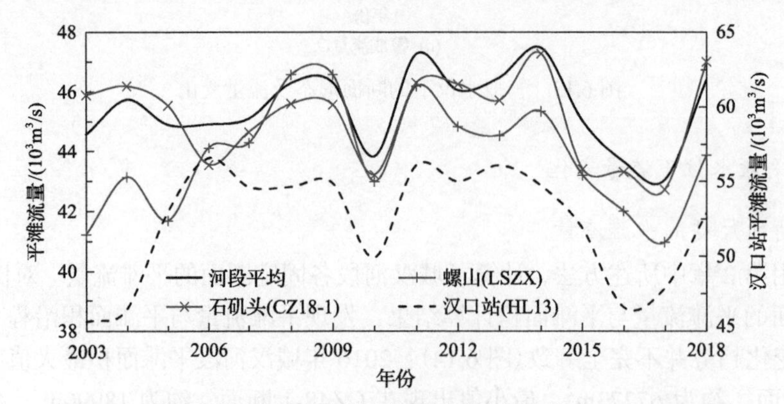

图 6.15　城汉河段断面及河段尺度的平滩流量变化(2003～2018 年)

由于受到汉江入汇的影响，平滩流量较大于其余断面及河段值。此外，典型断面的平滩流量变化趋势与河段尺度平滩流量的变化趋势总体上保持一致，但受支流及下游顶托等因素的影响，不同断面的平滩流量变化趋势在特定年份内有所区别，如 2004 年后汉口站所在断面的平滩流量增加，而其他水文/水位站断面的平滩流量则有所下降。

6.3.2　过流能力调整的影响因素

河道的过流能力主要取决于河道的过流面积与水流流速，其中过流面积可以采用河槽形态参数表示。此处从河槽形态及河床阻力的角度，分析了引起城汉河段过流能力变化的原因。

1. 河槽形态调整的影响

一般来说，河道过流能力与河床纵比降及过流面积呈正相关关系，而与河道阻力呈负相关关系。由图 6.12～图 6.14 可知，2003～2018 年螺山站与汉口站水文断面在洪水期的过流能力有所降低。然而螺山站平滩面积增加 4.2%，水面比降增加 17.6%；汉口站水面比降减小 8.6%，但平滩面积增大 10.5%(图 6.16)。总体上，这两站河槽面积和水面比降的综合变化均朝着有利于过流能力提高的方向发展，但实际上两者过流能力却有所降低，主要是由于过流能力调整还受到河床阻力等其他因素的显著影响。

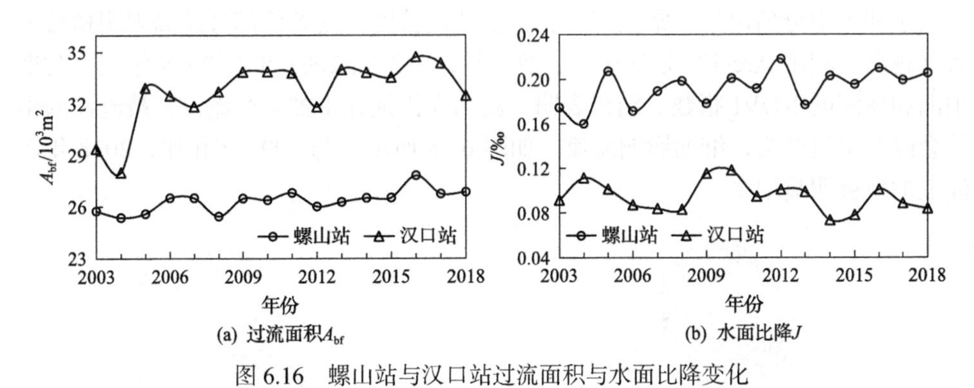

图 6.16　螺山站与汉口站过流面积与水面比降变化

2. 河床组成变化的影响

在河床持续冲刷过程中，城汉河段的河床组成发生一定程度的粗化。采用刘鑫等(2020)提出的基于水流能态分区的动床阻力公式，计算得到螺山站与汉口站曼宁糙率系数在 2003～2018 年分别增大 17%和 10%。图 6.17 给出了螺山站与汉口站的警戒流量与采用曼宁公式计算的断面曼宁糙率系数 n 之间的相关关系，由图可知，两者具有较为明显的负相关关系，表明动床阻力增大，将一定程度导致河道的过流能力降低。

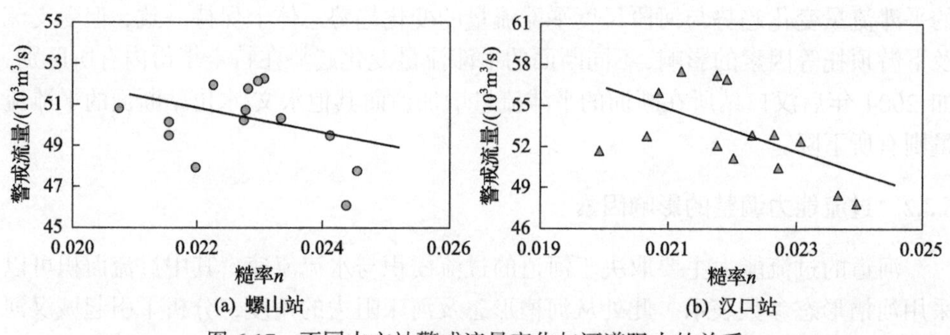

图 6.17　不同水文站警戒流量变化与河道阻力的关系

3. 洲滩植被的影响

除了河段床沙粗化导致的河道阻力增大，局部河段的植被覆盖也成为影响大流量下河道过流能力的重要因素。近年来，随着生态优先、绿色发展的河道治理理念进一步深入，长江中下游在护岸及护滩工程实践中大力提倡采用生态技术，加上水流漫滩时间减小，导致局部河段的洲滩植被生长茂盛，一定程度上增大了岸滩阻力。为具体分析城汉河段滩地植被的变化情况，此处利用美国陆地卫星 Landsat 7、Landsat 8 系列遥感影像资料进行分析。选取城汉河段中洲及新洲作为研究对象。归一化植被指数(normalized difference vegetation index，NDVI)可使植被从水和土中分离出来，常被用于表示植被覆盖度。其高值部分越高表明植被覆盖度越高。利用 ArcGIS 处理遥感影像资料，可得到 2003 年及 2018 年同一时期中洲和新洲的 NDVI 指数。结果表明，新洲在汛期几乎被完全淹没，被淹没的植被会改变水流结构，继而影响流速。如图 6.18 所示，与 2003 年相比，2018 年新洲上的植被明显增多。

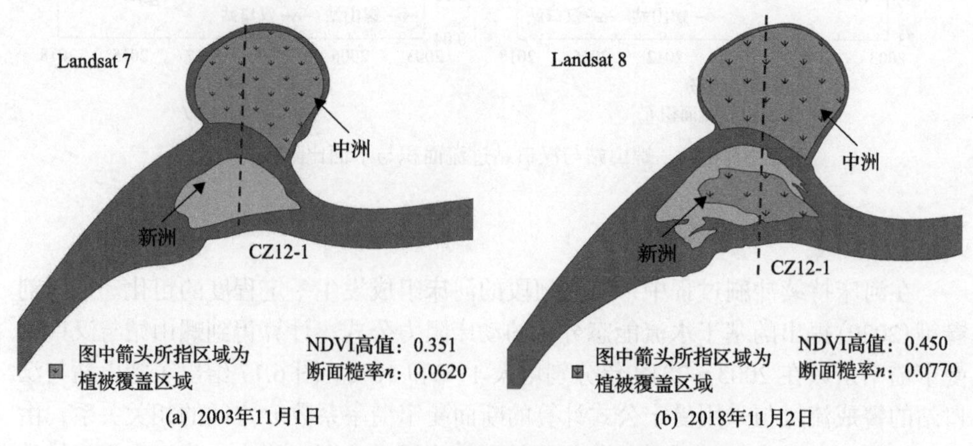

图 6.18　城汉河段中洲及新洲的植被覆盖变化

考虑到洲滩植被主要对漫滩水流产生影响，此处对平滩流量下的断面曼宁糙率系数进行分析，探究植被覆盖对水流的影响。选取洲滩上的固定断面 CZ12-1，计算该断面在平滩流量下的曼宁糙率系数。结果显示，与 2003 年相比，2018 年同一时期中洲和新洲的 NDVI 高值增大 6.8%，相应的 CZ12-1 断面在平滩流量下的曼宁糙率系数增大 24.3%。采用同样的方法计算了城汉河段南门洲和天兴洲的 NDVI 值与相应的固定断面曼宁糙率系数变化，结果如表 6.8 所示。洲滩 NDVI 高值增大的同时，相应断面曼宁糙率系数也呈增大趋势。这主要是当水位平滩或漫滩时，植被对过流的阻力作用增大，从而导致河道的过流能力降低。

表 6.8　城汉河段典型洲滩植被覆盖情况与断面曼宁糙率系数变化

<table>
<tr><th rowspan="2">洲滩</th><th colspan="2">NDVI(高值)</th><th rowspan="2">变化率/%</th><th rowspan="2">洲滩上固定断面</th><th colspan="2">断面曼宁糙率系数</th><th rowspan="2">变化率/%</th></tr>
<tr><th>2003 年</th><th>2018 年</th><th>2003 年</th><th>2018 年</th></tr>
<tr><td rowspan="2">南门洲</td><td rowspan="2">0.203</td><td rowspan="2">0.535</td><td rowspan="2">+81.9</td><td>JZ3-2</td><td>0.034</td><td>0.072</td><td>+113.7</td></tr>
<tr><td>JZ4-1</td><td>0.062</td><td>0.090</td><td>+46.3</td></tr>
<tr><td>新洲和中洲</td><td>0.351</td><td>0.501</td><td>+6.8</td><td>CZ12-1</td><td>0.062</td><td>0.077</td><td>+24.3</td></tr>
<tr><td rowspan="2">天兴洲</td><td rowspan="2">0.299</td><td rowspan="2">0.450</td><td rowspan="2">+7.6</td><td>HL14-1</td><td>0.077</td><td>0.089</td><td>+15.8</td></tr>
<tr><td>HL14-2</td><td>0.154</td><td>0.157</td><td>+1.47</td></tr>
</table>

6.4　城汉河段汊道分流比调整特点

在分汊河段，水沙分股输移，往往导致主流频繁摆动，碍航现象较为突出(姚仕明等, 2003; Hooke and Yorke, 2011; 江凌, 2018)。本节选取城汉河段内界牌河段、陆溪口河段及武汉河段 3 个分汊河段，对三峡工程运用后城汉河段的汊道分流比调整特点进行分析。总体而言，各分汊河段主汊逐渐稳定在单一汊道，且主汊分流比均有增加，这有利于航槽的选择；同时汛期与枯期交替期间航道条件急剧恶化的现象有所缓解。

6.4.1　界牌顺直分汊河段

存在分汇流区是分汊河段的典型特征，在分流区内水流分汊，其中居于主导地位的水流进入主汊。主汊航深较支汊占优，因此通常被作为主航道。在冲积河流中，分流比的变化会影响各汊道输沙能力的强弱变化，继而造成汊道的消长，并进一步导致主支汊的兴衰交替而影响航槽的选择(陈立等, 2020)。在 1994 年界牌航道治理工程实施前，该河段(图 6.2)主流长年稳定在右汊；1998 年大洪水后主支汊易位，主流居于左汊。三峡工程运用后，界牌河段的分流比随河势变化而发生剧烈调整，主汊近年来逐渐转移至右汊。采用一维水动力学模型，可计算出各汊在特定流量下的面积 A_i，汊道面积与其断面平均流速 U_i 之积即为该汊道的过流量，由此可以确定各河段汊道在不同流量下的分流比。计算了三峡水库蓄水后界牌段在洪、中、枯不同流量级下的分流比变化，如图 6.19。这些结果表明，2003～2007 年界牌河段呈现枯水主流居左，洪水主流居右的特点，其主支汊易位的临界流量在 2003 年时约为 42000m^3/s；随着汊道右汊进口持续冲刷、左汊进口淤积，汊道内也呈现出左汊淤积(新堤夹萎缩)、右汊冲刷的演变趋势，继而导致右汊分流比持续增大；至 2008 年右汊演变成为主汊，在各流量级下均居主导地位，分流比随流量增大而减小：2018 年界牌河段枯水流量分流比约为 80%，中洪水流量分流比为 70%。

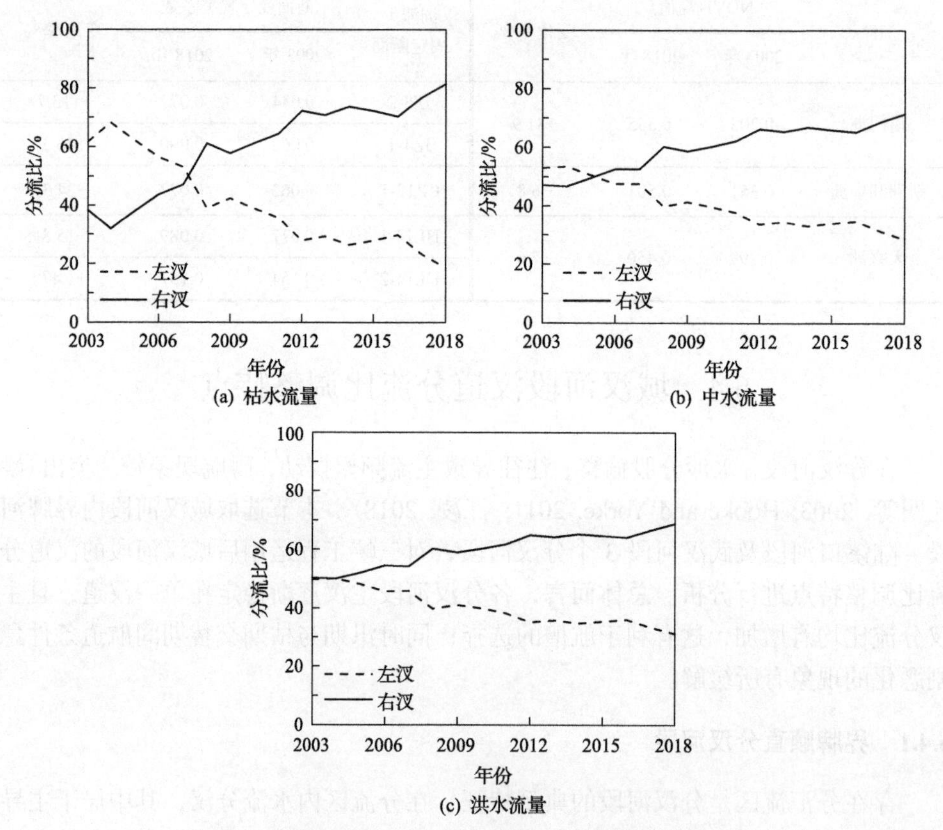

图 6.19　界牌顺直分汊段不同流量级下分流比的逐年变化

南门洲汊道段分流比的变化有利于界牌段的航槽稳定。2007 年之前界牌河段主支汊在汛枯期存在易位现象，汛期主流位于左汊，泥沙在右汊内落淤；而当汛期与枯期交替时，左汊水位降低导致航深不足，而右汊则又因泥沙落淤造成出浅，将对汊道通航造成极为不利的影响。2007 年后主汊逐渐稳定在右汊，有利于航槽的选择。

6.4.2 陆溪口鹅头分汊河段

陆溪口鹅头分汊段(图 6.3)圆港目前基本不过流,故此处仅考虑中港和直港的分流比变化。三峡水库蓄水后，该分汊段枯水期主支汊反复易位：2003 年直港为主汊；2004～2009 年中港为主汊；随后 3 年主汊左右摆动，并于 2012 年后稳定在直港(图 6.20(a))。且直港分流比随流量的增大而减小。枯水期的主流摆动与节点挑流作用有关：当来流量小于某一临界流量或上游水流动力轴线受河床边界条件影响而向左移动时，赤壁山节点挑流作用减弱，主流易进入直港；反之，当来流量大于临界流量时节点挑流作用增强，水流在节点挑流作用下进入中港，中港分流比相应增加。这一临界流量在 2003 年时约为 26000m^3/s，2010 年时增大为 46000m^3/s。2012 年后中洪水流量下主流开始稳定在直港(图 6.20(b)(c))，这与 2007 年新洲上实施的护滩工程有关：工程遏制了河段分汊格局，新洲左缘淤积，中港在大流量条件下的主导作用减弱，造成直港分流比逐渐增大。

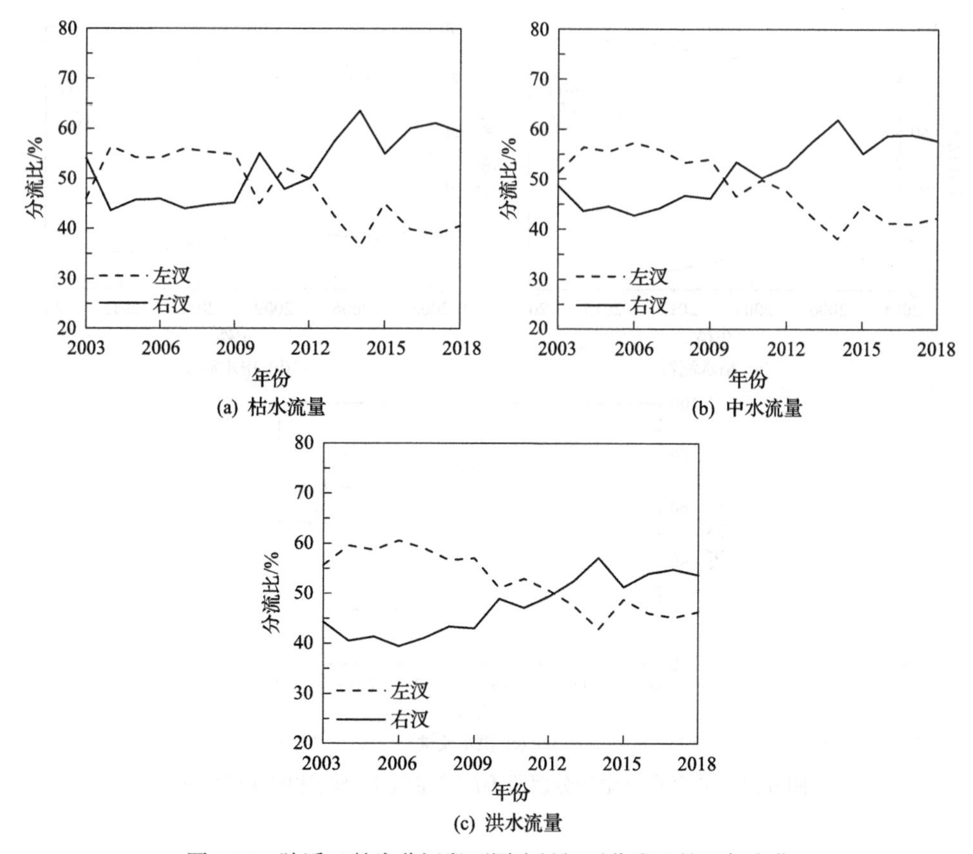

图 6.20 陆溪口鹅头分汊段不同流量级下分流比的逐年变化

陆溪口鹅头分汊段主支汊易位频繁，汊道进口浅区出露，存在散乱心滩和沙埂，对航道条件十分不利。三峡水库蓄水后，直港进口浅区有所冲刷，主流也逐渐稳定在直港，航道条件整体有所改善，但周期性浅区出露和主支汊易位仍可能成为该河段的主要碍航问题。

6.4.3　武汉微弯分汊河段

1998～2012 年的实测资料表明，由于天兴洲左汊处于迎流位置，当汛期流量增大时水流动力轴线左移，左汊分流比随流量增大而增加；但在枯水期由于流量减小，主流南移归槽，左汊分流比相应减小(叶志伟, 2018)。采用一维水动力学模型计算的 2003～2018 年武汉河段分流比结果表明(图 6.21)：武汉天兴洲汊道右汊为绝对主汊，且右汊分流比随流量增大而减小。在流量小于 14000m^3/s 的情况下，右汊分流比可以达到 80%以上。三峡水库蓄水后天兴洲左汊分流比逐年减小，这主要是由于天兴洲左缘持续淤积，导致左汊不断萎缩造成的。分流比的变化有利于保持右汊的主汊地位，对右汊通航条件整体有利。

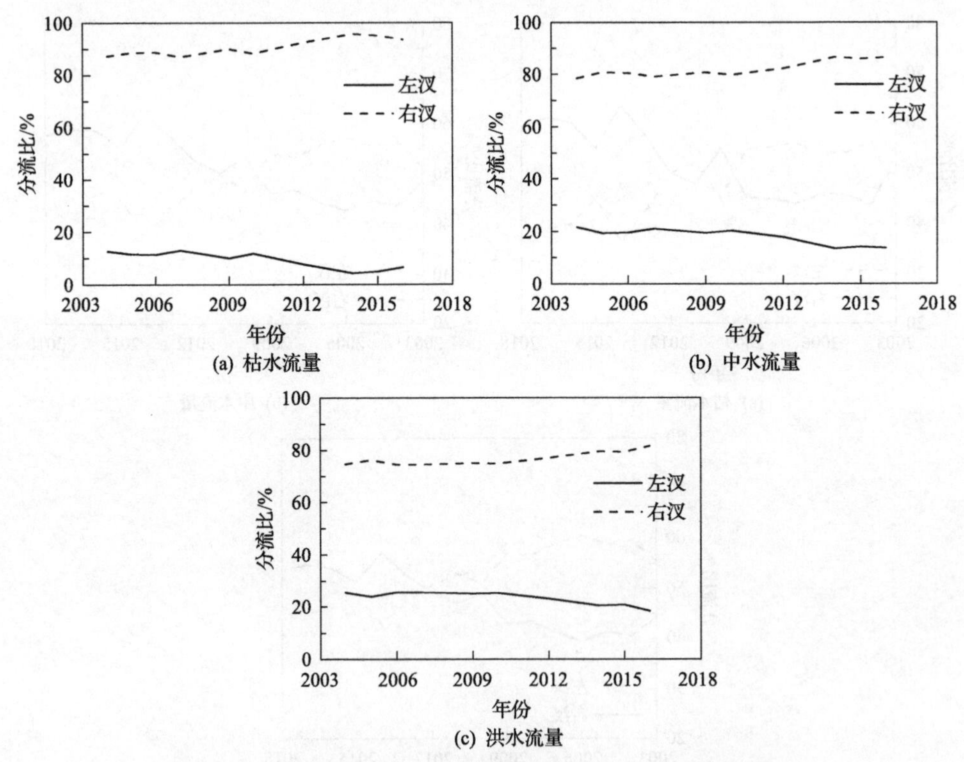

图 6.21　武汉顺直微弯分汊段不同流量级下分流比的逐年变化

第 7 章　长江中游河床演变的沿程差异及发展趋势

三峡工程运行后，坝下游河道发生持续冲刷。本章定量比较了长江中游(955km)不同河段沿程演变差异，并简要阐述了产生差异的原因。总体而言，河床形态调整幅度自上而下减弱，这是因为在河床持续冲刷过程中，水流含沙量沿程恢复，故越往下游冲刷相对缓慢。平面形态方面，长江中游岸线崩退及洲滩变形的强度均呈沿程减弱趋势，且在荆江河段最为显著。断面形态方面，宜枝河段“首当其冲”且逐步向下游河段发展，宜枝上段、下段、荆江与城汉河段平滩水深增幅依次为 7%、28%、12%及 5%。理论上距离三峡工程最近的河段冲刷应最为剧烈，但上段的平滩河槽形态参数增幅均小于下段；究其原因，主要是由于上段床沙粗化显著，限制了冲刷的进一步发展。过流能力方面，宜枝河段由于距洞庭湖较远，并未受到入汇顶托作用，故其平滩流量的调整基本由进口水沙条件控制，增幅约 7%；对于荆江河段，其过流能力的调整还受到出口洞庭湖入汇顶托的显著影响，故平滩流量随进出口水位差在 32605～38949m^3/s 同步波动；而汉江入汇流量相对干流较小，故城汉河段过流能力受顶托的影响较小。

7.1　水沙条件的沿程变化

三峡工程投入使用后，进入长江中游的水沙量发生了较为显著的变化。2002～2018 年宜昌站多年平均水量为 $4082\times10^8m^3/a$，较蓄水前(1950～2002 年)的 $4376\times10^8m^3/a$ 减少 7%；而枝城、沙市、监利、螺山、汉口站的多年平均水量减幅在 3%～9%(图 7.1)。由于水库的“削峰补枯”作用，长江中游 6 个水文站的多年平均汛期水量减幅更为显著，达到 4%～17%。但由于长江中游分流入汇情况复杂，且沿江有大量的引水工程，故水量的变化在沿程上未表现出明显的趋势。但三峡工程的拦沙作用，导致进入长江中游的沙量减少十分显著。宜昌站多年平均年输沙量由蓄水前的 $4.97\times10^8t/a$ 减小为蓄水后的 $0.47\times10^8t/a$，减幅高达 91%；其他五站多年平均汛期输沙量降幅亦分别达到 86%、78%、80%、78%和 71%(图 7.1)。此外，长江中游汛期输沙现象显著，6 个水文站多年平均汛期输沙量降幅亦分别达到 90%、86%、79%、81%、79%和 75%。这是因为在河床持续冲刷过程中，含沙量沿程恢复，故 6 个水文站的输沙量降幅总体呈递减趋势。

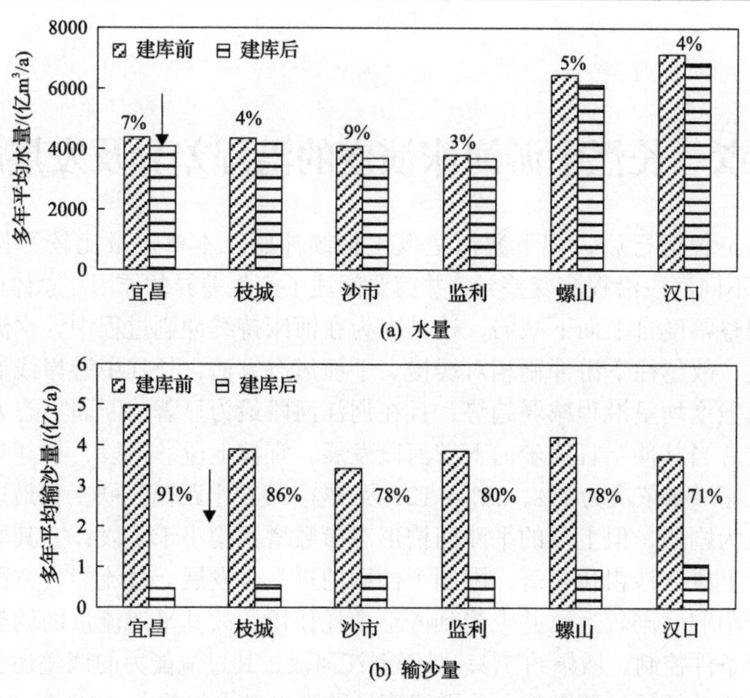

图 7.1　三峡运用前后长江中游各站多年平均水量和输沙量变化

表 7.1 则给出了三峡水库蓄水前后各水文站的悬沙级配和中值粒径变化情况。由表可知，蓄水前后长江中游的悬沙均以细沙($d<0.031$mm)为主(47.4%～86.3%)，但三峡工程的运行使细沙比例有所减小(宜昌站除外)，而粗沙含量总体上有所增加，由 6.9%～13.5%增加到 15.4%～35.1%(宜昌站除外)。此外，三峡水库蓄水前，各水文站悬沙多年平均中值粒径范围为 0.009～0.012mm；蓄水后，大部分粗颗粒泥沙被拦截在库内，2002～2015 年宜昌站悬沙中值粒径为 0.006mm，与蓄水前的 0.009mm 相比，出库泥沙粒径减小，但坝下游河床发生沿程冲刷，干流各站悬沙明显变粗。其中尤以监利站最为明显，2003～2015 年该站中值粒径由蓄水前的 0.009mm 增加至 0.040mm，粒径大于 0.125mm 的沙重比例也由 9.6%增多至 35.1%。

表 7.1　三峡水库坝下游主要控制站不同粒径级沙重百分比

范围/mm	时段	沙重百分数/%					
		宜昌	枝城	沙市	监利	螺山	汉口
$d≤0.031$	蓄水前多年平均	73.9	74.5	68.8	71.2	67.5	73.9
	2002～2015 年	86.3	73.5	60.3	47.4	62.8	62.1
$0.031<d≤0.125$	蓄水前多年平均	17.1	18.6	21.4	19.2	19.0	18.3
	2002～2015 年	8.1	11.1	13.1	17.4	14.2	17.2

续表

范围/mm	时段	沙重百分数/%					
		宜昌	枝城	沙市	监利	螺山	汉口
d>0.125	蓄水前多年平均	9.0	6.9	9.8	9.6	13.5	7.8
	2002～2015 年	5.6	15.4	26.6	35.1	23.0	20.7
中值粒径	蓄水前多年平均	0.009	0.009	0.012	0.009	0.012	0.010
	2002～2015 年	0.006	0.009	0.016	0.040	0.014	0.015

注：多年平均统计年份为宜昌、监利站(1986～2002 年)；枝城站(1992～2002 年)；沙市站(1991～2002 年)；螺山、汉口、大通站(1987～2002 年)。

7.2　河床冲淤及床沙组成的沿程变化

三峡工程运行后，下泄沙量急剧减小使长江中游发生显著的持续冲刷(图 7.2)。2002～2018 年宜枝河段总体上保持较高强度的持续冲刷，平均冲刷强度(平滩河槽)达 $17.43\times10^4m^3/a/km$，远大于水库运用前(1975～2002 年)的 $8.78\times10^4m^3/a/km$。同时期，荆江河段平滩河槽累计冲刷量达 $11.38\times10^8m^3$，上、下荆江各占 $6.43\times10^8m^3$ 和 $4.95\times10^8m^3$，平均冲刷强度为 $20.48\times10^4m^3/a/km$，大于蓄水前(1975～2002)的 $3.18\times10^4m^3/a/km$。而城汉河段的冲刷强度较小，三峡工程运行初期的累计冲刷量仅为 $1.71\times10^8m^3$(2002～2013 年)，但之后冲刷有所加剧，至 2018 年累计冲刷量增至 $4.56\times10^8m^3$，平均冲刷强度约为 $10.67\times10^4m^3/a/km$。2002～2018 年，汉湖河段平均冲刷强度则为 $13.35\times10^4m^3/a/km$。由此可知，2002～2018 年期间的河床平均冲刷强度在荆江河段＞宜枝河段＞汉湖河段＞城汉河段，位于上游的城汉河段平均冲刷强度小于下游的汉湖河段。一般情况下，在河床持续冲刷过程中含沙量沿程恢复，故河床冲刷呈沿程减弱趋势。但由于汉湖河段更为窄深，水流进入该河段后，流速增大，挟沙力大于上游的城汉段，导致河床冲刷强度也大于城汉段。

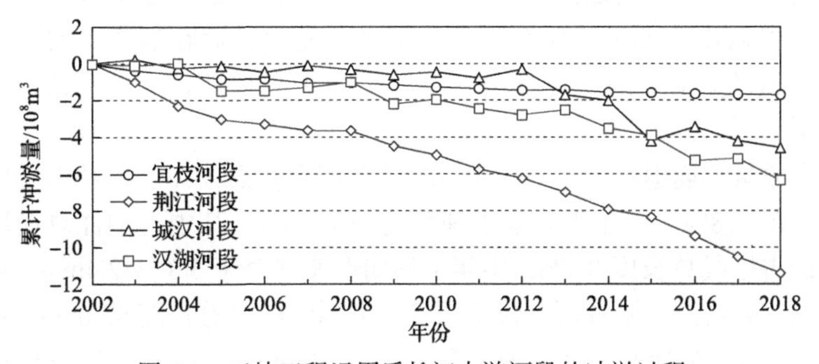

图 7.2　三峡工程运用后长江中游河段的冲淤过程

在河床冲刷过程中，长江中游床沙沿程发生不同程度的粗化。图 7.3 给出了 6 个水文站汛后床沙中值粒径的逐年变化过程。由图可知，宜昌、枝城、沙市、监利、螺山站床沙粒径均有不同程度的粗化。对比趋势线斜率可知，床沙粗化程度在宜昌＞枝城＞沙市＞监利＞螺山，反映了上游建坝引起的床沙粗化现象逐渐向下游发展且沿程减弱的特点。而汉口站的趋势线斜率为负值，床沙有所细化。具体而言，宜昌站床沙中值粒径由 2003 年的 0.32mm 急增到 2018 年的 40.30mm；而枝城、沙市、监利、螺山站的床沙粗化程度分别为 34%、39%、8%和 12%；汉口站的床沙粒径有所细化，床沙中值粒径由 2003 年的 0.193mm 减小到 2017 年的 0.181mm。

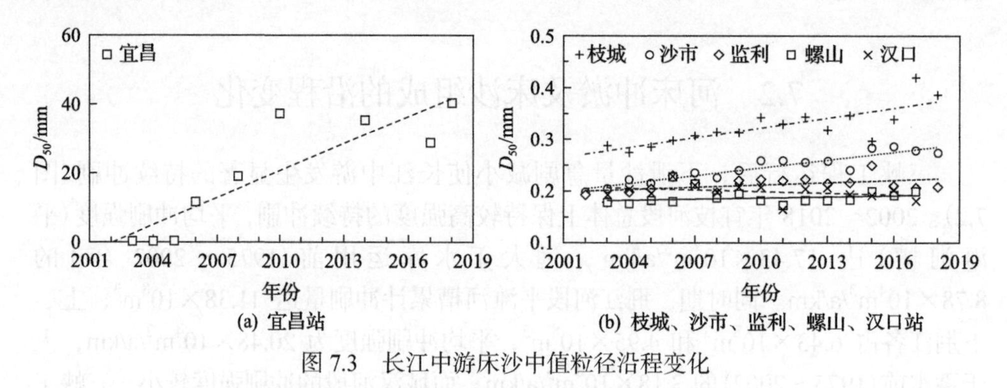

(a) 宜昌站　　(b) 枝城、沙市、监利、螺山、汉口站

图 7.3　长江中游床沙中值粒径沿程变化

7.3 河道平面形态的沿程变化

7.3.1 岸线变化

三峡水库蓄水运用后，长江中游河床持续冲深，局部河段崩岸频发，主要崩岸点位置如图 7.4 所示。根据 2002 和 2018 年实测长程河道地形统计(除城汉河段为 2001 和 2016 年长程河道地形)，长江中游累计崩岸长度达 173km，约为岸线长度的 10%，且平均崩退速率为 9.7m/a，崩岸强度总体上沿程减弱(图 7.5)。由于宜枝河段两岸主要为丘陵阶地，崩岸极少发生；而在荆江、城汉与汉湖河段，河岸崩退较为显著的位置分别有 27、12、7 处，所以着重介绍这三个河段的崩岸情况。

从崩岸数量及崩退速率来看，荆江段最为严重，总崩岸长度约为 124km，约占岸线总长的 18%，多年平均崩退速率为 13.1m/a。其中上荆江总崩岸长度为 30.1km，约占岸线总长度 8.7%，多年平均崩退速率介于 3.3～22.4m/a。崩岸主要分布在关洲、火箭洲、腊林洲、蛟子渊等。下荆江崩岸总长度 93.6km，约占岸线总长度的 27.0%，多年平均崩退速率介于 5.1～30.6m/a，平均值为 13.6m/a。崩岸

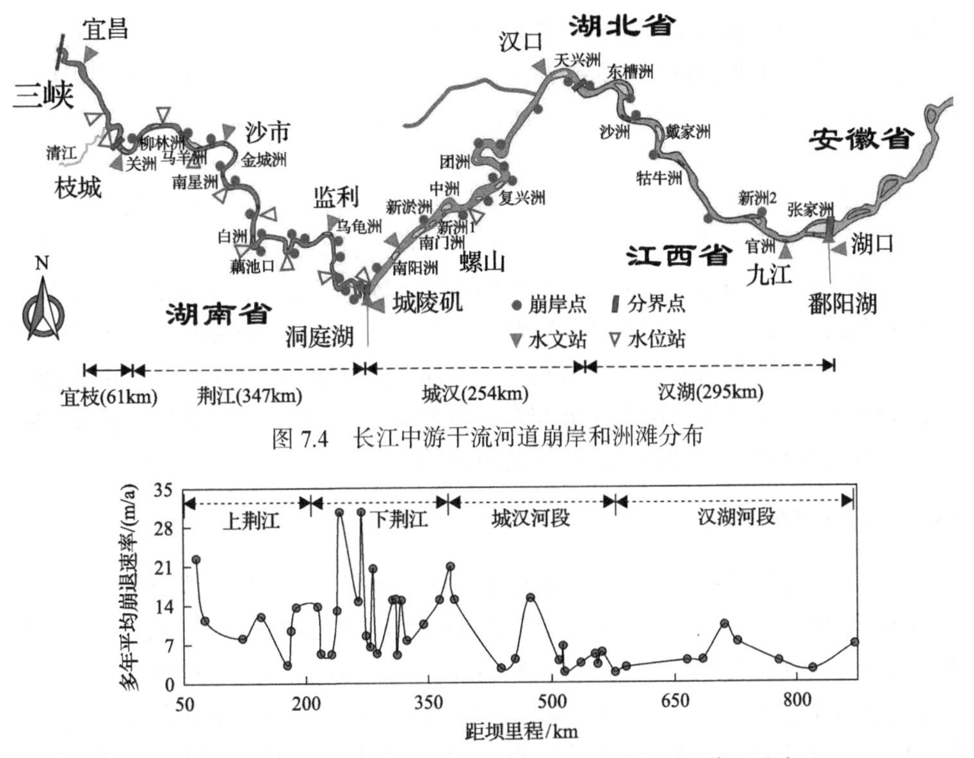

图 7.4　长江中游干流河道崩岸和洲滩分布

图 7.5　三峡工程运用后长江中游各崩岸点多年平均崩退速率

主要分布在弯道段，如左岸的向家洲、方家夹、荆江门、八姓洲，以及右岸的北门口、七姓洲等岸段，其中崩退速率最大的地点位于北门口右岸及八姓洲左岸。总体上，荆江河段崩岸多发生在洲滩发育的岸段及弯道段，且崩岸强度下荆江段明显大于上荆江。

城汉河段的崩岸强度次之，崩岸总长达 30.7km，约占岸线总长度的 6.1%，多年平均崩退速率介于 7.4～13.9m/a，平均值为 11m/a。其中左岸崩岸总长约 16.8km，占左岸岸线总长的 6.7%；右岸崩岸总长约 13.9km，占右岸岸线总长的 5.5%。崩岸主要分布在左岸的陆溪口、燕子窝、虾子沟、大咀以及右岸的潘家湾、簰洲镇、下新村和槐山矶等区域，其中崩退速率最大的地方位于陆溪口宝塔洲附近。

汉湖河段的崩岸强度相对较弱，崩岸总长约 18.5km，占岸线总长度的 6.3%。其中左岸崩岸总长达 12.8km，约占左岸岸线总长度 4.3%；右岸崩岸总长达 5.7km，约占右岸岸线总长度 2.2%。崩岸主要分布于黄陂、团风州、黄州、张家洲等洲滩发育、土质松散的岸段，其中团风洲左岸多年平均崩退速率最大，达 10.3m/a。

三峡工程运用后，长江中游局部河段崩岸频发，但不同河段的崩岸点数量和强度因水流冲刷及河岸组成条件不同而有较大差异。进一步分析其原因可知，宜枝段岸坡主要由丘陵阶地控制，河岸抗冲能力较强，河床的调整以冲刷下切为主，崩岸很少发生。上荆江河岸上部为黏土层且土层较厚，抗冲性较强；下部土层主要由细沙组成，抗冲性较差(姚仕明, 2016)。该河段崩岸以平面滑动为主，且主要分布在洲滩发育的岸段。下荆江河岸同样为上部黏土和下部沙土层组成的二元结构，但上部黏土层薄，下部沙土层厚，易因水流冲刷沙土层而导致上部黏土层悬空，从而发生崩岸。该河段崩岸主要分布于弯道段且崩退速率大。城汉河段燕子窝、潘家湾及虾子沟等局部区域为重要崩岸险工段。一方面，主流沿着燕子窝下行顶冲潘家湾，出急弯后向左摆动紧贴虾子沟岸段，造成对河岸的持续冲刷；另一方面，虾子沟区域为非法采砂高发区，不合理的采砂会使局部岸坡变陡，造成岸坡失稳破坏。而汉湖河段两岸分布众多抗冲节点(长江流域规划办公室水文局, 1983)，河势相对稳定，崩岸数量少且强度较低。

7.3.2 洲滩调整

江心洲(滩)是自然河流重要的湿地生态区，不仅直观表征分汊河段的平面形态，同时影响主支汊的分流分沙与冲淤交替(李志威等, 2016; Lou et al., 2018)。长江中游分汊河段长度约占总河长的 50%(朱玲玲等, 2015)，沿程分布有 28 个发育较为完整的江心洲(滩)，在荆江、城汉、汉湖河段的江心洲数量分别为 11 个、7 个、10 个(图 7.4)。由于宜枝河段江心洲(滩)十分稳定，故此处暂不分析。基于选取的 Landsat 影像，提取了 2003～2018 年长江中游各江心洲(滩)在枯水期(相近水位)的出露面积，以此分析上游建坝后河道内江心洲(滩)的时空变化规律，并探讨其沿程变化差异。

1. 江心洲(滩)出露面积随时间变化特点

三峡工程运行后，长江中游江心洲总体呈萎缩趋势，2003～2018 年洲滩枯水期总出露面积(A_T)从 305km^2 减少到 288km^2(图 7.6(a))。这一过程可分为三个阶段：①三峡工程运行的前 3 年(第一阶段)，江心洲出露面积大幅减少，减幅占 2003～2018 年总冲刷面积的 43%；②2006～2015 年(第二阶段)，出露面积由 297km^2 缓慢增加到 304km^2；③2015 年以后(第三阶段)，江心洲又转为冲刷，平均冲刷速率(5.5km^2/a)甚至大于初始阶段(2.5km^2/a)。从沿程不同河段来看，荆江、城汉和汉湖段的江心洲出露面积随时间的变化存在明显差异。在荆江河段，江心洲遭受持续冲刷，出露面积在 2003～2018 年间减少了 9.4km^2(平均冲刷速率为 0.6km^2/a)；城汉河段的江心洲出露面积先增加 6.9km^2，后急剧减少 5.1km^2；在汉湖河段，2003～2015 年江心洲萎缩幅度较小，而在 2015～2018 年间经历剧烈冲刷，两个阶段平均冲刷速率分别为 0.2km^2/a 和 2.4km^2/a(图 7.6(b))。

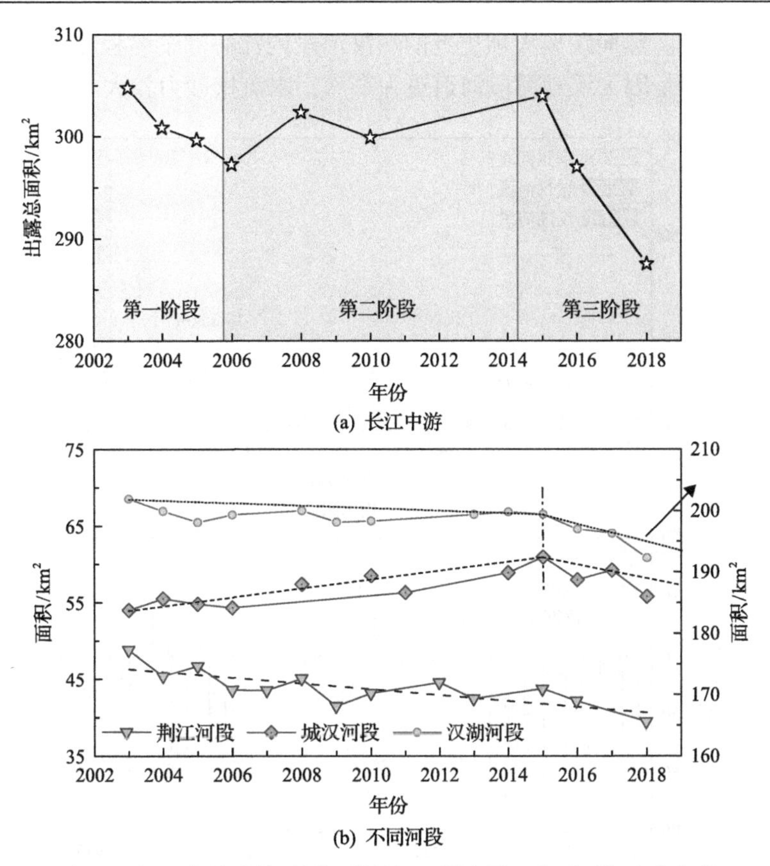

图 7.6　长江中游及其不同河段的江心洲出露面积随时间变化规律

2. 江心洲(滩)出露面积沿程变化特点

从江心洲尺寸大小来看，大型的江心洲往往位于距离三峡大坝较远的位置。如图 7.7(a)所示，2003～2018 年荆江、城汉、汉湖 3 个子河段江心洲的平均出露面积分别为 4.38km^2/个、8.14km^2/个和 19.85km^2/个。其原因在于荆江河段距离大坝较近，且河道深窄，平滩河宽约为 1350m，水流冲刷能力较强，所以在这类弯曲河道中，泥沙难以沉积。而在城汉和汉湖河段，存在众多节点，河岸主要由高山、丘陵、阶地等控制。在两侧河岸均受控制的情况下，主槽摆动受到限制，壅水效应往往导致上游河道内江心洲的形成。当河岸只有一侧受节点控制时，则难以形成弯曲河道，但一侧河岸不断崩退易形成相当宽的河道。在这些宽河道内流速较小，使泥沙更易淤积，促进江心洲形成和发展。

从江心洲冲淤变形程度来看，2003～2018 年间荆江河段和汉湖河段江心洲出露面积的平均相对变化率分别为–28%和–12%(冲刷)，而在城汉河段平均相对变化率为+6%(淤积)(图 7.7(b))。由于荆江河段为三峡工程的近坝段，该河段经历了最严重的冲刷。然而距离大坝更近的城汉河段内江心洲萎缩程度小于下游的汉湖河段，这主要是因为汉湖河段河道更为窄深，水流挟沙力较大。

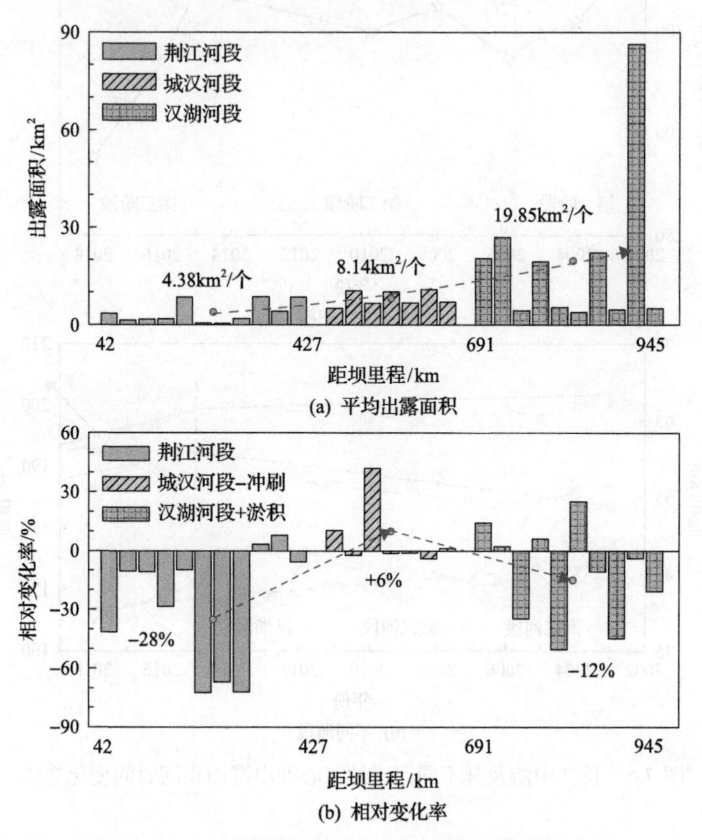

图 7.7　长江中游江心洲尺寸与变形程度的沿程变化

7.4　断面形态的沿程变化

7.4.1　平滩河槽形态沿程调整特点

前面章节已计算了 2002～2018 年长江中游宜枝段、荆江段及城汉段的平滩河槽形态参数，这些计算结果表明：

(1)在宜枝河段，由于河岸抗冲性强及护岸、护滩工程的限制，河段尺度的平滩河槽宽度($\overline{W}_{bf}$)变幅很小，在上、下两段平均值分别为 1164m 及 1154m；该时期河床断面形态调整主要表现为平滩水深($\overline{H}_{bf}$)的增加，其值在上、下段增幅分别为 1.59m 和 5.08m；相应的平滩面积($\overline{A}_{bf}$)也呈持续增加趋势，在两河段的增幅分别为 1898m^2 和 6043m^2。

(2) 在荆江河段，河段尺度的平滩宽度在 1341～1373m 变化，变幅仅为 2%；河段平滩水深增加 1.69m；而河段平滩面积由 2002 年的 18214m^2 增加到 2018 年的 20898m^2，增幅为 15%。

(3) 城汉河段主槽呈现出冲深的趋势(2003～2018 年)，河段尺度的平滩水深 $\bar{H}_{bf}$ 累计增加 8%，相应河段平滩面积 $\bar{A}_{bf}$ 增加超 10%。从时间尺度上看，研究河段平滩水深及面积呈逐年增加趋势，但不同河段增幅有所不同(图 7.8)。

三峡工程蓄水运用后，宜枝河段“首当其冲”，且河床冲刷逐步向下游河段发展。紧邻三峡大坝的宜枝上段的平滩水深、面积的增幅仅为 8%～9%(2002～2018 年)，而在下段增幅达 28%。随后冲刷发展到荆江河段，其平滩水深和面积逐年

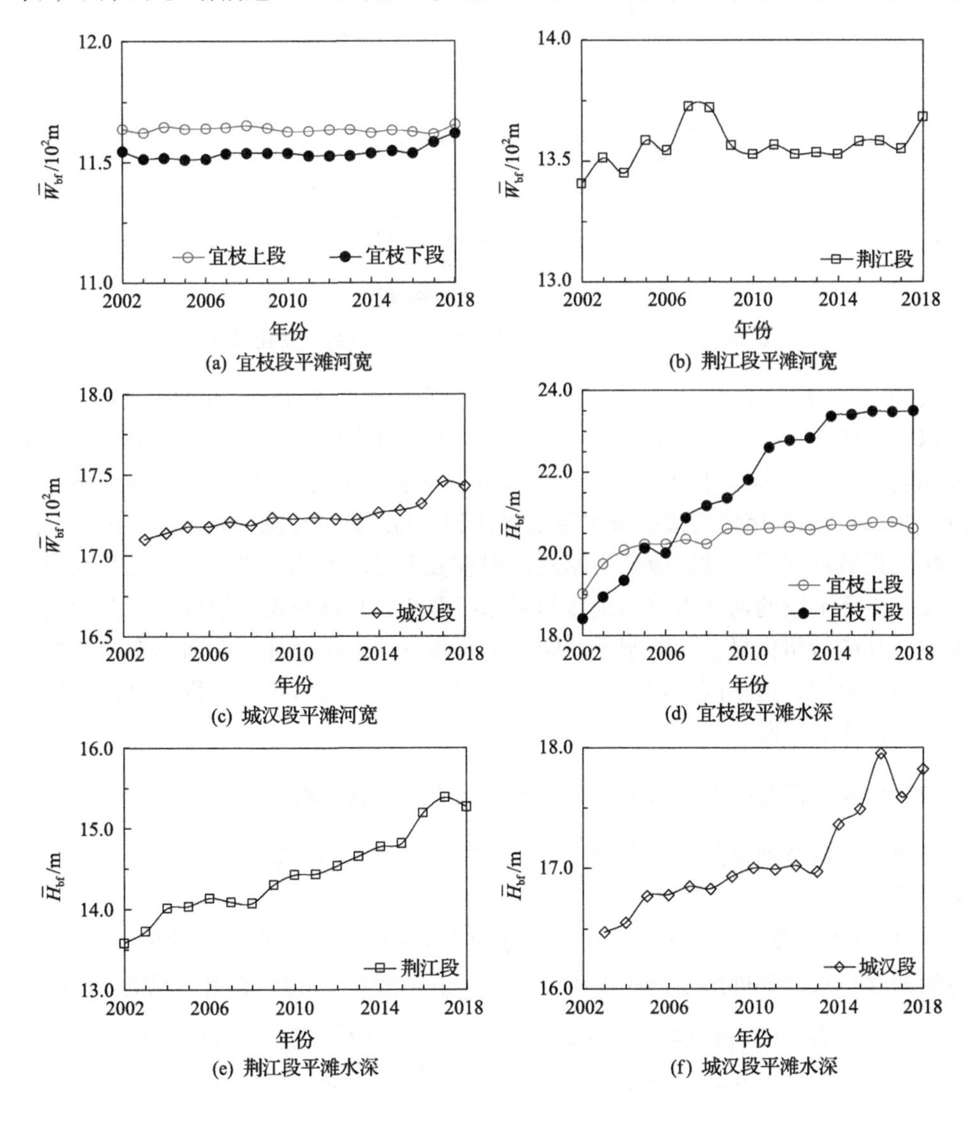

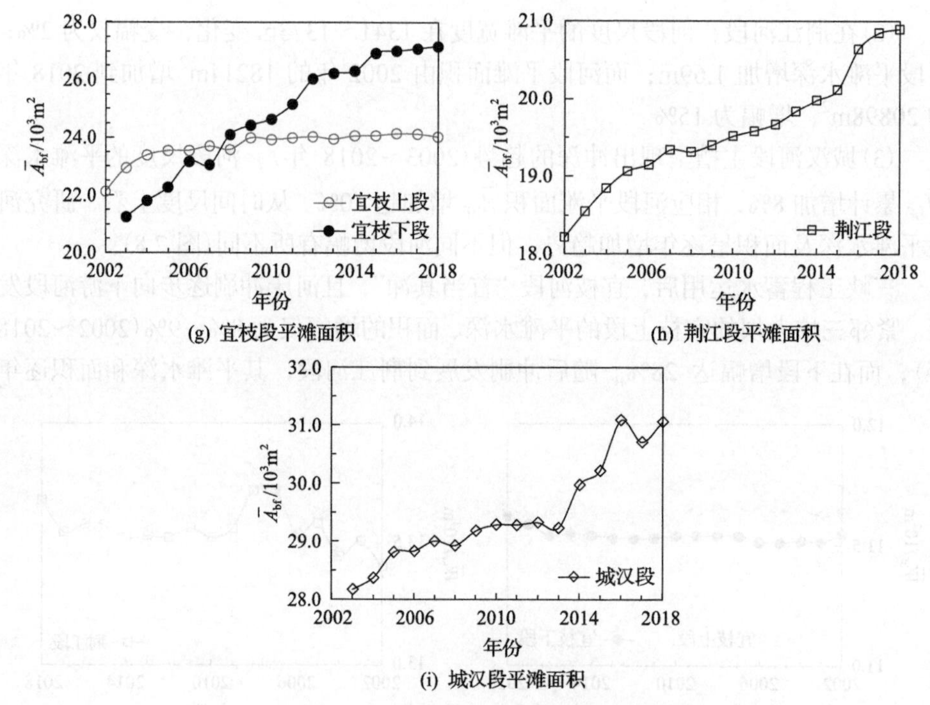

图 7.8　长江中游不同河段平滩河槽形态参数的变化过程

增大，但增幅总体上小于宜枝河段的下段，分别为 12%和 15%。在城汉河段，2013 年以前冲刷主要在上游河段，2003～2013 年平滩水深仅增加 3%，年均冲深仅 0.05m；随着上游梯级电站的运行及含沙量沿程恢复减弱，冲刷逐渐发展到城汉河段，2013～2018 年该河段平滩水深增幅达到 5%，累计冲深 0.85m。理论上距离三峡工程最近的河段冲刷应最为剧烈，但宜枝上段增幅均小于下段。究其原因，主要是由于上段的河床组成为细沙与砾卵石两相，且沙质覆盖层较薄，在冲刷过程中，其床沙粗化显著，限制了冲刷的进一步发展。但总体上断面形态调整幅度自上而下减缓，这是因为在河床持续冲刷过程中，水流含沙量沿程恢复，故越往下游冲刷相对缓慢。

7.4.2　平滩河槽形态调整对前期水沙条件响应的沿程差异

由前面章节确定的长江中游沿程各河段的平滩河槽形态与前期水沙条件的相关关系(式(2.10))，这些率定结果表明，

(1) 对于宜枝河段，率定的参数α和β均大于 0(平滩河宽除外)，故平滩河槽形态的调整与水沙条件的变化成正相关；上、下段的$\overline{W}_{bf}$ 与 $\overline{F}_{5f}$ 的相关程度均较低，决定系数仅为 0.02 和 0.46；而下段的$\overline{H}_{bf}$ 、$\overline{A}_{bf}$ 与 $\overline{F}_{5f}$ 的相关程度均较高，在上段的决定系数均为 0.69，而在下段的决定系数高达 0.90。

(2) 在荆江河段，$\bar{H}_{bf}$ 和 $\bar{A}_{bf}$ 与 $\bar{F}_{5f}$ 相关程度较高，决定系数分别为 0.96 和 0.97。

(3) 在城汉河段，平滩河宽调整受前期水沙条件影响较大(R^2=0.81)，且河段平滩面积、水深与 $\bar{F}_{5f}$ 之间的相关程度亦达到了 0.88 以上，但总体较荆江河段小。主要是由于该河段距离大坝较远，对上游水沙条件变化引起的河床调整响应较弱。

通过各河段率定结果的对比分析可知：①河段平滩河宽与前期水沙条件的相关关系在受整治工程约束的河段较小；②河段平滩水深或面积与前期水沙条件的相关程度总体自上而下递减(宜枝河段上段除外)。理论上，距离三峡工程最近的河段冲刷应最为剧烈，但宜枝段上段的平滩河槽形态参数增幅小于下段，且与前 5 年汛期平均的水流冲刷强度的相关关系亦小于下段(表 7.2)。究其原因，主要是由于上段床沙粗化显著，限制了冲刷下切；③在长江中游各典型河段，率定得到的参数α和β有所不同。参数α反映了研究时段内平滩河槽形态的平均尺寸，各河段差别较大；而β的变化较小，对平滩水深，其值变化范围为 0.0172～0.0722；对平滩面积，其值变化范围为 0.0171～0.0737。

表 7.2　式(2.10)中参数率定结果

平滩河槽形态参数	河段(2002～2018 年)	参数		相关系数(R^2)
		α	β	
$\bar{W}_{bf}$	宜枝上段	1164	−0.0001	0.02
	宜枝下段	1148	0.0015	0.46
	荆江河段	1346	0.0024	0.15
	城汉河段	1650	0.0117	0.81
$\bar{H}_{bf}$	宜枝上段	19.19	0.0172	0.69
	宜枝下段	16.73	0.0722	0.91
	荆江河段	12.82	0.0354	0.96
	城汉河段	13.82	0.0564	0.88
$\bar{A}_{bf}$	宜枝上段	22339	0.0171	0.69
	宜枝下段	19199	0.0737	0.92
	荆江河段	17256	0.0379	0.97
	城汉河段	22804	0.0681	0.89

不同年份的水沙条件变化对当前河床形态的影响所占的权重不同，且年份越远权重应越小，但夏军强等(2015)提出的基于经验回归的滞后响应模型为应用简单，近似将前期各年水沙条件的影响权重视为相同。根据清华大学吴保生(2008a,b)提出的基于线性速率调整模式的滞后响应模型(式(2.21))，确定河床形

态调整对前期水沙条件的响应年数，以及不同年份水沙条件所占的权重。由表 7.3 可知，三峡工程运行后，长江中游各河段平滩水深和平滩面积调整基本与前 5 年(包括当前年份)水沙条件变化的相关程度最高，模型的决定系数(R^2)均高于 0.74；在宜枝河段决定系数较低，主要是因为在计算平衡状态下的平滩河槽形态时仅认为其与水沙条件相关，忽略了河床组成的影响。此外，当前年份水沙条件变化的影响所占权重约为 1/3～1/2，年份越远所占权重越小。图 7.9 比较了采用吴保生方法计算的与实测的荆江及城汉河段平滩水深变化过程，两者总体符合较好。

表 7.3　式(2.21)中参数率定结果

平滩河槽形态参数	河段	决定系数(R^2)	权重				
			i=0 年	i=1 年	i=2 年	i=3 年	i=4 年
$\overline{H}_{bf}$	宜枝上段	0.75	0.08	0.10	0.12	0.14	0.17
	宜枝下段	0.91	0.08	0.10	0.12	0.14	0.17
	荆江河段	0.94	0.07	0.10	0.15	0.22	0.32
	城汉河段	0.88	0.08	0.010	0.12	0.14	0.17
$\overline{A}_{bf}$	宜枝上段	0.74	0.08	0.10	0.12	0.14	0.17
	宜枝下段	0.91	0.08	0.10	0.13	0.17	0.22
	荆江河段	0.97	0.07	0.10	0.15	0.21	0.31
	城汉河段	0.90	0.08	0.01	0.12	0.15	0.18

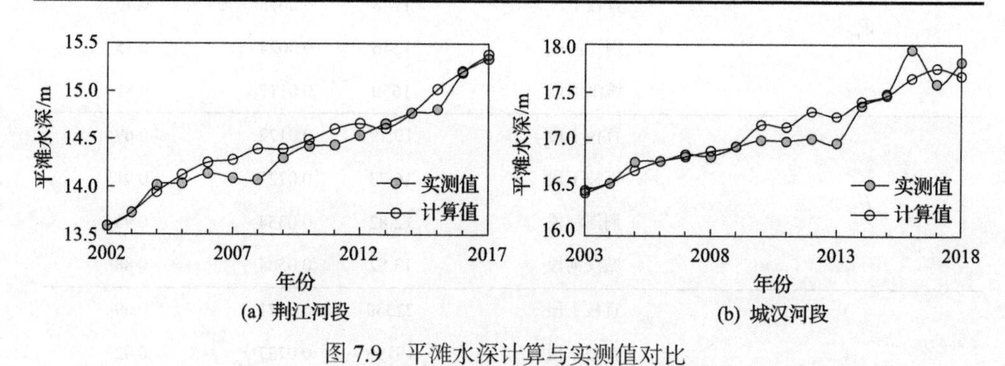

图 7.9　平滩水深计算与实测值对比

7.5　过流能力的沿程变化

前面章节已计算得到 2002～2018 年长江中游沿程不同河段的平滩流量，结果如下：

(1)宜枝段平滩流量由 2002 年的 67989m^3/s 增加到 2018 年的 76476m^3/s，呈

逐年增大的趋势。与典型断面的计算结果相比，宜 34 断面位于三峡坝下游 43km 处，2002～2018 年该断面平滩流量从 61490m^3/s 增加到 63348m^3/s，增幅仅为 3.0%；宜 55 断面位于三峡坝下游 68km 处，该断面平滩流量在 16 年间增大了 2.9%。这与宜枝河段平滩流量 12.5%的增幅均有一定的差异，见图 7.10(a)。

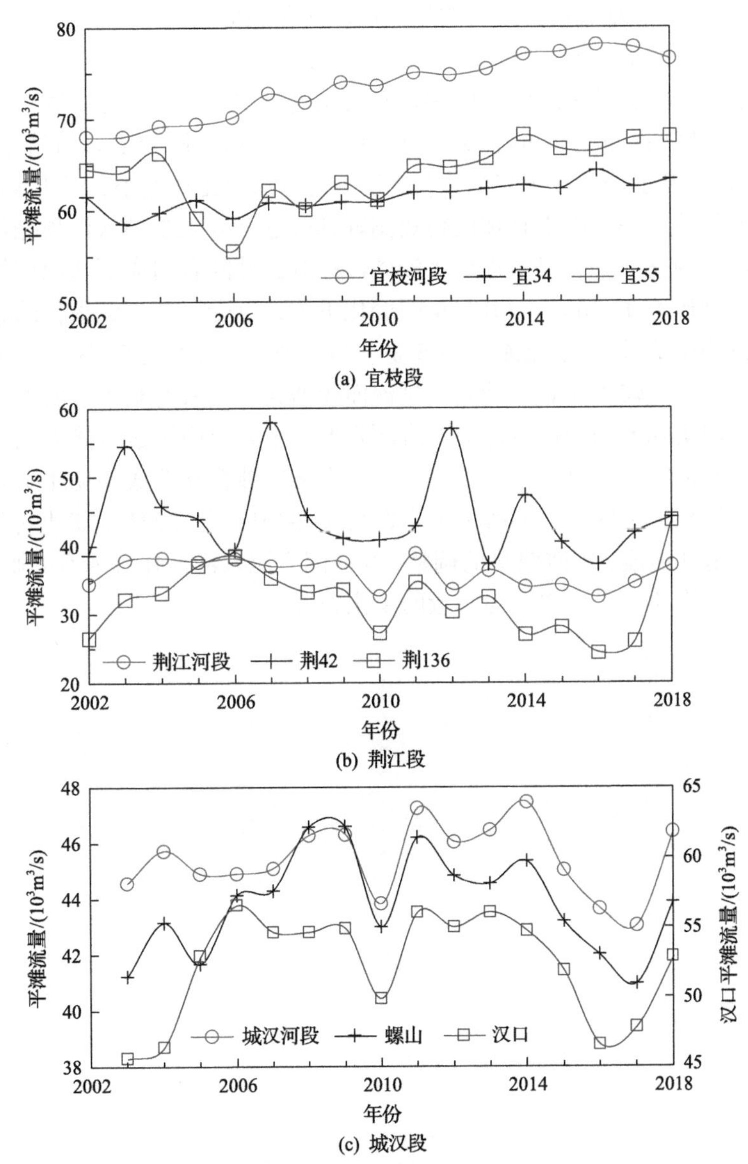

图 7.10　长江中游断面及河段尺度平滩流量的逐年变化

(2)荆江段平滩流量在 2002～2018 年期间的变化范围为 32605～38949m^3/s，变动幅度约为 19%，其调整特点与特定断面的平滩流量调整也存在较为显著的差异。例如，沙市水文站(荆 42)位于三峡大坝下游 192km 处，2002～2018 年该断面平滩流量变化范围为 37291～57995m^3/s，变幅达 56%；而监利水文站(荆 136)位于大坝下游 333km 处，其平滩流量在 16 年间的变幅为 51%(图 7.10(b))。总体上，河段尺度的平滩流量变化更为平稳，更能反映整个河段过流能力的调整特点。

(3)城汉河段平滩流量亦没有明显的单向变化趋势(2003～2018 年)，总体平均值约为 45450m^3/s，变化范围为 43050～47480m^3/s(图 7.10(c))。

对于荆江河段，其平滩流量的调整不仅受进口水沙条件变化的影响，还受到荆江段出口洞庭湖入汇顶托的影响。洞庭湖的入汇(入汇流量(七里山站)约为干流流量的 65%)抬升了荆江段出口的水位，使该河段水力比降变小，流速减缓，从而影响平滩流量的大小。由于宜枝段距离洞庭湖较远，并未受到入汇顶托作用，故其平滩流量的调整基本上仅由进口水沙条件控制，并随着河床下切而增加。城汉河段平滩河槽形态在 2002～2013 年间变化不大，且受汉江入汇顶托的影响较小(入汇流量(仙桃站)仅为干流流量的 5%)，故平滩流量变化亦较小；2013 年后，城汉河段开始发生较为显著的冲刷，过流面积增大，朝着有利于过流能力提高的方向发展，但实际上初期过流能力却有所降低。主要是由于过流能力调整还受到河床阻力等其他因素的显著影响，一方面是由于床沙粗化造成的动床阻力变化，另一方面为植被生长导致的洲滩植被阻力增大(姚记卓等, 2021)。综上可知，长江中游尤其在荆江河段，平滩流量的调整，受区间支流入汇顶托等因素的影响较大，故其与河床沿程冲刷未呈现较为一致的变化趋势。

第三篇　长江中游水沙运动及河床演变数值模拟

第8章 长江中游河道动床阻力计算

冲积河流阻力计算是开展水沙输移及河床冲淤变形计算的重要参数，也是河流动力学基础理论的主要研究内容之一。三峡工程运行后，长江中游河道持续冲刷，局部河段河势变化剧烈，防洪形势依然严峻。因此，研究长江中游动床阻力的变化特点及其计算公式，具有重要的理论价值和工程意义。本章收集了长江中游河段内枝城、沙市、监利、螺山和汉口五个水文站2001～2017年的实测数据，计算并分析了动床阻力的变化过程；进而建立了基于水流强度与相对水深的动床阻力计算公式，并采用不同时期的实测资料进行率定和验证。结果表明，建立的公式适用于长江中游河道，能较好地反映新水沙条件下的动床阻力变化特点。

8.1 动床阻力计算的研究现状

根据冲积河流阻力产生来源的不同，一般可将其分为三部分：床面阻力、滩地阻力、各种附加阻力(包括岸壁阻力、河势阻力等)(钱宁等, 1987)。但对长江中游河道而言，河宽远大于相应水深，岸壁阻力通常可以忽略不计，而其他附加阻力不易估算且在特定条件下才会形成，故宽浅型河道的综合阻力大多以动床阻力为主(王士强, 1990)。三峡工程运用后，进入长江中游的沙量大幅度减少，河床处于持续冲刷状态，河道内水沙条件与床面形态复杂，动床阻力不易确定。因此有必要研究长江中游动床阻力的计算方法，有助于提高水沙数学模型的计算精度。

8.1.1 阻力计算方法

长期以来，关于如何确定河床阻力一直是河流动力学研究中的重要问题，也取得了较为丰富的成果。工程实际中，通常用曼宁糙率系数来表示阻力的大小。现有常用的确定河床阻力的方法主要有以下几种。

(1)查表法(张小琴等, 2008)，当研究没有实测数据的河流时，可根据经验对照河道形态特征和河床组成特点查表确定河床的曼宁糙率系数。这种方法虽然最为方便快捷，但是受人为主观因素的影响较大，经验性较强。

(2)糙率调试法，通常先假定某一研究河段内若干个特定控制断面的流量-糙率关系，认为河段内其他断面某一流量下的曼宁糙率系数可由相邻两个控制断面同流量下的糙率通过线性插值得到；然后在水沙数学模型中通过调试这些控制断面的流量-糙率关系，使计算的水位、流量过程与实测情况能较好符合(He et al.,

2012; Xia et al., 2018）。该方法中用到的特定控制断面，一般为水文或水位站所在断面，调试得到的各控制断面的曼宁糙率系数为综合阻力系数，考虑了床面阻力、滩地阻力及各种附加阻力的影响，计算精度相对较高。该方法对实测资料要求较高，需要研究时段内沿程水文站或水位站的系列观测数据，实际应用中具有一定的局限性。

(3) 曲线法，利用历史数据绘制“$n \sim Q/H$”曲线，根据该曲线可确定各级流量/水位下的初始曼宁糙率系数，再利用经验公式进行修正（高凯春和李义天，2000）。这种方法的关键在于糙率修正技术，现在常用的方法有卡尔曼滤波方程（葛守西等, 2005）和利用信息变化自动校正曼宁糙率系数算法（程云海, 2005）。该方法不适合曲线点群分布非常密集的情况，在河道水力条件复杂、存在回水等情况时，也不适用（张小琴等, 2008）。

(4) 河段平均法，对研究河段进、出口断面的过水面积和水面宽进行平均，将曼宁公式反求的曼宁糙率系数作为河段的糙率值（刘怀湘和徐成伟, 2011）。若能够先获取研究河段的水面线和实测流量资料，对应河段的糙率值可以通过水面线推算公式计算得到（李东颇和刘宏, 2014）。

(5) 经验公式法，基于实测资料建立动床阻力经验公式，如长江科学院提出的经验公式（长江科学院，1998）。20 世纪以来，国内外学者已经建立了大量阻力计算公式，包括理论推导公式和经验公式。

总的来说，方法 (2) 计算的综合阻力精度最高，但要求收集完整的实测数据。经验公式法则从动床阻力的内涵出发，分析其产生机理和组成部分，利用理论推导或者数学模拟的方法建立阻力系数与流速、水深和含沙量等水沙变量之间的经验关系。

8.1.2 动床阻力计算公式

经验公式法对研究时段内实测资料要求较低，目前已有不少学者采用该方法计算阻力（动床阻力），主要有阻力分割法和综合阻力法两种类型。

1. 阻力分割法

1952 年，Einstein 首次提出了阻力分割原理，认为当床面形态属于静平床时，床面阻力应该与定床类似，只需考虑沙粒阻力。当床面出现沙波运动时，则需要同时考虑沙波阻力和沙粒阻力。沙粒阻力也称肤面阻力，它是冲积河流床面上的泥沙颗粒的粗糙度与运动水流发生摩擦而产生的水流阻力。沙波阻力也称形状阻力，它是由于水流强度变化使床面出现不同沙波形态而产生的水流阻力（王士强，1990）。关于沙粒、沙波阻力的计算主要有 Einstein 等（1952）提出的水力半径分割和 Engelund 等（1966）提出的能坡分割两种基本类型。在此基础上，van Rijn（1984）、乐培九等(1992)、黄才安等(2004)、Yang 等(2005)及 Schippa 等(2019)都从不同的角度提出了自己的动床阻力公式。van Rijn(1984)通过大量的水槽试验数据验证发现表征沙粒阻力的当量粗糙度($k_{s,\ grain}$)等于 3 倍的 D_{90}，而表征沙波阻力的当量粗糙度大小($k_{s,\ form}$)则与沙波的波高、波长及陡度有关。乐培九等(1992)总结了王士强、Engelund 和刘建民公式，利用长江中下游的 540 组数据对这些公式进行了对比计算，统计了误差，并得出了更为准确的阻力分割计算公式；黄才安等(2004)基于水流能量的概念，引入无因次水流功率和无因次沙粒水流功率两个变量，利用长江、黄河等 1000 多组实测资料确定了新的阻力关系式，经验证，该公式的精度高于 Engelund、李昌华、王士强和 van Rijn 等公式。Yang 等(2005)基于能坡分割理论，引入了回流区长度这一参数，提出了床面总切应力与沙粒切应力、沙波切应力的线性关系式，并指出沙粒阻力($k_{s,grain}$)与 2 倍的中值粒径(D_{50})相当，在建立相对波高计算公式的基础上，提出了总阻力的计算模式。Schippa 等(2019)则基于能坡分割理论，结合动量方程与能量平衡方程，提出了考虑沙波特征参数(相对波高、相对波长)与弗劳德数的阻力计算公式。总体而言，阻力分割法物理意义明确，但计算过程非常复杂，实用性较差。已有研究中沙粒阻力的计算公式相对成熟，但沙波阻力的计算模式仍需改进。

2. 综合阻力法

综合阻力法不区分沙粒阻力和沙波阻力，直接讨论总阻力的变化特性，通过建立阻力系数与水沙因子及床面形态参数之间的关系推求阻力计算公式。由于综合阻力法具有计算过程简便、易于应用等优点，国内外学者已经提出了很多采用综合阻力法确定床面阻力的计算公式。李昌华和刘建民(1963)整理长江、黄河、赣江等天然河流资料，初步概括了各种床面形态的阻力特点，得到综合阻力系数 $A(=D_{50}^{1/6}/n)$ (D_{50} 为床沙中值粒径，n 为曼宁糙率系数)与相对流速 U/U_c (U_c 为起动流速)关系。Wu 和 Wang(1999)提出了阻力参数 $A(=D_{50}^{1/6}/n)$ 与无量纲剪切应力、弗劳德数及相对粗糙度的经验关系预测阻力的方法。周国栋等(2003)分析了床沙非均匀系数对床面阻力的影响，通过数学回归方法建立了适用于长江河道的阻力公式。目前这类研究需要提出结构简单、参数容易确定的计算公式；此外，Kumar 和 Rao(2010)、Azamathulla(2013)和 Roushangar 等(2014) 利用元建模、基因编程和机器学习等方法进行数据分析并建立了阻力计算公式，但这类方法缺乏力学机理，研究结果难以用于数学模型计算。

综上原因，本章收集了长江中游河段 5 个水文站 2001～2017 年的实测水沙数据；然后分析水流弗劳德数(Fr)和相对水深(h/D_{50})对长江中游动床阻力的影响；最后建立基于这两个参数的动床阻力公式，并采用实测资料对公式进行率定和验证。

8.2 长江中游动床阻力特性及其主要影响因素

8.2.1 长江中游河道动床阻力资料

本章首先收集了 2001～2017 年长江中游枝城、沙市、监利、螺山及汉口 5 个水文站的实测水沙资料，共计 2055 组(其中枝城站缺 2001、2002 年，螺山站和汉口站缺 2002 年床沙级配数据)。然后根据以下原则筛选数据：每组实测资料应包括流量、河宽、水深、水温、含沙量、床沙级配等要素，若其中有缺失项，需剔除该组数据；明显不合理的数据也应剔除，如部分时段实测床沙中值粒径明显高于平均值；此外洪水漫滩时，直接计算阻力会导致结果包含滩地阻力，误差较大，故应剔除漫滩时的阻力数据。综合上述原则，对收集的 2055 组数据进行了筛选，共计得到 1917 组有效数据，统计结果如表 8.1 所示。这些资料所涉及的范围为流量 Q=3520～57100m^3/s，水深 h=4.4～19.8m，流速 U=0.44～2.87m/s，宽深比 B/h=66～245，水流弗劳德数 Fr=0.042～0.269，床沙中值粒径 D_{50}=0.127～1.590mm，水面比降 J=(0.08～0.84)×10^{-4}。

表 8.1　长江中游河段水文站实测水沙及阻力资料范围

水文站	枝城	沙市	监利	螺山	汉口	总数据
组数	474	486	429	257	271	1917
Q/(m^3/s)	3910～57100	3930～44500	3520～33300	6710～43200	7760～45500	3520～57100
h/m	7.0～19.8	4.8～17.6	4.4～15.6	6.2～16.4	6.8～17.9	4.4～19.8
U/(m/s)	0.44～2.87	0.63～2.45	0.61～2.61	0.75～1.84	0.69～1.80	0.44～2.87
B/h	67～156	66～219	74～245	101～245	104～228	66～245
D_{50}/mm	0.210～1.590	0.165～0.312	0.127～0.259	0.138～0.230	0.144～0.241	0.127～1.590
$J/10^{-4}$	0.26～0.84	0.18～0.66	0.08～0.64	0.14～0.61	0.19～0.30	0.08～0.84
Fr	0.042～0.237	0.073～0.211	0.050～0.269	0.092～0.155	0.082～0.153	0.042～0.269
n	0.018～0.071	0.014～0.047	0.011～0.033	0.017～0.035	0.015～0.027	0.011～0.071

在实际计算中，阻力系数(n 及 f)可根据曼宁公式或达西-威斯巴赫公式反求：

$$U=\frac{1}{n}R^{2/3}J^{1/2} \text{ 或 } f=\frac{8gRJ}{U^2} \tag{8.1}$$

式中，n 为曼宁糙率系数；f 为达西-威斯巴赫系数；R 为水力半径(m)，长江中下游河道相对宽浅，其值可近似等于断面平均水深；J 为水面纵比降；U 为断面平均的流速(m/s)。水面纵比降 J 是根据各水文站及其上下游水位站的日均水位计算得到的。以荆江河段的沙市水文站为例，先收集沙市站及其上、下游陈家湾和郝穴水位站 2001～2017 年的日均水位，然后根据间距对三站的水位进行二次曲线拟合，求出沙市站所在位置的斜率即为沙市站的水面纵比降。其他水文站水面纵比降的计算方法类似。所选取的长江中游 5 个水文站的曼宁糙率系数 n 的计算结果如表 8.1 所示，其范围在 0.011～0.071。

长江中游河床宽深比均大于 66，故整体较为宽浅；弗劳德数 Fr 远小于 1，可见水流流态属于缓流。此外，水文站所在局部河段通常要求相对顺直平整，水流集中，且河宽及水深等无明显纵向变化(河流流量测验规范(GB 50179-2015))。故可近似认为本章用于率定和验证阻力公式的资料均接近均匀流条件，附加阻力项可忽略，由此可将计算得到的阻力系数(n 及 f)视为动床阻力系数。

8.2.2　长江中游动床阻力特性

此处首先点绘了典型水文断面特征年份的糙率-流量关系曲线，分析了典型断面的阻力调整情况；其次点绘了特定年份、特定流量下各水文站所在位置曼宁糙率系数的变化曲线，分析了动床阻力的沿程变化特征；最后绘制了 2001～2017 年各水文站洪水、中水和枯水河槽对应流量下曼宁糙率系数的逐年变化曲线，分析了不同流量下动床阻力调整特点。

1. 动床阻力随时间变化特点

利用前几年的糙率-流量关系确定各流量级下的曼宁糙率系数是最简便的方法，也是现有水沙数学模型中最常用的阻力计算方法。为分析三峡工程运行后长江中游动床阻力的变化，本节在同一坐标系中绘制了典型断面 2001 年、2008 年和 2017 年的糙率-流量关系曲线进行对比，从而分析典型断面的阻力变化规律，相较于以往用单个断面曼宁糙率值来衡量整个河段的阻力来说，糙率-流量关系能更加直观地看出动床阻力的变化特点。

荆江河段距离三峡工程较近，受清水下泄的影响，河床持续冲刷，床沙粗化明显，其中宜枝河段从沙质或沙夹卵石河床，逐步粗化为卵石夹沙河床。枝城站和监利站位于荆江河段，此处对比枝城站和监利站 2001 年、2008 年和 2017 年的糙率-流量关系(图 8.1)，可以发现：

(1)从整体上看，枝城站和监利站 2001 年、2008 年和 2017 年各流量级下的曼宁糙率系数均呈递增的趋势，即 $n_{(2017)}>n_{(2008)}>n_{(2001)}$。枝城站 2017 年各流量级下的曼宁糙率系数与 2001 年相比增大了 40%以上。

(2)枝城站曼宁糙率系数与流量的相关关系都很好，相关系数 R^2 均大于 0.65，而监利站的数据点都较为散乱，糙率与流量的相关关系较差，主要是受到了洞庭湖入汇顶托的影响。

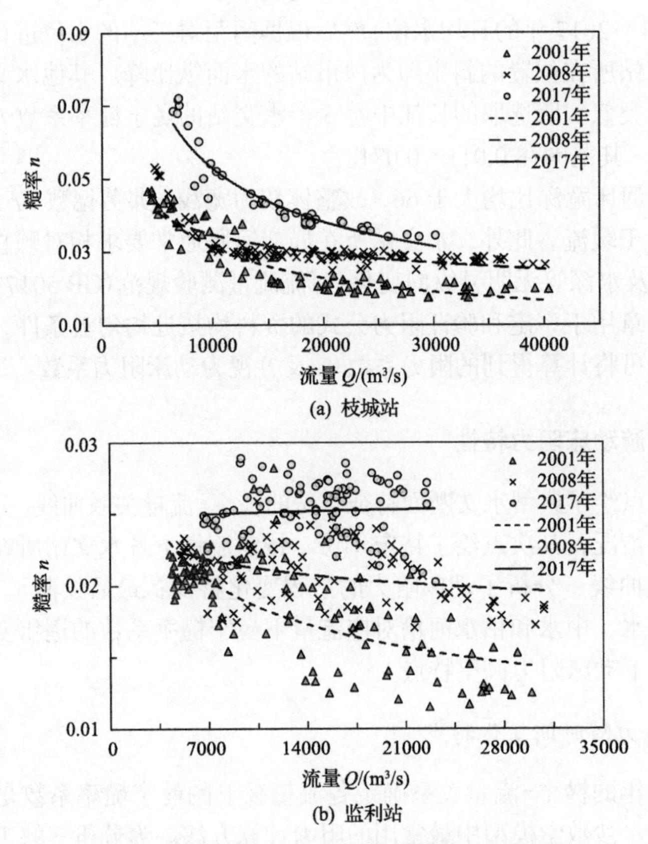

图 8.1 枝城站和监利站典型年份糙率-流量关系

采用同样的方法绘制了螺山站和汉口站典型年份的糙率-流量关系，如图 8.2 所示。可以得出以下结论：螺山站 2001 年、2008 年和 2012 年各流量级下的曼宁糙率系数相差不大，没有明显的增大趋势，从趋势线来看，甚至呈逐步减小的趋势；2017 年的点据虽然散乱，但各流量级下的曼宁糙率系数整体上高于其他三年。汉口站 2001 年、2008 年及 2012 年各流量级下的糙率系数相差很小，2001 年 30000m³/s 流量以下的糙率略高于 2008 年和 2012 年，而 2017 年各流量级下的曼宁糙率系数均明显高于其他年份，且 2017 年各流量级下的曼宁糙率系数与 2001 年相比增大了约 20%。螺山站和汉口站所绘年份曼宁糙率系数与流量的相关关系均较好，基本上呈单一的幂函数关系，大部分相关系数 R^2 大于 0.5。但 2013～2017 年间，螺山站部分实测水位高于上游的莲花塘站及下游的石矶头站的实测水位(以 85 高程为基准)，导致比降的计算偏差较大，糙率-流量曲线的点据分布散乱。

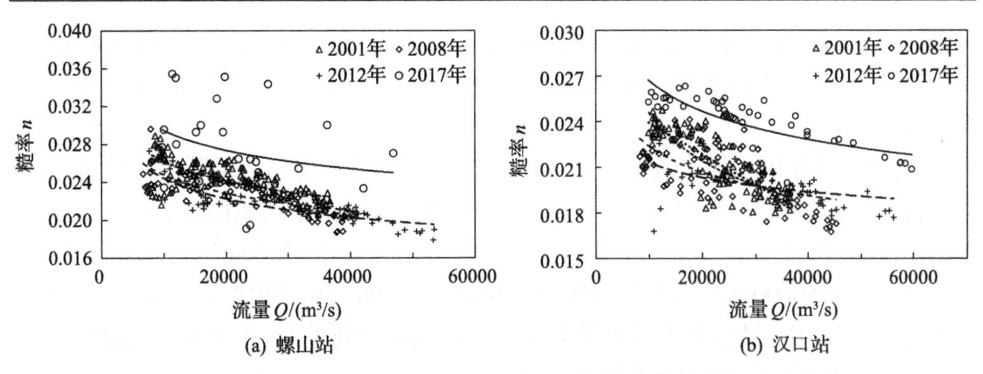

图 8.2　螺山站和汉口站典型年份“糙率-流量”关系

综上所述，三峡工程运用后，长江中游各水文断面同流量下的曼宁糙率系数均有明显增大趋势，但增大的过程不同。荆江河段各断面曼宁糙率系数自三峡运用后就逐步增大，而城汉河段在 2012 年之前变化并不显著，而 2013 年之后明显增大。阻力增大主要与床沙粗化有关。受三峡大坝及其上游水库群拦沙作用、人类活动和气候变化的影响，长江中游来沙量急剧减少，河床持续冲刷，床沙不断发生分选，河床组成也发生了变化。图 8.3 给出了各水文站床沙年均中值粒径的逐年变化过程。荆江河段三个水文站的床沙粒径在 2001～2017 年间均有不同程度的粗化，床沙粗化程度为枝城＞沙市＞监利，即越靠近三峡大坝床沙粗化程度越高。枝城站的汛后平均中值粒径由 2001 年的 0.24mm 粗化至 2017 年的 0.36mm，粗化了约 50%；沙市站和监利站分别粗化了约 40%和 25%。螺山站和汉口站的数据点比较散乱，没有明显的分布规律，螺山站 2013 年后略有粗化，而汉口站床沙变化不大。大量研究表明：沙粒阻力大小与代表粒径的 1/6 次方成正比，故床沙粗化是阻力增大的一个重要原因。

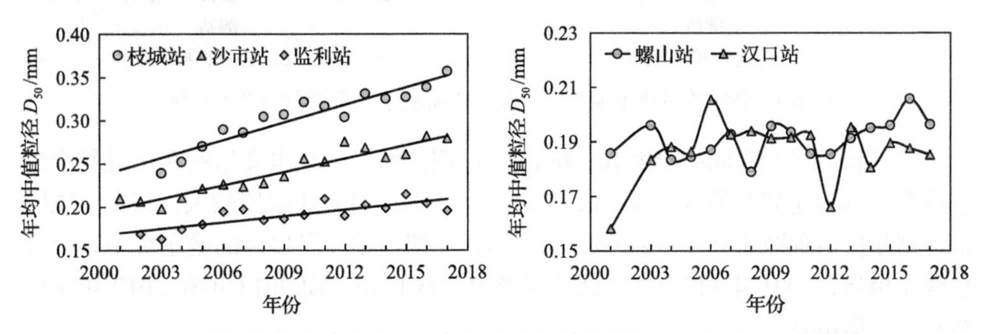

图 8.3　长江中游各水文站床沙年均中值粒径的逐年变化(2001～2017 年)

2. 动床阻力的沿程变化特点

根据 1981～1987 年和 1993 年的数据资料，荆江河段沿程阻力分布的主要规

律为 $n_{(枝城)}>n_{(监利)}>n_{(沙市)}$；城汉河段的分布规律为 $n_{(螺山)}>n_{(汉口)}$。三峡工程运行后，长江中游的水沙条件变化明显，对河床阻力的沿程分布规律展开新的研究很有必要。

此处定量分析了特定流量级下典型年份长江中游曼宁糙率系数的沿程分布特点。首先针对各水文站的实测数据绘制了每年的糙率-流量关系曲线，并得出相应的幂函数关系式。然后根据糙率-流量关系式，计算了 5000m³/s、10000m³/s、30000m³/s 和 50000m³/s 四个流量级下，2001 年、2007 年、2013 年和 2017 年四年的曼宁糙率系数。最后利用计算结果绘制了对应的变化曲线(图 8.4)，进而分析了长江中游动床阻力的沿程分布特点。

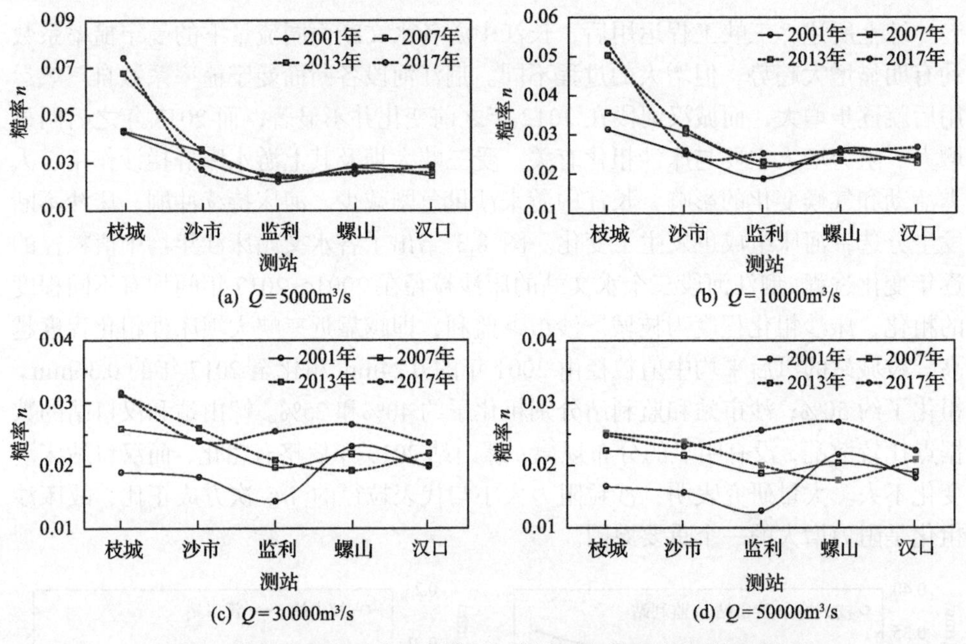

图 8.4　特定流量级下典型年份长江中游曼宁糙率系数的沿程变化

(1)当流量为 5000m³/s 和 10000m³/s 时，荆江河段三个水文站所在位置曼宁糙率系数有沿程递减的趋势，即 $n_{(枝城)}>n_{(沙市)}>n_{(监利)}$，且减小幅度较大，其主要原因是冲刷强度沿程减小和床沙粒径沿程变细；而螺山站和汉口站的曼宁糙率系数大小整体相当，2001 年和 2007 年螺山站略高于汉口站，而 2013 年和 2017 年汉口站略高于螺山站。

(2)当流量达到 30000m³/s 和 50000m³/s 时，沿程阻力的变化更为复杂。除个别年份外，上述两个河段的沿程阻力仍呈分别递减的趋势。相较于小流量，荆江河段的减小幅度变小。

(3)各流量级下呈现的规律并不完全一致，说明曼宁糙率系数的变化与流量的大小有关，当流量变化时，曼宁糙率系数的变化规律会有明显的改变。

3. 不同流量级下阻力逐年变化特点

利用糙率-流量幂函数关系式，分别计算出各站每年枯水、中水和洪水流量对应的曼宁糙率系数，点绘了各站所得糙率 2001～2017 年的逐年变化曲线，如图 8.5 所示。其中荆江河段枯水、中水和洪水流量指的是 5000m³/s、10000m³/s 和 50000m³/s，而城汉河段的枯水、中水和洪水流量指的是 7000m³/s、20000m³/s 和 50000m³/s。由图 8.5 可知：

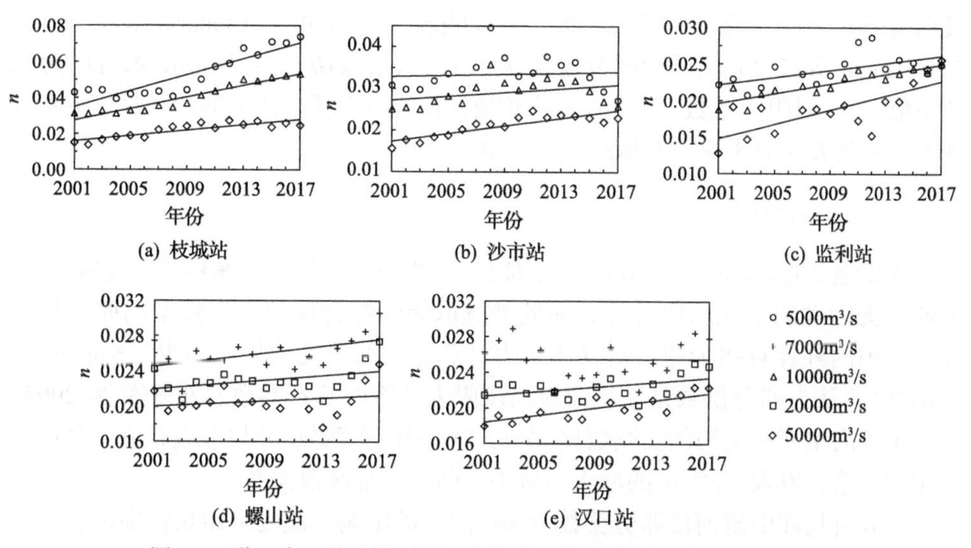

图 8.5　洪、中、枯流量下长江中游典型断面动床阻力的逐年变化

(1) 荆江河段 2001～2017 年间洪水、中水和枯水流量对应的曼宁糙率系数均呈增大的趋势，枝城站的趋势最为明显，沙市站在枯水和中水流量时阻力波动较大，洪水流量下的阻力稳定增大，监利站在枯水和洪水流量对应的阻力变化波动较大，中水流量对应的阻力基本呈逐年增大的趋势。

(2) 螺山站和汉口站 2001～2017 年间洪水、中水和枯水流量对应的曼宁糙率系数整体上均呈增大的趋势，尤其是 2013 年后。其中螺山站洪水和中水流量对应的阻力变化较大。

(3) 与三峡工程运行前相比，枝城、沙市、监利、螺山及汉口站 2017 年洪水流量对应的曼宁糙率系数增大了 21%～76%不等；枯水流量对应的曼宁糙率系数在−9.8%～71%范围内变化(负号表示减小)。整体而言，各流量级下荆江河段的阻力变化幅度较大，但逐年波动较小，而城汉河段的阻力变化幅度较小，但逐年波动较大。

8.2.3 动床阻力的主要影响因素

冲积河流的水流通常处于紊流阻力平方区，水流阻力与雷诺数无关，主要取决于水流强度与相对粗糙度。对于挟沙水流来说，还应考虑含沙量、沙波运动等因素的影响。邓安军等(2007)认为挟沙水流糙率系数的主要影响因素有床沙粒径、含沙量及水流弗劳德数。黄才安等(2004)分析了国内外阻力公式后，将动床阻力的计算归结为以水流强度、相对水深及无因次床沙粒径为自变量的函数。张红武等(2020)认为在动床阻力的计算中，沙粒肤面摩阻因子 $D_{50}^{1/6}$、相对水深、含沙量及弗劳德数 4 个参数非常重要。此外，Schippa 等(2019)、Andharia 等(2013)及 Roushangar 等(2014)均认为弗劳德数(Fr)及相对水深(h/D_{50}：h 为水深，D_{50} 为床沙中值粒径)对阻力系数 f 的计算非常重要。长江属于低含沙量河流，此处主要考虑水流强度及相对水深对动床阻力的影响。

1. 水流强度的影响

水流强度是动床阻力计算的重要因素，可以通过不同指标来体现，包括流量、流速、无因次的水流切应力等，而此处选取能够综合反映水流强度的弗劳德数(Fr)。国内外针对弗劳德数对动床阻力计算影响的研究成果有不少。Kumar 和 Rao(2010)认为弗劳德数是冲积河流动床阻力计算的基本参数；邓安军等(2007)收集了黄河主要水文站的实测数据，分析了曼宁糙率系数(n)与水流弗劳德数(Fr)的相关关系，发现 n 随 Fr 的增大而减小，两者呈幂函数关系。

为分析长江中游河段弗劳德数对动床阻力的影响，此处采用长江中游各水文站 2001～2012 年筛选后的实测数据，绘制了阻力系数(f)与弗劳德数 Fr 的关系曲线(图 8.6(a))。由图可知：f 随 Fr 的增大而减小，两者呈幂函数关系，决定系数 R^2 为 0.68；当 $Fr<0.15$ 时，随 Fr 的增大 f 减小幅度相对较大，当 $Fr>0.15$ 时，f 减小幅度较小。

2. 相对水深(粗糙度)的影响

沙粒阻力一般可由床沙中值粒径(D_{50})反映；而沙波阻力主要取决于沙波的尺寸，而沙波的尺寸(相对陡度、相对高度及相对长度等)与相对水深有密切关系(Schippa et al., 2019; van Rijn, 1984)。目前国内外关于动床阻力与相对水深(粗糙度)之间关系的研究成果较多。阎颐和王士强(1991)通过实验观测及理论推导后发现在床面形态的过渡区内，床面剪切应力是相对水深 h/D(h 为水深，D 为床沙粒径)的函数；van Rijn(1984)、Karim(1995)分别建立了沙波相对陡度与相对水深的函数关系。Zeng 和 Huai(2009)认为考虑相对粗糙度(D_{50}/h)的影响可以提高阻力系数的预报精度。此外，相对水深还是判别床面形态和水流能态区的重要参数。

Karim（1995）和 Wang（1993）分别建立了弗劳德数或沙粒弗劳德数与相对水深的关系来判断水流能态区。因此，相对水深对动床阻力的计算非常重要，此处同样采用长江中游各水文站 2001～2012 年筛选后的实测数据，绘制了阻力系数 f 与 h/D_{50} 的关系（图 8.6（b））。由图可知：阻力系数 f 随相对水深 h/D_{50} 的增加而逐渐减小，且呈幂函数关系，决定系数（R^2）为 0.39。当相对水深接近 0.3×10^5 时，阻力系数 f 的分布较为散乱。

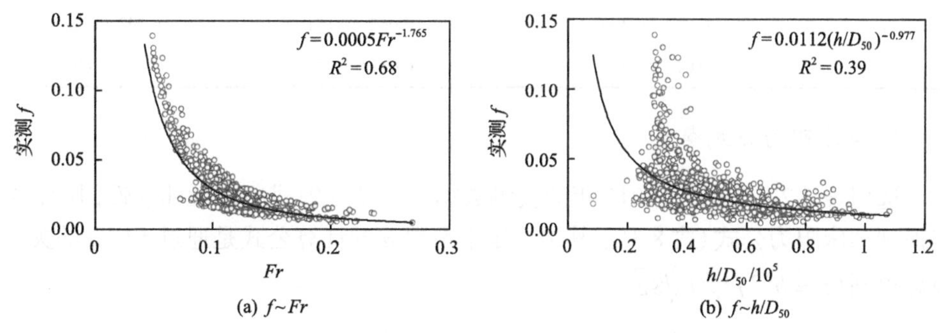

图 8.6　长江中游河段阻力系数 f 与 Fr 及 h/D_{50} 的关系（2001～2012）

8.3　基于水流强度与相对水深的动床阻力计算方法

8.3.1　动床阻力计算公式建立

如前所述，阻力系数 f 与弗劳德数 Fr、相对水深 h/D_{50} 均有较好的幂函数关系。此处选取 f 作为因变量，Fr 和 h/D_{50} 作为自变量，建立动床阻力的经验公式如下：

$$f = k_0 Fr^a \left(\frac{h}{D_{50}}\right)^b \tag{8.2}$$

式中，k_0、a 及 b 为待定参数，采用 Statistical Product and Service Solutions（SPSS）软件进行多元非线性回归率定。并将表 8.1 中的 1917 组数据中分为两部分（表 8.2）：2001～2012 年实测数据（共 1266 组）用于公式率定；2013～2017 年实测数据（共 651 组）用于公式验证。

表 8.2　长江中游实测动床阻力相关资料（率定及验证数据）

年份	2001～2012（率定）	2013～2017（验证）	总数据
组数	1266	651	1917
$Q/(m^3/s)$	3520～57100	5910～45500	3520～57100
h/m	4.4～19.8	6.6～19.7	4.4～19.8

续表

年份	2001～2012(率定)	2013～2017(验证)	总数据
U/(m/s)	0.44～2.87	0.44～1.96	0.44～2.87
B/h	66～245	67～188	66～245
D_{50}/mm	0.13～1.59	0.15～0.64	0.13～1.59
$J/10^{-4}$	0.15～0.84	0.08～0.65	0.08～0.84
Fr	0.042～0.269	0.042～0.151	0.042～0.269
n	0.011～0.071	0.011～0.070	0.011～0.071

1. 动床阻力公式率定

选用表 8.2 中 2001～2012 年的实测数据，对式(8.2)进行多元非线性回归，率定得到动床阻力公式(式 8.3)。其中，曼宁系数 n 的计算公式是通过 f 与 n 的关系换算得到($n = h^{1/6} f^{1/2} / \sqrt{8g}$)。

$$f=0.084Fr^{-1.786}\left(\frac{h}{D_{50}}\right)^{-0.480} \quad 或 \quad n=0.290\frac{h^{1/6}}{\sqrt{8g}}Fr^{-0.893}\left(\frac{h}{D_{50}}\right)^{-0.240} \tag{8.3}$$

回归结果表明，公式中指数 a 和 b 均为负值，与前文分析的阻力系数 f 与弗劳德数 Fr 及相对水深 h/D_{50} 均呈负相关关系相符。该经验公式的决定系数 R^2 达到 0.88，高于仅考虑单因素影响的经验公式(R^2=0.68, 0.39)。此外，采用式(8.3)计算了 2001～2012 年荆江段典型断面的 f 和 n，并将这些计算值和实测值进行对比分析，如图 8.7 所示。由图可知：计算值与实测值符合较好，各站的数据点均较为集中地分布在 45°对角线两侧；汉口站的数据点主要分布在对角线下方，计算值偏大；相较于 f，n 的点据更为集中地分布在对角线两侧，拟合结果更好。

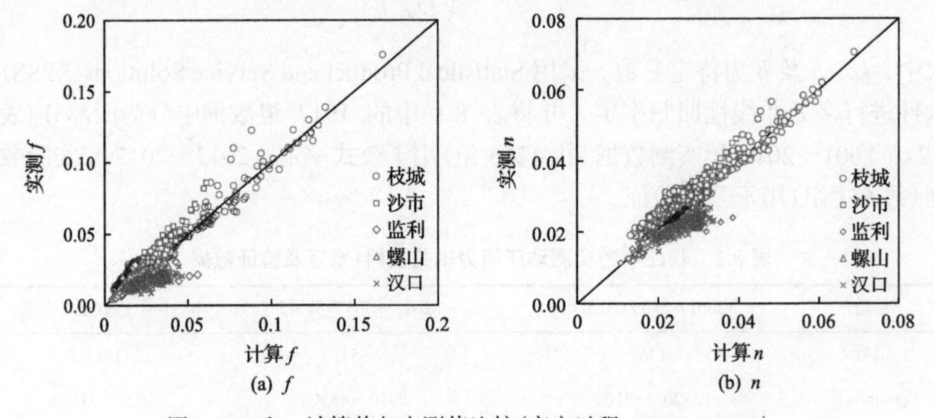

图 8.7　f 和 n 计算值与实测值比较(率定过程：2001～2012)

2. 动床阻力公式验证

为检验式(8.3)的准确性，利用表 8.2 中 2013～2017 年的实测数据进行了验证。首先，根据式(8.3)计算了 2013～2017 年荆江段典型断面的 f 及 n，并绘制了 f 和 n 计算值与实测值的对比结果(图 8.8)，相关程度(R^2)均达到 0.91 以上。可以看出，当 f 小于 0.08 或 n 小于 0.05 时，数据点相对集中地分布在 45°对角线的两侧，精度较高；当 f 大于 0.08 或 n 大于 0.05 时，数据点多位于 45°对角线上方，计算值整体偏小。

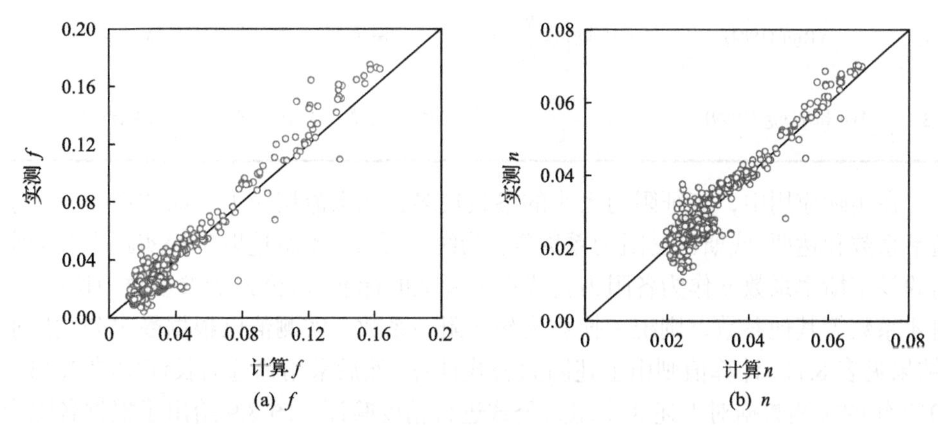

图 8.8　f 和 n 计算值与实测值比较(验证过程：2013～2017)

表 8.3 统计了动床阻力系数计算值与实测值的偏离误差。从表中可以看出，阻力系数 f 计算偏差小于±10%及±30%的数据占比分别为 38.6%、84.4%；曼宁糙率系数 n 计算偏差小于±10%及±30%的数据占比分别为 72.1%、97.3%。综上所述，本章建立的动床阻力公式(8.3)可较好反映长江中游河道动床阻力的变化特点，且当曼宁糙率系数 n 在区间[0.02, 0.05]时，计算精度较高。

表 8.3　动床阻力公式的验证计算精度(2013～2017 年)

误差范围/%	计算 f 在误差内的百分比/%	计算 n 在误差内的百分比/%
±10	38.6	72.1
±20	72.1	92.3
±30	84.4	97.3

8.3.2　与现有代表性动床阻力公式的对比

国内外学者已经针对冲积河流的动床阻力做了很多研究，提出了不少动床阻力计算公式。这些公式在结构形式、适用范围、计算方法及精度方面都存在较大的差别。此处选择了适用范围相对较广的 3 个代表性阻力公式(表 8.4)，用于计算长江中游河段的动床阻力，并与本章提出的动床阻力公式的计算精度进行比较。这 3 个代表性阻力公式包括李昌华和刘建民公式(1963)、van Rijn 公式(1984)、Wu 和 Wang 公式(1999)。

表 8.4　选用的代表性动床阻力公式汇总

序号	公式名称	公式原始形式	备注
1	李昌华和刘建民(1963)	$A=f\left(\dfrac{U}{U_c}\right)$	A 为综合阻力系数；U 为水流流速；U_c 为起动流速
2	van Rijn (1984)	$C=18\log\left(12\dfrac{R_b}{k_s}\right)$	C 为谢才系数；R_b 为水力半径；k_s 为粗糙度
3	Wu 和 Wang (1999)	$n=\dfrac{D^{1/6}}{A_n}$	n 为曼宁系数；D 为床沙粒径；A_n 为综合糙率系数

在实际应用中，表征阻力大小的参数较多，如水流切应力、谢才系数、曼宁糙率系数和达西-威斯巴赫阻力系数等。为统一标准，本章选取工程实践中较为常用的曼宁糙率系数 n 作为各阻力公式精度验证的标准。若公式所求参数为切应力、谢才系数等其他参数，则统一换算为曼宁阻力系数。实测值已根据曼宁公式反求(结果见表 8.1)，计算值则由上述阻力公式计算。然后采用筛选后长江中游 2013～2017 年的实测数据对上述 3 个阻力公式进行精度验证。图 8.9 给出了根据各阻力公式计算的 n 与实测值的对比结果。从图中可以看出，李昌华-刘建民公式(1963)计算精度整体上较高，较适用于长江中游的动床阻力计算；van Rijn 公式(1984)和 Wu 和 Wang 公式(1999)的计算精度偏低，在 $n \leqslant 0.03$ 范围内，计算 n 大于实测 n，而 $n > 0.03$ 时，计算 n 小于实测 n。将上述公式的计算结果(图 8.9)与本章提出的阻力公式的计算结果(图 8.8)进行比较，可知采用式(8.3)计算得到的曼宁糙率系数 n 与实测值符合得更好，较好地集中在 45°线两侧。

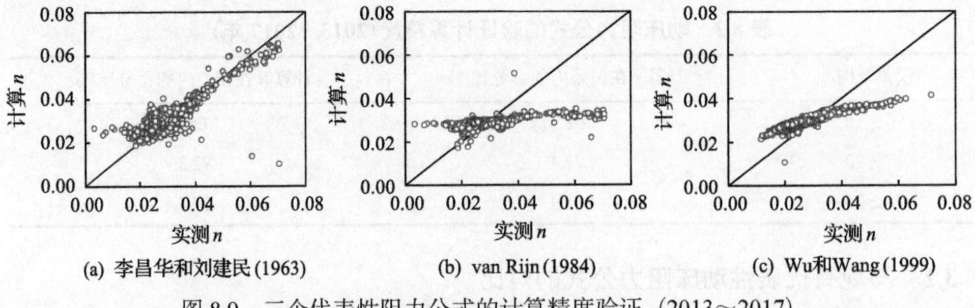

图 8.9　三个代表性阻力公式的计算精度验证（2013～2017）

此外，选用偏差比 R、几何标准差(average geometric deviation，AGD)及均方根误差(root mean squared error，RMSE)三个统计参数对曼宁糙率系数计算值与实测值的符合程度进行比较，结果见表 8.5。李昌华和刘建民公式(1963)的计算精度最高，n 计算值偏差小于±30%的数据占比为 90.6%，其他两个阻力公式的计算结果差别较大且计算精度相对较低。下面一节将把 n 的计算关系(式 8.3)嵌入到一维水沙动力学模型中，用于进一步验证该公式在数学模型中的准确性及适用性。

表 8.5　不同阻力公式计算精度对比

公式名称	不同偏差比范围内的数据所占百分比/%			AGD	RMSE
	±10%	±20%	±30%		
李昌华和刘建民(1963)	53.9	79.5	90.6	1.135	0.005
van Rijn(1984)	19.9	63.4	86.7	1.233	0.010
Wu 和 Wang(1999)	23.9	55.8	83.4	1.205	0.008

8.4　不同动床阻力计算方法对水流模拟结果的影响

此处比较了采用两种不同方法确定阻力时(n 分别由动床阻力公式和糙率调试法确定)，长江中游荆江段洪水演进过程模拟结果的差异。本章分别采用长江中游荆江段 2015 年 1 月 1 日～2015 年 12 月 31 日及 2016 年 1 月 1 日～2016 年 12 月 31 日的实测资料，对一维水沙数学模型进行率定和验证。首先将 n 的计算式(8.3)嵌入到一维水沙动力学模型中，模拟了 2015 年和 2016 年荆江段水流过程；然后又采用糙率调试法，重新模拟了这两年荆江段水流过程；最后比较了两种方法对模拟结果的具体影响。表 8.6 给出了不同条件下的 4 个算例。通过对比算例 1 和算例 3 或算例 2 和算例 4，可比较分别由上节提出的动床阻力公式和采用糙率调试法计算曼宁糙率系数时，水位、流量过程模拟结果的差异。

表 8.6　一维水沙数学模型不同算例中的参数设置与计算年份

序号	年份	动床阻力确定方法
算例 1	2015	由计算式确定(式(8.3))
算例 2	2016	由计算式确定(式(8.3))
算例 3	2015	糙率调试法
算例 4	2016	糙率调试法

8.4.1　采用动床阻力公式计算曼宁糙率系数

将 n 的计算式(8.3)嵌入到一维水沙动力学模型中，模型介绍详见第 2 章。需注意的是，冲积河流综合阻力主要包括床面阻力、滩地阻力、各种附加阻力(包括岸壁阻力、河势阻力等)。而动床阻力公式(8.3)仅考虑了床面阻力，忽略了各种附加阻力的影响。故在实际应用中，需将该式乘上系数 K_1(大于 1)予以修正。经过对 2015 年和 2016 年荆江段水流过程的模拟，确定修正系数 K_1 的范围在 1.1～1.3。

1. 模型率定结果分析(算例 1)

当 n 采用动床阻力公式计算时，不同流量下长江中游荆江段沿程 11 个水文或水位站(枝城、马家店、陈家湾、沙市、郝穴、新厂、石首、调弦口、监利、广兴洲、莲花塘站)的主槽糙率(n)的范围在 0.008～0.037，相应的年均主槽糙率分别为 0.035、0.026、0.031、0.029、0.029、0.029、0.027、0.031、0.015、0.027 和 0.009；图 8.10 给出了枝城、沙市及监利站 n 随流量的变化趋势，总体上随着流量的增加而减小。

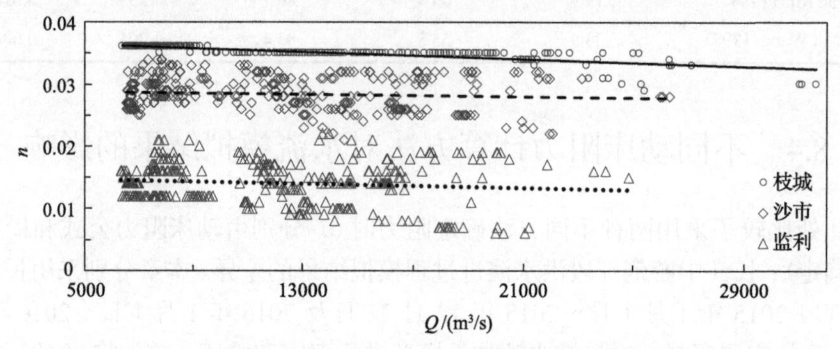

图 8.10　典型断面计算得到的流量-糙率关系曲线(动床阻力公式)

模拟得到的 2015 年荆江段典型断面的流量、水位过程与实测结果基本一致。其中沙市、监利站计算和实测流量值的相对误差分别为 3.4%和 3.8%(图 8.11)；而这 11 个水文或水位站计算和实测水位过程的平均绝对误差分别为 1.01m、0.34m、0.35m、0.34m、0.34m、0.32m、0.29m、0.35m、0.37m、0.21m 和 0.12m，误差在 0.5%～2.7%(图 8.12)。

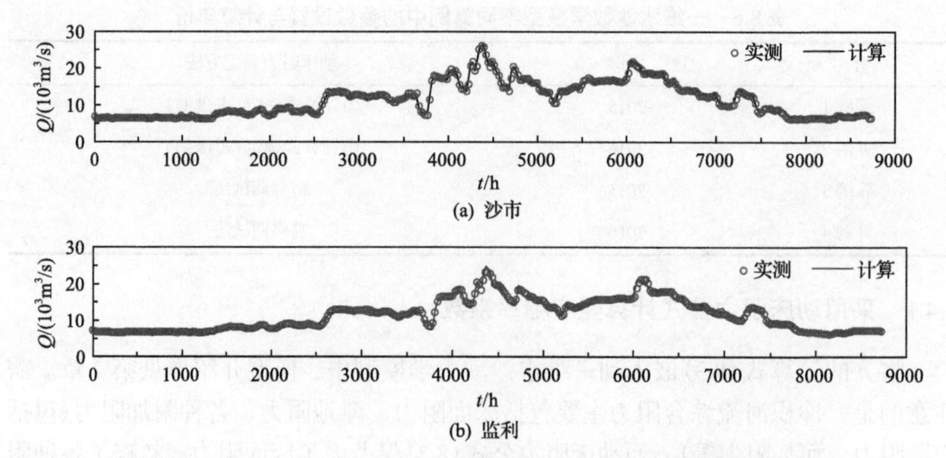

图 8.11　2015 年荆江段计算与实测的流量过程对比(动床阻力公式法)

由图 8.12 可知，枝城站的水位计算误差大于其他水文站，且在枯水期的模拟误差大于汛期。究其原因，一方面，由于枝城站的实测床沙级配偏小，测量的床沙主要取自左侧河床(基本为沙质河床)，而右侧河床组成为卵石或卵石夹沙，故枝城站的实测床沙粒径小于实际值，导致计算的 n 偏小；另一方面，枝城站下游 30km 处芦家河存在卡口，局部河势阻力较大，使上游河段壅水显著，尤其在枯水期卡口处(荆 12 断面)的河槽过流面积仅为 2980m^2，壅水尤为明显，故在该局部河段，修正系数 K_1 的取值应适当增大。此外，由于不同河段的局部河势阻力有所差别，K_1 也有所不同，但为计算简便，模型采用同一值，故在其他水文断面也存

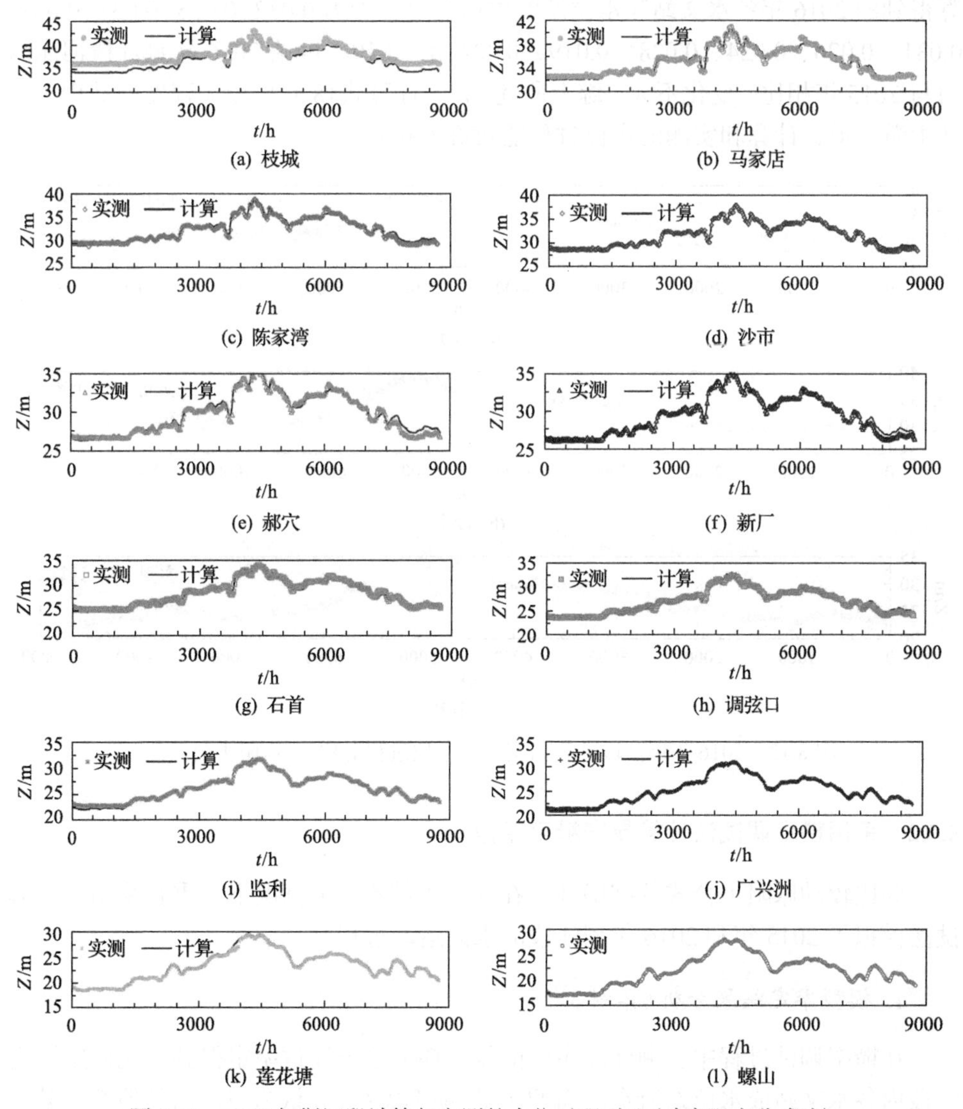

(a) 枝城　(b) 马家店　(c) 陈家湾　(d) 沙市　(e) 郝穴　(f) 新厂　(g) 石首　(h) 调弦口　(i) 监利　(j) 广兴洲　(k) 莲花塘　(l) 螺山

图 8.12　2015 年荆江段计算与实测的水位过程对比(动床阻力公式法)

在一定的计算误差。总体而言，根据 n 的计算式(8.3)推求的水位过程，具有较高的准确性。

2. 模型验证结果分析(算例 2)

进一步采用了 2016 年的实测资料，对 n 的计算式(8.3)的模拟精度进行了验证。图 8.13 给出了枝城、沙市和监利三个水文站的水位计算与实测过程对比。沙市、监利站计算与实测流量的平均相对误差分别为 3.1%和 4.1%；11 个水文或水位站计算与实测水位的平均相对误差在 0.5%~2.8%。此外，采用动床阻力公式计算得到的 2016 年各水文站和水位站的主槽糙率分别为 0.032、0.025、0.031、0.032、0.031、0.026、0.024、0.028、0.019、0.024 和 0.019，可见 2016 年荆江段河床阻力与 2015 年相比，变化不大。综上所述，n 的计算式(8.3)可较大程度地适用于长江中游河道，计算和实测的水位过程能较好地符合。

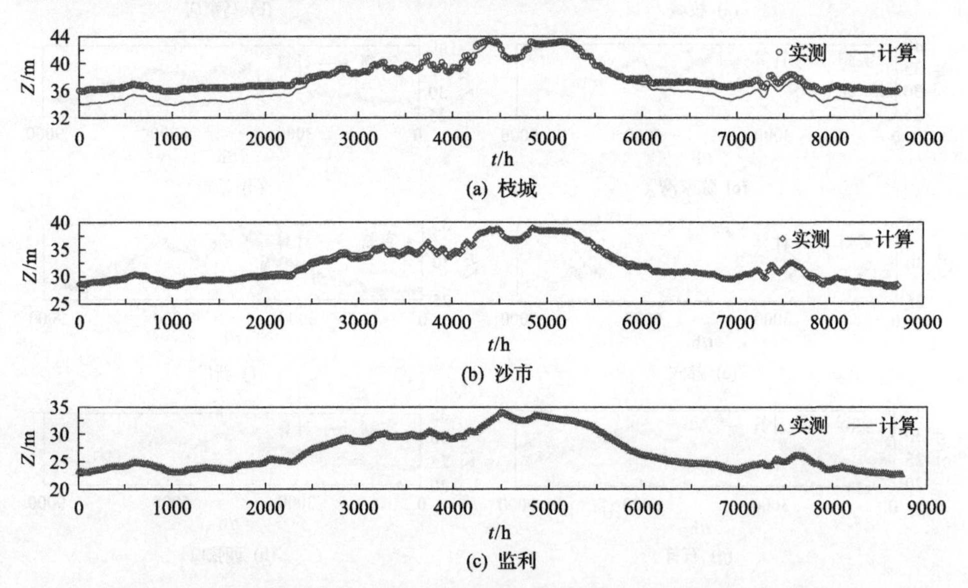

图 8.13　2016 年荆江段计算与实测的水位过程对比(动床阻力公式法)

8.4.2　采用糙率调试法计算曼宁糙率系数

为比较动床阻力公式的准确性，在其他条件不变的情况下，重新采用糙率调试法模拟了 2015 年和 2016 年荆江段的水流运动过程。

1. 模型率定结果分析(算例 3)

在糙率调试过程中，荆江段主槽的曼宁糙率系数通过率定得到，先假定研究河段内各水文站或水位站所在断面的流量-糙率关系，并认为河段内其他断面某一流量下的曼宁糙率系数可由相邻两个控制断面同流量下的糙率值通过线性插值得到；然后通过调试这些控制断面的流量-糙率关系，使研究河段内各水文站或水位站计算的水位、流量过程与实测情况能较好地符合。2015 年荆江段不同流量下主槽糙率范围在 0.009～0.051；沿程 11 个水文或水位站的年均 n 分别为 0.043、0.024、0.032、0.027、0.033、0.015、0.038、0.026、0.010、0.021 和 0.025。图 8.14 给出了枝城、沙市、监利站率定得到的 n 随流量的变化趋势，同样随着流量的增加而减小。与采用动床阻力公式计算得到的 n 存在一定的差别，但基本一致。此外，枝城站的最大 n 为 0.051，大于动床阻力公式的计算值 0.036(图 8.10)，这也一定程度上体现了采用动床阻力公式计算得到的枝城站 n 值偏小。

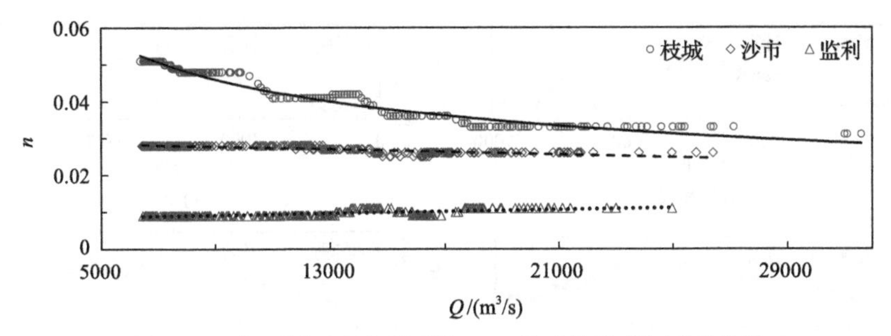

图 8.14　典型断面率定得到的 Q-n 关系曲线(糙率调试法)

此外，模拟得到的 2015 年各水文站或水位站流量、水位过程与实测值十分吻合。例如在沙市站，实测最小、最大和平均流量分别为 6230m^3/s、26200m^3/s 和 11560m^3/s，而相应的计算值为 6424m^3/s、26381m^3/s 和 11671m^3/s；在监利站，计算与实测的流量过程也几乎一致，平均流量的相对误差为 3.0%(图 8.15)。对于水位变化过程，11 个水文或水位站计算与实测水位的平均相对误差在 0.3%～0.8%(图 8.16)。

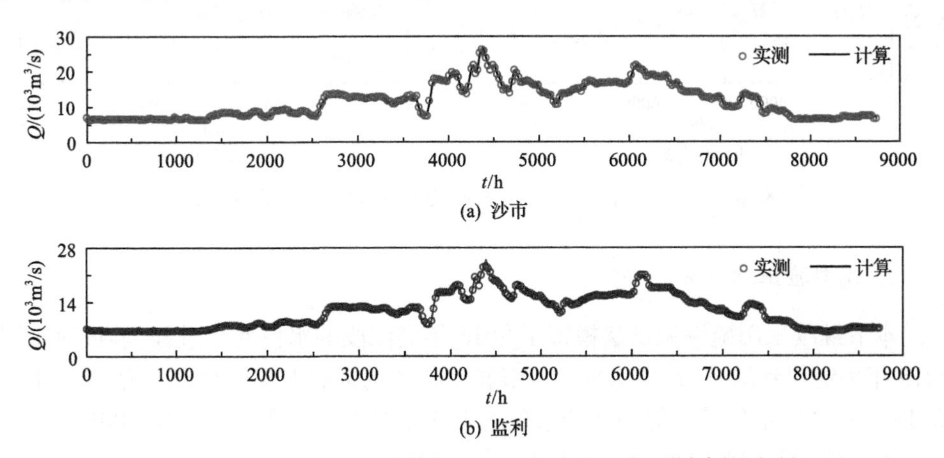

图 8.15　2015 年荆江段计算与实测的流量过程对比(糙率调试法)

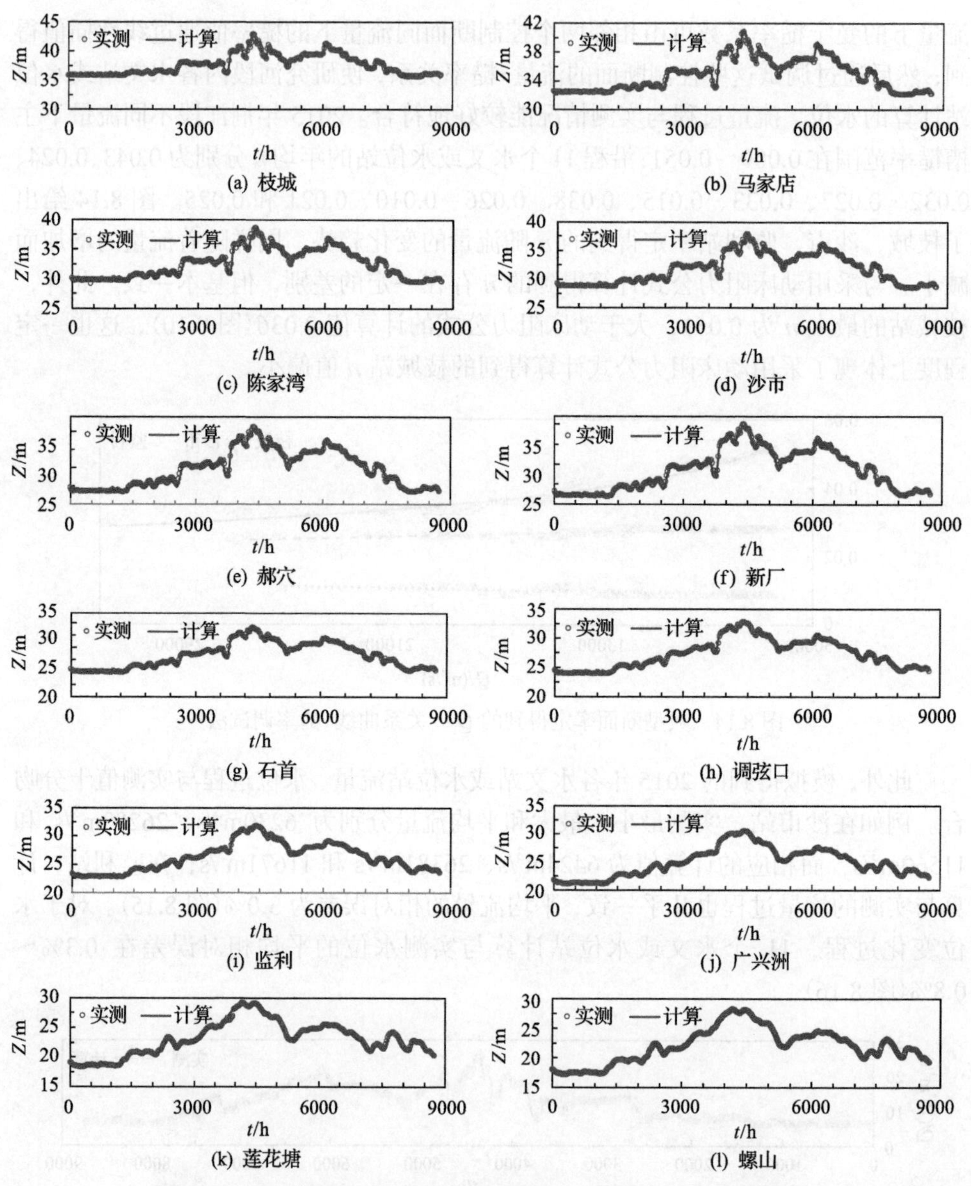

图 8.16　2015 年荆江段计算与实测的水位过程对比(糙率调试法)

2. 模型验证结果分析(算例 4)

本节继续采用糙率调试法模拟了 2016 年荆江段的水位变化过程，验证时采用 2015 年率定得到的 n。结果表明，沙市和监利站流量的平均相对误差为 3%～4%；而 11 个水文或水位站计算与实测水位的平均相对误差均在 0%～1%，其中 3 个水文站的水位变化过程如图 8.17 示。

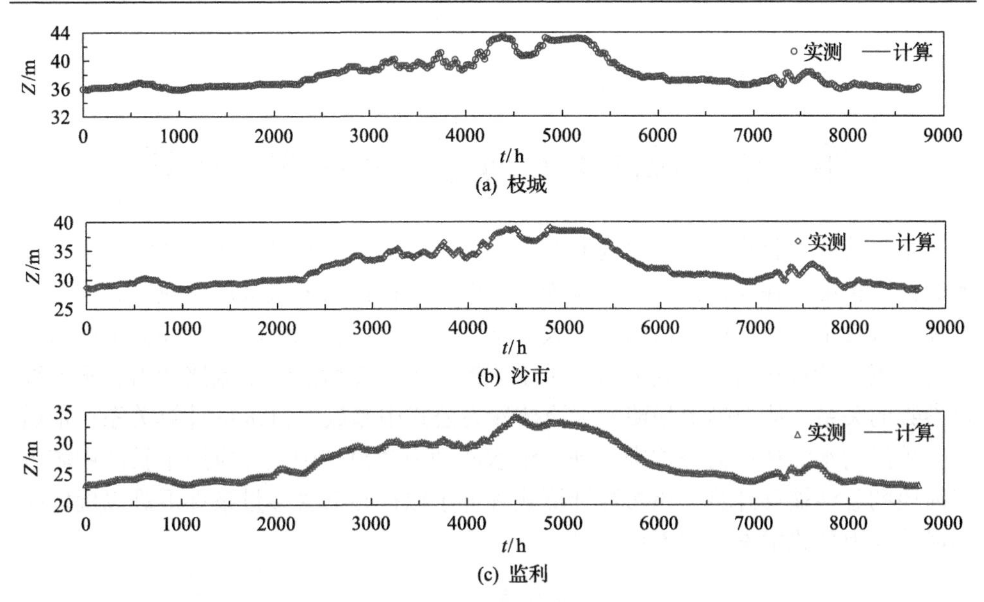

图 8.17　2016 年荆江段计算与实测的水位过程对比(糙率调试法)

总体上，采用糙率调试法与动床阻力公式计算法相比，能更为准确地计算动床曼宁糙率系数，模拟荆江河段内的水流运动过程。但该方法对实测资料的要求较高，需要研究时段内沿程水文或水位站的系列水位数据，具有一定的局限性。总的来说，在有沿程水文站及水位站资料的条件下，可采用糙率调试法确定 n；而在缺乏沿程水文资料的条件下，可采用式(8.3)来确定糙率。因此，后者在确少相关资料的条件下，具有很大实用性，且减少了人工调试糙率的时间，提高了计算效率。

第 9 章　长江中游河道水流挟沙力计算

水流挟沙力公式及其参数选取的合理性，直接影响到悬沙输移及河床冲淤变形的计算精度。在少沙河流，张瑞瑾提出的水流挟沙力公式被广泛应用，但其系数和指数在不同研究中取值差异较大。本章首先选取长江中游相对冲淤平衡状态下的水流含沙量资料，将其近似等于水流挟沙力；然后点绘水流挟沙力和水沙综合参数的关系，从而确定张瑞瑾水流挟沙力公式中参数 k 和 m 的计算关系；最后将完善后的水流挟沙力公式嵌入到一维水沙动力学模型中，并应用于长江中游荆江河段的悬沙输移计算。该参数计算式弥补了以往在低含沙量条件下难以确定张瑞瑾挟沙力公式中参数的不足。

9.1　水流挟沙力计算的研究现状

水流挟沙力通常指在一定的水流及河床边界条件下，能够通过河段下泄的最大沙量(张瑞瑾等, 1961)，通常包括推移质及悬移质在内的全部沙量。但长江中游推移质沙量仅占总沙量的 1%～2%(许炯心，2006)，故本章主要研究悬移质挟沙力。目前国内外已有众多学者对水流挟沙力公式进行了深入研究，提出各类经验或半经验半理论的计算公式(张红武和张清, 1992; Guo et al., 2008; Rahman et al., 2013; Tan et al., 2018)。在少沙河流上，如长江中下游，通常采用张瑞瑾公式计算水流挟沙力，其结构形式简明，实际应用方便(Tan et al., 2018; Chen et al., 2008; Zhou et al., 2009; Yuan et al., 2012)。该公式可写成如下形式：

$$S_* = k\left(\frac{U^3}{gh\omega_{\mathrm{m}}}\right)^m \tag{9.1}$$

式中，k 为包含量纲的系数(kg/m^3)；m 为指数；U 为流速(m/s)；h 为水深(m)；ω_{m} 为非均匀悬沙的平均沉速(m/s)。此处定义 $U^3/(gh\omega_{\mathrm{m}})$ 为水沙综合参数，并用符号 C 表示。

然而，应用张瑞瑾挟沙力公式的实际困难在于公式中系数 k 和指数 m 的取值不易确定。目前确定各类挟沙力公式中参数的方法主要包括两类：一是通过不断调试系数 k 和指数 m，使计算的含沙量过程与实测值能较好地符合(Zhou et al., 2009; Yuan et al., 2012; 胡春宏和郭庆超, 2004)；二是通过大量实测挟沙力资料，直接率定出公式中的系数与指数(方波, 2004; Xia et al., 2018)。目前采用第二类研

究方法的成果较少，如武水挟沙力研究组(1959a)曾采用 1956～1958 年长江中下游资料(仅有 1 组含沙量小于 0.1kg/m^3)对张瑞瑾挟沙力公式进行率定($k\approx 0.0530$，$m\approx 1.54$)；方波(2004)则收集了长江下游大通-镇江河道大量水文泥沙实测资料，采用$|\Delta h/\Delta t|\leqslant 0.1$m/d($\Delta h$ 为平均水深差值，Δt 为相邻测次时间间隔)作为判断冲淤相对平衡的指标，选取实测水流挟沙力数据，由此率定出该河段张瑞瑾挟沙力公式中的参数(k =0.068kg/m^3，m =1.46)；Xia 等(2018)根据黄河下游 8 个水文站的实测挟沙力资料，验证了张红武挟沙力公式中参数取值的准确性(k =2.5kg/m^3，m=0.62)，该公式多用于高含沙河流。

但不同研究者通过上述两种方法确定的参数取值差异较大。余明辉和杨国录(2000)采用张瑞瑾挟沙力公式时，k 和 m 分别取为 0.25kg/m^3 和 0.75；在郭庆超(2006)和 Yuan 等(2012)的研究中，系数 k 为 0.07kg/m^3，指数 m 为 1.14；在 Zhou 等(2009)的模型中，k 和 m 则分别为 0.15kg/m^3 和 1.0。主要是不同研究河段与时段内的水流泥沙等条件不同，导致参数的取值亦不同。因此，对某一长河段或同一河段的长时段模拟，若将挟沙力公式的参数取为常数，在水力泥沙要素变化较大时，数学模型难以准确地模拟水沙输移过程。有必要根据实际的水沙条件，调整挟沙力公式的参数取值，从而提高数学模型应用于天然河流的适应能力。实际上，张瑞瑾等(1961)的研究成果已表明，挟沙力公式的系数和指数随水沙综合参数 $C\ [=U^3/(gh\omega_{\mathrm{m}})]$的变化而变化，并给出了参数 k、m 与 C 之间的关系(图 9.1)。图 9.1 中曲线由许多准平衡河流实测资料和水槽试验数据率定得到(原武汉水利电力学院玻璃水槽、南京水利实验处钢板水槽及长江、黄河等天然河道)。由图 9.1 可知，当 C 小于 4.0 时，m 为常数，约等于 1.5，而当 C 大于 4.0 时，m 随其增加而减小；k 则一直随着 C 的增加而增加，但在 C 小于 10.0 且含沙量小于 0.1kg/m^3 的范围内，k 的变化过程未给出。三峡工程运用后，悬移质含沙量急剧减小，从蓄水前的 1.0kg/m^3 减小到蓄水后的 0.1kg/m^3，且水沙综合参数 C 值基本小于 10.0。故需重新率定低含沙量及小水沙综合参数条件下张瑞瑾公式中的系数 k 和指数 m，以适用于近期长江中游悬沙输移计算。

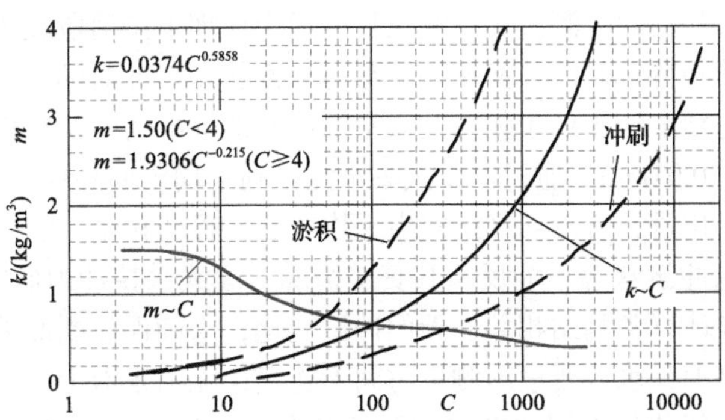

图 9.1　挟沙力公式中参数 k、m 与水沙综合参数 $C\ [=U^3/(gh\omega_{\mathrm{m}})]$之间的关系(张瑞瑾等, 1961)

基于上述分析，本章收集了大量实测资料，开展了长江中游河段水流挟沙力的研究，确定了低含沙量及小水沙综合参数情况下张瑞瑾挟沙力公式中参数 k 和 m 的取值方法，并应用于长江中游荆江河段的水沙输移计算。

9.2 水流挟沙力资料整理

在本次分析中，收集了长江中游河段的三组实测资料，用于研究水流挟沙力与相应水沙条件之间的关系。各测站水力泥沙要素变化范围，如表 9.1 所示。在第一组数据中(1956～1958 年)，仅有 1 组数据的悬移质含沙量小于 0.1kg/m^3；但三峡工程运行后(第三组)，含沙量小于 0.1kg/m^3 的测次，在枝城、沙市、监利、螺山和汉口站分别占到 76%、79%、55%、61%和 83%，可见坝下游含沙量显著减小。由此可知，超低含沙量(＜0.1kg/m^3)在当前十分常见，有必要重新确定该条件下的水流挟沙力。本次研究收集到的具体数据如下。

第一组：三峡工程运用前，长江中游宜昌、陈家湾、沙市、新厂、监利、洪水港、螺山、汉口、青山(南)及青山(北)10 个水文或水位站 1956～1958 年各测次的水力泥沙要素，排除数据缺失或偏差较大的 28 测次，共计 75 组(武水挟沙力研究组，1959b)。这些实测数据包括悬移质中床沙质含沙量 S'(扣除冲泻质，0.0026～0.4110kg/m^3)，流量 Q(3720～70500m^3/s)、流速 U(0.75～2.79m/s)、水深 h(3.1～17.9m)、平均沉降速度 $\omega'_{\rm m}$ (扣除冲泻质，0.20～3.33cm/s)等。该组数据测量时尽量保证了河床为基本冲淤平衡状态，并经过严格的审查和挑选，实测含沙量大小总体上可近似等于水流挟沙力。

第二组：三峡工程运用前，收集到的长江中游新厂站 1982～1985 年数据共 40 测次，包括悬移质含沙量 S(未扣除冲泻质，0.093～3.760kg/m^3)、流速 U(0.77～2.10m/s)、水深 h(3.6～13.3m)、悬沙级配 $\Delta P_{\rm s\mathit{k}}$ 、床沙级配 $\Delta P_{\rm b\mathit{k}}$ 等(龙毓骞和梁国亭, 1994)。这些数据也在河床基本冲淤平衡时测得。

第三组：收集了三峡工程运用后长江中游枝城、沙市、监利、螺山和汉口水文站的实测资料共 5230 测次。三峡工程的运用使坝下游河段经历持续的河床冲刷，但仍存在某些特定时段，河床处于相对平衡状态，此时的含沙量可近似等于挟沙力。本研究判定河床处于相对冲淤平衡状态的标准为平均床面高程的变化率 $|\Delta(Z-h)/\Delta t|$ 小于 0.01m/d。通过水位减去水深得到平均床面高程，则 $|\Delta(Z-h)|$ 为平均河床高程的变化量，$|\Delta(Z-h)/\Delta t|$ 即为平均床面高程变化率。需要说明的是，较短时段内的河床冲淤状态不能反映其真实情况，故武水挟沙力研究组(1959b)指出：需要进一步计算各测站相邻三天的冲淤变化，来确保该断面处于相对平衡状态。而在本研究中，水沙要素的测量时间不连续，无法采取上述方法进行冲淤平衡的数据审查。但此处采用的平均床面高程的变化量 $|\Delta(Z-h)|$ 为一定时间间隔内

表 9.1　三峡工程运用前后长江干流各测站水力泥沙要素变化范围表

组别	站点	时段/年	流量 Q /(m³/s)	流速 U /(m/s)	平均水深 h/m	平均水位 Z/m	水温 T/℃	悬移质含沙量 S/(kg/m³)	悬移质中床沙质含沙量 S'/(kg/m³)	$C'=\frac{U^3}{gh\omega'_m}$
第一组	宜昌	1956～1958	5030～39000	0.78～2.79	9.0～16.1	40.70～50.68	12.6～27.0	0.078～2.480	0.0026～0.3788	0.145～4.966
	陈家湾	1956～1958	10100～19700	1.15～1.74	8.5～10.1	37.56～39.67	16.7～23.7	0.318～0.614	0.0472～0.1520	0.638～2.489
	沙市	1956～1958	7470～8380	0.87～1.13	6.3～9.4	35.81～36.48	20.0	0.172～0.231	0.0521～0.2010	0.600～2.280
	新厂	1956～1958	4230～30100	0.90～1.91	3.4～10.8	30.60～38.54	8.5～25.3	0.128～2.580	0.0306～0.2340	0.555～2.881
	监利	1956～1958	4160～20700	0.81～1.78	3.1～11.3	24.23～33.35	5.0～27.7	0.203～2.250	0.0153～0.2945	0.274～5.232
	洪水港	1956～1958	16600	1.67	11.6	31.18	26.0	0.160	0.0580	2.466
	螺山	1956～1958	7000～37900	0.88～1.36	5.6～16.8	17.12～29.38	8.0～28.0	0.304～0.682	0.0395～0.3240	0.681～2.525
	汉口	1956～1958	14000～70500	0.95～1.42	8.9～13.8	16.33～22.77	17.5～27.5	0.353～0.898	0.0336～0.4110	0.550～5.080
	青山(南)	1956～1958	3720～16100	0.75～1.65	10.0～17.9	11.92～24.07	7.5～28.0	0.168～1.060	0.0071～0.0318	0.311～1.233
	青山(北)	1956～1958	18600～21100	1.20～1.23	13.9～15.4	21.14～22.24	17.9～29.8	0.389～0.699	0.0398～0.0825	0.575～1.208
第二组	新厂	1982～1985	4080～41200	0.77～2.10	3.6～13.3	—	8.4～26.4	0.093～3.760	0.0411～0.8334	0.449～7.103
第三组	枝城	2003～2011	3040～44800	0.43～2.32	7.8～15.6	36.85～47.71	10.5～28.4	0.002～0.630	0.0027～0.1252	0.039～4.941
	沙市	2003～2013, 2015～2016	4350～37500	0.63～2.05	5.3～17.2	30.65～42.77	8.8～29.0	0.010～0.437	0.0010～0.1932	0.176～2.897
	监利	2003～2012, 2015～2016	3670～35900	0.67～2.43	4.5～15.0	23.91～35.77	8.5～29.2	0.018～0.812	0.0035～0.3464	0.149～12.253
	螺山	2002～2009, 2011～2012, 2014～2017	6260～66700	0.74～2.08	6.0～17.9	18.48～33.70	5.7～29.5	0.034～0.545	0.0037～0.3863	0.424～5.131
	汉口	2003～2009, 2011～2012, 2014～～2017	7280～57800	0.68～1.79	6.8～18.0	13.51～28.26	5.6～30.8	0.027～0.221	0.0005～0.2564	0.321～3.938

注意：悬移质中床沙质含沙量指扣除冲泻质部分的实际参与造床作用的泥沙。

的冲淤厚度，总体上可反映出较长时段内该断面处于冲淤较小的状态。经统计，收集的枝城站(2003～2011 年)、沙市站(2003～2013 年、2015～2016 年)、监利站(2003～2012 年、2015～2016 年)、螺山站(2002～2009 年、2011～2012 年、2014～2017 年)和汉口站(2003～2009 年、2011～2012 年、2014～2017 年)的 5230 测次数据中，符合判定标准$|\Delta(Z-h)/\Delta t| \leqslant 0.01$m/d 的数据为 977 测次。每组结果具体包括悬移质含沙量 S(未扣除冲泻质部分，0.002～0.812kg/m^3)、流速 U(0.43～2.43m/s)、水深 h(4.5～18.0m)、水温 T(5.6～30.8℃)、水位 Z(13.51～47.71m)、悬沙级配 ΔP_{sk}、床沙级配 ΔP_{bk} 等。

由于选取的数据为枝城、沙市等水文站的水沙资料，其所在局部河段通常要求相对顺直平整，水流集中，无整治工程，且河宽及水深等无明显纵向变化(河流流量测验规范(GB 50179-2015))，故可近似认为本章节选取的资料均接近均匀流条件，一定程度上避免了水流的加速度对水位、水深等要素的影响，以及护滩护底等整治工程对床沙组成测量的影响。

此外，按照现行泥沙测量规范，一般采用五点法测量垂线平均含沙量，在距离河底 0.5m 近底范围悬沙不采样，这是目前含沙量测量广泛存在的一个问题。He 等(2018)根据长江水利委员会水文局在 2010 年后开展的荆江段近底含沙量测量数据，发现若忽略在近底区域(距离河底 10%水深范围内)的含沙量，则泥沙通量在枝城、沙市、监利站将分别被低估 23.5%、9.4%及 18.7%。因此，本研究计算的悬移床沙质含沙量会较实际偏小。考虑到在水沙数学模型应用中，用于率定及验证的含沙量同样未考虑近底区泥沙。若要修正含沙量来率定挟沙力公式，则在模拟中的含沙量过程也需进行相应修正，否则仍无法准确计算冲淤过程。鉴于上述情况，本研究暂不进行含沙量修正，有待于后续研究。

9.3　张瑞瑾水流挟沙力公式中的参数确定

本节区分了三种水流挟沙力的概念。理论挟沙力为泥沙供应充足情况下的水流挟沙力；实际挟沙力为在冲刷时河床补给受限条件下，水流实际能挟带的含沙量，包括冲泻质和床沙质两部分；而有效挟沙力则为真正参与造床作用的泥沙含量，为悬移质中的床沙质部分。张瑞瑾挟沙力公式计算的是悬移床沙质部分的水流挟沙力(扣除冲泻质)，即有效挟沙力。基于上节提出的原则选取的相对冲淤平衡状态下的悬移床沙质含沙量资料，可近似等于有效挟沙力；利用这些数据，对张瑞瑾挟沙力公式进行率定，从而确定公式中的参数取值。主要计算步骤包括：悬移质中床沙质与冲泻质的区分；悬移床沙质含沙量 S'与水沙综合参数 C' (扣除冲泻质部分)的计算；挟沙力公式中参数 k 和 m 的确定及其与 C' 关系式的建立。

9.3.1　悬移床沙质含沙量与水沙综合参数的计算

1. 悬移床沙质含沙量 S'的计算

悬移床沙质含沙量，即扣除冲泻质部分，为实际参与造床作用的含沙量 $S'=S-S_{冲泻质}$(武汉水利电力学院挟沙力研究组, 1959a)。在具体计算中，通常将悬移质级配曲线与相应的床沙级配曲线进行对比，来划分悬移质中的床沙质与冲泻质部分(武汉水利电力学院挟沙力研究组, 1959b)。具体划分原则如下：在床沙级配曲线 $P<10\%$的范围内，如出现比较明显的拐点，就取与这一拐点相应的床沙粒径作为悬移质泥沙中区分床沙质与冲泻质的临界粒径 d_c。曲线中拐点的出现，表明悬移质中大于此粒径的泥沙是床沙中大量存在的，应属于床沙质范围；而小于此粒径的泥沙是床沙中少有或没有的，水流中这组泥沙几乎不与床面发生交换，故属于冲泻质范畴(武汉水利电力学院水流挟沙力研究组, 1959b)。为简化计算，通常取床沙级配曲线上 $P=5\%$对应的粒径作为临界粒径 d_c；然后 d_c 在悬移质级配曲线上对应的百分比即为冲泻质所占比例，从而求出悬移床沙质的含沙量，如图 9.2 所示。

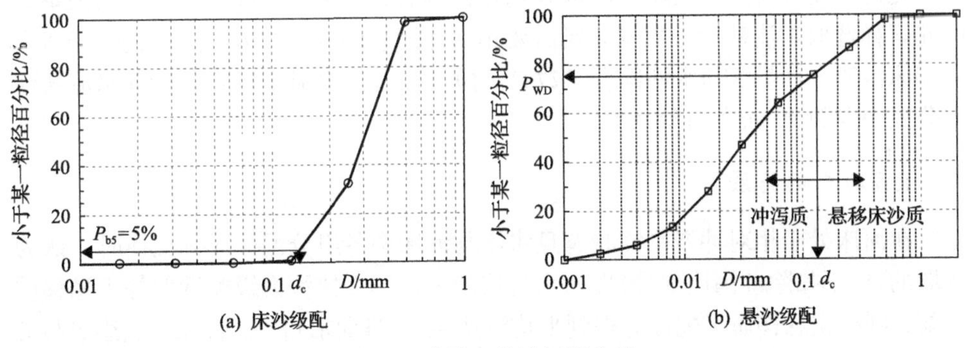

图 9.2　床沙与悬沙级配曲线

采用该方法计算，第一组实测资料直接给出了三峡工程运用前长江中游 10 个测站的悬移床沙质含沙量 S'，变化范围在 0.0026～0.4110kg/m^3(表 9.1)。第二组数据中，悬移质含沙量 S 则需根据上述原则扣除冲泻质部分：新厂站的床沙质和冲泻质临界粒径 d_c 范围为 0.010～0.104mm；冲泻质所占比例 $\Delta P_{冲}$ 为 7%～94%(平均值 70%)；计算得到的悬移床沙质含沙量 S'范围为 0.0411～0.8334kg/m^3。第三组资料中，枝城、沙市、监利、螺山、汉口 5 站的悬移床沙质含沙量 S'范围为 0.0005～0.3863kg/m^3；临界粒径 d_c 的平均值分别为 0.137、0.117、0.108、0.072 和 0.079mm；且冲泻质所占比例分别介于 23%～97%(平均值 79%)，16%～96%(平均值 57%)、12%～93%(平均值 46%)、8%～95%(平均值 60%)、47%～99%(平均值 74%)。

2. 水沙综合参数 C' 的计算

计算水沙综合参数时，需相应扣除冲泻质部分，记为 $C' = U^3/(gh\omega'_\mathrm{m})$。平均沉速 ω'_m 采用李义天方法(1987)计算 $\omega'_\mathrm{m} = \left(\sum_{k=1}^{N} \Delta P_{*k} \omega_k^m\right)^{1/m}$，$N$ 为挟沙力分组数，ω_k 为第 k 粒径组悬移质泥沙沉速，ΔP_{*k} 为挟沙力级配，其值可由李义天(1987)提出的方法确定。由于 m 是待确定量，故根据以往的研究成果将其分别取为 0.5、1.0 及 1.5，计算得到第三组资料的 C' 分别在 0.040～13.775、0.039～12.253 及 0.039～11.023。可见，随着 m 取值的增大，ω'_m 增大，C' 相应减小，但变幅不大，平均相对差值($\mathrm{MRE}_{1.5\sim0.5}$)为 9%。故此处将 m 取为 1.0 进行平均沉速的计算。总体上，长江中游的水沙综合参数 C' 在 10.0 以内(表 9.1)，且其值在不同时段或不同位置差异较大，在枝城、沙市、监利、螺山、汉口 5 站其值范围分别为 0.039～4.941、0.176～2.897、0.149～12.253、0.424～5.131 和 0.321～3.938。

9.3.2　挟沙力公式参数与水沙综合参数的关系建立

此处首先分析悬移质总含沙量 S 与水沙综合参数 C(不扣除冲泻质)的关系，以此解释选取水流挟沙力数据时要需要扣除冲泻质部分的原因；然后进一步研究悬移床沙质含沙量 S' 与水沙综合参数 C' 的关系，在此基础上确定张瑞瑾水流挟沙力公式中参数 k、m 的计算关系。

1. S 与 C 的关系

在河床处于相对冲淤平衡状态且水流与河床中各组分泥沙充分交换时，认为选取的 S(不扣除冲泻质部分)即为水流挟沙力，那么挟沙力级配近似等于悬移质级配，则根据悬移质级配计算得到平均沉速 ω_m，进而求得 C。首先，点绘 S 与 C 的关系，如图 9.3(a)所示。总体上，数据点较为分散，拟合的幂函数关系的决定系数较低(R^2=0.39)；此外，三峡工程运用后枝城和沙市站数据点与运用前两站的数据点相比，更为散乱。主要是由于这里选取的是河床冲淤幅度较小时的含沙量，是水流的实际挟沙力而不是理论挟沙力。此处在计算 C 时，假设挟沙水流与河床中各组分泥沙是充分交换的，但实际上冲泻质泥沙无法从河床获得补给，一直处于次饱和状态，故选取冲淤平衡时的含沙量小于理论的水流挟沙力。

由图 9.3(a)也可看出，枝城、沙市站的数据点较为散乱且偏低，主要是由于这两站水流中冲泻质所占比例较大，实际挟沙力小于理论挟沙力。而三峡工程运用前各站和运行后监利站的床沙组成较细，挟沙水流中冲泻质所占比例相对较小，故数据点较为集中。基于上述分析，选取含沙量和计算 ω_m 时应当扣除冲泻质部分，即仅考虑真正与床沙进行交换且使河床处于相对冲淤平衡状态的泥沙(悬移质中的床沙质部分)。这样便可避免计算 ω_m 时考虑了冲泻质但实际上冲泻质无法从河床得到补给而产生的误差。上述即为计算水流挟沙力时要扣除冲泻质部分的原因。

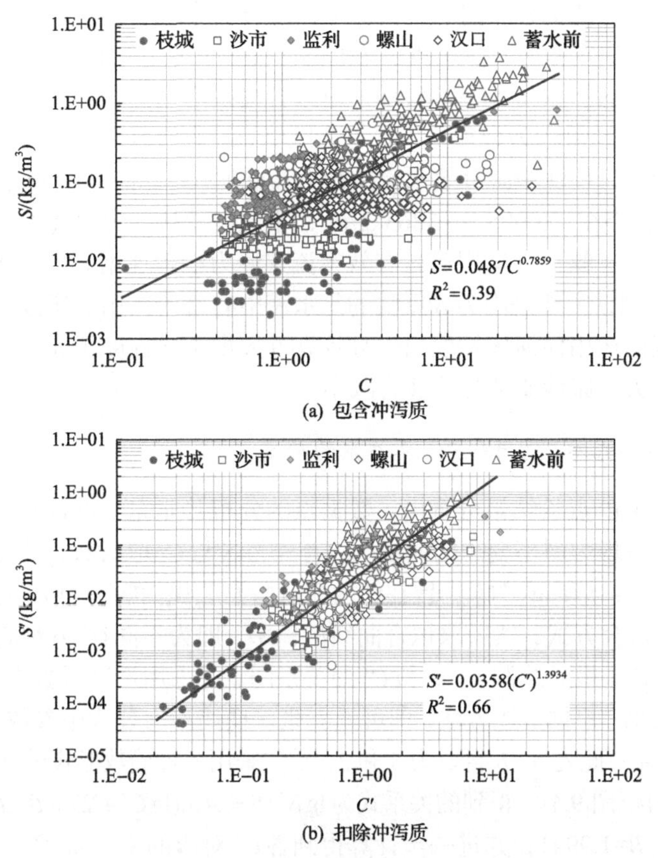

图 9.3　三峡工程运行前后长江中游 S(近似水流挟沙力)与 C 的关系

2. S'与 C'的关系

通过上述分析可知，水流的有效挟沙力不仅取决于水流条件、悬沙级配，还受河床边界条件(床沙组成)影响。床沙组成对水流挟沙力的影响，主要体现在对挟沙力级配 ΔP_{*k} 的确定上。此处采用李义天方法(1987)计算挟沙力级配，具体公式可写为

$$\Delta P_{*k} = \Delta P_{bk} \cdot \beta_k \tag{9.2}$$

式中，ΔP_{bk} 为床沙级配；β_k 为与摩阻流速、ΔP_{bk} 及 ω_k 等相关的一个修正参数。采用式(9.2)计算挟沙力级配时，即认为不考虑悬移质中的冲泻质部分(ΔP_{bk} 在冲泻质范畴内均为 0)，故冲泻质部分的水流挟沙力为 0($S_{*k} = S_* \cdot \Delta P_{*k}$)。而 S 包含

了冲泻质和床沙质，故需将冲泻质扣除；并根据计算的挟沙力级配，计算平均沉速ω'_{m}及C'(不考虑冲泻质)。

此处点绘了三峡工程运用前后长江中游S'与C'的关系(图 9.3(b))，可发现幂函数拟合曲线的决定系数(R^2=0.66)，较图 9.3(a)(R^2=0.39)有显著提高。直线斜率即为挟沙力公式的指数$m\approx1.3934$，而通过拟合曲线与坐标轴的交点则可求出系数$k\approx0.0358$。这些结果较为合理，大致符合图 9.1 的取值范围。从时间尺度上看，三峡工程运用前，长江中游有效水流挟沙力在 0.0026～0.8334kg/m³；而三峡工程运用后，S'则分布在 0.0005～0.3863kg/m³，水流有效挟沙力总体上有所减小。从空间尺度上看，三峡工程运用后，有效水流挟沙力沿程递增($S'_{枝城}<S'_{沙市}<S'_{监利}<S'_{螺山}$)。究其原因，主要是因为$S'$反映的是水流中有造床作用的床沙质部分的挟沙力，三峡工程的运用使河床发生粗化且越靠近大坝粗化程度越高，从而导致冲泻质临界粒径增大，床沙质部分挟沙力减小。

3. *挟沙力公式参数 k 和 m 计算关系的确定*

从图 9.3(b)的点绘结果可看出，数据点的分布并非完全符合幂函数关系，其变化趋势总体呈现为斜率变小的曲线。故首先将S'与C'取对数，并进行数据点平移，变形为$\lg S'+a$和$\lg C'+b$，旨在使两个值均大于 0；再在直角坐标系中进行拟合，并取最优拟合方式；然后求拟合曲线的斜率，即为不同C'下对应的m值，并进一步得到k值；最后绘制k、m与C'的关系图，并采用不同函数进行分段拟合，取最优拟合结果。根据上述方法，即可建立张瑞瑾挟沙力公式中参数k和m与C'之间的计算关系。此处a、b暂取为 5 和 2，首先采用各种函数形式进行拟合，最终以对数拟合为优(图 9.4)，得到的关系式为$\lg S'+5=A\ln(\lg C'+2)+B$ (R^2=0.67)，其中A=2.2862，B=1.9941；并进一步计算得到各C'对应的k和m值。

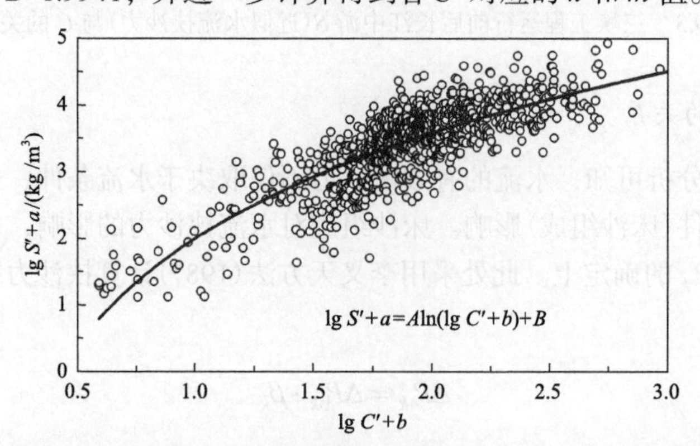

图 9.4 三峡工程运用前后长江中游水流挟沙力($\lg S'+a$)与水沙综合参数($\lg C'+b$)的关系

然后将数据点k、m与C'进行分段拟合，使符合度达到最高(图 9.5)，则不同C'范围内k、m的拟合曲线可分别表示为

$$k=\begin{cases} e^{-3.676+0.229/C'}, & 0\leqslant C'\leqslant 0.7,\ R^2=0.99 \\ 0.0367\times e^{0.0470C'}, & 0.7<C'\leqslant 10,\ R^2=0.95 \end{cases} \tag{9.3}$$

$$m=1.1567\times C'^{-0.2600},\quad 0\leqslant C'\leqslant 10,\ R^2=0.95 \tag{9.4}$$

在长江中游河段，C'基本小于 10.0，故获得的该范围内 k、m 的取值基本适用。当 $C'>10.0$ 时，其值可由张瑞瑾等(1961)确定的关系曲线决定(图 9.1)。由图 9.5 可知，系数 k 随 C'先减小后增大，当 $0.2\leqslant C'<0.7$ 时，k 由 0.080kg/m³ 减小到 0.035kg/m³；而当 $0.7\leqslant C'\leqslant 10.0$ 时，k 有逐渐增大趋势，由 0.038kg/m³ 增加至 0.059kg/m³。指数 m 随 C'的增大而减小，当 $0.2\leqslant C'\leqslant 10$ 时，m 由 1.76 减小至 0.64。基于上述式(9.3)和式(9.4)，则可根据变化的水沙条件确定 k、m 值。

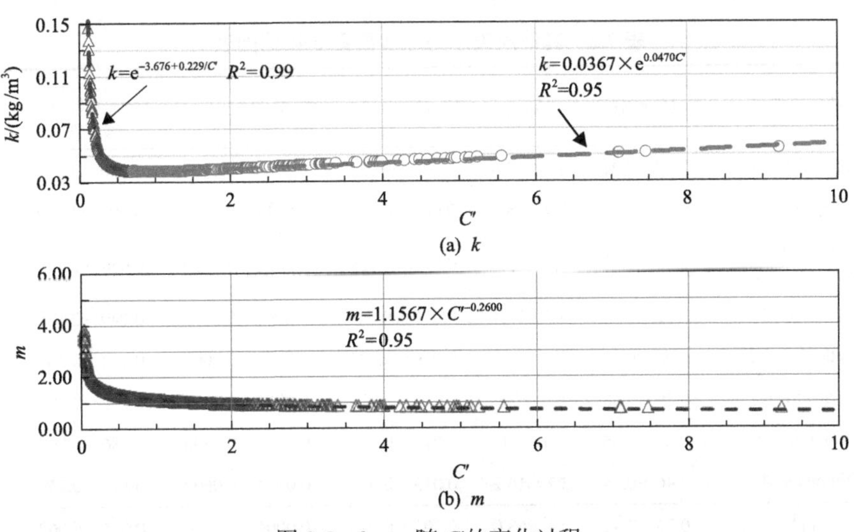

图 9.5　k、m 随 C'的变化过程

9.3.3　改进后的水流挟沙力公式的适用性

此处采用长江中游各测站的低含沙量实测数据，确定了张瑞瑾水流挟沙力公式中参数 k、m 的计算关系，这些计算关系适用于低含沙水流及小的水沙综合参数 C'。该方法弥补了以往在低含沙条件下难以确定张瑞瑾挟沙力公式中参数的不足。但应当指出，这些计算关系仅适用于长江中游，在其他低含沙水流上不一定适用。由于水流的有效挟沙力与水沙及河床边界条件均相关，在不同的河流上，挟沙力参数的取值将有所不同。例如，黄河中下游的水沙综合参数在 10～100，相应的挟沙力参数取值为 k=0.22 和 m=0.76；此外，采用明渠流(k=0.06 和 m=1.52)和试验数据(k=0.21 和 m=1.0)率定得到的参数也存在显著不同(武水挟沙力研究组，1959ab)。

然而在边界条件大致相同的情况下，这些计算关系仍具有参考价值。例如，采用美国 Atchafalaya 河、Lilian 河、密西西比河等收集到的 154 组数据来验证提出的计算关系(表 9.2)。这组数据中流速 U 范围在 0.23～2.42m/s，水深 h 在 0.1～68.0m，而悬移床沙质的平均沉速 ω_m 在 0.002～0.076m/s，计算得到的 C' 在 0.054～6.062，与长江中游接近。然后根据张瑞瑾挟沙力公式(9.1)和长江中游数据率定得到的参数关系式(9.3)、式(9.4)，可计算得到美国这些河流的悬移床沙质挟沙力($S_{*(计算)}$)，其数值大小介于 0.0013～0.1799kg/m^3。此外，这组数据均在相对平衡状态下测得，实测的悬移床沙质含沙量(S')可近似等于悬移床沙质水流挟沙力($S_{*(实测)}$)，其值范围为 0.0001～0.1500kg/m^3。将计算的和实测的悬移床沙质水流挟沙力点绘在表中，发现两者符合较好，决定系数达到 0.68(图 9.6)。因此，改进后的挟沙力公式同样适用于其他有着和长江中游相近水沙综合参数的河流。

表 9.2　其他河流水力泥沙要素变化范围表

数据来源	U/(m/s)	h/m	ω_m/(m/s)	S'/(kg/m^3)	$C'=\dfrac{U^3}{gh\omega_m}$	数量
Atchafalaya 河	0.57～2.21	6.4～14.8	0.002～0.024	0.0004～0.1366	0.188～3.671	29
Lilian 河	0.49～2.42	2.0～68.0	0.005～0.061	0.0011～0.0978	0.092～2.259	48
Vanoni and Brooks 33.5 英寸水槽数据	0.33～0.97	1.1～2.5	0.015～0.059	0.0030～0.1109	0.054～2.458	7
Missippi 河	0.65～1.59	6.7～16.4	0.010～0.026	0.0001～0.0603	0.149～2.005	35
South Platte 河	0.63～0.67	7.5～7.7	0.019～0.023	0.0003～0.0009	0.154～0.201	4
Writeday 河	0.39～0.88	0.2～0.8	0.066～0.076	0.0282～0.0749	0.622～2.202	6
Niobrara 河	0.23～0.66	0.1～3.6	0.017～0.040	0.0007～0.1500	0.086～6.062	14
Nomicos 河	0.46～0.94	3.7～16.2	0.013～0.034	0.0014～0.0609	0.118～0.759	11
合计	0.23～2.42	0.1～68.0	0.002～0.076	0.0001～0.1500	0.054～6.062	154

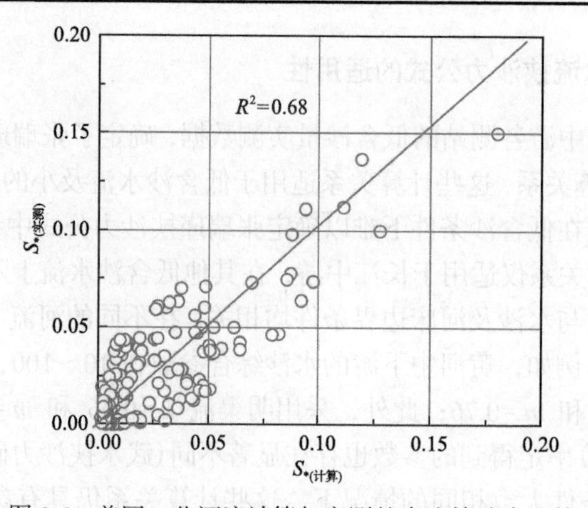

图 9.6　美国一些河流计算与实测的水流挟沙力比较

9.4　不同水流挟沙力计算方法对悬沙输移过程模拟结果的影响

本节比较了采取两种不同方法确定水流挟沙力时(参数 k 和 m 分别取常数和由计算式确定)，长江中游荆江段悬沙输移过程模拟结果的差异。首先将张瑞瑾挟沙力公式中参数 k 和 m 取为常数，模拟了 2015 年和 2016 年荆江段悬沙输移过程；然后将张瑞瑾挟沙力公式中参数 k 和 m 的计算式(9.3)、式(9.4)，嵌入到一维水沙动力学模型中，再次模拟了 2015 年和 2016 年荆江段悬沙输移过程；最后比较了不同挟沙力参数取值方法对模拟结果的影响(表 9.3)。

表 9.3　一维水沙数学模型不同算例中的参数设置

序号	年份	挟沙力公式中参数取值
算例 1	2015	常数(k=0.036；m=1.39)
算例 2	2016	常数(k=0.036；m=1.39)
算例 3	2015	k 与 m 由[式(9.3)、式(9.4)]确定
算例 4	2016	k 与 m 由[式(9.3)、式(9.4)]确定

9.4.1　参数 k 和 m 取常数时的计算结果分析

1. 模型率定结果分析(算例 1)

荆江段 2015 年 1 月 1 日～12 月 31 日的流量和水位过程的模拟结果，已在第 8 章中给出。对于泥沙输移计算，当张瑞瑾挟沙力公式参数 $k = 0.036$、m=1.39 时(图 9.3(b))，2015 年荆江段计算得到的含沙量过程与实测过程符合相对较好，如图 9.7 所示。在沙市站，计算与实测含沙量的平均相对误差(mean relative error，MRE)为 35%；而在监利站，计算与实测含沙量的 MRE 为 30%。

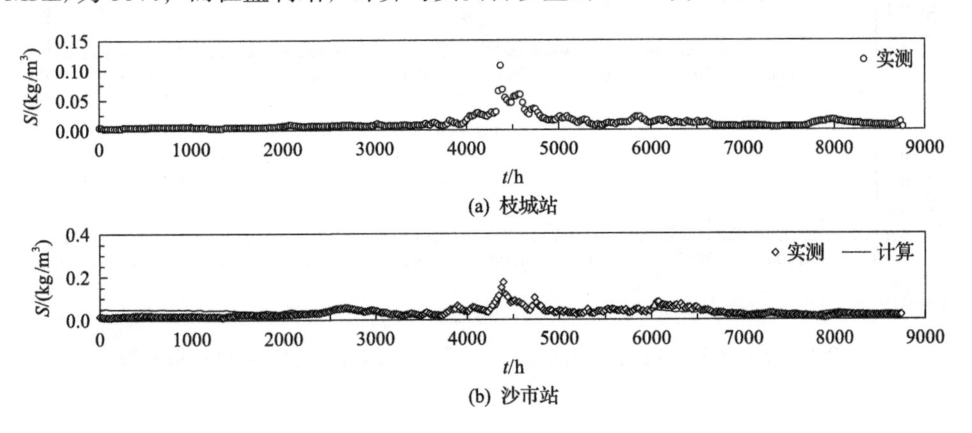

(a) 枝城站

(b) 沙市站

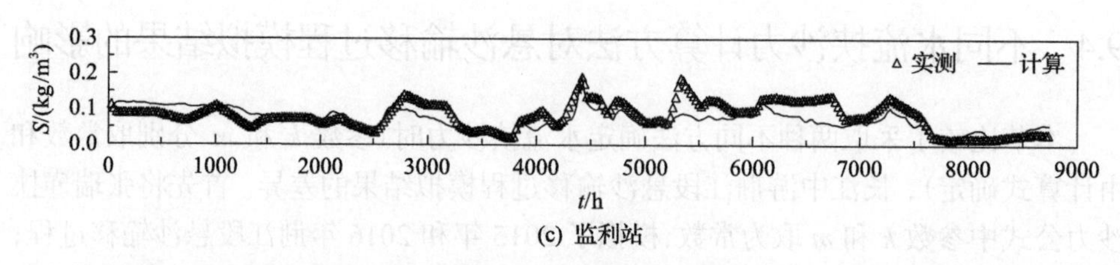

(c) 监利站

图 9.7　2015 年荆江段典型断面含沙量计算与实测过程对比(k 和 m 取常数)

需注意的是，监利站泥沙输移情况较为特殊。如 2015 年枝城、沙市及监利站水位过程线的形状基本一致；而对于含沙量，枝城站的含沙量过程线呈现枯水期小，汛期陡增的双峰形状(图 9.7(a))，通常情况下，沙市及监利站的含沙量过程应与枝城站含沙量的变化趋势一致，但 2015 年监利站的含沙量在枯水期仍较大，且波动剧烈。这是由于监利站的水力泥沙条件受洞庭湖出流顶托影响显著，含沙量变化较为复杂，故该站含沙量过程模拟精度相对较低(图 9.7(c))。

2. 模型验证结果分析(算例 2)

模型验证选取了荆江段 2016 年 1 月 1 日至 12 月 31 日的水沙系列，在 2015 年率定得到的最优参数条件下(如曼宁糙率系数、挟沙力公式参数(k=0.036，m=1.39)、恢复饱和系数等)，进一步验证改进模型的模拟精度。流量和水位过程的模拟结果同样已在第 8 章中给出。而沙市、监利站含沙量过程的平均相对误差也在可接受的范围(图 9.8)，沙市站最小、最大和平均含沙量实测值分别为 0.011kg/m^3、0.328kg/m^3 和 0.052kg/m^3，而相应的计算特征含沙量为 0.018kg/m^3、0.193kg/m^3 和 0.047kg/m^3，且计算与实测含沙量的 MRE 为 27%；而在监利站，计算与实测含沙量的 MRE 为 32%。

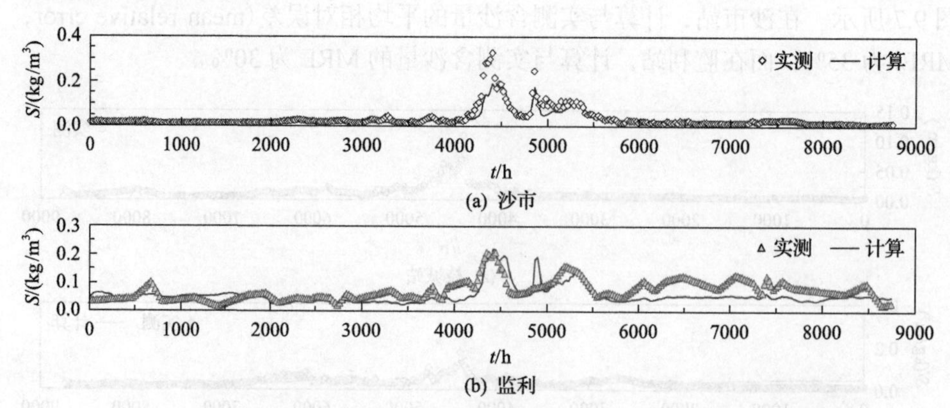

图 9.8　2016 年荆江段典型断面含沙量计算与实测过程对比(k 和 m 取常数)

9.4.2　参数 k 和 m 由公式确定时的计算结果分析

此处将前文确定的挟沙力公式的参数计算式(9.3)、式(9.4)，嵌入到了一维水沙数学模型中，使模型能根据各时刻计算得到的 C' 来确定参数 k 和 m，从而求得各时刻的水流挟沙力。在此基础上，重新模拟了 2015 年和 2016 年荆江段悬沙输移过程(算例 3 和算例 4)，结果如图 9.9 所示。可知，计算的含沙量过程与实测值的符合度较 k 和 m 取常数时基本一致或有所提高。其中，2015 年的沙市、监利站含沙量平均相对误差分别减小至 28%和 30%，而在 2016 年分别减小至 26%和 28%(图 9.9)。综上所述，张瑞瑾挟沙力公式的参数取值采用公式计算时，能根据水力泥沙要素自动调整，对天然河流的适应性更强，故含沙量过程的模拟更为准确；此外，该方法亦大幅减小了进行试算确定合适的 k 和 m 值的时间，提高了计算效率。但总体上看，含沙量的计算和实测值误差仍较大，尤其在监利站，主要是因为该站含沙量过程较为复杂。由于日均含沙量并非逐日测量，而是根据该站的水位-流量关系以及流量-输沙率关系确定。监利站水位受洞庭湖入汇顶托影响显著，枯水期水位-流量关系绳套现象较为明显，且水位偏高，由此确定的含沙量也偏大，仅根据现有的一维水沙数学模型无法考虑这一影响。

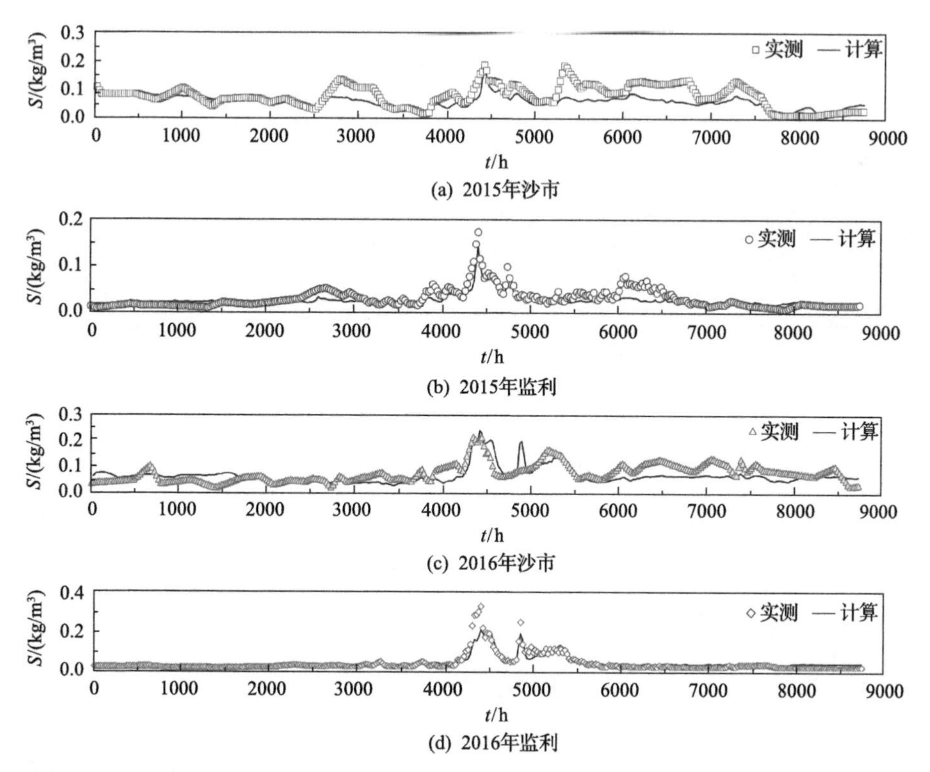

图 9.9　2015 年和 2016 年荆江段含沙量过程计算与实测结果对比(k 和 m 由公式决定)

分析 2015 年沙市、监利站计算得到的C'，其值主要集中在 0.28～0.95 和 0.47～4.34。在这范围内，k 的取值变幅不大，在沙市和监利站分别在 0.035～0.057（平均值为 0.038）和 0.035～0.045（平均值为 0.041）；而 m 变化较为显著，范围分别为 1.17～1.60（平均值为 1.34）和 0.79～1.41（平均值为 0.97），对模拟结果影响较大。分析 2016 年的计算结果，这两站的C' 的范围为 0.30～0.92 和 0.41～4.93。相应的系数 k 的范围为 0.035～0.054（平均值为 0.041）和 0.035～0.046（平均值为 0.040）；m 值的变化范围为 1.18～1.58（平均值为 1.40）和 0.76～1.46（平均值为 1.04）。通过比较，各年沙市站和监利站水沙条件存在一定的差异，使相应的参数取值也存在一定的差别，总体上 2016 年指数 m 的取值大于 2015 年。

第10章　长江中游河道非均匀悬沙恢复饱和系数计算

天然河道中输移的悬沙往往为非均匀沙，坝下游河流不同粒径组悬沙的沿程恢复特点存在较大差异，掌握其输移规律对河床演变研究具有重要意义。本章首先根据不同粒径组悬移质输沙量资料，分析了荆江段非均匀悬沙随时间及沿程的输移特点。然后基于非均匀沙隐暴效应及Markov随机过程，提出非均匀沙运动三态转移概率矩阵的计算方法，并结合悬移质扩散理论，提出床沙补给受限条件下分组悬沙恢复饱和系数计算公式。最后将提出的计算公式应用到一维水沙模型中，并分析不同恢复饱和系数计算公式对荆江河段悬沙恢复过程模拟结果的影响。

10.1　坝下游河流非均匀悬沙不平衡输移研究现状

三峡工程运用后，大量泥沙在库区淤积，下泄沙量大幅减少，使坝下游河道中水流经常处于严重次饱和状态，从而发生长距离长历时的河床冲刷(Liu et al., 2013; Lyu et al., 2020; 赵维阳等, 2020; 郭小虎等, 2020)。河床剧烈冲刷变形会对河道防洪、航运安全以及两岸居民生活和工农业用水等带来一系列不利影响。但当前对冲积河流非均匀沙不平衡输移规律的认识仍需进一步深入，对坝下游河床长距离长时段冲刷变形的预测精度还有待提高。

近几十年来，国内外学者对坝下游河道非均匀沙不平衡输移过程进行了较多的研究。Li和Chen(2008)基于对已建大坝下游的实测资料分析后认为，细颗粒泥沙恢复距离较长主要是因为床沙补给不足。陈飞等(2010)认为水库运用后近坝段各组泥沙均发生剧烈冲刷，河床粗化显著；距离大坝较远的河段，只要上游河段有充足的泥沙补给，各粒径组泥沙均能基本达到饱和；并指出水库下游发生长距离冲刷主要是因为床沙补给不足，尤其是细沙。郭小虎等(2014)根据实测资料分析指出，三峡大坝下游粗沙(d＞0.125mm)在荆江河段基本可达饱和，其主要原因是荆江段河床中存在大量较粗泥沙，补给充足。陈建国等(2002)分析了黄河下游实测水沙资料，探讨了三门峡水库不同运用时段坝下游非均匀沙的冲淤特点，发现当河床冲刷时，水流含沙量逐渐恢复，细沙恢复较慢，恢复距离长，而中、粗泥沙恢复距离短。目前鲜有研究涉及坝下游河段不同粒径组悬沙的恢复特性。

在计算悬移质不平衡输沙时，恢复饱和系数是泥沙数学模型中的重要参数，其取值的合理性直接影响数学模型预测结果的准确性(Yang and Marsooli, 2010; Ahn and Yang, 2015)。因此，国内外学者针对泥沙恢复饱和系数开展了大量的理论研究及水槽试验研究(窦国仁, 1963; 韩其为和何明民, 1997; 王新宏等, 2003; 韩其为和陈绪坚, 2008; 葛华等, 2011)，但均没有考虑床沙组成对悬沙恢复过程的影响。故有必要从理论公式推导出发，研究床沙补给受限条件下坝下游河段恢复饱和系数计算方法，尤其是分组悬沙恢复饱和系数的取值，从而提高数学模型的计算精度和可靠性。

综上所述，有必要开展床沙补给受限条件下非均匀悬沙不平衡输移机理及数值模拟的研究，丰富河流动力学的基础理论。

10.2 非均匀悬沙长距离不平衡输移过程

三峡水库蓄水运用后，荆江河段悬移质含沙量大幅下降，“清水”冲刷河床使含沙量沿程恢复。而天然河道中的泥沙往往为非均匀沙，各粒径组含沙量也不尽相同，故不同粒径组悬沙的沿程恢复特点存在较大差异，仅研究全沙不足以准确掌握坝下游河流不平衡输沙规律。因此，本节根据不同粒径悬沙的特性，以0.031mm 和 0.125mm 为分界粒径将其分为了细沙($d<0.031$mm)、中沙($d=0.031$～0.125mm)和粗沙($d>0.125$mm)三组，研究荆江段不同粒径组悬移质输沙量随时间及沿程的输移特点；提出了恢复效率的概念用以表征悬移质沿程恢复的程度，并根据实测水沙资料计算了荆江段 1994～2017 年非均匀悬沙的恢复效率。

10.2.1 悬移质输沙量变化

1. 悬移质输沙量随时间的变化

根据三峡水库蓄水运用情况，将荆江河段实测水沙过程分为 4 个阶段：1994～2002 年水库运用前，上游来沙减少，荆江河段整体略微冲刷；2003～2008 年水库处于围堰发电以及初期运行状态，以较低的水位运行，水流开始处于次饱和状态；2008 年汛期之后开始 175m 试验性蓄水，河道来沙量进一步降低，河床冲刷加剧；2014 年开始，溪洛渡水电站投入运行，荆江河段来沙量继续减少，河床持续冲刷。

1) 全沙输沙量变化

由于三峡水库运行方式的改变、上游其他水电站的陆续运用以及各种水土保持工程的不断实施，荆江段含沙量持续降低。图 10.1 (a) 给出了荆江段三个水文站(枝城、沙市和监利)在三峡水库三个不同运行阶段的多年平均汛期输沙量。枝城站在蓄水前(1992～2002 年)多年平均的汛期输沙量为 3.61 亿 t/a，水库运用初期

(2003～2008 年)为 0.73 亿 t/a,2009～2013 年 175m 试验蓄水期平均为 0.33 亿 t/a，在溪洛渡及向家坝水电站运行后(2014～2017 年)减少到 0.08 亿 t/a，仅为蓄水前的 2.2%。沙市和监利站全沙汛期输沙量同样持续减少。

2)分组沙输沙量变化

与全沙类似，汛期进入荆江河段的细沙(d<0.031mm)和中沙(d=0.031～0.125mm)量同样持续减小(图 10.1(b)(c))。三峡水库运行后的三个阶段，枝城站多年平均的汛期细沙输沙量分别为 0.51 亿 t/a、0.28 亿 t/a 和 0.06 亿 t/a，分别占蓄水前(1992～2002 年)细沙输沙量(2.75 亿 t/a)的 19%、10%和 2%；多年平均的汛期中沙输沙量分别为 0.08 亿 t/a、0.03 亿 t/a 和 0.01 亿 t/a，分别占蓄水前中沙输沙

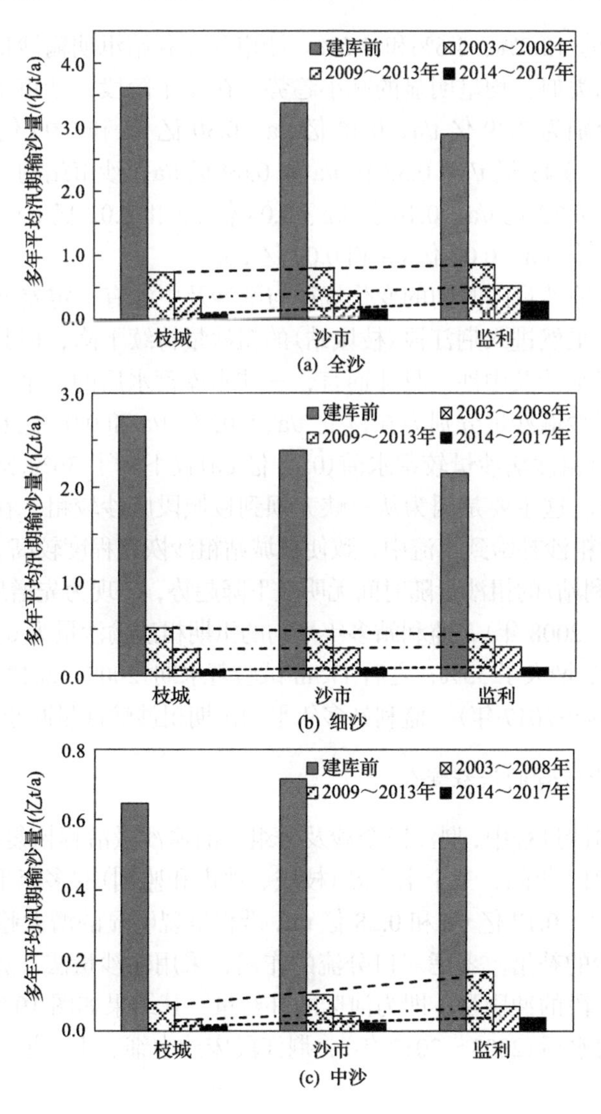

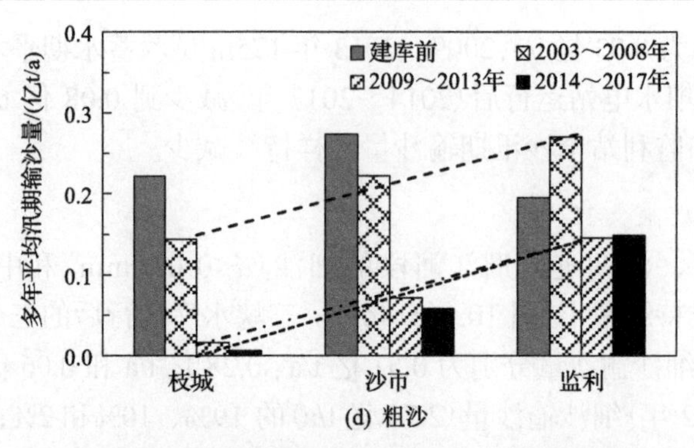

图 10.1　荆江段不同时期各水文站汛期输沙量

量(0.65 亿 t/a)的 12.3%、4.6%和 1.5%。沙市和监利站汛期输沙量(细沙及中沙)的变化与枝城站类似，均呈明显的减小趋势。在 4 个阶段，沙市站的多年平均汛期细沙输沙量分别为 2.39 亿 t/a、0.48 亿 t/a、0.30 亿 t/a 和 0.09 亿 t/a，监利站分别为 2.15 亿 t/a、0.43 亿 t/a、0.32 亿 t/a 和 0.09 亿 t/a；沙市站的多年平均汛期中沙输沙量分别为 0.72 亿 t/a、0.10 亿 t/a、0.04 亿 t/a 和 0.02 亿 t/a，监利站分别为 0.55 亿 t/a、0.17 亿 t/a、0.07 亿 t/a 和 0.04 亿 t/a。

荆江段粗沙输沙量随时间的变化规律与细沙及中沙有一定差异，如图 10.1(d)所示。一方面，虽然进入荆江段(枝城站)的粗沙量持续下降，但其在三峡蓄水初期的降幅远小于细沙及中沙。具体而言，三峡水库蓄水后的三个时期，枝城站的多年平均汛期粗沙输沙量分别为 0.14 亿 t/a、0.02 亿 t/a 和 0.01 亿 t/a。而蓄水初期(2003～2008 年)粗沙输沙量较蓄水前(0.22 亿 t/a)仅下降了 36%，远小于同时期细沙的降幅(81%)。这主要是因为从三峡大坝到枝城段床沙较粗，在次饱和冲刷的过程中，较多的粗沙补给到水流中，致使枝城站粗沙恢复程度较高。另一方面，荆江段出口处(监利站)的粗沙量随时间无明显下降趋势，表现为先增后减。三峡水库运行初期(2003～2008 年)，监利站多年平均的汛期粗沙输沙量为 0.27 亿 t/a，较蓄水前的 0.20 亿 t/a 增大了 35%；之后 175m 试验蓄水期(2009～2013 年)和溪洛渡水电站运行后(2014～2017 年)，监利站多年平均汛期粗沙输沙量减小为 0.15 亿 t/a。

2. 悬移质输沙量的沿程变化

在不平衡输沙过程中，荆江段全沙及分组沙的输沙量沿程恢复显著(图 10.1)。例如，2014～2017 年间，三个水文站(枝城、沙市和监利)的多年平均汛期输沙量分别为 0.08 亿 t/a、0.17 亿 t/a 和 0.28 亿 t/a，沿程呈现明显的增大趋势。究其原因，主要是由于床沙的补给。考虑三口分流的作用，采用输沙量法计算了三峡水库运行不同阶段荆江段的冲刷量，即为河床的补给量，其结果如图 10.2 所示。可以看出，三峡水库蓄水后(2003～2017 年)，荆江段床沙中细、中、粗三组沙均处于冲刷状态，多年平均冲刷量分别为 0.05 亿 t/a、0.07 亿 t/a 和 0.14 亿 t/a，粗沙冲刷量相对较大，而细沙冲刷量相对较小。说明粗沙在该河段恢复程度最大，细沙在荆江段恢复程度最小。

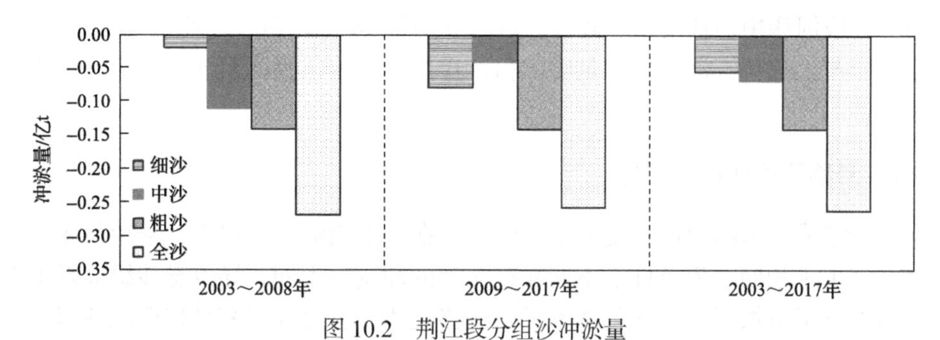

图 10.2　荆江段分组沙冲淤量

进一步分析，不同粒径组泥沙恢复快慢的差异主要与荆江河段的床沙组成有关。图 10.3 给出了三个水文站(枝城、沙市和监利)不同年份的汛后床沙级配。由

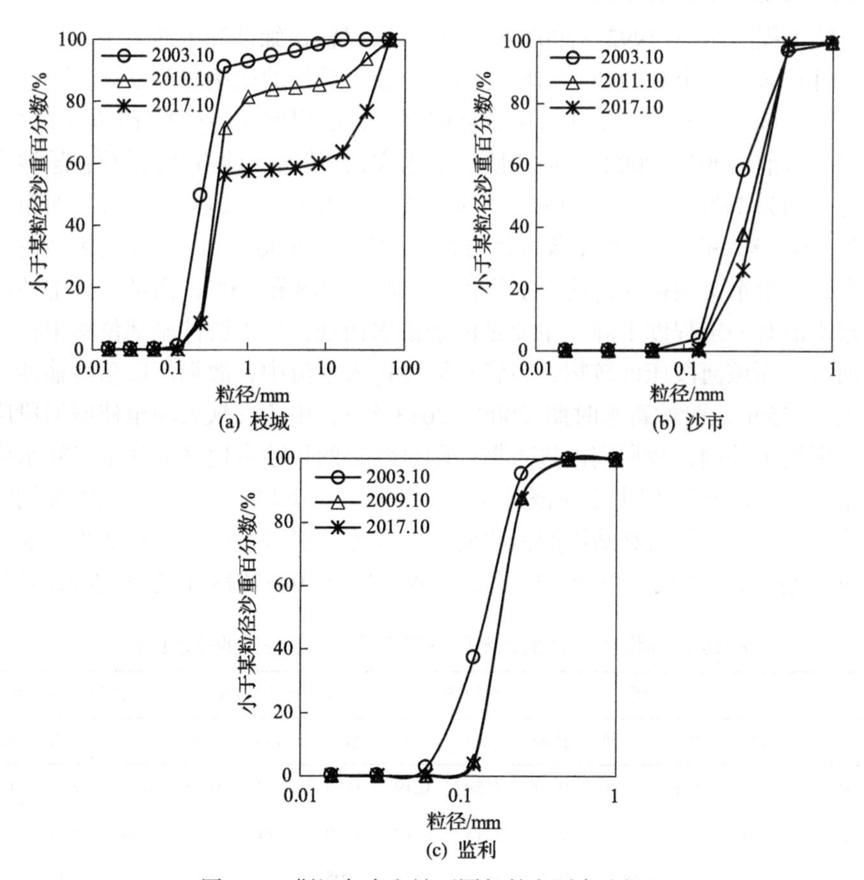

图 10.3　荆江各水文站不同年份实测床沙级配

图可知，该河段床沙中细沙所占的比例很小，2003 年三站床沙中粒径小于 0.031mm(细沙)的颗粒所占的比例几乎为 0。河床不能为水流提供充足的细沙补给，故其恢复程度相对较小。中沙的颗粒所占的比例分别为 1.1%、4.3%和 37.2%。然而该河段河床中粗沙的含量较大，占比分别为 98.9%、96.7%和 63.8%，且该比例呈逐年增大趋势，河床中有足够的粗沙提供给水流，因此粗沙恢复程度高于细沙和中沙。

10.2.2 悬移质泥沙组成变化

悬沙组成是影响河床演变的重要因素。在不平衡输沙过程中，悬沙与床沙发生交换，由于相同水流条件下不同粒径泥沙的冲刷率不同，导致悬沙组成发生变化。为充分了解坝下游非均匀沙不平衡输移规律，有必要研究悬移质泥沙组成的变化情况。

1. 分组沙占比

三峡工程运行前(1992～2002 年)，荆江段以输送细沙和中沙为主，粗沙占比很小，且枝城、沙市和监利三站输送同一粒径组悬沙的比例相差不大；而三峡工程运行后，该河段悬沙中粗沙占比显著增大，且沿程增大趋势明显(表 10.1)。三峡工程运行前(1994～2002)，荆江段三个水文站(枝城、沙市和监利站)悬沙中细沙占比分别为 76%、71%和 74%，中沙占比分别为 18%、21%和 19%，而粗沙占比仅为 6%、8%和 7%。水库蓄水运行初期(2003～2008 年)，该河段粗沙占比显著增大，三个水文站粗沙占比分别增大至 20%、28%和 31%，而细沙和中沙占比均较蓄水前有一定程度下降。主要是由于蓄水初期，坝下游冲刷部位集中在枝城以上河段，而该河段床沙较粗，粗颗粒泥沙进入水流中，故荆江段粗沙输沙量占比增大。175m 试验性蓄水时期(2009～2013 年)，由于三峡大坝至枝城河段床沙的粗化限制了冲刷，故期间内进入荆江段(枝城)的粗沙占比又下降至三峡水库蓄水前水平，仅为 5%；但由于在该时期主要冲刷部位下移至荆江段，粗沙在荆江段沿程恢复，故沙市和监利站汛期粗沙输沙量占比分别增大至 17%和 27%。2014～2017 年，荆江段悬移质中粗沙占比的变化情况与 2009～2013 年类似，进入河段(枝

表 10.1 荆江段各水文站不同时期不同粒径组悬沙的输沙比例

输沙比例	三峡水库运行前			2003～2008 年			2009～2013 年			2014～2017 年		
	枝城	沙市	监利	枝城	沙市	监利	枝城	沙市	监利	枝城	沙市	监利
细沙	0.76	0.71	0.74	0.69	0.59	0.49	0.85	0.72	0.60	0.75	0.51	0.34
中沙	0.18	0.21	0.19	0.11	0.13	0.19	0.10	0.11	0.13	0.18	0.14	0.14
粗沙	0.06	0.08	0.07	0.20	0.28	0.31	0.05	0.17	0.27	0.07	0.35	0.53

城站）的悬移质中粗沙占比很小，在荆江段内由于河床的冲刷作用其值沿程增大，在沙市和监利站分别为 0.35 和 0.53，较 2009～2013 年增幅更为显著。

2. 悬移质中值粒径变化

为更加直观地表示荆江段悬移质组成的变化情况，图 10.4 给出了荆江段枝城、沙市和监利三个水文站汛期平均的悬移质中值粒径逐年变化过程。可以看出，三峡水库蓄水运用之前，荆江段各水文站悬移质中值粒径相差不大，其数值均在 0.010mm 左右，且随时间无明显变化。三峡水库蓄水运行之后，各水文站悬移质均有不同程度的粗化；对比三条趋势线的斜率可知，悬移质粗化程度为监利＞沙市＞枝城，其中枝城站悬移质中值粒径由 2003 年的 0.011mm 增大到了 2017 年的 0.016mm，沙市站悬移质中值粒径由 2003 年的 0.017mm 增大到了 2017 年的 0.053mm，而监利站悬移质中值粒径由 2003 年的 0.017mm 增大到了 2017 年的 0.176mm。此外，同一年份中值粒径沿程呈明显的增大趋势，枝城、沙市和监利站多年平均悬移质中值粒径分别为 0.01mm、0.02mm 和 0.07mm。产生这种现象是因为在水库蓄水运行之后，次饱和水流冲刷河床，而荆江段床沙中粗沙占比较大，较粗的床沙被冲刷到水流中。

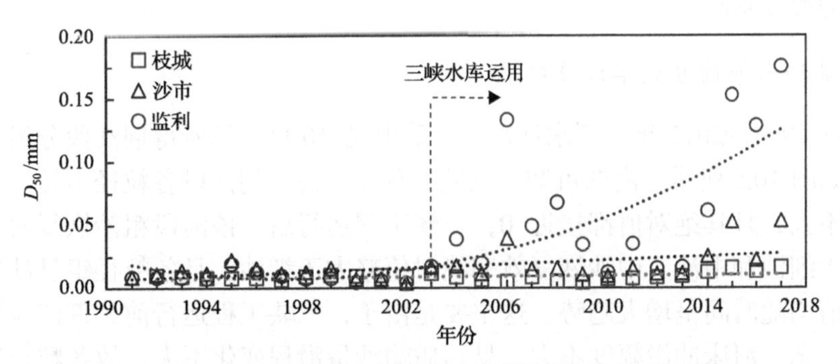

图 10.4　荆江段各水文站悬移质中值粒径逐年变化过程

10.2.3　非均匀悬沙恢复效率计算及分析

前文已从冲淤量的角度分析了荆江段不平衡输沙过程中分组沙的恢复情况，但由于水流中不同粒径泥沙的占比不同，不能简单根据冲淤量判断悬沙恢复的程度。韩其为(2006)从含沙量与挟沙力的关系出发，认为含沙量向挟沙力靠拢的过程为含沙量的恢复过程。在同一水流条件下，细颗粒泥沙的挟沙力通常远大于粗颗粒泥沙，在细沙和粗沙的河床冲刷补给量相近时，可能粗沙已基本达到平衡状态，而细沙仍处于严重非饱和状态，单纯分析不同粒径组泥沙的河床冲淤量不能很好地反映非均匀沙的恢复情况。因此，此处采用研究河段的河床冲淤量与进入该河段的沙量之比来表征非均匀沙的恢复效率。需说明的是，通常情况下由于泥沙及地形测量误差、断面布置及河道采砂的影响，地形法和输沙量法计算所得冲淤成果存在一定的差异(许全喜等, 2021)。但是由于目前采用地形法无法确定分组沙的冲淤量，而本书研究重点为不同粒径组悬沙的恢复特性，故采用了输沙量法确定分组沙冲淤量。

1. 恢复效率的概念及计算

将荆江段内床沙补给的沙量(淤积状态下记为负值)与进入该河段沙量的比值记作恢复效率。考虑到洞庭湖的三口(松滋、太平、藕池口)分流分沙作用，以枝城站汛期来沙量 $W_{s,ZC}$ 作为进入荆江段的沙量 $W_{s,in}$，以监利汛期沙量 $W_{s,JL}$ 与三口汛期分沙量 $W_{s,div}$ 之和作为荆江河段输沙量 $W_{s,out}$，由此可得荆江段的恢复效率，相应计算式如下：

$$\lambda_k = (W_{sk,in} - W_{sk,out}) / W_{sk,in} = (W_{sk,ZC} - (W_{sk,JL} + W_{sk,div})) / W_{sk,ZC} \tag{10.1}$$

显然，$\lambda_k > 0$ 时，第 k 粒径组悬沙处于超饱和状态，河床淤积；$\lambda_k < 0$ 时，第 k 粒径组悬沙处于次饱和状态，河床冲刷；λ_k 接近 0 时悬移质近似处于平衡输沙状态，河床不冲不淤。在不平衡输沙状态下，λ_k 的绝对值越大，悬沙向平衡状态恢复的程度越高。

2. 非均匀沙恢复效率计算结果

根据 1994～2017 年实测水沙数据，采用式(10.1)计算所得荆江段分组沙恢复效率，如图 10.5 所示。由图可知，三峡工程运行前，荆江段各粒径组悬沙恢复效率差别不大，且其绝对值都接近 0；三峡工程运行后，该河段粗沙恢复效率绝对值远大于细沙和中沙，中沙恢复效率绝对值略大于细沙，且各粒径组悬沙恢复效率绝对值均随时间呈增大趋势。这主要是由于，三峡工程运行前，荆江段接近输沙平衡状态，河床冲淤幅度不大，悬移质输沙量沿程变化不大，故各粒径组悬沙多年平均汛期恢复效率绝对值均很小，其数值分别为 0.06、0.06 和 0.04。而三峡工程运行后，荆江段各粒径组悬沙的恢复效率绝对值较运行前均增大，这主要是由于水库蓄水后，各粒径组悬沙均处于严重次饱和输沙状态，为了恢复输沙平衡状态，河床显著冲刷，各粒径组悬移质沙量沿程恢复。然而，不同粒径组悬沙恢复效率存在显著差异。汛期粗沙恢复效率在–53.43～0.37 变化，其多年平均值为–14.07，且其绝对值随冲刷时间呈明显的增大趋势；而细沙和中沙汛期恢复效率绝对值远小于粗沙，细沙恢复效率变化范围为–1.24～0，中沙恢复效率变化范围为–4.42～ –0.87，其绝对值均随冲刷时间增幅不大。这主要是因为床沙中细沙及中沙占比很小，在次饱和冲刷过程中，河床不能为水流提供充足的细沙及中沙补给，细沙的恢复存在一定限制，而床沙中粗沙占比较大，恢复不存在限制，故恢复效率绝对值增幅也更大。

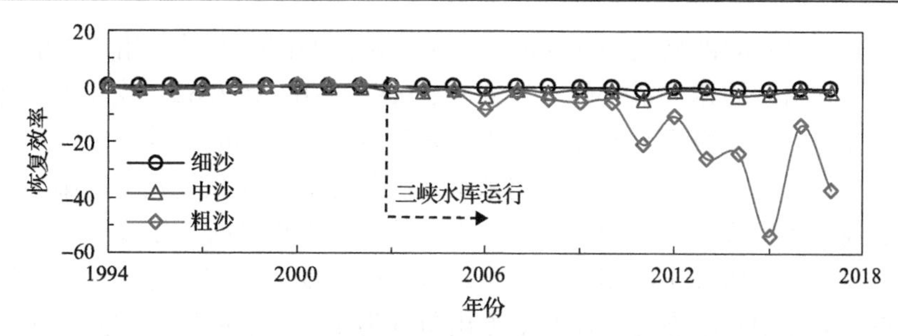

图 10.5　荆江河段汛期分组沙恢复效率(1994～2017 年)

10.2.4　非均匀悬沙恢复效率与来水来沙条件的关系

当河段来水来沙条件发生波动时，河床会做出自动调整来适应这种变化。在坝下游河段的不平衡输沙过程中，床沙级配随时间变化不大的情况下，来水来沙条件是最直接影响到非均匀沙沿程恢复情况(也即分组沙的恢复效率)的因素，因此有必要研究两者之间的关系，从而提高对于坝下游含沙量恢复特性的认识。此处仍采用汛期平均水流冲刷强度 $\bar{F}_{fi}$ 表征来水来沙条件，建立了 2003～2017 年全沙及分组沙恢复效率与前 5 年平均水流冲刷强度的相关关系，结果如图 10.6 所示。

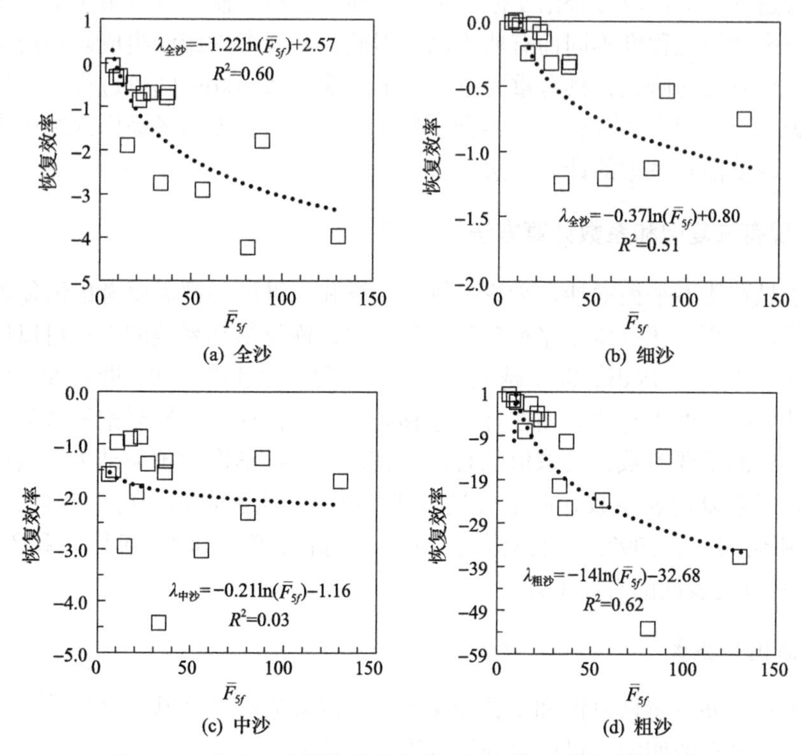

图 10.6　非均匀沙恢复效率与前 5 年水流冲刷强度的关系

各粒径组悬沙的恢复效率均与前 5 年平均水流冲刷强度呈正相关关系，全沙、细沙、中沙和粗沙的相关系数分别为 0.60、0.51、0.03 和 0.62，故除中沙外总体上荆江段分组沙恢复效率可较好地对来水来沙条件作出响应。其中中沙恢复效率与水流冲刷强度的相关性较小，说明来水来沙条件对中沙恢复效率的影响很小，其主要受到河床组成等因素的影响。在水流冲刷强度很高时，恢复效率为负值且其绝对值很大，河床处于冲刷状态；当水流冲刷强度逐渐减小时，也即水流由次饱和状态变为超饱和状态时，恢复效率由负变为正值，悬移质淤积到河床上，这说明该模型与实际物理意义相符，具有合理性。

由以上分析可知，1994～2017 年进入荆江段的各粒径组沙量均持续减小，“清水”持续冲刷河床，使各粒径组悬沙量沿程恢复。荆江段床沙中粗沙（d>0.125mm）含量大，而细沙（d<0.125mm）含量小，使细沙恢复程度较低而粗沙恢复程度较高，导致悬沙随时间及沿程均显著粗化。

10.3　考虑床沙组成影响的恢复饱和系数计算方法

前文研究表明，床沙组成对悬沙恢复有重要影响。一方面，床沙粗化使悬沙-床沙交换过程中细沙成分补给受限。另一方面，含沙量恢复特点由于沿程床沙组成差异或床沙粗化程度不同而有所不同。因此，开展考虑床沙组成影响的恢复饱和系数计算方法的研究，具有重要意义。本节基于 Markov 随机过程，首先推导了非均匀悬沙落距表达式；然后结合悬移质扩散理论，提出考虑床沙组成影响的分组悬沙恢复饱和系数的计算方法。

10.3.1　现有恢复饱和系数计算方法

对于悬移质不平衡输沙，无论一维、二维和三维模型都需要考虑恢复饱和系数 α 的影响。而对于一维不平衡输沙方程来说，恢复饱和系数的大小可以反映含沙量沿程变化速率 dS/dx，即 α 越大，含沙量沿程变化速度越快，即含沙量恢复到水流挟沙力的速度也越快。而在计算悬移质不平衡输移时，恢复饱和系数是泥沙数学模型中的重要参数，其取值的合理性直接影响数学模型预测结果。因此，一些学者针对恢复饱和系数开展了大量的理论研究及实测资料分析（窦国仁，1963；韩其为和何明民，1997；韦直林等，1997；王新宏等，2003；韩其为和陈绪坚，2008）。具有代表性的有如下几种。

1. 窦国仁公式

窦国仁（1963）将恢复饱和系数定义为泥沙沉降概率，并基于水流脉动流速符合高斯正态分布的假定，可以得到恢复饱和系数 α 为

$$\alpha=\frac{1}{\sqrt{2\pi}\sigma}\int_{-\bar{v}}^{+\infty}\mathrm{e}^{-\frac{1}{2}\left(-\frac{v'}{\sigma}\right)^{2}}\mathrm{d}v' \tag{10.2}$$

式中，v' 为水流的垂向脉动流速；$\bar{v}$ 为垂向脉动流速的均值；σ 为垂向脉动流速的均方根。

2. 韩其为公式

韩其为等(韩其为和何明民, 1997; 韩其为和陈绪坚, 2008)从悬移质不平衡输移的河床变形方程出发，引入底部恢复饱和系数，并分析了它与垂线恢复饱和系数的差别，推导出了非均匀沙恢复饱和系数的理论计算公式：

$$\alpha=\frac{(1-P_2)(1-P_3)}{\eta'+0.176\eta'\ln\eta'}\left(\frac{\omega}{V_{\mathrm{d}}}+\frac{\omega}{V_{\mathrm{u}}}\right)^{-1} \tag{10.3}$$

式中，P_2 为不止动概率；P_3 为不止悬概率；ω 为泥沙沉降速度；V_{d} 为泥沙颗粒平均下降速度；V_{u} 为泥沙颗粒平均上升速度；η' 为相对悬浮高度。V_{d}、V_{u}、η' 及 P_2、P_3 可分别按下式计算：

$$V_{\mathrm{d}}=\frac{u_*}{\sqrt{2\pi}\varepsilon_1}\exp\left[-\frac{1}{2}\left(\frac{\omega}{u_*}\right)^2\right]+\omega \tag{10.4}$$

$$V_{\mathrm{u}}=\frac{u_*}{\sqrt{2\pi}\varepsilon_1}\exp\left[-\frac{1}{2}\left(\frac{\omega}{u_*}\right)^2\right]-\omega \tag{10.5}$$

$$\eta'=2\cdot\left\{\frac{\kappa u_*}{6C\omega}+\left[1-\exp\left(\frac{6F\omega}{\kappa u_*}\right)\right]^{-1}\right\} \tag{10.6}$$

$$P_2=\frac{1}{\sqrt{2\pi}}\int_{\frac{U_0}{2u_*}-2.7}^{+\infty}\mathrm{e}^{-\frac{t^2}{2}}\mathrm{d}t \tag{10.7}$$

$$P_3=\frac{1}{\sqrt{2\pi}}\int_{\frac{\omega}{u_*}}^{+\infty}\mathrm{e}^{-\frac{t^2}{2}}\mathrm{d}t \tag{10.8}$$

式(10.4)～式(10.8)中，u_* 为水流摩阻流速，且 $u_*=\sqrt{ghJ}$（张瑞瑾, 1961），其中 h 为水深，J 为水面坡降；κ 为卡门常数，一般取 $\kappa=0.4$；U_0 为泥沙止动流速，且

$U_0 = 6.725d^{0.5}$，d 为泥沙粒径，m；F 为非饱和调整系数，是一个与河床冲淤状态有关的系数：$F>1$ 表示冲刷，$F<1$ 表示淤积，$F=1$ 表示冲淤平衡，在计算时需根据冲淤情况人为确定，主观性较强，对计算结果影响较大。

3. 韦直林公式

韦直林等(1997)提出了适用于黄河中下游水库及河道的分组沙恢复饱和系数的经验关系式，用于计算河床冲淤变化，但表达式中的参数 a、b 需要用实测资料率定：

$$\alpha = a/\omega^b \tag{10.9}$$

式中，a、b 为经验系数，由实测资料率定得到；当含沙量 S 大于水流挟沙力 S_* 时，a=0.001、b=0.3；反之，a=0.001、b=0.7。

4. 王新宏公式

王新宏等(2003)利用概率论方法，建立了分组沙恢复饱和系数与混合沙平均恢复饱和系数之间的关系，推导出了计算混合沙恢复饱和系数的半理论半经验关系式：

$$\bar{\alpha}=\sum_{k=1}^{N}\alpha_k\eta_k^{m-1}P_k\Big/\sum_{k=1}^{N}\eta_k^{m}P_k \tag{10.10}$$

式中，$\bar{\alpha}$ 为混合沙恢复饱和系数；$\eta_k=\bar{\omega}/\omega_k$ 为混合沙平均沉速与分组沙沉速之比；α_k、P_k 分别为第 k 粒径组悬移质恢复饱和系数及泥沙级配；N 为非均匀沙的分组数；m 为张瑞瑾水流挟沙力公式中的指数，由实测资料率定得到(张瑞瑾, 1961)。

上述计算方法在应用范围上存在一定的局限性，如韩其为公式(韩其为和陈绪坚, 2008)、王新宏公式(王新宏等, 2003)中有些参数需要人为确定，主观性较强，对计算结果影响较大；而韦直林公式(韦直林等, 1997)一般只适用于黄河中下游水库及河道的高含沙水流，且经验性较强；此外，上述计算方法均没有考虑床沙组成对悬沙恢复过程的影响。而长江中游近期床沙粗化较为显著，床沙组成中的细沙和中沙成分锐减，所以在计算分组悬沙恢复饱和系数时需要考虑床沙组成的影响。

10.3.2 计算方法的改进

针对长江中下游河道床沙组成中细沙、中沙成分大幅减少的情况，本节基于 Markov 随机过程及非均匀沙隐暴效应，改进了三态转移概率矩阵及悬沙落距计算方法；然后将改进的转移概率及悬沙落距代入泥沙连续方程，提出了考虑床沙组成影响的分组悬沙恢复饱和系数的计算方法。

1. 三态转移概率的确定

在一定的水流条件下，处于悬移状态的泥沙颗粒可与床面泥沙相互交换，由悬移状态 3(悬移质)变为推移状态 2(推移质)、静止状态 1(床沙)，或者继续保持悬移状态 3。同理，处于床面上的泥沙可能从静止状态变为推移或悬移状态；处于推移状态的推移质泥沙颗粒也可能变为静止状态或悬移状态。如图 10.7 所示，这一状态转移过程称为 Markov 随机过程。

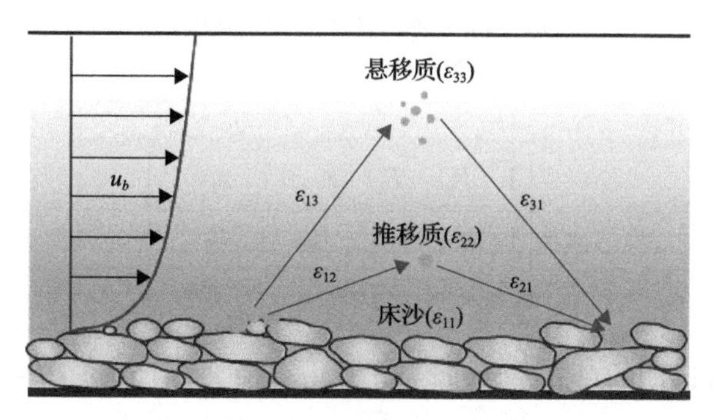

图 10.7　三态转移概率示意图

在已有研究中，一般只考虑床沙与推移质或者床沙与悬移质之间的交换(图 10.8)，即两态随机交换模型(Cheng and Chiew, 1999; Wu and Chou, 2003; Wu and Yang, 2004; Bose and Dey, 2013; Li et al., 2018)，但忽略了推移质与悬移质泥沙之间的交换过程及其对床沙调整过程的影响。因此，为了计算天然河流中的床沙交换过程，需要建立同时考虑床沙、推移质、悬移质转移概率的三态模型(图 10.8)；某一粒径组的三态转移概率矩阵 ε 可以表示为

$$\varepsilon = \begin{bmatrix} \varepsilon_{11} & \varepsilon_{12} & \varepsilon_{13} \\ \varepsilon_{21} & \varepsilon_{22} & \varepsilon_{23} \\ \varepsilon_{31} & \varepsilon_{32} & \varepsilon_{33} \end{bmatrix} \tag{10.11}$$

式中，ε_{ij} 为状态转移概率，表示泥沙颗粒由 i 状态转移到 j 状态的概率(其中，i,j=1,2,3，1 表示静止，2 表示推移，3 表示悬移)；在概率矩阵中，各行概率之和为 1。

Kuai 和 Tsai(2016)作出如下假设:①由推移状态转移到悬移状态的概率 ε_{23} 与泥沙起悬概率 P_S 近似相等，即 $\varepsilon_{23} \approx P_S$；②由悬移状态转移到静止状态的概率近似为 0，即 $\varepsilon_{31} \approx 0$；③天然河流中，时间间隔 Δt 假定为水深 h 与泥沙沉降速度 ω 之比，即 $\Delta t = h / \omega$。从而得到式(10.11)中某一粒径组泥沙三态转移概率 ε 的具体

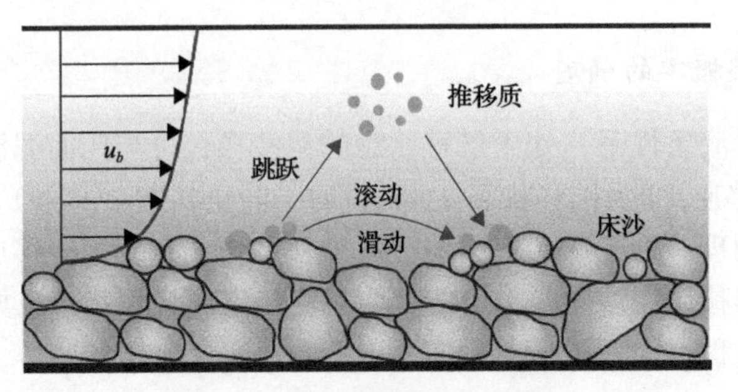

图 10.8　两态转移概率示意图

表达式：

$$\varepsilon=\begin{bmatrix}1-P_{\mathrm{T}} & P_{\mathrm{T}}-\varepsilon_{13} & \varepsilon_{13}\\ 1-\varepsilon_{12} & \varepsilon_{12}-P_{\mathrm{S}} & P_{\mathrm{S}}\\ 0 & \beta\varepsilon_{21} & 1-\beta\varepsilon_{21}\end{bmatrix} \tag{10.12}$$

式中，P_{T} 为泥沙运动的总概率(Kuai and Tsai, 2016)，且 $P_{\mathrm{T}}=P_{\mathrm{R}}+P_{\mathrm{S}}$ ，其中 P_{S} 为起悬概率，包括悬移和跳跃；P_{R} 为滚动概率(认为推移质泥沙以滚动形式进行)；β 为概率修正系数，且 $\beta=\varepsilon_{32}/\varepsilon_{21}$ 。但式(10.12)存在不足之处：①假设 $\varepsilon_{23}\approx P_{\mathrm{S}}$ 、$\varepsilon_{31}\approx 0$ 不合理；②该模型中的概率修正系数 β 需要用实测资料率定。而在天然河流中，在床沙-悬沙-推移质交换过程中，不能忽略悬沙对床沙的补给作用，即 $\varepsilon_{31}\neq 0$ 。

因此，将式(10.12)进一步改进，认为泥沙由推移状态转移到悬移状态的概率为 $\varepsilon_{23}=P_2(1-P_{\mathrm{R}})$ ，且泥沙由悬移状态转移到静止状态的概率为 $\varepsilon_{31}=1-P_3$ 。在三维矩阵中，首先确定对角线转移概率 ε_{11} 、ε_{22} 、ε_{33} ，及第一列转移概率 ε_{21} 、ε_{31} ；然后再根据各行概率之和为 1，确定矩阵中的其他转移概率值。具体步骤为：①在矩阵第一行，由于泥沙运动总概率为 P_{T} ，所以泥沙处于静止状态的概率为 $\varepsilon_{11}=1-P_{\mathrm{T}}$ ，且由床沙状态转移到悬移状态的概率为 $\varepsilon_{13}=P_{\mathrm{S}}$ ；②在矩阵第二行，已知泥沙的不止动概率为 P_2，所以泥沙由推移状态转移到静止状态的概率为 $\varepsilon_{21}=1-P_2$ ，且泥沙保持推移状态的概率为 $\varepsilon_{22}=P_{\mathrm{R}}P_2$ ；③在矩阵第二行，已知泥沙的不止悬概率为 P_3，所以泥沙由悬移状态转移到静止状态的概率为 $\varepsilon_{31}=1-P_3$ ，且泥沙保持滚动状态的概率为 $\varepsilon_{33}=P_{\mathrm{S}}P_3$ 。因此，修正后的某一粒径组泥沙三态转移概率矩阵 ε 为

$$\varepsilon=\begin{bmatrix}1-P_{\mathrm{T}} & P_{\mathrm{T}}-P_{\mathrm{S}} & P_{\mathrm{S}}\\ 1-P_2 & P_{\mathrm{R}}P_2 & P_2(1-P_{\mathrm{R}})\\ 1-P_3 & P_3(1-P_{\mathrm{S}}) & P_{\mathrm{S}}P_3\end{bmatrix} \tag{10.13}$$

式中，P_2为不止动概率，可根据式(10.7)进行计算；P_3为不止悬概率，可根据式(10.8)进行计算。

在式(10.13)中，参考韩其为和何明民(1999)、胡春宏(1998)等的研究，不止动概率与不止悬概率关系为

$$1-P_3=(1-P_S)(1-P_2) \tag{10.14}$$

将式(10.14)化简，则不止悬概率可以进一步表示为

$$P_3=P_2+(1-P_2)P_S \tag{10.15}$$

最后，在式(10.13)中，考虑隐暴效应的非均匀沙滚动概率、起悬概率(Li et al., 2018)分别为

$$P_R=\frac{1}{2}\left\{\frac{0.21-A}{|0.21-A|}\sqrt{1-\exp\left[-\left(\frac{0.46}{A}-2.2\right)^2\right]}-\frac{0.135-A}{|0.135-A|}\sqrt{1-\exp\left[-\left(\frac{0.295}{A}-2.2\right)^2\right]}\right\} \tag{10.16}$$

$$P_S=\frac{1}{2}\left\{1-\frac{0.21-A}{|0.21-A|}\sqrt{1-\exp\left[-\left(\frac{0.46}{A}-2.2\right)^2\right]}\right\} \tag{10.17}$$

式(10.16)、式(10.17)中，A为综合系数，$A=\sqrt{\xi\Theta C_L}$，ξ为非均匀沙隐暴系数，且$\xi=\sigma_g^{0.25}(d/d_m)^{0.5}$，$\sigma_g=\sqrt{d_{84.1}/d_{15.9}}$为非均匀系数，$d_m$为平均粒径，$\Theta$为水流强度参数，$\Theta=ghJ/(\rho_s-\rho)d$，$C_L$为上举力系数，一般取为0.4。

将式(10.16)、式(10.17)分别代入ε_{12}、ε_{13}、ε_{22}、ε_{23}及式(10.15)，可得改进后的三态转移概率矩阵$\boldsymbol{\varepsilon}$。

2. 悬沙落距的确定

在计算恢复饱和系数时，首先要确定悬沙落距大小。在已有研究中，悬沙落距一般按单宽流量与泥沙沉速之比(q/ω)进行确定，该方法一般只适用于层流，不适用于天然河流(韩其为和何明民,1997)。因此，本节首先基于泥沙运动理论，改进了适用于紊流条件下的悬沙落距的计算方法。

由图10.9所示，假定运动泥沙颗粒可由悬移状态直接转变为床沙，紊流中泥沙落距定义为悬移质泥沙在沉降过程中的运动步长或距离x_0，即运动泥沙起始点至床面接触点的水平距离。因此，对于某一粒径组悬沙来说，泥沙落距x_0可由下式确定：

$$\frac{\mathrm{d}x_0}{u}=\frac{\mathrm{d}z}{V_\mathrm{d}}=\frac{\mathrm{d}z}{E(\omega-v')} \tag{10.18}$$

式中，u 为纵向水流流速；v' 为垂向水流脉动流速。

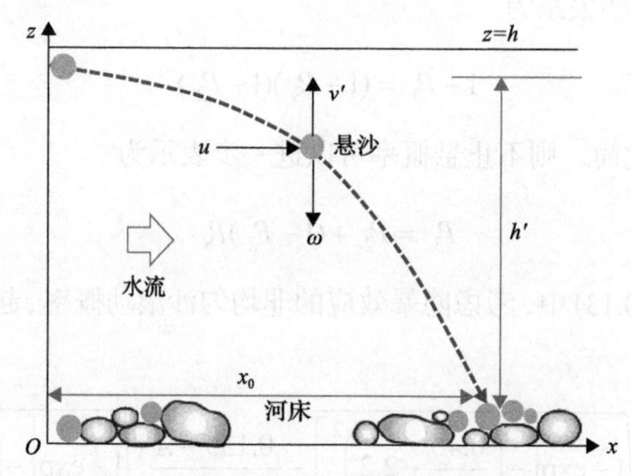

图 10.9　泥沙颗粒在紊流中的沉降轨迹

已知紊流中流速服从对数分布(韩其为和陈绪坚, 2008)，所以泥沙落距 x_0 为

$$x_0=\frac{1}{V_\mathrm{d}}\int_0^{h'}u\mathrm{d}z=\frac{q'}{V_\mathrm{d}} \tag{10.19}$$

式中，h' 为泥沙在紊流中的平均悬浮高度；q' 为自底部河床至平均悬浮高 h' 处的单宽流量；V_d 可按式(10.4)计算；η' 可按式(10.6)计算。参考韩其为的研究成果(韩其为和陈绪坚, 2008)，q' 服从对数分布：

$$\frac{q'}{q}=\eta'\left(1+\frac{u_*}{\kappa u}\ln\eta'\right) \tag{10.20}$$

式中，q 为单宽流量。

将式(10.20)代入式(10.19)，可以得到适用于天然河流的悬沙落距计算式，该式可以同时考虑泥沙颗粒间隐暴效应及水流随机性的综合影响：

$$x_0=K\frac{q}{\omega} \tag{10.21}$$

式中，$K=\sqrt{2\pi}\eta'(1-\varepsilon_{13})\left(1+\frac{u_*}{\kappa u}\ln\eta'\right)\Bigg/\frac{u_*}{\omega}\exp\left[-\frac{1}{2}\left(\frac{\omega}{u_*}\right)^2\right]+\sqrt{2\pi}(1-\varepsilon_{13})$。

3. 分组悬沙恢复饱和系数的计算方法

在单位时间及单位床面上，假定水流为二维恒定非均匀流，可由泥沙运动统计理论得到某一粒径组悬沙落淤到床面的泥沙颗粒数 N_1，以及从床面冲起的泥沙颗粒数 N_2；将 N_1 和 N_2 代入积分后的泥沙二维扩散方程，可以得到非均匀悬移质不平衡输移方程(韩其为和何明民, 1997)：

$$\mathrm{d}S/\mathrm{d}x = -\mu_1\varepsilon_{21}(1-\varepsilon_{13})(S-S_*) \tag{10.22}$$

式中，S 为某一粒径组含沙量；S_* 为某一粒径组水流挟沙力；ε_{21} 及 ε_{13} 为状态转移概率，可由前文提出的三态转移概率矩阵进行确定；$\mu_1 = 1/l_1$，且 l_1 为悬移质单步运动距离，$l_1 = q'(V_\mathrm{u}^{-1}+V_\mathrm{d}^{-1})$；$N_1$ 为与单宽流量、止动概率、止悬概率及含沙量有关的参数；N_2 为与止动概率、止悬概率及时间有关的参数。且在(10.22)式中，有

$$\alpha/x_0 = \mu_1\varepsilon_{21}(1-\varepsilon_{13}) \tag{10.23}$$

式中，x_0 为泥沙落距，可由(10.21)式计算。

将式(10.21)代入式(10.23)，可得某一粒径组悬沙恢复饱和系数的计算关系式为

$$\alpha = \frac{\sqrt{2\pi}\varepsilon_{21}(1-\varepsilon_{13})^2\left[\dfrac{\omega}{V_\mathrm{d}}+\dfrac{\omega}{V_\mathrm{u}}\right]^{-1}}{\dfrac{u_*}{\omega}\exp\left[-\dfrac{1}{2}\left(\dfrac{\omega}{u_*}\right)^2\right]+\sqrt{2\pi}(1-\varepsilon_{13})} \tag{10.24}$$

式中，ε_{21} 为泥沙从推移质转移到床沙状态的概率，且 $\varepsilon_{21}=1-P_2$。

由状态转移概率的定义可知，在三态(床沙、推移质、悬移质)转移概率矩阵 $\boldsymbol{\varepsilon}$ 中，ε_{13}、ε_{21} 分别为泥沙从床沙转移到悬移状态的概率、从推移质转移到床沙状态的概率。所以当考虑推移质的影响，不考虑床沙组成影响时，式(10.23)中的泥沙止动概率为 $\varepsilon_{21}(1-\varepsilon_{13})$(韩其为和陈绪坚, 2008)；既不考虑床沙组成影响，也不考虑推移质影响时，三态转移概率矩阵变为二维矩阵，泥沙止动概率为 $(1-\varepsilon_{13})$；而考虑床沙组成影响，不考虑推移质影响时，泥沙止动概率为 $P_\mathrm{a}(1-\varepsilon_{13})$。因此，当不考虑床沙交换过程中推移质的影响，但考虑床沙组成是否具备补给悬沙的条件时，某一粒径组悬沙恢复饱和系数的计算关系式可进一步表示为

$$\alpha = \frac{\sqrt{2\pi}P_\mathrm{a}(1-\varepsilon_{13})^2\left(\dfrac{\omega}{V_\mathrm{d}}+\dfrac{\omega}{V_\mathrm{u}}\right)^{-1}}{\dfrac{u_*}{\omega}\exp\left[-\dfrac{1}{2}\left(\dfrac{\omega}{u_*}\right)^2\right]+\sqrt{2\pi}(1-\varepsilon_{13})} \tag{10.25}$$

式中，P_a为床沙中某一粒径组泥沙所占比重；V_d为泥沙颗粒平均下降速度，可按式(10.4)计算；V_u为泥沙颗粒平均上升速度，可按式(10.5)计算；ε_{13}为泥沙从床沙转移到悬沙状态的概率，且$\varepsilon_{13}=P_s$，可由式(10.17)计算。

而既不考虑床沙交换过程中推移质的影响，也不考虑床沙组成是否具备补给悬沙的条件时，式(10.25)可以表示为

$$\alpha=\frac{\sqrt{2\pi}(1-\varepsilon_{13})^2\left(\dfrac{\omega}{V_u}+\dfrac{\omega}{V_d}\right)^{-1}}{\dfrac{u_*}{\omega}\exp\left[-\dfrac{1}{2}\left(\dfrac{\omega}{u_*}\right)^2\right]+\sqrt{2\pi}(1-\varepsilon_{13})} \tag{10.26}$$

由式(10.25)可以看出，恢复饱和系数α与床沙组成、转移概率ε_{21}及ε_{13}、沉速ω及悬移质颗粒上升或下降的速度等因素有关；且与ε_{21}及$1-\varepsilon_{13}$成正比，与悬移质颗粒上升或下降速度亦成正比。当床沙组成一定时，本节通过式(10.25)计算分析了不同粒径组α与泥沙粒径d及悬浮指标Z之间的变化关系，如图10.10和图10.11所示。

图10.10表示在不同ω/u_*(沉速与摩阻流速之比)取值情况下，α随泥沙粒径d的变化曲线。由图10.10可以看出，当$\omega/u_*\leqslant c$时($0.001\leqslant c\leqslant 0.01$)，$\alpha$随着泥沙粒径$d$的先减小，然后趋于某一定值($\alpha\approx 0.001$)；当$\omega/u_*>c$时，$\alpha$先趋于某一定值，然后随着泥沙粒径$d$增大逐渐减小，最后亦趋于定值。当$\omega/u_*$一定的情况下，图10.10之所以出现拐点，是因为泥沙颗粒大于或者小于某粒径时，泥沙粒径d已不是影响α的主要因素；这时α主要受悬浮指标Z的影响，图10.11也可以解释这一现象。

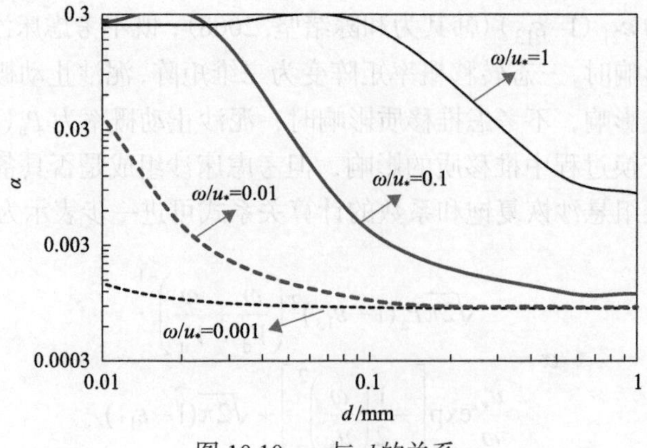

图10.10　α与d的关系

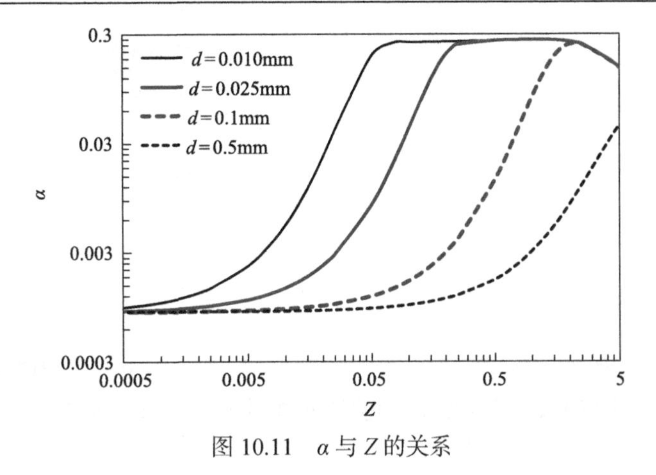

图 10.11　α 与 Z 的关系

图 10.11 表示在不同泥沙粒径 d 时，α 随悬浮指标 Z 的变化曲线。由图 10.11 可以看出，当泥沙粒径 d 小于 0.1mm 时，随着悬浮指标 Z 的增大，α 先逐渐增大，再趋于定值 0.30，最后当悬浮指标大于 2 时逐渐减小；当泥沙粒径 d 大于 0.1mm 时，α 随着悬浮指标 Z 增大先增大后减小。在图 10.11 中，α 之所以会随着悬浮指标 Z 的增大先增大后减小，是因为在摩阻流速 u_* 一定时，泥沙沉速 ω 越小，说明对应的泥沙粒径 d 越小，进而该粒径组床沙所受到的隐暴效应越大，泥沙颗粒就越难起动或起悬。

为了分析式(10.25)与韩其为公式(式(10.3))的区别，图 10.12 给出了不同工况下韩其为公式计算结果，分别为 α 与 d 及 Z 之间的变化关系。由于近期荆江河段河床处于持续冲刷状态，所以取韩其为公式中的非饱和调整系数 C=1.5，$C>1$ 表示冲刷状态。可以看出，当 C=1.5 时，恢复饱和系数计算值 α 都在区间(0.01,9)内变化，取值范围远远大于式(10.25)的计算结果，这主要与非饱和调整系数 C 有关。另外，由图 10.12(a)可以看出，α 与泥沙粒径 d 之间的变化关系与图 10.10 类似；即当 ω / u_* 一定时，α 随着泥沙粒径 d 的增大逐渐减小。而当泥沙粒径 d 一定时，图 10.12(b)中恢复饱和系数 α 与悬浮指标 Z 之间的变化关系较为复杂；例如当 d=0.01mm 或 d = 0.1mm 时，α 先随着 Z 的增大先减小再增大，然后再逐渐减小；而当 d = 0.025mm 或 d = 0.5mm 时，α 随着 Z 的增大先减小再逐渐增大。

由以上分析可知，虽然韩其为公式计算范围较大，但需要人为确定与河床冲淤状态有关的非饱和调整系数 C，主观性较强，对计算结果的影响较大。此外，式(10.25)只与一般的水流或泥沙参数有关，可以减少主观调参的误差，同时可以考虑床沙组成对悬沙恢复过程的影响，可同时适用于床沙级配范围较宽的卵石夹沙河床和粒径变化范围较小的沙质河床，这也是式(10.25)与韩其为公式的主要区别。

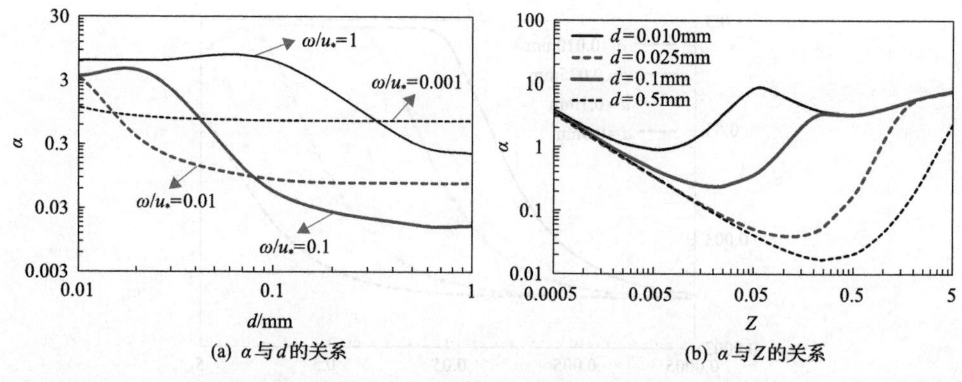

图 10.12 韩其为公式计算结果(韩其为和何明民, 1997)

10.3.3 公式验证及分析

1. 卵石夹沙河段验证分析

1) 计算条件

长江中游的推移质输沙量甚微，其中枝城站推移质输沙率仅占悬移质输沙量的 2.1%左右，所以本节在计算恢复饱和系数时暂不考虑推移质的影响。读者在应用式(10.25)时，可根据实际河道输沙过程，考虑推移质对悬沙输移过程的影响；在考虑推移质的影响后，恢复饱和系数计算值会相对偏小($0.7<\varepsilon_{21}<1$)。以枝城站为例，验证式(10.25)在卵石夹沙河段的适用性，卵石夹沙河段床沙粗化程度较高，床沙级配范围较宽。表 10.2 给出了枝城站 2017 年实测流量、含沙量、水深、断面平均流速及水面比降等水沙计算条件的变化范围。可以看出，枝城站 2017 年日均流量介于 6530～30000m^3/s，日均含沙量介于 0.003～0.079kg/m^3；平均水深介于 11.4～17.2m；断面平均流速介于 0.46～1.36m/s；水面比降介于 2.60×10^{-5}～4.92×10^{-5}。其中，本节流速 U、水深 h 为对应计算时段的水流参数平均值，分组粒径 d_k 为加权平均值，恢复饱和系数实测值为式(2.25)的反算值。

表 10.2 枝城站 2017 年实测流量、含沙量、水深、流速及水面比降变化范围

水文站	计算时段	流量/(m^3/s)	含沙量/(kg/m^3)	水深/m	流速/(m/s)	比降/10^{-5}
枝城站	枯水	6530～8280	0.004～0.005	11.4～11.5	0.46～0.48	3.99～4.19
	涨水	7810～19900	0.003～0.009	11.9～14.8	0.53～1.03	4.35～4.80
	洪水	8740～28700	0.005～0.060	12.2～16.6	0.56～1.32	2.60～4.92
	落水	6630～30000	0.003～0.079	11.5～17.2	0.48～1.36	4.55～4.85

需说明，为了分析水文年内不同时段的悬沙恢复特性及变化特点，将某一水文年按水位变化过程划分为枯水期、涨水期、洪水期及落水期等四个计算时段，

其中 2017 年各计算时段划分结果如图 10.13 所示。

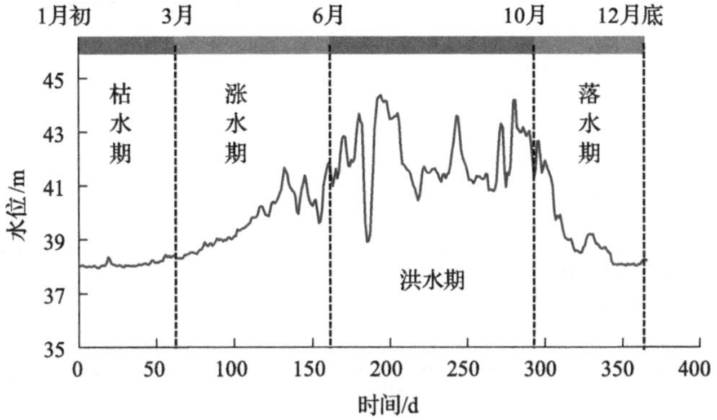

图 10.13　枝城站 2017 年计算时段划分情况

2) 不同公式计算结果与对比分析

利用枝城站 2017 年实测流量过程、床沙级配、含沙量及悬移质级配资料，运用式(10.25)及式(10.26)计算了枝城断面分组悬沙在枯水期、涨水期、洪水期及落水期对应的恢复饱和系数，并与韩其为公式进行比较(式(10.3))。表 10.3 给出了枝城站 2017 年各计算时段细沙、中沙和粗沙恢复饱和系数中主要参数计算结果。

表 10.3　枝城站 2017 年各计算时段恢复饱和系数中主要参数计算结果

时段	水流条件				细沙				中沙				粗沙			
	U	h	$J/10^{-5}$	u_*	ω	ε_{13}	V_u	V_d	ω	ε_{13}	V_u	V_d	ω	ε_{13}	V_u	V_d
枯水	0.57	9.35	4.3	0.063	—	—	—	—	—	—	—	—	0.19	1×10^{-3}	0.018	0.188
涨水	0.88	8.96	4.5	0.063	—	—	—	—	0.049	0.22	0.04	0.07	0.29	2×10^{-6}	0.013	0.295
洪水	1.52	12.88	5.8	0.085	0.02	0.40	0.06	0.08	0.058	0.25	0.05	0.09	0.34	3×10^{-5}	0.019	0.343
落水	0.69	9.33	4.1	0.062	—	—	—	—	—	—	—	—	0.19	8×10^{-4}	0.017	0.194

计算 α_k 时，分为三种情况：①考虑床沙组成的影响，忽略推移质的影响，即式(10.25)；②不考虑床沙组成的影响，忽略推移质的影响，即式(10.26)中不包含床沙组成项；③不考虑床沙组成的影响，考虑推移质的影响，即韩其为公式(式(10.3))，以上计算结果如图 10.14 所示。

由图 10.14(a)可以看出，2017 年床沙组成中细沙占比很小，且只存在于洪水期，其他计算时段几乎可以忽略；因此，在枯水期、涨水期及落水期，枝城站悬移质中的细沙成分不能在恢复过程中从床沙中得到补给。韩其为公式计算的细沙恢复饱和系数取值区间为(1.02，1.91)，不考虑床沙组成时(式(10.26))的计算值在 0.27 附近变化，只有考虑床沙组成时(式(10.25))的计算值与实测值符合较好；

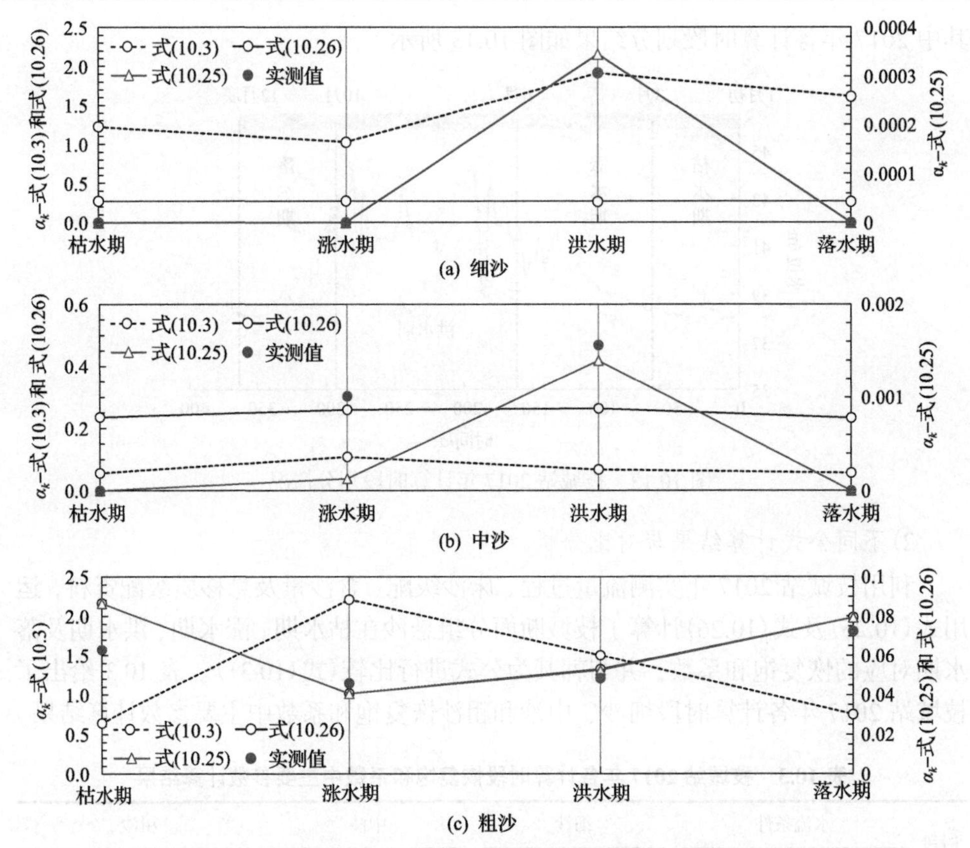

图 10.14　枝城站 2017 年各时段恢复饱和系数计算结果对比

式(10.26)计算值偏大的原因，主要是由于随着水流不断冲刷河床，床沙不断粗化，细沙成分越来越少；而式(10.26)没有考虑床沙调整过程的影响，只与泥沙粒径、悬浮指标及止动概率、止悬概率有关，只适用于计算床沙相对均匀的特定断面的悬沙恢复过程。

由图 10.14(b)可以看出，韩其为公式计算的中沙恢复饱和系数取值区间为(0.06,0.11)，不考虑床沙组成时(式(10.26))的计算值在区间(0.23,0.26)内变化，与实测值相比误差较大；考虑床沙组成时(式(10.25))的计算值在区间(0.0001,0.0014)内变化，与中沙恢复饱和系数实测值区间(0.001,0.0014)较为吻合。但对于图 10.14(c)中的粗沙来说，式(10.25)、式(10.26)计算结果较为接近，且均与实测值符合较好，计算精度较高；韩其为公式计算值取值范围为(0.64,2.21)，变化范围较大，明显偏离恢复饱和系数实测值。

另外，不考虑床沙组成影响时，枝城断面计算的分组悬沙恢复饱和系数 α_k 存在如下关系：$\alpha_{细沙} > \alpha_{中沙} > \alpha_{粗沙}$，即恢复饱和系数随着泥沙粒径的增大而减小；而考虑床沙组成影响时，枝城断面计算的分组悬沙恢复饱和系数 α_k 存在如下关系：

$\alpha_{细沙}<\alpha_{中沙}<\alpha_{粗沙}$，即恢复饱和系数随着泥沙粒径的增大而增大，床沙组成对计算结果影响加大。

综上所述，床沙组成对细沙和中沙恢复饱和系数计算结果影响较大，而对粗沙影响较小；这主要是因为三峡工程运用后，枝城断面床沙随着次饱和水流的不断冲刷发生粗化，从而造成床沙组成中的细沙和中沙成分所占比重很小，粗沙的比重较大(约为 97%)。

2. 沙质河段验证分析

1)计算条件

以沙市、监利站为例，验证本章公式式(10.25)在沙质河段的适用性；相对于卵石夹沙河段来说，沙质河段床沙粒径相对均匀，粒径范围窄，粗化程度低。另外，由于荆江河段沙市站推移质输沙量约占总输沙量的 6.2%，监利站推移质输沙量占总输沙量的 6.4%左右，泥沙输移的主要形式为悬移质，所以在计算恢复饱和系数时同样不考虑推移质的影响。表 10.4 给出了 2017 年沙市、监利站的实测流量、含沙量、水深、断面平均流速及水面比降等水沙计算条件的变化范围。可以看出，沙市站日均流量介于 6560～26000m^3/s，日均含沙量介于 0.009～0.099kg/m^3；平均水深介于 6.6～15.1m；断面平均流速介于 0.69～1.59m/s；水面比降介于 $1.17\times10^{-5}\sim5.21\times10^{-5}$。监利站日均流量介于 6630～23100m^3/s，日均含沙量介于 0.008～0.159kg/m^3；平均水深介于 6.5～15.5m；断面平均流速介于 0.51～1.70m/s；水面比降介于 $0.64\times10^{-5}\sim4.85\times10^{-5}$。

表 10.4　2017 年沙市及监利站实测流量、含沙量、水深、流速及水面比降变化范围

水文站	时段	流量/(m^3/s)	含沙量/(kg/m^3)	水深/m	流速/(m/s)	比降/10^{-5}
沙市	枯水	6560～7120	0.013～0.036	7.1～8.1	0.94～0.99	4.87～5.21
	涨水	7520～17000	0.012～0.071	7.1～11.7	0.98～1.3	3.78～4.89
	洪水	8800～23600	0.016～0.099	10.4～15.1	0.69～1.46	1.17～4.09
	落水	6760～26000	0.009～0.093	6.6～14.4	0.95～1.59	3.39～5.18
监利	枯水	6630～7600	0.034～0.060	7.4～7.6	0.93～1.01	3.55～4.04
	涨水	7470～16400	0.015～0.091	7.6～11.5	0.87～1.34	2.44～4.00
	洪水	9200～22500	0.008～0.159	10.9～15.5	0.51～1.63	0.64～4.37
	落水	6900～23100	0.047～0.151	6.5～12.5	1.02～1.70	3.30～4.85

同样将沙市、监利站某一水文年按水位变化过程划分为枯水期、涨水期、洪水期及落水期等四个计算时段。结合沙市、监利站 2017 年实测流量过程、床沙级配、含沙量、悬移质级配资料，运用式(10.25)和式(10.26)分别计算了沙市站(荆

42）和监利站（荆 144）断面分组悬沙在枯水期、涨水期、洪水期及落水期对应的恢复饱和系数取值及其变化特点。表 10.5 给出了沙市、监利站 2017 年各计算时段细沙、中沙和粗沙恢复饱和系数中主要参数计算结果。为了验证公式的合理性及计算精度，在运用式（10.25）和式（10.26）计算 α_k 时，分为两种情况：①不考虑床沙组成的影响，忽略推移质的影响，即式（10.26）中不包含床沙组成项，计算结果如图 10.15 所示；②考虑床沙组成的影响，忽略推移质的影响，即式（10.26），计算结果如图 10.16 所示。

表 10.5　沙市、监利站 2017 年各计算时段恢复饱和系数中主要参数计算结果

断面	时段	水流条件				细沙				中沙				粗沙			
		U	h	$J/10^{-5}$	u_*	ω	ε_{13}	V_u	V_d	ω	ε_{13}	V_u	V_d	ω	ε_{13}	V_u	V_d
沙市	枯水	0.96	7.7	5.4	0.064	0.030	0.317	0.042	0.064	0.059	0.18	0.035	0.079	0.119	0.032	0.025	0.124
	涨水	1.10	9.5	4.6	0.065	0.029	0.325	0.043	0.064	0.058	0.19	0.036	0.079	0.121	0.032	0.025	0.125
	洪水	1.20	12.8	4.1	0.072	0.025	0.361	0.049	0.067	0.057	0.21	0.041	0.084	0.126	0.040	0.029	0.132
	落水	1.00	7.70	4.5	0.058	0.027	0.322	0.038	0.058	0.058	0.16	0.031	0.075	0.126	0.015	0.021	0.128
监利	枯水	0.96	7.5	3.9	0.053	0.030	0.284	0.033	0.056	0.060	0.129	0.027	0.073	0.12	0.012	0.018	0.122
	涨水	1.10	10.1	3.5	0.059	0.030	0.305	0.037	0.059	0.058	0.159	0.031	0.075	0.120	0.021	0.022	0.123
	洪水	1.18	13.0	3.5	0.067	0.026	0.347	0.045	0.064	0.060	0.184	0.036	0.082	0.119	0.037	0.027	0.125
	落水	1.11	8.5	4.3	0.060	0.028	0.323	0.039	0.059	0.058	0.166	0.032	0.076	0.124	0.020	0.022	0.127

2）不考虑床沙组成影响时恢复饱和系数计算与分析

由图 10.15 可以看出，不考虑床沙组成影响时，沙市和监利断面计算的分组悬沙恢复饱和系数 α_k 有如下规律：①$\alpha_{细沙} > \alpha_{中沙} > \alpha_{粗沙}$，即恢复饱和系数随着泥沙粒径的增大而减小。②$\alpha_k$ 在各计算时段的变化过程与悬沙分组有关；细沙对应的恢复饱和系数在各计算时段变化很小，即恢复饱和系数与划分的计算时段关系较小，并趋于某一常数；中沙和粗沙对应的恢复饱和系数在各计算时段的变化较细沙明显，沙市断面表现为 $\alpha_{洪水} > \alpha_{涨水} > \alpha_{枯水} > \alpha_{落水}$，监利断面表现为 $\alpha_{洪水} > \alpha_{落水} > \alpha_{涨水} > \alpha_{枯水}$，但粗沙对应的恢复饱和系数变化较中沙明显，同时也大致表现出冲刷时段的恢复饱和系数较淤积时大的规律（$\alpha_{冲刷} > \alpha_{淤积}$）。③除落水期外，沙市断面在各计算时段得到的 α_k 大于监利断面，即 $\alpha_{沙市} > \alpha_{监利}$，这是因为在不考虑床沙组成影响时，距离三峡工程越近，水流对河床的冲刷越剧烈，床沙对悬沙的补给就越多；此时，水流条件及泥沙粒径 d 是决定悬沙沿程恢复快慢的主要因素。④在不考虑床沙组成时，沙市和监利断面 α_k 的计算值都在 0.12～0.27 变化。

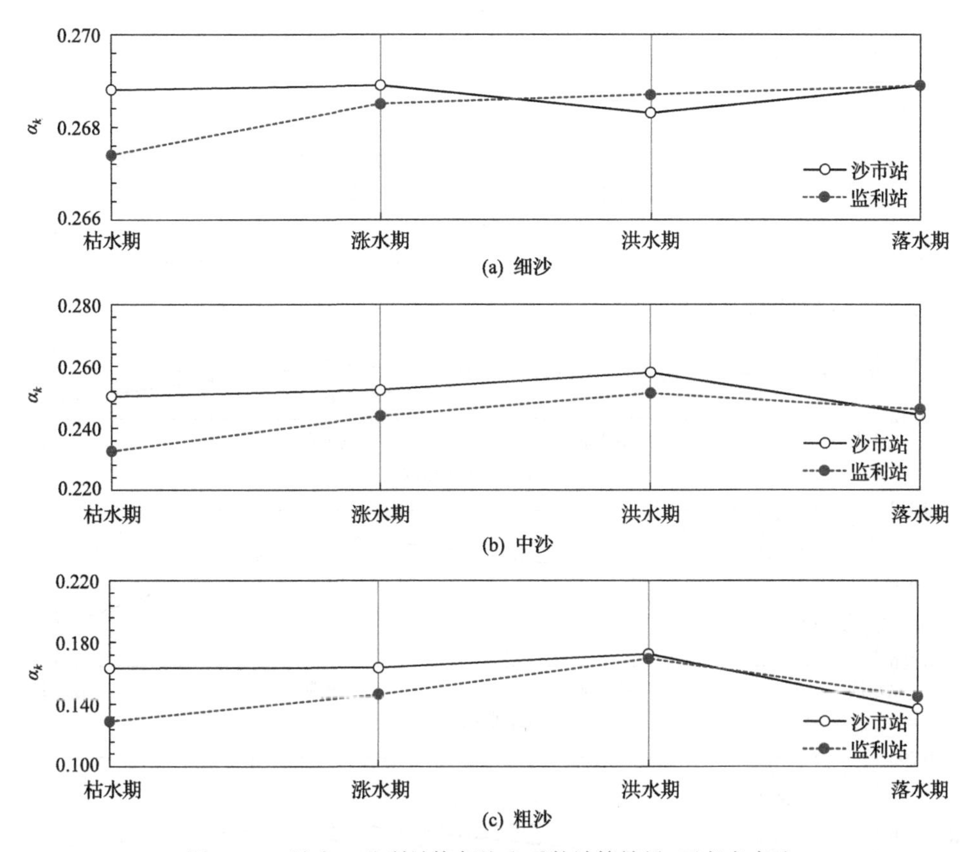

图 10.15　沙市、监利站恢复饱和系数计算结果-不考虑床沙

3) 考虑床沙组成影响时恢复饱和系数计算与分析

另外，本节还运用河床变形方程式(2.25)计算了沙市和监利断面分组悬沙在枯水期、涨水期、洪水期及落水期对应的恢复饱和系数，并与不考虑床沙组成的计算结果进行对比，如图 10.16 所示；由于细沙恢复饱和系数计算值与实测值始终为 0，所以在图中没有给出。可以看出，除中沙对应的个别计算值外，运用式(10.25)和式(2.25)计算的细沙和中沙各时段的恢复饱和系数近似相等，且两种方法计算的粗沙各时段的恢复饱和系数符合较好，但式(2.25)个别计算值为负，与实际不符。式(10.25)计算的分组悬沙恢复饱和系数 α_k 随泥沙粒径的增大而减小，除细沙外，中沙和粗沙在各时段的恢复饱和系数变化规律与式(10.25)计算结果相同；而式(2.25)的个别计算结果为负值，无明显变化规律，随机性较强。另外，由于在计算恢复饱和系数时，没有考虑冲泻质的影响，所以用式(10.25)和式(2.25)两种方法计算的细沙恢复饱和系数都为 0，但这并不代表该河段在此时刻不能得到细沙的补给。

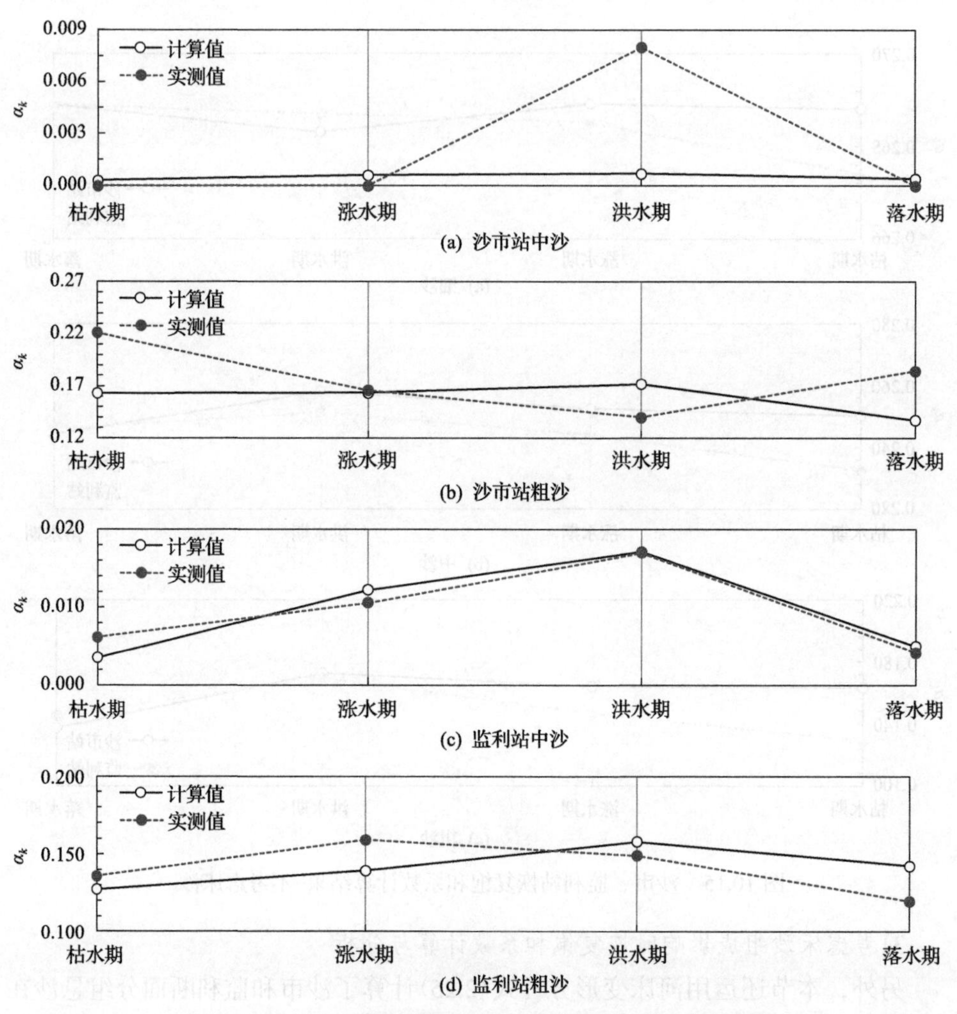

图 10.16　沙市、监利站恢复饱和系数计算结果-考虑床沙

在考虑床沙组成时(式(10.25))，沙市和监利断面计算的分组悬沙恢复饱和系数 α_k 有如下规律：①沙市和监利断面 α_k 计算值分别在 0.0003～0.1718、0.0035～0.1579 变化(细沙除外，细沙计算值与实测值均为 0)；且存在 $\alpha_{细沙} < \alpha_{中沙} < \alpha_{粗沙}$，即恢复饱和系数随着泥沙粒径的增大而增大，与图 10.15 得出的结论相反；这里恢复饱和系数随着泥沙粒径的增大而增大的结果只是一种表面现象，不是因为泥沙粒径变大导致恢复饱和系数增大，而是因为在考虑床沙组成时，床沙会随着次饱和水流的不断冲刷发生粗化，造成沙市和监利断面 2017 年实测床沙组成中细沙、中沙所占比重很小，粗沙的比重较大，进而导致式(10.25)中细沙和中沙对应的床沙组成项很小，粗沙对应的床沙组成项接近 1；所以在其他条件不变的情况下，沙市和监利断面中细沙、中沙对应的 α_k 计算值很小，而粗沙对应的 α_k 计算值

较大，且与式(10.26)的计算结果相比变化很小。②除落水期外，沙市断面粗沙在各计算时段得到的 α_k 同样大于监利断面，即 $\alpha_{沙市}>\alpha_{监利}$，与图 10.16 结论相同；但中沙的计算结果与粗沙相反，即 $\alpha_{沙市}<\alpha_{监利}$；之所以出现这种现象，是因为考虑床沙组成的影响后，床沙组成或粗化程度成为决定悬沙沿程恢复快慢的主要因素，而沙市的床沙粗化程度大于监利断面；即沙市断面粗沙所占比重大于监利断面，但同时沙市断面中沙所占比重却小于监利断面。另外，结合实测水沙资料分析发现，三峡工程运用后荆江河段各粒径组悬沙含沙量在该河段都得到了不同程度的恢复，但不同粒径组悬沙恢复特点不同，其中细沙和中沙沿程恢复缓慢，而粗沙沿程恢复较快，并且沙市断面的恢复速度大于监利断面，这也主要与该河段床沙组成有关。

3. 对比分析

由图 10.15 和图 10.16 计算结果可知，考虑床沙组成时，沙市断面细沙和中沙在各计算时段的恢复饱和系数近似为 0，与考虑床沙组成时的计算结果相比变化较大，粗沙计算结果与不考虑床沙组成时的计算结果近似相等；监利断面细沙在各计算时段的恢复饱和系数近似为 0，中沙很小，两者计算结果与图 10.15 计算结果相比也发生了显著变化，而粗沙计算结果与相差不大。造成这种现象的原因有两个方面：①在不考虑床沙组成时，影响分组恢复饱和系数的主要因素为泥沙粒径 d、悬浮指标 Z 及止动概率、止悬概率等，而沙市和监利断面的水流计算参数差别不大。②当考虑了床沙组成的影响后，床沙组成项成为决定分组恢复饱和系数大小的主要因素，而沙市和监利断面实测床沙级配中细沙、中沙成分较少，但悬移质泥沙主要由细沙和中沙组成(熊海滨等, 2020)；所以，床沙只能补给悬沙中的粗沙成分，而不能为悬沙中细沙和中沙的沿程恢复提供补给作用，其中沙市、监利站 2017 年部分计算时段对应的床沙及悬沙级配如图 10.17。

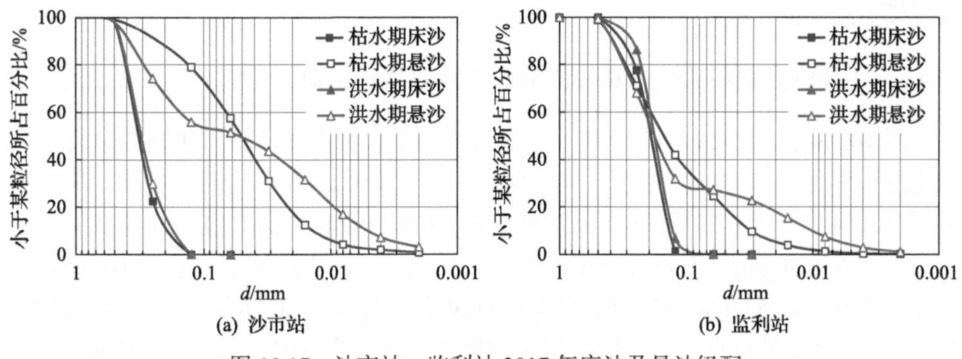

图 10.17　沙市站、监利站 2017 年床沙及悬沙级配

另外，通过对比卵石夹沙河段及沙质河段各水文站的恢复饱和系数计算结果，

可以看出，由于三个计算断面(枝城站、沙市站、监利站)床沙粗化严重，床沙组成中的细沙、中沙和粗沙成分差异较大，所以床沙组成对各断面悬沙恢复系数计算结果影响较大。当不考虑床沙组成影响时，该河段细沙、中沙及粗沙恢复饱和系数计算结果较为接近，计算值差异很小。当考虑床沙组成影响时，该河段细沙和中沙恢复饱和系数计算结果在不同计算断面差异较小，但远远小于不考虑床沙组成时的计算值；粗沙恢复饱和系数计算结果在不同计算断面变化明显，但与不考虑床沙组成时的计算值差异较小。另外，由于卵石夹沙河段床沙粗化程度大于沙质河段，卵石夹沙河段悬沙恢复速度小于沙质河段。

10.4　不同恢复饱和系数计算模式对悬沙模拟结果的影响

在以上研究的基础上，本节将前文提出的不同河床组成条件下恢复饱和系数计算模式应用到一维水沙模型中，并初步应用于荆江河段，分析了不同恢复饱和系数计算方法对荆江河段 2016 年悬沙恢复过程模拟结果的影响，模型算例设置如表 10.6 所示。

表 10.6　模型算例设置情况

序号	年份	恢复饱和系数计算方法
算例 1	2016	由式(10.25)确定-考虑床沙组成
算例 2	2016	由式(10.26)确定-不考虑床沙组成

由表 10.6 可知，算例 1 为本章提出的床沙补给受限条件下悬沙沿程恢复数值模型，其中恢复饱和系数计算方法为式(10.25)，适用于沿程床沙补给受限的情况。算例 2 中恢复饱和系数计算方法为不考虑床沙组成影响的式(10.26)。因此，通过对比算例 1 和算例 2 的计算结果，可分析不同恢复饱和系数计算方法对悬沙沿程恢复模拟结果的影响。

10.4.1　不同恢复饱和系数计算模式对总含沙量模拟结果的影响

图 10.18 给出了 2016 年沙市及监利站算例 1 和算例 2 计算与实测的总含沙量变化过程对比结果。可以看出，对于算例 2，沙市站 2016 年实测的最小、最大和平均含沙量分别为 0.011kg/m^3、0.328kg/m^3、0.037kg/m^3，而对应的计算特征含沙量分别为 0.010kg/m^3、0.153kg/m^3、0.023kg/m^3，计算与实测特征含沙量的相对误差分别为 9.1%、53.4%、37.4%，平均相对误差为 33.3%，总体相对误差为 32.7%。监利站 2016 年实测的最小、最大和平均含沙量分别为 0.021kg/m^3、0.210kg/m^3、0.077kg/m^3，而对应的计算特征含沙量分别为 0.018kg/m^3、0.155kg/m^3、0.046kg/m^3，计算与实测特征含沙量的相对误差分别为 14.3%、26.2%、40.9%，平均相对误差

为 27.1%，总体相对误差为 49.4%。与算例 2 相比，算例 1 中沙市站计算值的相对误差、总体误差分别降低了 5.2%、11.5%，而监利站计算值的相对误差、总体误差分别降低了 8.8%、16.6%。

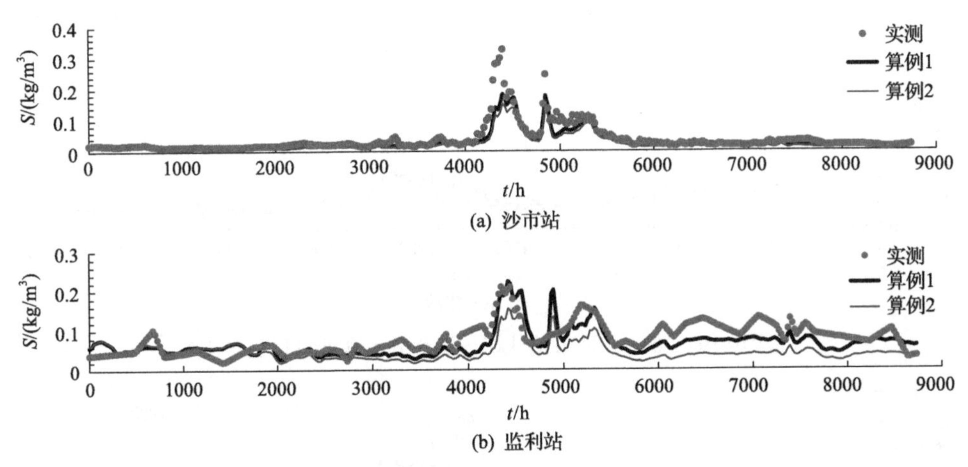

图 10.18　2016 年荆江河段算例 1 及算例 2 计算与实测含沙量过程对比

10.4.2　不同恢复饱和系数计算模式对分组含沙量模拟结果的影响

图 10.19 和图 10.20 给出了 2016 年沙市及监利站算例 1 和算例 2 计算与实测的分组含沙量(细沙、中沙和粗沙)变化过程对比结果。可以看出，对于算例 1，沙市站 2016 年实测的细沙最小、最大和平均含沙量分别为 0.005kg/m^3、0.136kg/m^3、0.028kg/m^3，而对应的计算特征含沙量分别为 0.001kg/m^3、0.139kg/m^3、0.014kg/m^3，计算与实测特征含沙量的相对误差分别为 78%、2.2%、51.3%，平均相对误差为 43.8%。实测中沙最小、最大和平均含沙量分别为 0.005kg/m^3、0.018kg/m^3、0.008kg/m^3，而对应的计算特征含沙量分别为 0.002kg/m^3、0.032kg/m^3、0.005kg/m^3，计算与实测特征含沙量的相对误差分别为 55.9%、79.8%、42.3%，平均相对误差为 59.4%。实测粗沙最小、最大和平均含沙量分别为 0.002kg/m^3、0.037kg/m^3、0.014kg/m^3，而对应的计算特征含沙量分别为 0.005kg/m^3、0.033kg/m^3、0.01kg/m^3，计算与实测特征含沙量的相对误差分别为 192%、10.8%、29.8%，平均相对误差为 77.7%。

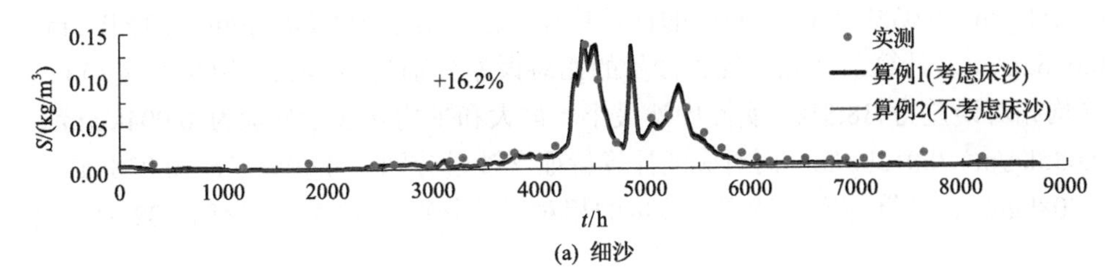

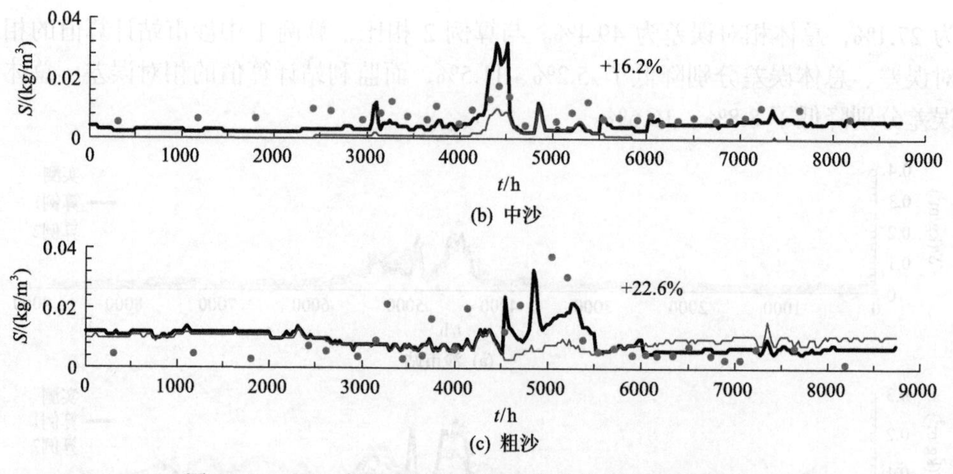

图 10.19　2016 年沙市站计算与实测分组含沙量过程对比

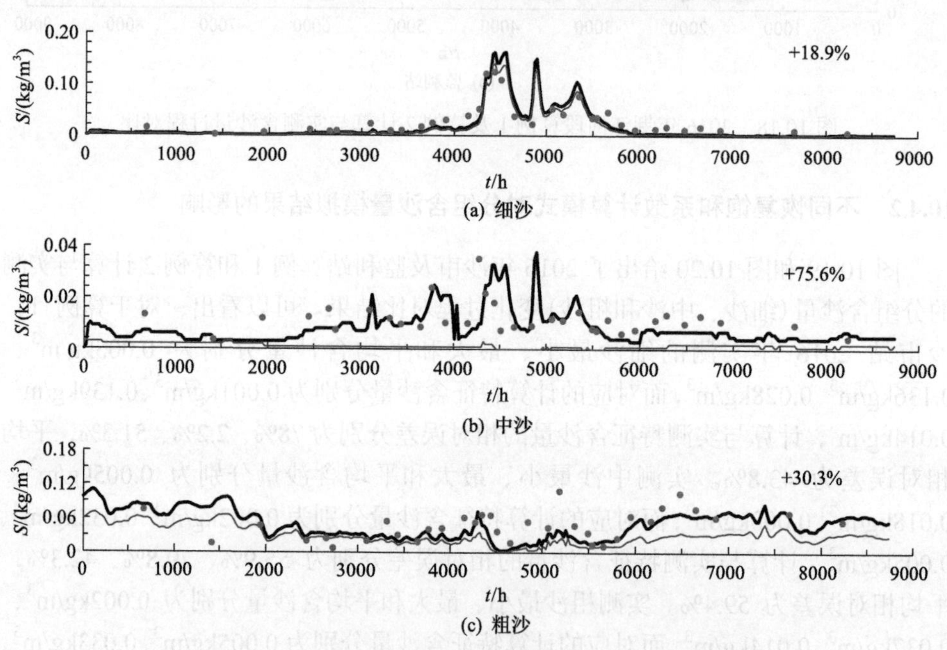

图 10.20　2016 年监利站计算与实测分组含沙量过程对比

此外，监利站 2016 年实测的细沙最小、最大和平均含沙量分别为 0.002kg/m^3、0.125kg/m^3、0.032kg/m^3，而对应的计算特征含沙量分别为 0.001kg/m^3、0.164kg/m^3、0.016kg/m^3，计算与实测特征含沙量的相对误差分别为 35.4%、30.8%、49.1%，平均相对误差为 38.5%。实测中沙最小、最大和平均含沙量分别为 0.004kg/m^3、0.035kg/m^3、0.012kg/m^3，而对应的计算特征含沙量分别为 0.004kg/m^3、0.038kg/m^3、0.008kg/m^3，计算与实测特征含沙量的相对误差分别为 13.4%、7.4%、32.5%，平均相对误差为 17.7%。实测粗沙最小、最大和平均含沙量分别为 0.007kg/m^3、0.109kg/m^3、0.047kg/m^3，而对应的计算特征含沙量分别为 0.003kg/m^3、0.110kg/m^3、0.050kg/m^3，计算与实测特征含沙量的相对误差分别为 60%、1.2%、5.4%，平均相对误差为 22.1%。

对于算例 2，沙市站 2016 年计算的细沙特征含沙量分别为 0kg/m^3、0.132kg/m^3、0.012kg/m^3，计算与实测特征含沙量的相对误差分别为 100%、23.8%、56.4%，平均相对误差为 60%。计算的中沙特征含沙量分别为 0kg/m^3、0.011kg/m^3、0.001kg/m^3，计算与实测特征含沙量的相对误差分别为 100%、38.2%、88.7%，平均相对误差为 75.6%。计算的粗沙特征含沙量分别为 0.003kg/m^3、0.016kg/m^3、0.009kg/m^3，计算与实测特征含沙量的相对误差分别为 75.4%、56.8%、33%，平均相对误差为 55.1%。此外，监利站 2016 年计算的细沙特征含沙量分别为 0kg/m^3、0.142kg/m^3、0.013kg/m^3，计算与实测特征含沙量的相对误差分别为 100%、13.2%、58.9%，平均相对误差为 57.4%。计算的中沙特征含沙量分别为 0kg/m^3、0.003kg/m^3、0.001kg/m^3，计算与实测特征含沙量的相对误差分别为 100%、91.5%、88.3%，平均相对误差为 93.3%。计算的粗沙特征含沙量分别为 0.00kg/m^3、0.07kg/m^3、0.031kg/m^3，计算与实测特征含沙量的相对误差分别为 86.6%、35.6%、35.2%，平均相对误差为 52.4%。

对比算例 1 及算例 2 计算结果(图 10.19 和图 10.20)可知，当恢复饱和系数中考虑了床沙组成的影响后，算例 1 中 2016 年监利站细沙、中沙、粗沙组分计算精度较算例 2 分别提高了 18.9%、75.6%和 30.3%。

综上所述，算例 1 总含沙量及分组含沙量模拟精度高于算例 2；即在同等条件下，在计算恢复饱和系数时需要考虑床沙组成的影响。另外，算例 1 含沙量计算结果偏大于算例 2，是因为在泥沙分组后，某些粒径组悬沙恢复饱和系数计算值大于不分组的情况(平均值)，从而算例 1 在某些计算时刻恢复程度更高。

第 11 章　考虑整治工程影响的长江中游河道冲淤变形模拟

在冲积河流上，通常因防洪安全与航槽稳定的需要，沿程修建了大量的河道整治工程，研究这些工程对长河段河床调整的整体影响是十分必要的。本章通过改进现有的一维/二维水沙动力学模型，重点研究了典型河道整治工程(特指护岸、护滩和护底这类限制河床冲刷下切的工程)对水沙输移及河床调整的影响。首先对计算区域采用特定的代码进行标记，以此区分河漫滩、有或无整治工程的主槽范围；然后对悬沙输移及河床冲淤变形模块进行改进：当发生淤积时，其地形调整不受整治工程的影响；当发生冲刷时，地形调整仅发生在未实施工程的位置或者受工程限制但形成了一定厚度淤积层的区域；在实施了整治工程且无法提供沙源的区域，河床冲刷则不会发生。模型应用结果表明，考虑整治工程情况时，改进模型计算的河床冲淤变形与实际情况更为吻合。

11.1　荆江河段整治工程概况

长江中游荆江河段位于三峡大坝下游，是我国重要的冲积通航河段，也是重点防洪河段之一，素有“万里长江，险在荆江”之说。由于荆江河段典型的二元结构河岸特性，该河段崩岸频发，影响着大堤及沿岸涉水工程的安全(夏军强和宗全利, 2015)。为此，水利部门在荆江沿岸实施了大规模的护岸工程，目前大多数险工段已得到防护。另外，荆江河段滩多水浅，航槽极不稳定，是严重制约长江干线航道畅通的“瓶颈”，故该河段沿程实施了一系列的护滩、护底等航道整治工程。综上考虑，本研究选取长江中游荆江段作为研究对象。荆江河段已建的整治工程主要包括护岸、护滩、护底、坝体(丁坝/鱼骨)等(刘怀汉等, 2015)。其中护岸工程通常可分为直立式、斜坡式和混合式三种，常设于迎流顶冲或弯道凹岸部位，起到守护河岸的作用(刘怀汉等, 2015)。护滩多采用护滩带形式，主要包括条状间断守护型和整体守护型。坝体主要包括丁坝和鱼骨坝，其中丁坝平面布置方式均为条状间断型，主要起到束窄河宽，增大航深，加速边滩淤积的作用；鱼骨坝一般是由顺水流方向的脊坝和垂直于脊坝轴线的多条刺坝组成，主要用于分流分沙，起到归顺水流及调节环流运动的作用(刘怀汉等,

2011)。由于当前一维/二维数学模型仅能计算断面或垂线平均的水沙要素，无法模拟详细的水流结构，故本章仅考虑护岸、护滩(底)这类整治工程对滩岸及河床冲刷的限制作用。下面将具体给出长江中游荆江段已建整治工程的现状(长江科学院, 2017)。

11.1.1　护岸工程现状

近 70 年来，荆江干流完成护岸长度约 252km，上荆江实施了长达 123km 的护岸工程，在下荆江守护岸线长度为 129km(长江科学院, 2017)。实施的护岸工程的类型包括干砌块石护岸、膜袋混凝土护岸、铰链沉排护岸、钢丝卵石网垫护岸、抛石护岸等(图 11.1)。本节统计了 1950～2016 年荆江河段实施的护岸工程的具体分布及实施规模：1950～2010 年总体的工程量包括 1084 万 m^3 土方量、2488 万 m^3 石方量、23 万 m^3 混凝土以及 45 万个柴枕，总计投资约 10 亿元(表 11.1)；2011～2016 年的工程量仅统计了石方量，达 31 万 m^3(表 11.2)。

(a) 监利八姓洲干砌块石护岸工程

(b) 江陵文村夹膜袋混凝土护岸工程

(c) 石首茅林口铰链沉排护岸工程

(d) 公安南五洲钢丝卵石网垫护岸工程

图 11.1　荆江河段的护岸工程类型

表 11.1 1950～2010 年荆江干流护岸工程的具体分布及实施规模（长江科学院, 2017）

行政区	实施时间	施工长度/km	护岸长度/km	完成工程量				完成投资/亿元
				土方/万 m^3	石方/万 m^3	混凝土/万 m^3	柴枕/万个	
松滋市	1950～2010 年	58.79	19.38	8.23	83.97	0.40	1.41	0.33
荆州区	1950～2010 年	38.99	11.05	11.20	36.33	0.52	0.23	0.18
沙市区	1950～2010 年	133.93	16.50	10.17	119.15	3.63	/	0.11
公安县	1950～2010 年	82.64	39.62	80.55	295.78	2.88	1.80	1.49
江陵县	1950～2010 年	108.60	36.05	37.30	480.01	2.43	1.03	1.40
石首市	1950～2010 年	152.18	70.57	614.21	884.35	10.66	22.68	5.23
监利县	1950～2010 年	136.24	46.99	322.50	588.39	2.14	17.32	1.38
合计	**1950～2010 年**	**711**	**240**	**1084**	**2488**	**23**	**45**	**10**

表 11.2 2011～2016 年荆江干流护岸工程的具体分布及实施规模（长江科学院, 2017）

行政区	实施时间	护岸长度/km	石方/万 m^3	行政区	实施时间	护岸长度/km	石方/万 m^3
松滋市	2011～2016 年	0.30	0.23	江陵县	2011～2016 年	2.61	3.75
荆州区	2011～2016 年	0.45	0.74	石首市	2011～2016 年	2.47	5.85
沙市区	2011～2016 年	0.77	0.95	监利县	2011～2016 年	3.36	14.90
公安县	2011～2016 年	1.88	4.18	**合计**	**2011～2016 年**	**12**	**31**

11.1.2 护滩(底)工程现状

2000 年以来，荆江河段实施了各类护滩(底)工程。截至 2016 年，已完成的工程主要包括：枝江～江口河段航道整治一期工程、长江中游荆江河段航道整治工程(昌门溪至熊家洲段工程)、腊林洲守护工程、三八滩应急守护一、二期工程及沙市河段航道整治一期工程、瓦口子～马家咀航道整治工程、金城洲分汊段航道整治工程、藕池口水道航道整治一期工程、窑监河段航道整治一期工程及乌龟洲守护工程等。图 11.2 给出了这些工程的大致分布(长江科学院, 2017)。

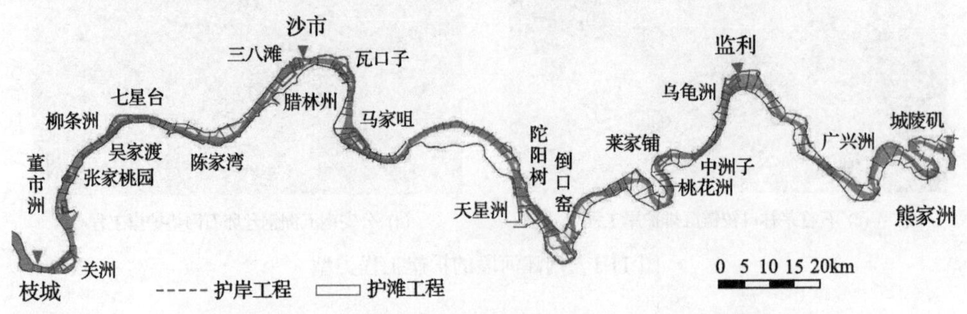

图 11.2 长江中游荆江河段护岸、护滩(底)工程沿程分布

如前文所述，边滩守护多采用护滩带形式，主要包括条状间断守护型和整体守护型，其中条状间断守护型护滩带宽度多为 150m 或 180m，沿河宽方向的守护长度在 150～800m 不等。例如，长江中游荆江段马家咀护滩工程即由 3 条条状间断的护滩带构成(图 11.3(a)、(b))，主要包括：在左岸白渭洲洲尾与南星洲洲头低滩间建 L#1 和 L#2 护滩带，左汊内建 N#1 护底带，每条护滩带宽度为 180m。其中，枯水期出露的高滩部分采用 X 型软体排护滩，深槽部分先采用 D 型软体排护底，其上再构筑潜(锁)坝。工程于 2006 年 10 月开工建设，2007 年 6 月主体工程基本完工。

图 11.3(c)、(d)则给出了长江中游荆江段典型整体守护型护滩工程的实景图，分别为三八滩和倒口窑心滩守护工程。对比两种类型的护滩工程，整体守护型护滩工程可直接限制守护区域的河床下切；而条状间断型护滩工程可减弱护滩带间

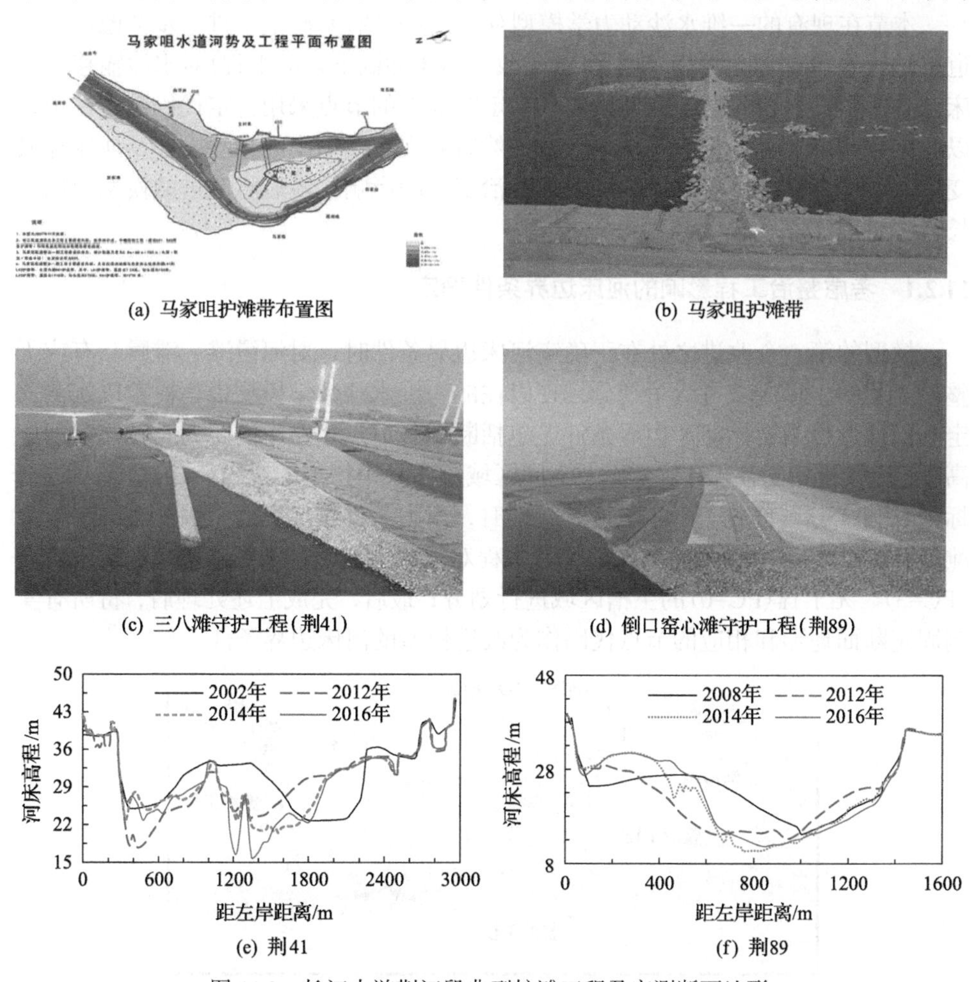

图 11.3　长江中游荆江段典型护滩工程及实测断面地形

的水流运动，起到稳固河滩的作用，综合考虑实测断面地形资料，可将护滩带间的区域均视为限制冲刷区域。图 11.3 还给出了三八滩及倒口窑心滩守护工程相应断面的实测地形。图 11.3(e)给出了荆江段三八滩(荆 41 断面)近期的调整过程。可以看出，2002～2012 年，三八滩附近表现为显著的左汊冲刷和右汊淤积，而滩体两侧均受到严重冲刷；2014 年 11 月之后在工程守护下三八滩逐渐达到稳定。由图 11.3(f)可知，荆江段倒口窑心滩左侧(荆 89 断面)在 2008～2012 年经历了持续冲刷。为此实施了相应的护滩工程进行守护，2014 年之后该心滩有所淤积，相对稳定。

11.2　考虑河道整治工程影响的一维水沙数学模型

本节在现有的一维水沙动力学模型(第 2 章介绍)基础上，进一步考虑典型河道整治工程(特指护岸及护滩(底)这类限制河床冲刷下切的工程)对水沙输移及河床调整的影响。首先对研究河段内各固定断面上的节点采用特定代码进行标记，以此区分滩槽及有无整治工程的区域；然后对现有模型中的悬沙输移及河床冲淤变形两个计算模块进行改进，以考虑整治工程的影响；最后将改进的模型应用到长江中游荆江段。

11.2.1　考虑整治工程影响的河床边界条件确定

模型的第一个改进之处在于确定河床边界条件时，对河漫滩、滩唇、有或无整治工程的主槽区域进行了划分。在以往的一维水沙数学模型中，通常以实测固定断面地形作为初始河床边界条件，包括断面各节点距左岸的距离及相应的河床高程。在改进后的模型中，断面上不同区域还需采用特定的代码(PC=0,1,2,3)进行标记(图 11.4)。首先，当洪水漫过滩地时，水力条件发生突变，因此有必要区分滩地(PC=2)与主槽区域；其次，整治工程对河床边界条件的影响较大，故需对有(PC=3)、无工程(PC=0)的主槽区域进行划分；最后，完成上述处理后，将所有实测固定断面地形和相应的节点代码作为改进模型的河床边界条件。

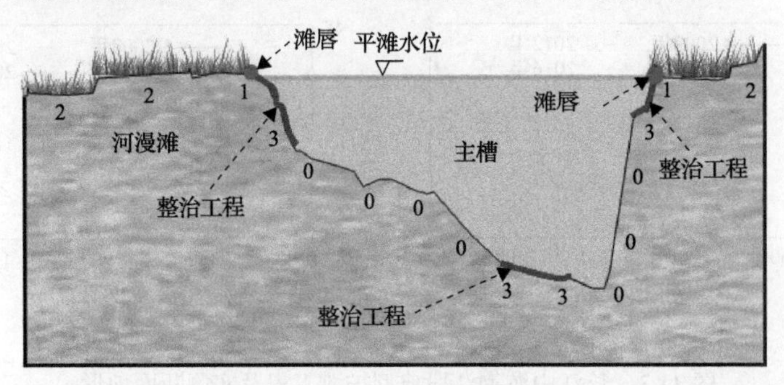

图 11.4　河漫滩(PC=2)、滩唇(PC=1)及有或无整治工程的主槽区域(PC=3 或 0)划分

在垂向上，可将河床依次分为淤积层、可动层和不可动层，如图 11.5 所示。其中，淤积层定义为模拟时段内由于泥沙落淤形成的高于初始河床的沙层，$Z_{i,j}^{\mathrm{b}}$ 代表第 i 断面上第 j 节点的床面高程，$Z_{i,j}^{0}$ 为该节点的初始床面高程(设定初始时刻实施工程的区域均无泥沙淤积)。此处提出了参数 r_i 代表可冲刷河床宽度 $L_i(=\sum\Delta\chi_{i,j})$ 占整个断面湿周(χ_i)的比例，即 $r_i=L_i/\chi_i$，其中 $\Delta\chi_{i,j}$ 为子断面湿周，j 和 j+1 为可冲刷的节点。通过分析可知，冲刷仅发生在未实施整治工程(PC = 0,1,2)或者受工程限制但已形成可供冲刷淤积层的节点上(PC=3 且 $Z_{i,j}^{\mathrm{b}}>Z_{i,j}^{0}$)；在有工程防护且无法为水流冲刷提供沙源的节点上(PC=3 且 $Z_{i,j}^{\mathrm{b}}=Z_{i,j}^{0}$)，河床不发生下切。根据上述原则，即可确定各断面的可冲刷河床宽度(L_i)，从而计算得到参数 r_i。

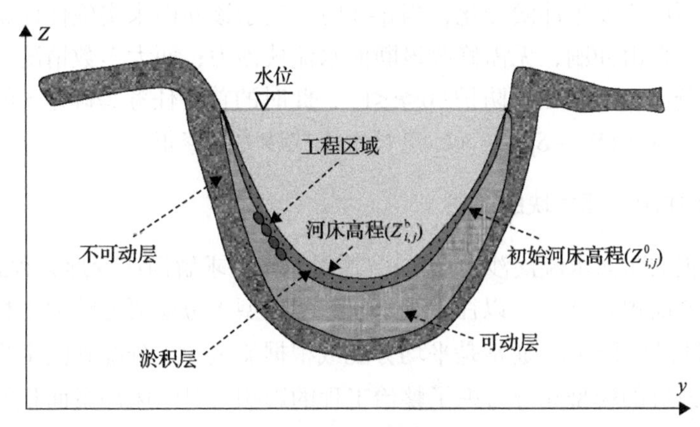

图 11.5　河床垂向分层示意图

11.2.2　输沙计算模块的改进

首先，将第 9 章中确定的张瑞瑾挟沙力公式中参数的计算式嵌入到一维水沙数学模型中，使模型可根据实际水流泥沙条件而相应调整挟沙力参数的取值，从而计算得到各固定断面的水流挟沙力(S_{*i})。但河道整治工程的实施限制了河床的进一步冲刷下切，同时对泥沙输移过程产生影响。为保证泥沙计算的连续性，本章采用修正断面水流挟沙力的方法，来考虑工程修建所产生的具体影响。

(1)当通过比较计算的含沙量与水流挟沙力的相对大小，判断出该固定断面发生淤积时，其淤积过程不受整治工程的影响，故断面有效的水流挟沙力(S'_{*i})仍等于原始计算值(S_{*i})。

(2)当该断面发生冲刷时，需通过公式 $S'_{*i}=S_i+(S_{*i}-S_i)\times r_i\times k_2$ 修正原始计算的挟沙力数值，从而计算得到有效的断面水流挟沙力(S'_{*i})。r_i 为可冲刷河床宽

度 L_i 占整个断面湿周（χ_i）的比例，其值可根据 11.2.1 节中提出的原则进行确定。k_2 为修正系数，其值设为 $k_2=2-r_i \geqslant 1$。虽然整治工程限制了防护区域的河床冲刷，但水流可能转而冲刷该断面其他未受防护的节点，使这些节点的冲刷强度有所增加，系数 k_2 一定程度上考虑了此影响。故 k_2 的值需大于 1，且还需与可冲刷河床比例 r_i 相关。当 r_i=1 时，整个断面均会发生冲刷，不受工程限制，故 k_2 应等于 1；当 $0<r_i<1$ 时，随着实施工程的宽度比例增加，水流对该断面上其他未防护节点的冲刷强度越强，故 k_2 的值需与可冲刷河床比例 r_i 成反比关系。为了满足这些要求，k_2 最终设定为 $2-r_i$。当 r_i=0 时，k_2=2。该参数虽无法精确地考虑水流转移冲刷的影响，但模拟得到的结果将比不考虑这方面影响的结果更接近实际。

此外，r_i 的取值在 0～1。当 r_i=0 时，意味着整个断面均受到工程防护，水流无法从河床上携带起泥沙，故修正断面水流挟沙力（S_{*i}）等于断面含沙量（S_i），确保整个大断面不发生冲淤变化；当 r_i=1 时，表示该断面未实施任何整治工程，故河床可进行自由冲刷，无需修改该断面水流挟沙力；而大多数情况下，各固定断面只有部分河床受到工程防护（$0<r_i<1$），此时的首要任务为确定 r_i 的值，之后通过公式 $S'_{*i}=S_i+(S_{*i}-S_i)\times r_i\times k_2$ 进行水流挟沙力的修正。

11.2.3 河床冲淤计算模块的改进

基于修正的断面水流挟沙力（S'_{*i}），通过离散并求解河床变形方程式(2.25)，得到河床冲淤面积（$\Delta A_{\mathrm{b},i}$）。以往一维水沙数学模型未考虑河道整治工程对河床变形的影响，冲淤面积 $\Delta A_{\mathrm{b},i}$ 通常是平均分配或根据流量加权分配到固定断面的各个节点上。而改进的模型充分考虑了整治工程的影响，对河床冲淤面积的分配模式进行了修改。

(1) 当固定断面发生淤积时，$\Delta A_{\mathrm{b},i}$ 依据流量分配到每个节点上，从而计算得到各节点的河床冲淤厚度（$\Delta Z^{\mathrm{b}}_{i,j}=a_{i,j}=\Delta A_{\mathrm{b},i}/[\sum(0.5(q_{i,j}+q_{i,j+1})\Delta B_{i,j})]\times q_{i,j}$，$j$ 为断面上所有节点），其中 $q_{i,j}$ 为节点的单宽流量。

(2) 当该断面发生冲刷时，河床形态调整只发生在无整治工程（PC=0,1,2）或有工程但已形成可供冲刷淤积层的节点上（PC=3 且 $Z^{\mathrm{b}}_{i,j}>Z^{0}_{i,j}$），故 $\Delta A_{\mathrm{b},i}$ 只在这些节点上根据流量进行分配（$\Delta Z^{\mathrm{b}}_{i,j}=a_{i,j}=\Delta A_{\mathrm{b},i}/[\sum(0.5(q_{i,j}+q_{i,j+1})\Delta B_{i,j})]\times q_{i,j}$，$j$ 为可冲刷的断面节点）。需注意的是，在实施工程的节点上（PC=3 且 $Z^{\mathrm{b}}_{i,j}>Z^{0}_{i,j}$），计算得到的河床冲淤厚度 $\left|\Delta Z^{\mathrm{b}}_{i,j}\right|$ 应小于该时刻河床高程与初始河床高程的差值（$Z^{\mathrm{b}}_{i,j}-Z^{0}_{i,j}$）；若大于该值，则应修改为 $\Delta Z^{\mathrm{b}}_{i,j}=Z^{\mathrm{b}}_{i,j}-Z^{0}_{i,j}$，由此考虑整治工程对河床下切的限制作用。此外，在受工程防护且无淤积层提供沙源的节点上（PC=3 且 $Z^{\mathrm{b}}_{i,j}=$

$Z_{i,j}^{0}$)，河床不发生进一步的冲刷，相应的 $\Delta Z_{i,j}^{\mathrm{b}}$ 为 0。

(3)计算得到各节点的冲淤厚度后，修改各节点高程($Z_{i,j}^{\mathrm{b}}=Z_{i,j}^{\mathrm{b}}+\Delta Z_{i,j}^{\mathrm{b}}$)。

11.2.4　计算步骤

图 11.6 给出了改进后模型的计算步骤：①模型的初始及边界条件给定；②水流模块计算：采用“Preissmann”隐格式离散一维水流控制方程式(2.22)、式(2.23)，并用追赶法求解，计算河道内各断面的水流条件；③泥沙输移模块计算：基于 t–1 时刻修正得到的断面有效水流挟沙力，采用迎风格式离散并求解式(2.24)，进而计算新水流条件下(t 时刻)各固定断面的悬移质含沙量(S_i)；④水流挟沙力计算：计算新水流条件下各断面的水流挟沙力(S_{*i})，并对其进行修正，得到 t 时刻有效的断面水流挟沙力(S'_{*i})；⑤河床变形模块计算：在修正的水流挟沙力条件下，采用显格式离散并求解式(2.25)，计算河床冲淤面积($\Delta A_{\mathrm{b},i}$)并修改河床地形，其冲淤面积分配模式在有、无整治工程的区域有所不同；⑥在新河床地形条件下，重新计算水流、泥沙条件，用于下一时刻的计算。

11.2.5　改进后的一维模型在荆江河段的应用

采用荆江段的实测水沙、地形数据及实施的整治工程资料，通过改进的一维水沙数学模型，计算了该河段在考虑或不考虑工程影响下的水沙输移及河床冲淤过程，从而比较得出护岸、护滩(底)这类大规模河道整治工程对河床调整的整体影响。

1. 模型计算条件

本小节选取长江中游荆江段(枝城–城陵矶河段)作为研究对象，利用该河段 2015 年的实测数据，对改进后的数学模型进行率定，并用 2016 年的实测资料进行验证。

1)边界条件给定

在模型的率定和验证过程中，以枝城站日均的流量、含沙量和悬沙级配资料作为上游边界条件；同时采用螺山站的日均水位过程作为下游边界条件；还需将三口分流的日均流量、含沙量和悬沙级配作为侧向边界条件。需说明，莲花塘站是荆江段的出口水位站，但该站无流量及含沙量资料。为方便模型率定，将研究河段的下游边界扩展到莲花塘下游 35km 的螺山水文站。图 11.7 给出了 2015 年和 2016 年荆江段进、出口断面的水沙条件。2015 年计算时段内枝城站最小、最大和平均流量分别为 6370m^3/s、31600m^3/s 和 12548m^3/s，相应的含沙量最小、最大和平均值分别为 0.003kg/m^3、0.107kg/m^3 及 0.011kg/m^3(图 11.7(a))；而 2016 年枝城

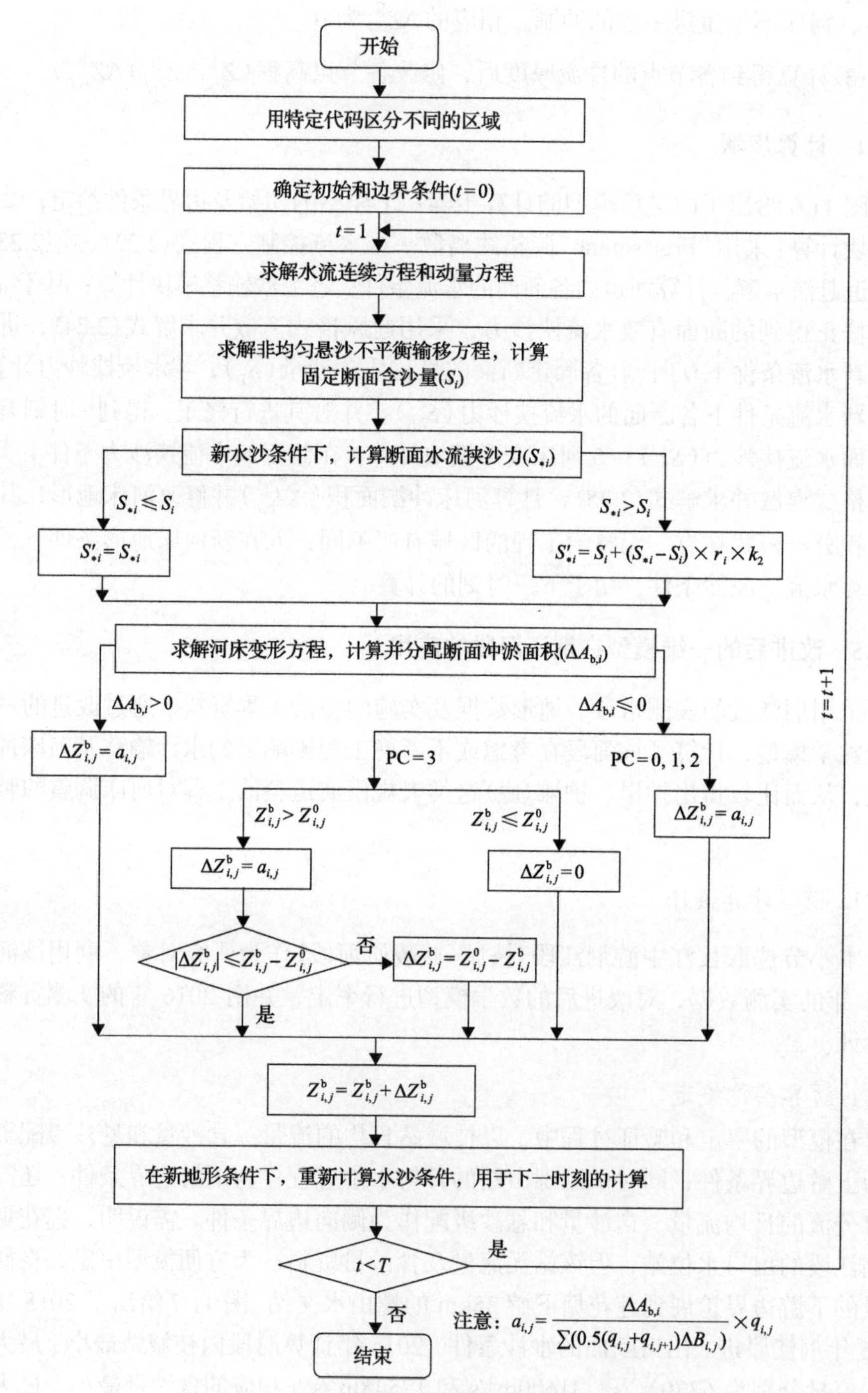

图 11.6　改进后的一维水沙数学模型计算流程图

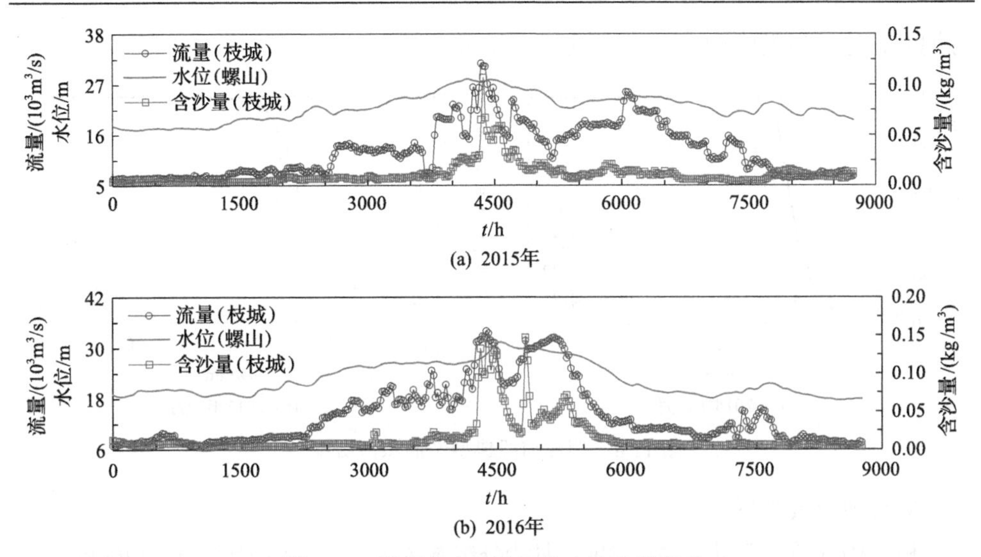

图 11.7　模型率定和验证的水沙边界条件

站相应的 3 个特征流量分别为 6950m^3/s、34000m^3/s 和 14000m^3/s，最小、最大和平均含沙量为 0.003kg/m^3、0.147kg/m^3 及 0.016kg/m^3(图 11.7(b))。螺山站最高水位在两年里分别达到 28.28m 和 31.36m(图 11.7)。对比两年的边界条件，变化趋势总体一致，但变化过程存在差异。如 2015 年枝城站两流量峰值时间间隔大于 2016 年；2015 年螺山站只有一个沙峰，而 2016 年出现了两次。

2) 初始条件给定

采用枝城-螺山段 185 个汛后实测固定断面地形(实测时间分别为 2014 年 11 月和 2015 年 10 月)、各节点代码作为初始河床边界条件。为研究河道整治工程对河床演变的影响，还需收集荆江段护岸、护滩(底)工程的分布及规模资料。根据上节收集的工程资料，可大致确定各整治工程的所在位置及其沿河长方向的防护范围，以及护滩(底)工程沿河宽方向的施工长度；但护岸工程沿河宽方向的施工长度缺少资料无法确定，故此处以地形套汇的辅助方法进行估计，若断面上河岸某些位置连续 3 年未发生明显冲刷则认为该位置受工程防护，且通过考虑工程量(块石方量等)及护岸工程实施规范等，综合确定各工程沿河宽方向的施工长度。

在本次模拟中，通过试算，设置不同的时间，直至 $\Delta T = 48$h 时，模型计算得到的水沙条件不发生显著变化，基本达到稳定。之后，再将模拟得到的各断面的流量、水位和分组悬移质含沙量等恒定结果作为一维模型的初始条件代入计算。另外，将 72 个固定断面的实测床沙级配作为初始床沙资料(观测日期为 2014 年 11 月和 2015 年 10 月)，其中值粒径范围分别为 0.16～0.34mm 和 0.17～0.33mm；其余断面的初始级配由这些实测值插值求得。图 11.8 给出了荆江河段典型断面的床沙级配曲线，其粒径主要集中在 0.2～0.5mm，且在 2014 年 11 月至 2015 年 10

月期间，这些典型断面床沙组成变化不显著。

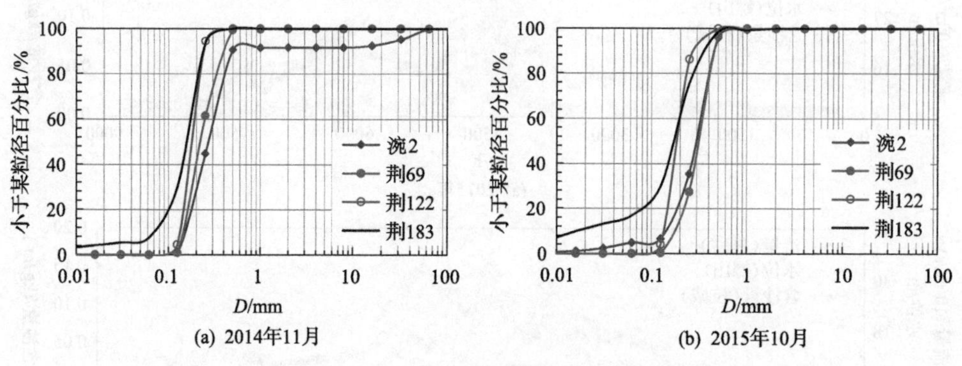

(a) 2014年11月　　(b) 2015年10月

图 11.8　荆江河段典型断面床沙级配

3）模型参数设置

模型中计算时间步长 $\Delta t = 30\text{s}$，泥沙分组数 N=12；床沙干密度 ρ'=1400kg/m^3；分组泥沙恢复饱和系数 α_k 则多根据实测资料率定得到：在本次计算中，当发生淤积时，α_k 取值为 0.15；而发生冲刷时，α_k 设为 0.20。

式(2.22)、式(2.23)采用普雷斯曼(Preissmann)隐格式离散，并用追赶法求解各水流变量。Preissmann 隐格式的稳定条件为 $\dfrac{\varphi-1/2}{Cr}+\left(\theta-\dfrac{1}{2}\right)\geqslant 0$，其中 θ 和 φ 分别为时空权重因子(图 11.9(a))，Cr 为克朗数（$=u\Delta t/\Delta x$）。当 $Cr>0$ 时，对于 θ 和 φ 取任意值，稳定域如图 11.9b 所示。由图可知，只需取 $\varphi\geqslant 0.5$ 且 $\theta\geqslant 0.5$，即可实现无条件稳定。故在本次的模拟中，φ 取为 0.5，θ 为 0.75，该格式实现无条件稳定。式(2.24)、式(2.25)分别采用显式迎风格式和显格式进行离散。式(2.24)中显格式稳定需满足柯朗-弗里德里希斯-列维条件(Courant-Friedrichs-Lewy, CFL)，即克朗数 $Cr = u\Delta t/\Delta x\leqslant 1$ 恒成立。在当前模拟中，时间步长 Δt=30s，纵向流速 $u<2\text{m/s}$，而断面间距 Δx 在 480 和 6720m 之间。故恒满足 CFL 条件，格式稳定。

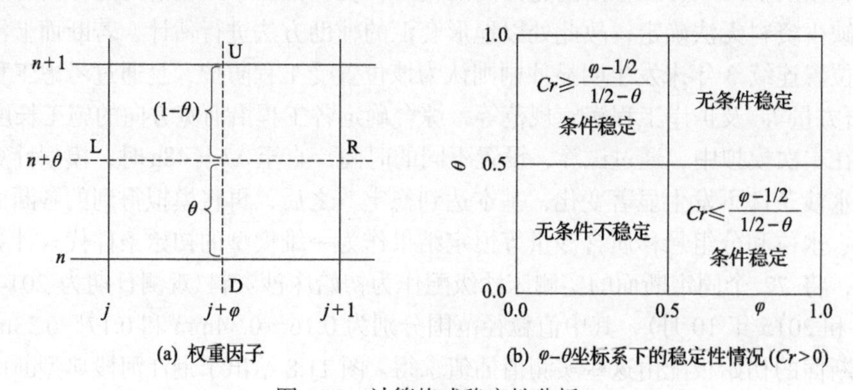

(a) 权重因子　　(b) φ–θ坐标系下的稳定性情况($Cr>0$)

图 11.9　计算格式稳定性分析

2. 河道整治工程对悬沙输移过程的影响

整治工程对整个河段悬沙输移的影响主要体现在两个方面。一方面，整治工程的实施改变了河段输沙量，其限制河床冲刷的作用使整个河段的输沙量有一定程度的减小。采用输沙率法计算的荆江段(枝城-螺山)2016 年实测冲刷量为 3439 万 t，而考虑整治工程影响时计算得到的冲刷量为 4021 万 t，相较于不考虑工程的模拟结果(冲刷量 4246 万 t)更接近于实测值。采用断面地形法计算的冲刷量总体小于采用输沙率法的计算值，考虑整治工程影响时计算冲刷量为 4838 万 t，而不考虑工程影响时的计算冲刷量为 5016 万 t。另一方面，整治工程的实施影响着含沙量的沿程分布。计算结果表明，未考虑工程的模型计算得到的枝城-螺山段 2016 年含沙量总体上大于考虑工程影响的含沙量。在计算时段内，两者的绝对差值在 0.00～0.09kg/m^3。图 11.10 给出了 4 个模拟时刻有、无考虑工程影响的沿程含沙

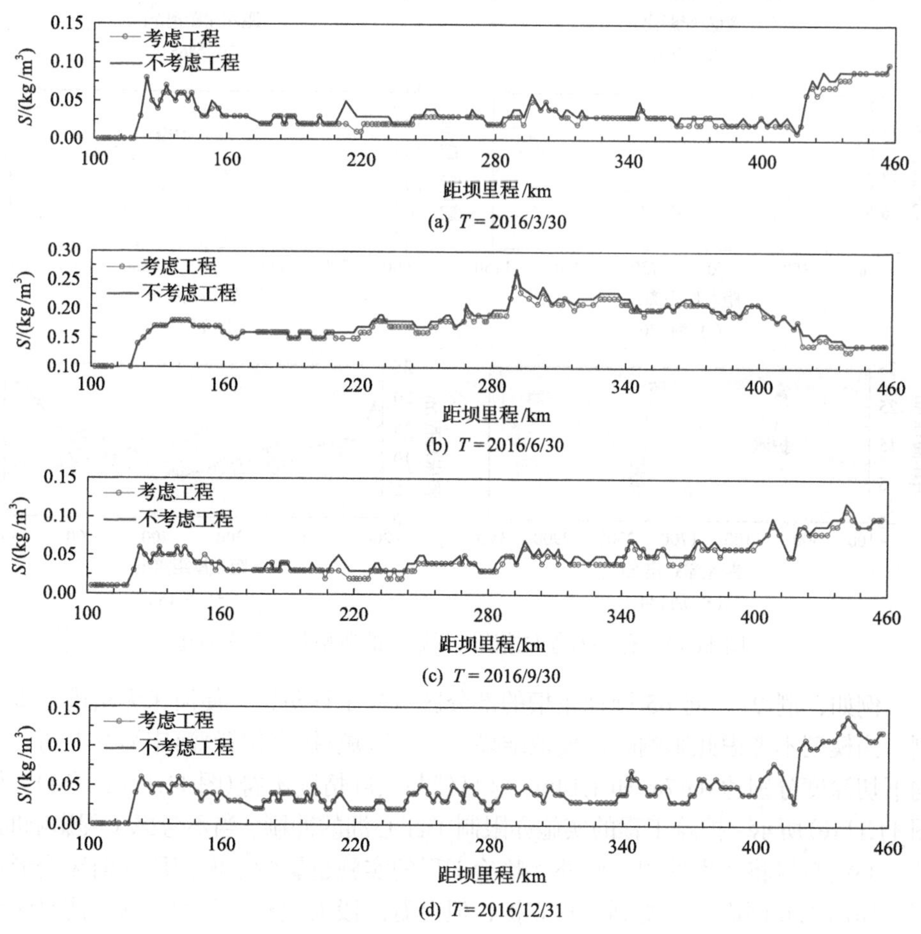

图 11.10　有、无考虑整治工程影响的沿程含沙量对比

量对比图。由图可知，4 个模拟时刻的含沙量平均相对差值分别为 12.0%、2.5%、9.9%和 8.5%。

3. 河道整治工程对河床变形的影响

虽然比较一维模型计算得到的横断面形态是不合理的，但分析考虑工程与否对模拟结果的影响是可行的。由图 11.11 可知，考虑整治工程影响后，模拟得到的断面形态更符合实测断面形态。

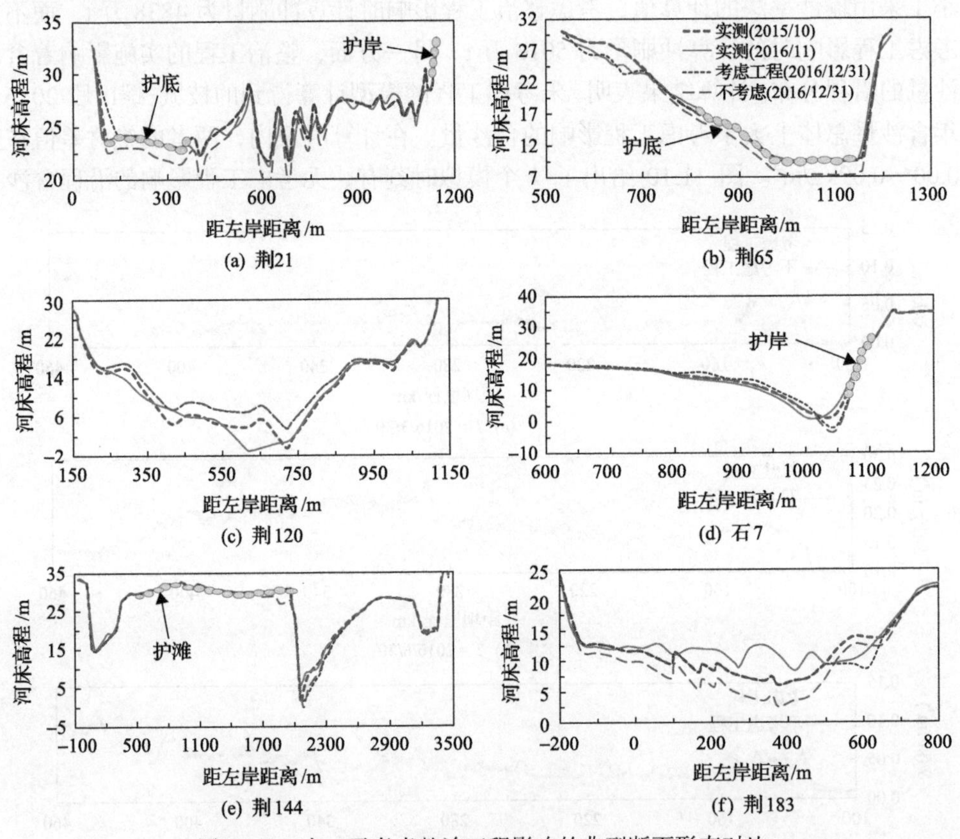

图 11.11　有、无考虑整治工程影响的典型断面形态对比

例如，荆 21、荆 65 断面主槽的部分区域受工程防护，使河床无法进一步冲刷。当模型不考虑此影响时，模拟结果显示该区域(护底位置)河床继续下切，平均下切深度分别达 0.67m 和 1.14m，这显然与实际情况不符(图 11.11(a)(b))。如图 11.11(e)所示，护滩工程的实施亦限制了江心洲的冲刷，当不考虑工程影响时，该江心洲右缘将发生冲刷。此外，整治工程的实施也影响下游河段的河床变形过程。如荆 120 断面虽未受到工程守护，但上游河段大规模工程的实施，使水流无法从河床携带足够的泥沙，导致该断面计算的含沙量有所减小，淤积强度减弱。

当不考虑工程影响时，计算得到的河床平均淤积厚度达 0.35m；考虑工程影响后，该值减小为 0.08m(图 11.11(c))，更符合实际发生冲刷的情况。而石 7 断面上游河段受到工程守护，致使该断面冲刷有所加剧。在不考虑工程影响时，计算得到的河床平均下切深度为 0.14m；而考虑工程影响时，该值为 0.21m(图 11.11(d))，更接近实际下切深度 0.38m。同样在不考虑工程影响下，模拟结果表明荆 183 断面能冲刷下切 0.65m，而实际上床面淤高 0.77m；通过考虑工程影响，该断面则呈淤积状态，平均淤积厚度为 0.02m(图 11.11(f))。若不在模型中考虑整治工程，上述影响将被忽略。

11.3　考虑河道整治工程影响的二维水沙数学模型

相比一维模型，考虑河道整治工程影响的二维水沙数学模型能更准确地反映整治工程的位置及范围。在结果讨论中，重点分析河道整治工程对各河床演变特征变量横向分布以及平面形态调整的影响。

11.3.1　考虑整治工程影响的河床边界条件确定

本节在上述二维水沙数学模型的基础上，从河床边界条件确定、床沙组成插值、输沙及河床冲淤变形计算三个方面对模型进行改进，用于研究护岸、护滩(底)工程对局部河段水沙输移及河床冲淤变形的影响。

在确定河床边界条件时，与一维数学模型相同，需对河漫滩、有或无整治工程的区域进行划分。在以往的二维河流数学模型中，通常给各网格节点赋以坐标及初始河床高程作为初始河床边界条件。在改进后的模型中，各网格节点还需采用特定的代码(PC=0,1,2,3)进行标记，以划分不同区域，如图 11.12(a)所示。具体的原则如下：高于平均河床高程的区域视为滩地，节点代码 PC 标记为 2；平均河床高程以下位置为主槽，标记为 0；滩地和主槽的交界点 PC=1；并将实施工程的区域(包括滩地和主槽)标记为 3(图 11.12(b))。完成上述处理后，将各网格节点坐标、高程和相应的节点代码作为二维模型的河床边界条件。

根据收集到的工程资料，可大致确定各类整治工程的所在位置及其守护范围。但现有的工程资料不能明确给出护岸工程沿河宽方向的守护长度，本章根据以下两个原则进行确定：①套汇河段内各固定断面的地形，若河岸某些位置连续 3 年未发生明显冲刷则认为该位置受工程防护；②护岸工程的实施位置多为靠近深泓一侧，主要是由于主流的贴岸冲刷和迎流顶冲是造成河岸崩退的重要原因。因此，在实施护岸工程时，一般需将抛石抛至坡脚处，以免主流对河床的剧烈淘刷会破坏护岸结构。综上，在确定护岸工程的守护宽度时，可认为从岸顶到坡脚均受工程守护，不发生冲刷。

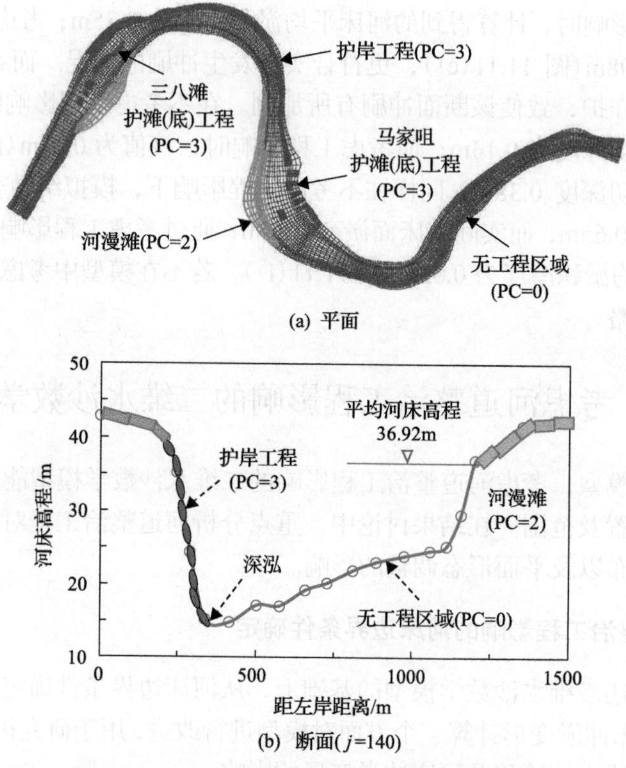

图 11.12　河漫滩及有或无整治工程的区域划分

在前面章节中提出的考虑整治工程影响的一维数学模型中，仅能在固定断面地形上区分有或无工程的区域，但长江中游河段固定断面平均间距在 2km，相邻断面间的工程实施情况难以明确。这对大范围护岸工程的位置确定影响不大；但护滩(底)工程的规模较小，一般不超过 2km，一方面存在固定断面未经过护滩(底)工程区域的问题，另一方面即使固定断面位置恰好布置在工程防护区域，也无法准确地反映工程的实际规模。而在二维数学模型中，通过网格划分将河道划分成许多小的计算单元，并对护岸工程主要实施区域的网格进行了局部加密，能更准确地反映河道整治工程的位置及范围。

11.3.2　床沙组成插值方法的改进

以往二维模型通常采用实测的断面平均床沙粒径代替各节点值，该方法插值得到的床沙组成沿程呈带状分布，但实际上床沙组成存在空间异性。本节采用普通 Kriging 插值法，根据实测点的床沙粒径资料，插值得到计算区域内各网格节点的床沙粒径。

相对于常规统计插值方法，地统计学中的普通 Kriging 法是一种对空间分布数据求最优、线性无偏估计的方法。该方法在考虑区域变量空间分布结构的基础上，根据采样点位置和样品间相关程度不同，对每个临近采样点赋予不同权重，可根据下式来推断待估点的变量值(孙昭华等, 2015)：

$$Z^*(x_0)=\sum_{k=1}^{n}\lambda_k Z(x_k) \tag{11.1}$$

式中，$Z^*(x_0)$ 为待估点的变量值；λ_k 为权重；n 为规定范围内实测点个数；$Z(x_k)$ 为实测点数据值。普通 Kriging 插值权重 λ_k 的确定，主要依赖实验变异函数分析与理论变异函数模型的选择及率定，由此来描述区域变量在不同方向上的变化规律。

在床沙组成的勘测过程中，通常测量实测断面上若干个位置的床沙级配资料，从而计算得到断面平均的床沙级配、中值粒径等。如在长江中游陈家湾-郝穴河段，2003 年 10 月共计有 28 个床沙实测断面和 106 个床沙实测点。若采用断面平均值代替各网格节点床沙中值粒径 D_{50}，则 2003 年陈家湾-郝穴河段各节点床沙中值粒径在 0.125～0.201mm(图 11.13(a))；采用普通 Kriging 方法插值得到的网格节点 D_{50} 变化范围为 0.003～0.319mm(图 11.13(b))。可见，普通 Kriging 方法插值得到的 D_{50} 变化范围更大，主要是由于其在插值过程中，考虑了床沙组成的空间差异，计算结果更能反映床沙组成沿纵向及横向的分布特点。

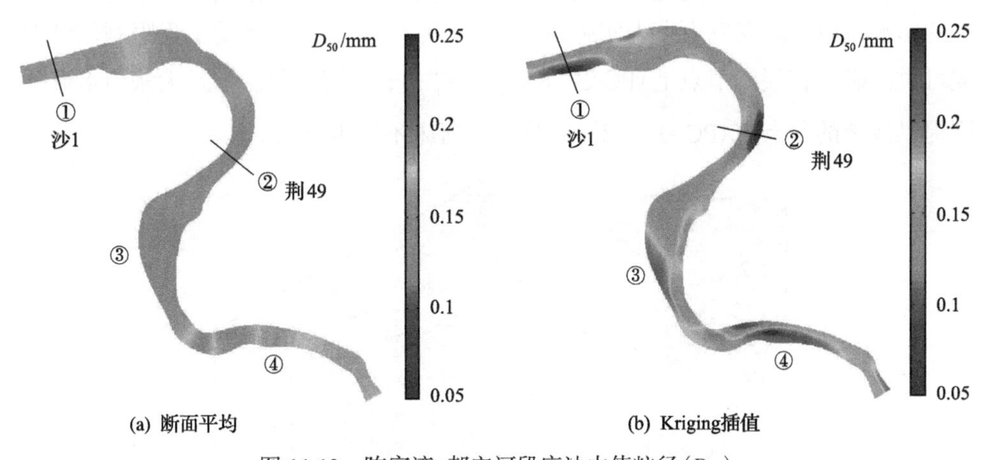

图 11.13　陈家湾-郝穴河段床沙中值粒径(D_{50})

分析陈家湾-郝穴河段 2003 年 10 月实测点的床沙级配资料，沙 1 断面(图 11.13 中①处)平均中值粒径为 0.236mm，但该断面自左向右共 5 个床沙实测点，床沙中值粒径分别为 0.218mm、0.163mm、0.220mm、0.253mm、0.310mm，右侧河床的床沙较粗。此外，图 11.14 给出了荆 49 断面(②处)的床沙级配情况，可知：荆 49

断面平均中值粒径为 0.213mm，而该断面 5 个(1～5)实测点的床沙中值粒径分别为 0.004mm、0.233mm、0.233mm、0.210mm、0.250mm，左侧河床的床沙粒径远小于右侧，断面平均的床沙级配与各节点床沙组成存在较大差异。

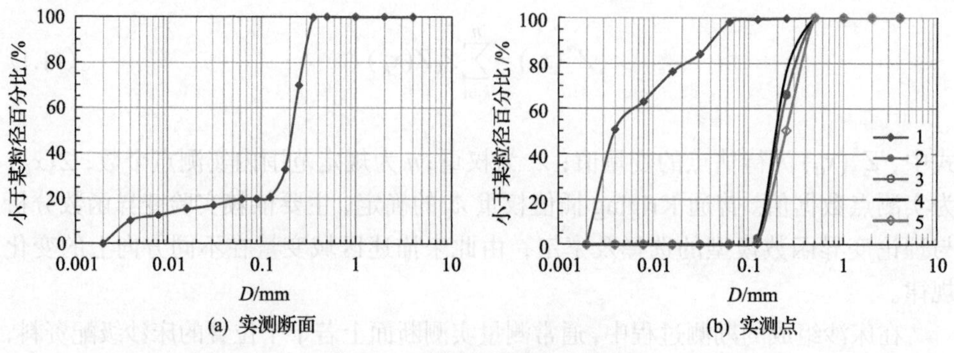

图 11.14　荆 49 断面床沙级配

11.3.3　输沙及河床冲淤计算模块的改进

与一维水沙数学模型相同，在垂向上仍将河床依次分为淤积层、可动层和不可动层，如图 11.15 所示。其中，淤积层定义为模拟时段内由于泥沙淤积形成的高于初始河床的沙层，$Z_{i,j}^{b}$ 代表节点河床高程，$Z_{i,j}^{0}$ 为节点初始河床高程(设定初始时刻实施工程的区域均无泥沙淤积)。通过分析可知，悬沙落淤一般不受整治工程的影响，但冲刷仅发生在未实施整治工程(PC=0，1，2)或者受工程限制但已形成可供冲刷淤积层的节点上(PC=3 且 $Z_{i,j}^{b} > Z_{i,j}^{0}$)；在有工程防护且无法为水流冲刷提供沙源的节点上(PC=3 且 $Z_{i,j}^{b} = Z_{i,j}^{0}$)，河床不发生下切。

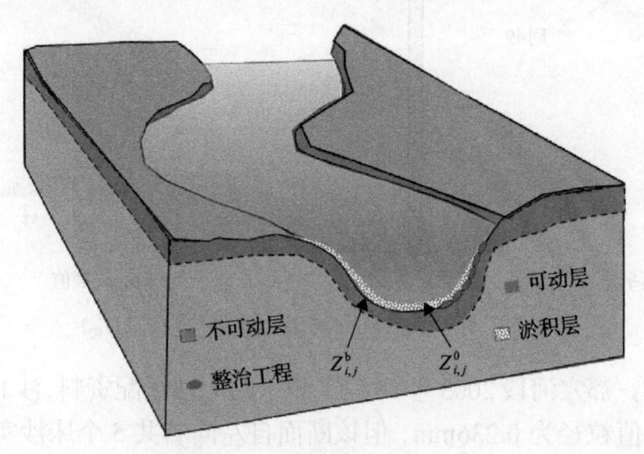

图 11.15　河床垂向分层示意图

在二维模型中，对水沙输移及河床冲淤变形模块的改进与一维模型有所不同。

在一维模型中，首先根据各固定断面实施工程的规模来修正断面挟沙力，从而计算得到考虑整治工程影响后断面平均的含沙量及河床冲淤变形面积，然后根据整治工程的实施位置，将冲淤厚度分配到断面各节点。而在二维模型中，可直接进行水沙输移及河床变形计算，得到各网格节点冲淤厚度（$\Delta Z_{i,j}^{\mathrm{b}}$），然后根据整治工程的实施位置，修改节点高程。具体的步骤如下。

(1) 当判断节点发生淤积时（$\Delta Z_{i,j}^{\mathrm{b}} > 0$），其淤积过程不受整治工程的限制，节点冲淤厚度仍等于原始计算值（$\Delta Z_{i,j}^{\mathrm{b}}$）。

(2) 当节点发生冲刷时，在无整治工程(PC=0,1,2)或有工程但已形成可供冲刷淤积层的节点上(PC=3 且 $Z_{i,j}^{\mathrm{b}} > Z_{i,j}^{0}$)，河床将发生形态调整；但在受工程防护且无淤积层提供沙源的节点上(PC=3 且 $Z_{i,j}^{\mathrm{b}} = Z_{i,j}^{0}$)，河床则无法发生进一步的冲刷，相应的 $\Delta Z_{i,j}^{\mathrm{b}'}$ 实际上应为 0（$\Delta Z_{i,j}^{\mathrm{b}'}=Z_{i,j}^{0} - Z_{i,j}^{\mathrm{b}}=0$）。

此外在实施工程且有可供冲刷淤积层的节点上，计算得到的河床冲刷厚度 $|\Delta Z_{i,j}^{\mathrm{b}}|$ 应小于当时河床高程与初始河床高程的差值($|Z_{i,j}^{\mathrm{b}} - Z_{i,j}^{0}|$)，否则应将实际的冲刷厚度修改为 $\Delta Z_{i,j}^{\mathrm{b}'}=Z_{i,j}^{0} - Z_{i,j}^{\mathrm{b}}$，由此考虑整治工程对河床下切的限制作用。在上述情况下，需反算各节点的水流挟沙力和含沙量，既保证满足悬沙不平衡输移方程，又使重新计算得到的节点冲淤厚度等于考虑工程影响后的修正值（$\Delta Z_{i,j}^{\mathrm{b}'}=Z_{i,j}^{0} - Z_{i,j}^{\mathrm{b}}$）。反算的具体过程为令修正比例 $p= \Delta Z_{i,j}^{\mathrm{b}'} / \Delta Z_{i,j}^{\mathrm{b}}$，则各网格节点分组冲淤厚度修正为 $\Delta Z_{i,j,k}^{\mathrm{b}'} = p \times \Delta Z_{i,j,k}^{\mathrm{b}}$；将修正后的节点分组冲淤厚度 $\Delta Z_{i,j,k}^{\mathrm{b}'}$ 代入到河床变形方程中；再与悬移质泥沙不平衡输移方程联立求解，反算得到节点含沙量；然后进一步反算节点水流挟沙力，该值使悬移质泥沙不平衡输移方程及河床变形方程能够同时满足，并用于下一步计算。

11.3.4　计算步骤

改进后的二维水沙数学模型计算步骤如下(图 11.16)：①网格划分($I_{\max} \times J_{\max}$，其中 $I_{\max}$ 为纵向网格数，$J_{\max}$ 为横向网格数)；②初始和边界条件确定；③水流模块计算：离散并求解水流连续方程和动量方程，得到河道内各节点水流条件；④泥沙输移模块计算：离散并求解非均匀悬移质泥沙不平衡输移方程，从而计算得到含沙量的平面分布；⑤河床变形模块计算：离散并求解河床变形方程，计算各节点分组及总冲淤厚度（$\Delta Z_{i,j,k}^{\mathrm{b}}$ 和 $\Delta Z_{i,j}^{\mathrm{b}}$），并根据工程实施情况，修正 $\Delta Z_{i,j}^{\mathrm{b}}$ 并修改河床地形；⑥反算节点含沙量：根据修正后的河床冲淤厚度，反算含沙量和水流挟沙力，使悬移质泥沙不平衡输移方程及河床变形方程均守恒；⑦在新河床地形条件下，调整床沙级配，然后进行下一时刻的计算。

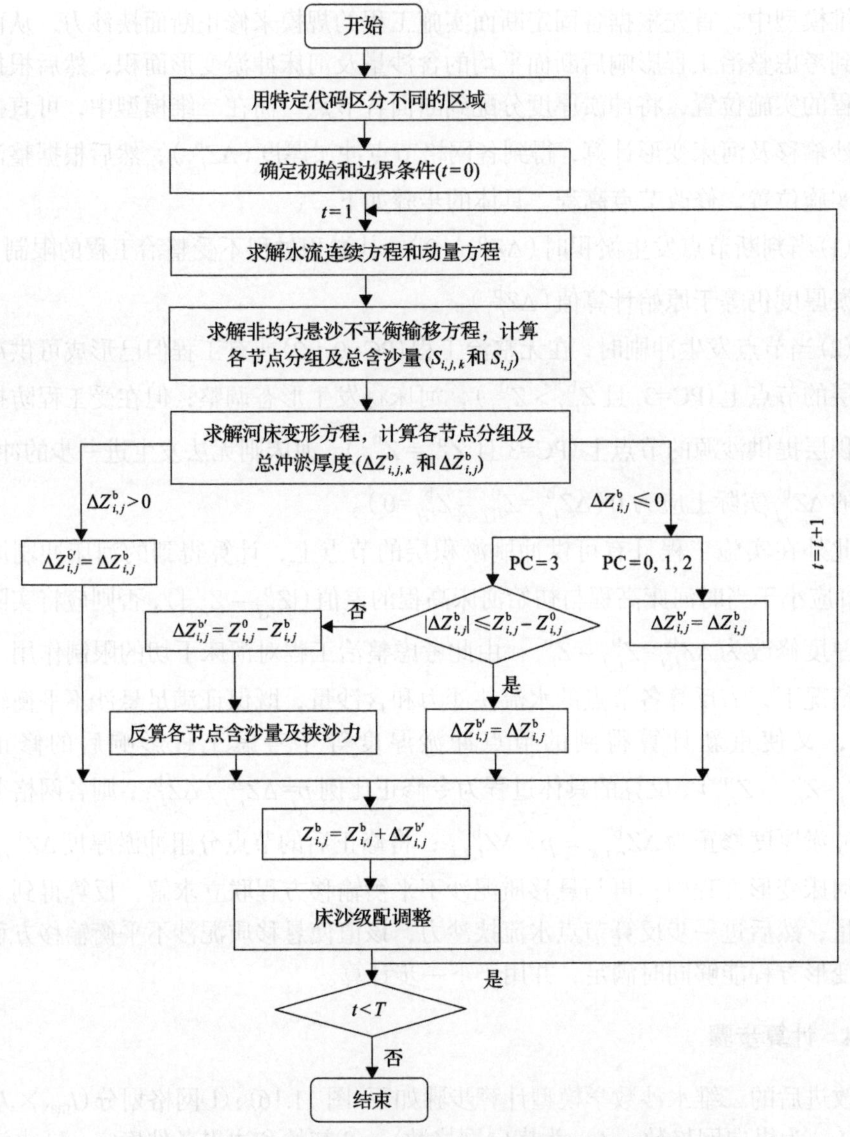

图 11.16 改进的二维水沙数学模型计算流程图

11.3.5 改进后的二维水沙模型在荆江河段的应用

长江中游荆江陈家湾-郝穴河段全长 68km，位于荆 29 至荆 75 断面之间，进口断面距上游三峡大坝约 175km，是长江中游“黄金水道”的重要部分，如图 11.17 所示。该河段总体为弯曲分汊型河道，由沙市和公安弯道及其过渡段组成。河弯处多有洲滩，自上而下为腊林洲、三八滩、金城洲、南星洲等。为维护防洪及航运安全，陈家湾-郝穴河段实施了大规模的河道整治工程，主要工程的大致分布见

图 11.12(a)。在护岸工程方面，1950～2004 年实施了长约 56km 的护岸工程，至 2008 年又增至 60km 左右(长江科学院，2017)。对于护滩(底)工程，在 2004 年 7 月之前，该河段的护滩(底)工程较少，于 2004 年 3～5 月实施完成了“三八滩应急守护一期工程”，对新三八滩上段滩面进行守护，布置 8 条护滩带(长江科学院，2017)。2004～2008 年，该河段陆续实施了一批工程，主要包括：三八滩应急守护二期工程、长江中游马家咀水道航道整治一期工程等(长江科学院，2017)。由于实测资料的限制，本节选取 2004 年和 2008 年为研究时段；但截至目前为止，更大规模河道整治工程的实施对河床调整的影响将更为显著(殷缶和梅深，2013)。

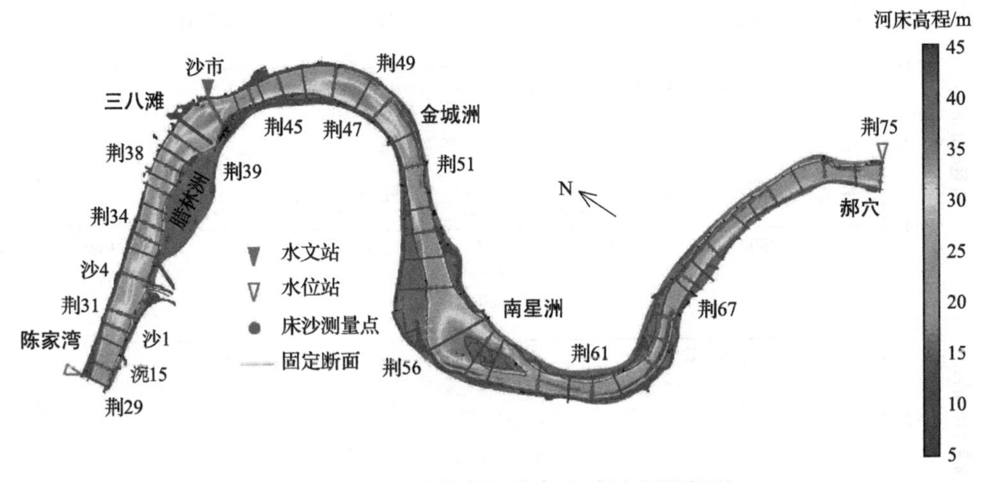

图 11.17　长江中游荆江陈家湾-郝穴河段概况

1. 模型计算条件

1)进出口边界条件给定

研究河段进口设有陈家湾水位站，出口设有郝穴水位站，其间还有沙市水文站(图 11.18)。但进口陈家湾站仅测量了水位过程，故模型缺少进口流量和含沙量资料。为此，本章采用一维水沙数学模型，计算了 2004 年和 2008 年枝城-郝穴河段的水沙输移过程，从而得到陈家湾站流量、含沙量和悬沙级配资料，作为二维水沙数学模型的进口边界条件；同时采用郝穴站的日均水位过程作为出口边界条件。岸边界采用无滑移边界条件，即取 U 和 V 均为 0，且认为该处悬移质含沙量的横向梯度同样为 0(夏军强等，2004)。

图 11.18 分别给出了 2004 年 7 月 1 日～10 月 31 日和 2008 年 7 月 1 日～10 月 31 日研究河段进、出口断面的水沙边界条件。由图可知，2004 年计算时段内进口陈家湾站最小、最大和平均流量分别为 10945m^3/s、49613m^3/s 和 19850m^3/s；相应的含沙量最小、最大和平均值分别为 0.091kg/m^3、1.778kg/m^3 及 0.282kg/m^3；出

口郝穴站水位的最小、最大和平均值分别为 31.06m、38.04m 和 33.94m（图 11.18（a））。在 2008 年，计算时段内陈家湾站 3 个特征流量分别为 5992m^3/s、35039m^3/s 和 19937m^3/s；最小、最大和平均含沙量为 0.025kg/m^3、0.800kg/m^3 及 0.184kg/m^3；郝穴站的最小、最大和平均水位值则分别为 28.12m、36.51m 和 33.68m（图 11.18（b））。对比两年的边界条件，变化趋势总体一致，但变化过程存在差异。如：2004 年陈家湾站流量和含沙量峰值都在 9 月 8 日左右出现，而 2008 年峰值出现在 8 月 17 日，较 2004 年靠前；2004 年陈家湾站的流量峰值远大于 2008 年，但 2008 年的流量过程更为均匀，故整体上两年的流量平均值基本相当。此外，研究河段内有太平口分流入洞庭湖，但其分流流量仅占干流的 2%左右，在本次模拟中忽略不计。

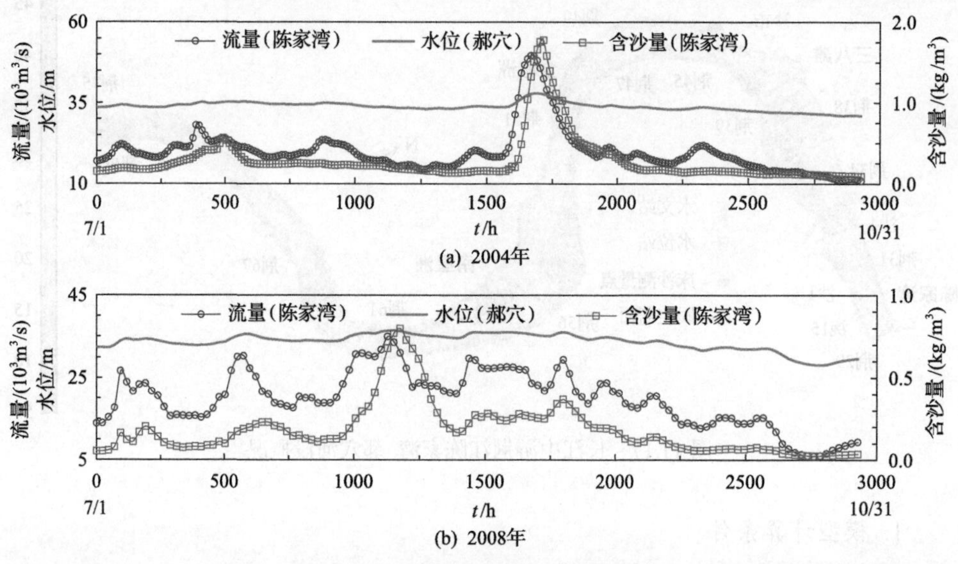

图 11.18　研究河段进出口水沙条件

2）河床边界条件给定

利用 2004 年 7 月陈家湾-郝穴河段的实测长程河道地形，将其划分成网格（314×23），该网格对护岸区域进行了局部细化，纵向及横向网格的最小尺寸分别为 62m 和 23m，最大尺寸为 560m 和 396m，平均尺寸为 217m 和 98m（图 11.12（a））；然后根据 10751 个实测高程点插值得到各网格节点高程。2008 年则采用相同的网格进行河道划分，便于对比两个计算年份的结果；并根据 2008 年 7 月实测长程河道地形图的 15559 个实测高程点插值得到各网格节点高程。对比 2004 年和 2008 年的插值结果，总体上高程变化不大；但局部河床有较显著的调整。然后采用节点代码标记网格节点，根据研究河段的工程实施情况，区分有或无工程的区域，标记方法已在 11.3.2 节中具体阐述。最后将网格坐标、高程及节点代码作为二维模型的河床边界条件。

3) 动边界处理

本章采用“冻结法”处理计算过程中的动边界问题(夏军强等, 2005)。该方法首先判断计算网格是否过水，若其不过水则将其曼宁糙率系数设为极大值，代入动量方程后，相应的流速则会十分接近于 0。另外，给定不过水节点一小的虚拟水深(0.1m)，从而使整个区域的计算能够继续进行。

4) 初始条件给定

在给定二维模型的初始条件时，先通过一维水沙数学模型，在不考虑河床调整的情况下, 计算特定流量下研究河段内各网格节点的恒定水沙条件(用断面平均值代替节点值)，包括流量、水位、流速、水深、各粒径组悬移质含沙量等要素。然后将模拟得到的节点水力泥沙要素作为二维模型的初始条件，代入计算。

此外，分别采用 2003 年 10 月和 2006 年 11 月(缺少 2007 年实测床沙资料)陈家湾-郝穴河段实测床沙级配资料, 作为 2004 年和 2008 年模拟算例的初始床沙资料。2003 年研究河段设有 28 个床沙实测断面，共计 106 个床沙实测点，分布如图 11.17 所示; 而 2006 年该河段同样设有 28 个实测断面, 共计 180 个实测点。图 11.19 给出了陈家湾-郝穴河段典型断面的床沙级配曲线(各典型断面位置见图 11.17)，其粒径主要集中在 0.1～0.5mm，且在 2003 年 10 月至 2006 年 11 月期间，这些断面床沙组成变化不显著，有小幅度的粗化。基于实测点的床沙级配资料, 通过 11.3.3 节中提到的普通 Kriging 插值法, 计算得到各网格节点的床沙级配, 其床沙中值粒径范围分别为 0.003～0.319mm 和 0.025～0.400mm。

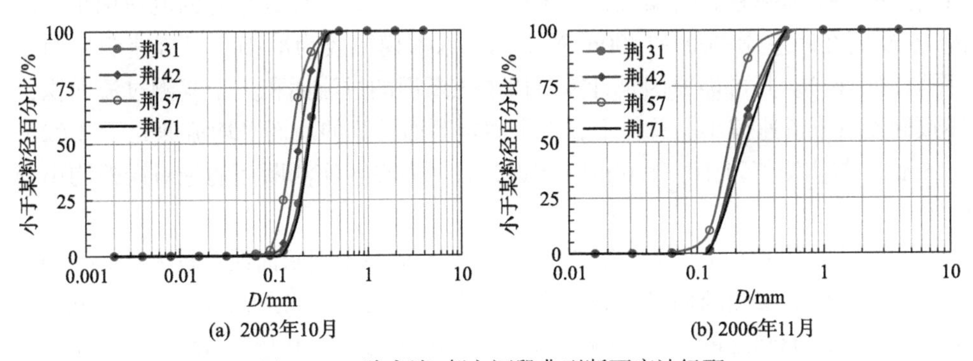

图 11.19　陈家湾-郝穴河段典型断面床沙级配

5) 模型参数设置

在该二维模型中, 水流与泥沙的计算为非耦合计算, 计算时间步长 Δt 为 0.6s。恢复饱和系数 α_{*k} 在发生冲刷时取为 0.40，发生淤积时取为 0.20，相对冲淤平衡时取为 0.30。张瑞瑾水流挟沙力公式中系数 k 取 0.1445，指数 m 取 1.55。床沙干密度 ρ'=1400kg/m^3；悬沙分组数 N_S=11 组；水温 t_0=20℃。

2. 模型率定

1) 计算与实测的水深、垂线平均流速及含沙量对比

图 11.20 给出了 2004 年陈家湾-郝穴河段 5 个固定断面(涴 15、沙 4、荆 38、荆 45 和荆 51，施测时间已在图中标出)计算与实测水深、垂线平均流速及含沙量的对比，总体上两者符合程度较高。各断面计算得到的断面平均水深分别为 14.46m、10.74m、9.15m、11.38m 和 11.9m，接近实测值 12.27m、9.34m、9.55m、12.06m 和 13.55m，相对误差在 4%～18%。各断面计算与实测的水深横向分布也较为一致。如沙 4 断面经过董市洲，故水深呈现中间小两边大的分布，计算的最小水深为 5.0m，发生在距左岸 674m 处，而实测最小水深为 4.7m，发生在距左岸 655m 处，基本符合(图 11.20(d))。但荆 45 和荆 51 断面计算的水深分布与实测情况差别较大，分别在距左岸 600m 和 400m 的范围内，计算水深普遍小于实测值(图 11.20(j) 和图 11.20(m))。究其原因，主要是由于这两个断面位于沙市弯道段，在惯性力作用下凹岸水位将高于凸岸，存在较大的横向水面比降，然而模型未考虑该影响，故这两个断面靠左岸处的计算水位显著低于实测值。

此外，各断面计算的流速横向分布与实测数据也较为符合(图 11.20)。如沙 4 断面由于江心洲的存在，通过洲滩位置的流速较小而两侧主槽流速较大，计算的最小流速(0.87m/s)发生在距左岸 802m 处，接近于实测最小流速(1.04m/s，距左岸 804m 处)，但主槽的计算流速较实测值偏小(图 11.20(e))。主要原因是主槽区域给定的曼宁糙率系数值偏大，使主槽水深较实际大，导致相应的流速偏小。而涴 15 断面在距左岸 700～1200m 范围内，水深模拟较为准确，但流速明显偏小(图 11.20(b))。其可能原因是计算时段末该断面的过流面积大于实测过流面积，导致同流量下流速偏小。总体上，5 个固定断面计算的断面平均流速介于 1.02～1.26m/s，与实测值 1.10～1.46m/s 相近，且两者在各实测断面的绝对误差均小于 0.26m/s。

计算与实测的含沙量分布总体上符合较好，但在个别断面误差较大(图 11.20)。5 个固定断面的实测断面平均含沙量分别为 0.11kg/m^3、0.21kg/m^3、0.12kg/m^3、0.14kg/m^3 和 0.09kg/m^3，相应的计算值为 0.15kg/m^3、0.18kg/m^3、0.17kg/m^3、0.14kg/m^3 和 0.11kg/m^3，绝对误差在 0.00～0.05kg/m^3，相对误差分别为 34%、15%、35%、1%和 24%。可见，含沙量的相对误差明显大于水位、流速误差。这是由于陈家湾-郝穴河段含沙量极低，尤其在对比时段(汛末：2004/10/6～2004/10/9)，含沙量尤其小，微小的含沙量误差即可造成很大的相对误差。此外，进一步观察各断面含沙量的横向分布，如沙 4 断面含沙量呈现双峰分布，两个沙峰值分别为 0.41kg/m^3 和 0.28kg/m^3，分别位于距左岸 528m 和 1354m 处(图 11.20(f))；而计算

的含沙量仅有一个沙峰，最大值为 0.36kg/m^3，且位于距左岸 674m 处，与实测分布差别较大。在荆 38 断面，计算含沙量与实测值同样相差较大(图 11.20(i))，主要原因是水深及流速模拟的不准确性导致了计算的节点水流挟沙力存在较大误差。根据计算水深和流速，荆 38 断面计算得到的最大水流挟沙力出现在距左岸 563m 处，其值为 0.27kg/m^3，故该处相应的含沙量达到最大(为 0.28kg/m^3)，但实际上该处(595m)的含沙量仅为 0.15kg/m^3。

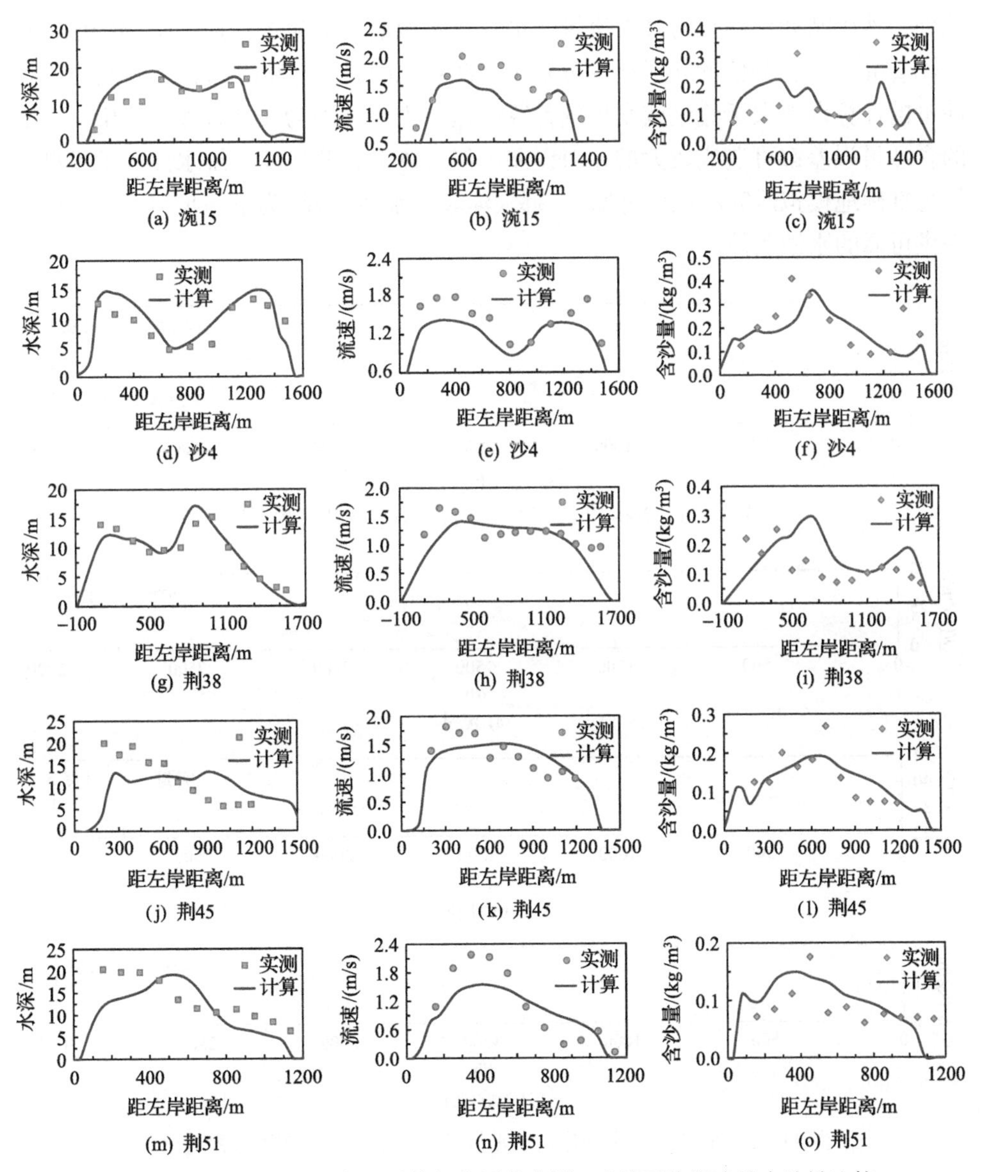

图 11.20　2004 年典型断面计算与实测的水深、垂线平均流速及含沙量比较

2）计算与实测的断面平均水沙过程对比

图 11.21 和图 11.22 给出了计算时段内陈家湾站水位和沙市站流量、水位及含沙量的变化过程，计算结果与实测值吻合较好。在陈家湾站，实测水位与计算值的相对误差范围在 2.6%以内，平均相对误差为 0.6%；最大实测水位值为 41.65m，而相应的计算值为 41.34m，绝对误差仅为 0.31m（图 11.21）。在沙市站，流量、水位及含沙量的实测与计算值平均相对误差分别为 5.0%、0.6%和 23.5%（图 11.22）。此外，沙市站计算得到的最大流量、水位及含沙量分别为 46600m^3/s、40.95m 和 1.64kg/m^3，与实测值的相对误差分别为 0.8%、0.6%和 1.2%（图 11.22）。可见，含沙量的计算误差大于流量或水位的计算误差，主要是因为在低含沙水流中，微小的含沙量误差都可造成较大的相对误差。但总体上，改进的二维水沙数学模型可较为准确地模拟研究时段内陈家湾-郝穴河段的水沙过程，为下一步河床变形计算提供可靠的水沙条件。

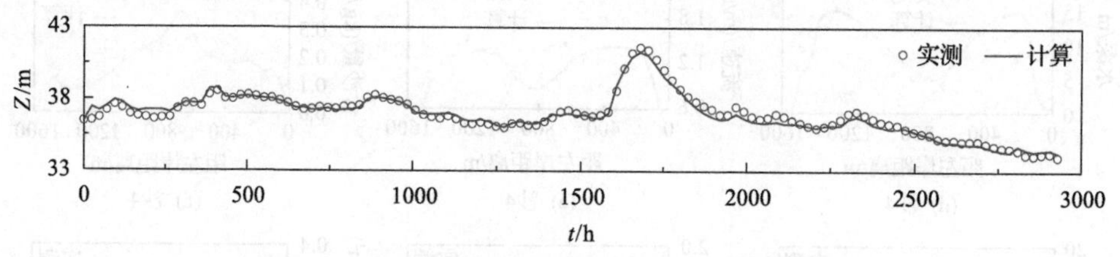

图 11.21　2004 年陈家湾站水位计算与实测过程对比

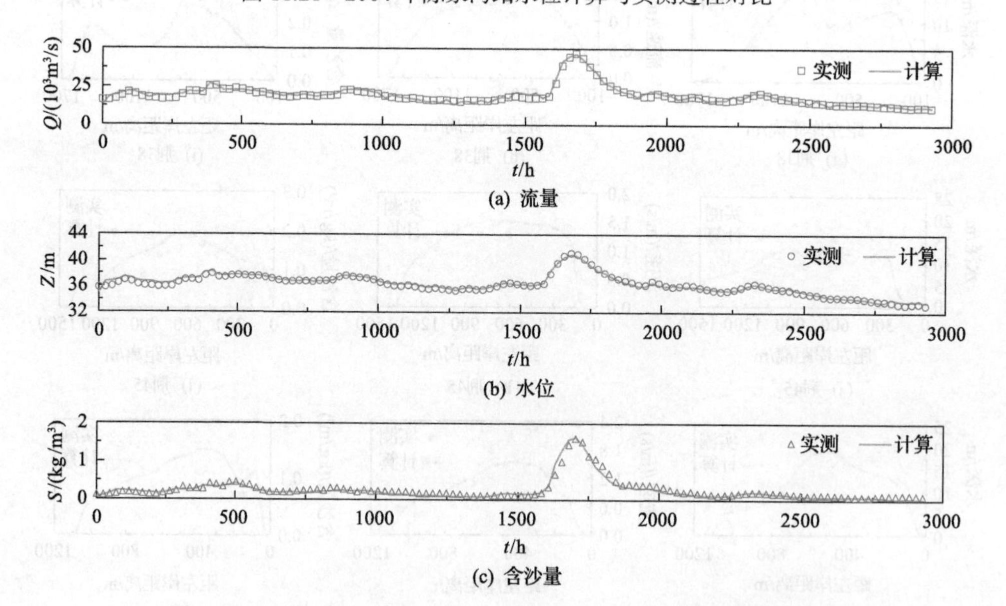

图 11.22　2004 年沙市站流量、水位及含沙量计算与实测过程对比

3. 模型验证

1) 计算与实测的水深、垂线平均流速及含沙量对比

本节选取了陈家湾-郝穴河段 2008 年 7 月 1 日至 10 月 31 日的水沙系列，在率定得到的最优参数条件下(如曼宁糙率系数、挟沙力公式参数、恢复饱和系数等)，验证改进模型的模拟精度。图 11.23 给出了 5 个固定断面(涴 15、沙 4、荆 38、荆 45 和荆 51)计算与实测的水深、垂线平均流速及含沙量的对比。各断面计算得到的断面平均水深分别为 12.01m、9.17m、9.23m、11.46m 和 13.01m，与实测值(13.90m、8.15m、7.33m、11.78m 和 9.76m)相近，相对误差的范围在 2.8%～33.3%。计算的水深横向分布与实测分布也符合较好，如荆 45 断面最大水深的计算值为 14.54m，出现在距离左岸 651m 处，而实测的最大水深为 16.10m，出现在距离左岸 603m 处(图 11.23(j))。在荆 51 断面，计算的水深较实测值明显偏大，直接原因是该区域的曼宁糙率系数值偏大(图 11.23(m))。

此外，模型计算的各断面平均流速介于 0.91～1.10m/s，而实测值介于 0.82～1.07m/s，相对误差分别为 13.2%、10.9%、4.0%、4.7%和 3.2%，总体上符合较好。流速的横向分布也较符合实际。在荆 45 断面，其流速横向分布比实测值偏大(图 11.23(k))。原因是荆 45 断面计算的河床冲刷面积小于实测值，导致过流面积偏小，从而使流速偏大。在荆 51 断面，流速计算与实测值也较为吻合，最大流速为 1.48m/s，出现在距离左岸 377m 处，而实测的最大流速 1.54m/s 出现在距离左岸 353m 处(图 11.23(n))。

然而，计算得到的含沙量横向分布结果与实测值相比误差较大，但总体上能反映其分布特征(图 11.23)。各断面平均含沙量的相对误差分别为 3.3%、15.6%、7.9%、7.9%和 45.0%。其中，涴 15、荆 38 和荆 45 断面计算的垂线平均含沙量与实测数据符合程度较高。荆 45 断面的实测含沙量在距左岸 702m 处达到最小值 0.03kg/m^3，由于该断面主槽区域计算流速偏大，故相应的计算含沙量较实测值大；然而在靠岸两侧的区域，虽然计算的流速大于实测值，含沙量计算值仍小于实测值(图 11.23(l))。具体分析其原因，荆 45 断面位于沙市弯道，其距左岸 1200m 处(靠岸处)的计算水深和流速(8.88m 和 0.93m/s)大于实测值(8.00m 和 0.68m/s)，此处计算的含沙量应大于实测值，但可能由于弯道段环流等因素的影响，使靠岸位置含沙量较大，这点尚无法通过该数学模型模拟。此外，在沙 4 和荆 51 断面，计算和实测含沙量的符合程度较低(图 11.23(f)和(o))。尤其是在荆 51 断面，实测的最大含沙量为 0.07kg/m^3，距离左岸 553m，而相应含沙量计算值仅为 0.03kg/m^3(距左岸 560m 处)，绝对误差达到 0.40kg/m^3。主要原因是该断面的计算水深偏大，导致计算水流挟沙力偏小，故含沙量分布显著小于实测值。

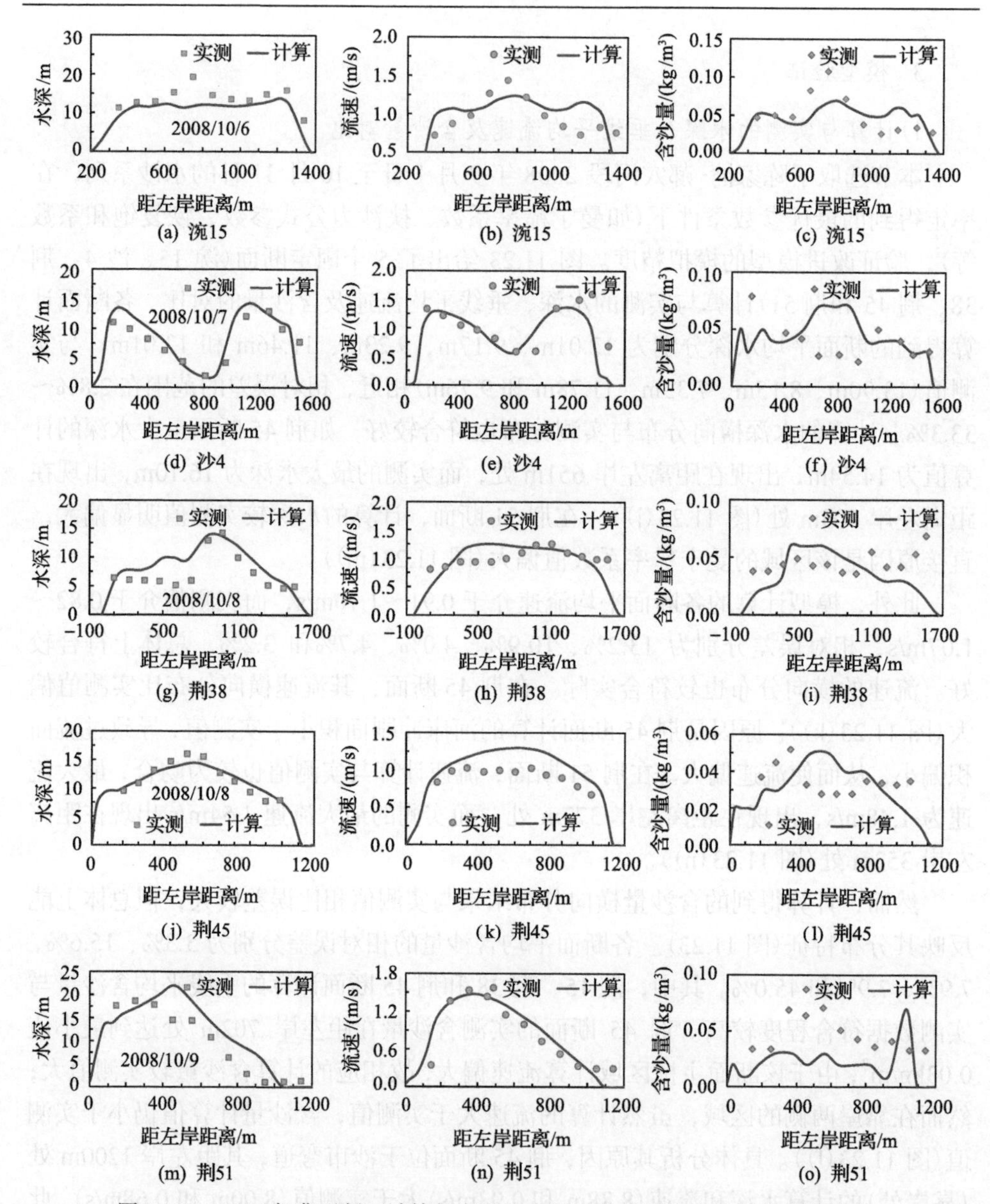

图 11.23　2008 年典型断面计算与实测的水深、垂线平均流速和含沙量比较

2）计算与实测的断面平均水沙过程对比

图 11.24 和图 11.25 分别给出了 2008 年计算时段内陈家湾站水位和沙市站流量、水位、含沙量计算与实测值的对比，总体上两者符合较好。陈家湾站计算和实测水位的相对误差范围为 0～2.9%，平均相对误差为 0.7%(图 11.24)。此外，沙市站计算与实测流量的相对误差范围为 0～17.0%，平均相对误差为 6.1%

(图 11.25(a))；计算与实测水位值的相对误差则在 0～3.0%，平均相对误差为 0.8%(图 11.25(b))；悬移质含沙量的平均相对误差为 32.2%，最大含沙量的计算值为 0.68kg/m^3，与实测值(0.71kg/m^3)相比偏小(图 11.25(c))。综上，基于 2008 年研究河段实测资料的模型验证结果表明，改进的二维水沙数学模型可较为准确地模拟陈家湾-郝穴河段的水沙过程及水沙变量横向分布情况。

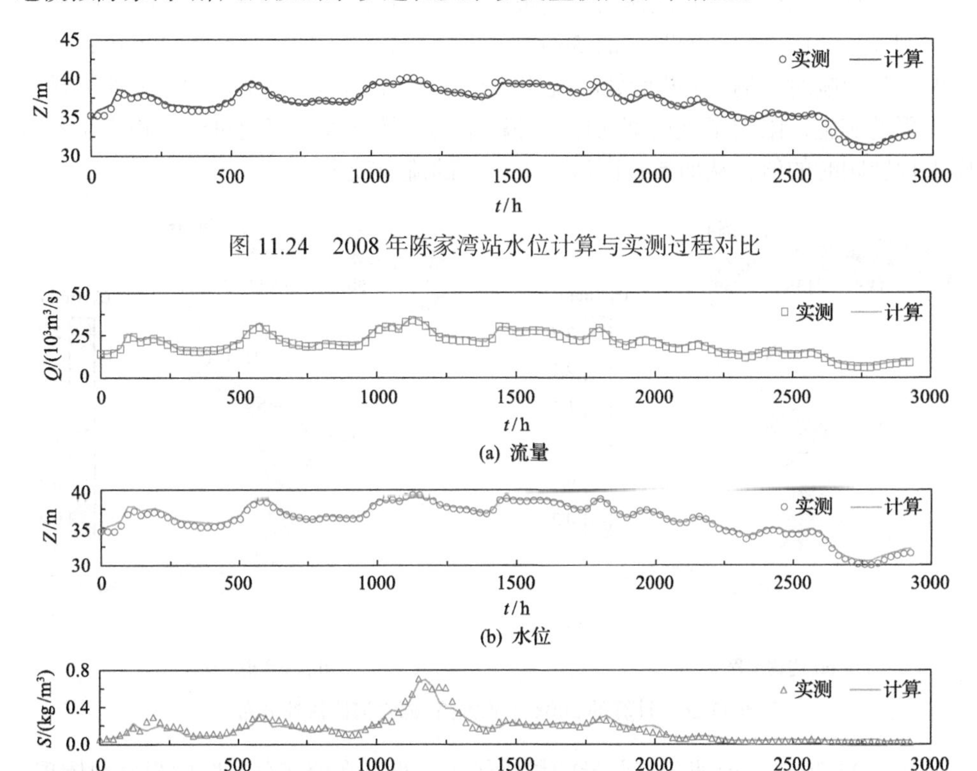

图 11.24　2008 年陈家湾站水位计算与实测过程对比

(a) 流量

(b) 水位

(c) 含沙量

图 11.25　2008 年沙市站流量、水位及含沙量计算与实测过程对比

4. 有无考虑工程影响下长江中游水沙输移及河床变形过程

为比较有、无考虑河道整治工程对河床调整模拟结果的影响，本节进一步计算不考虑工程影响时，陈家湾-郝穴河段 2004 年和 2008 年的水沙输移及河床变形情况，并将其与考虑了整治工程影响的模拟结果进行对比。为确保两种情况下的模拟结果具有可比性，不考虑工程影响的模拟在前文率定得到的最优参数条件下进行(如曼宁糙率系数、挟沙力公式参数、恢复饱和系数等参数值不变)。需说明，河道整治工程的实施会对局部河床阻力有较大的影响，但由于缺少相关资料无法确定实施工程区域的曼宁糙率系数，故本节未区分有或无工程区域上糙率的不同。

这方面研究有待进一步展开。

1) 河道整治工程对流速分布的影响

图 11.26 给出了计算的 2008 年汛期陈家湾-郝穴河段在最大流量下(沙市站流量为 33800m^3/s)的流速分布情况。对比考虑或不考虑工程影响下的流速分布，可知护岸、护滩(底)工程对流速的影响很小，但个别位置差异较大，如图 11.26 所示。例如，考虑工程影响时，荆 56 断面处的主流流速集中在 1.7～2.2m/s；而不考虑工程影响时，荆 56 断面处的流速约在 1.2～1.7m/s。其增大的主要原因是整治工程的实施，限制了该局部河床的冲刷下切，故计算的河道过流面积小于不考虑工程影响时的值，从而导致同流量下相应的流速较大。

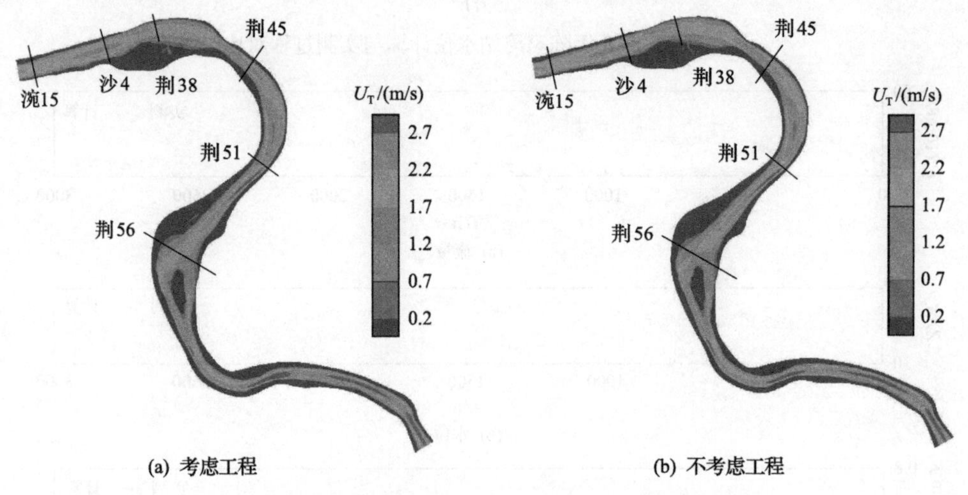

图 11.26 计算的 2008 年陈家湾-郝穴河段流速分布

在图 11.26 中，流速分布差异的量级较小，难以在流速分布图中很好地体现，故此处进一步分析典型断面的垂线平均流速在有或无整治工程影响下的差别，如图 11.27 所示。由图 11.27(a)和(d)可知，涴 15 和荆 45 断面在考虑或不考虑工程时垂线平均流速差别很小。在沙 4 断面(图 11.27(b))，距左岸 500～1200m，考虑工程影响时计算得到的垂线平均流速(0.56～1.35m/s)，总体大于不考虑工程影响时的结果(0.45～1.35m/s)；而在距左岸 1200～1600m，两种情况下计算的垂线平均流速分别为 0.13～1.04m/s 和 0.13～1.20m/s。在荆 38 断面(图 11.27(c))，距左岸 300m 范围内，不考虑工程影响时计算的垂线平均流速在 0.17～0.95m/s，而考虑工程影响时流速范围为 0.49～0.96m/s，更接近于实测值。在荆 51 断面(图 11.27(e))，考虑工程影响时计算得到的垂线平均流速略大于不考虑工程影响时的结果，且断面平均流速分别为 0.91m/s 和 0.88m/s。在荆 56 断面，在最大流量下(沙市站流量为 33800m^3/s，T=2008/8/17(2008 年 8 月 17 日))，考虑整治工程影响时计算的垂线平均流速范围在 0.22～1.94m/s；而不考虑工程影响时，其值在 0.18～1.73m/s 范围内，总体偏小(图 11.27(f))。主要是因为大规模护岸工程及马甲咀航道整治工程的实施，使荆 56 断面右侧的河床冲刷下切幅度减小，相应的过流面积减小，导致计算流速增大。综上：河道整治工程对流速分布存在一定的影响，但影响较小。一方面，护岸、护滩(底)这类工程较为平顺，与河势控导工程不同，对河势影响小且主要改变工程附近的水流结构；另一方面，改进的模型仅能通过影响河床冲淤来影响流速，该作用相对较小。

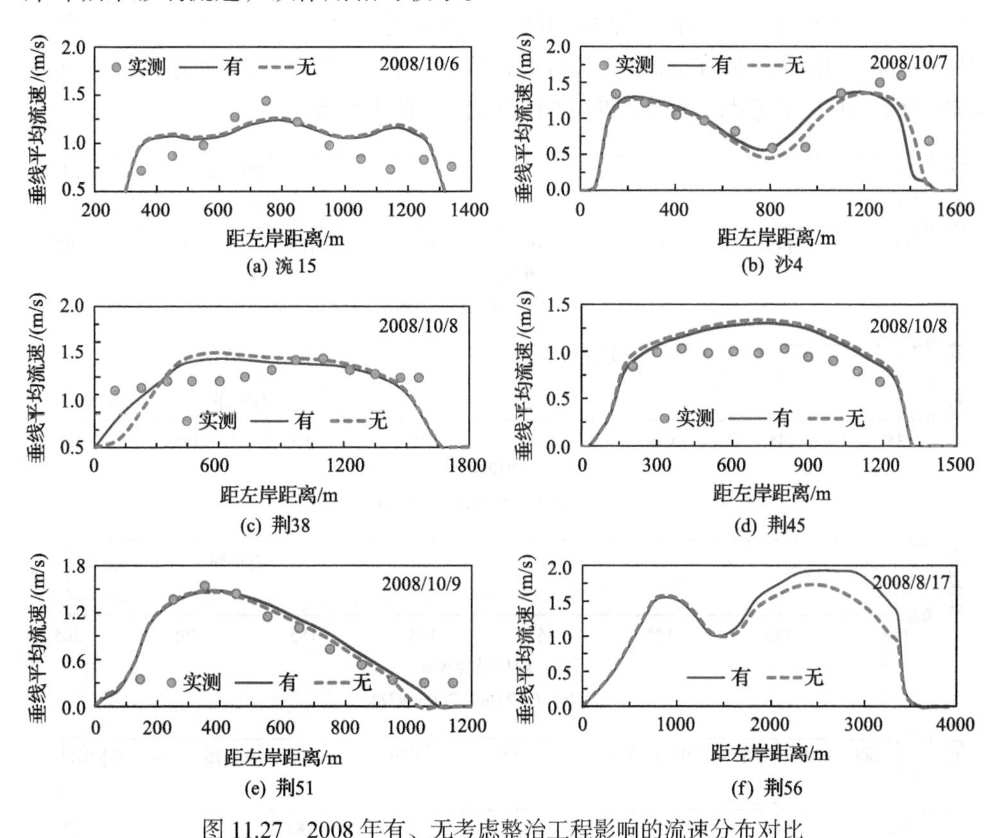

图 11.27　2008 年有、无考虑整治工程影响的流速分布对比

2) 河道整治工程对输沙过程的影响

大规模河道整治工程的实施对悬移质泥沙输移存在整体性的影响。图 11.28 给出了 2008 年陈家湾-郝穴河段 4 个模拟时刻有、无考虑工程影响的沿程含沙量对比图。由图可知，考虑工程影响的模型计算得到的含沙量总体上小于不考虑工程影响的含沙量，两者的绝对差值在 0～0.064kg/m^3，平均差值百分比分别为 8.5%、8.5%、7.4%和 3.3%。这主要是由于工程的实施一定程度上限制了防护区域的河床冲刷，导致含沙量减小。此外，在汛期大流量下(T=2008/7/31 和 T=2008/8/29)含

沙量的差值相对较大，故河道整治工程对泥沙输移的影响在汛期较为显著。由图 11.28 还可知，河道整治工程的影响在南星洲附近河段最为显著，其原因为该局部河段工程实施规模较大，马甲咀航道整治工程的实施很大程度上限制了南星洲的冲刷，导致该局部河段含沙量较不考虑工程影响时有所减小。

此外经过统计，2008 年陈家湾-郝穴河段约有 1194 个网格受到工程守护，占河道网格数(6759)的 18%。由于在划分网格时，对有护岸工程实施的区域进行了局部网格加密，故从面积上看，工程守护范围大概占了河道平面面积的 9%。在相同条件下，考虑工程影响的二维模型计算得到的河段出口处输沙量小于不考虑工程影响的模拟结果。如在 2008 年计算时段内，考虑工程影响时郝穴站的输沙量为 4481 万 t，小于不考虑工程影响时的 4684 万 t，偏小约 5%。

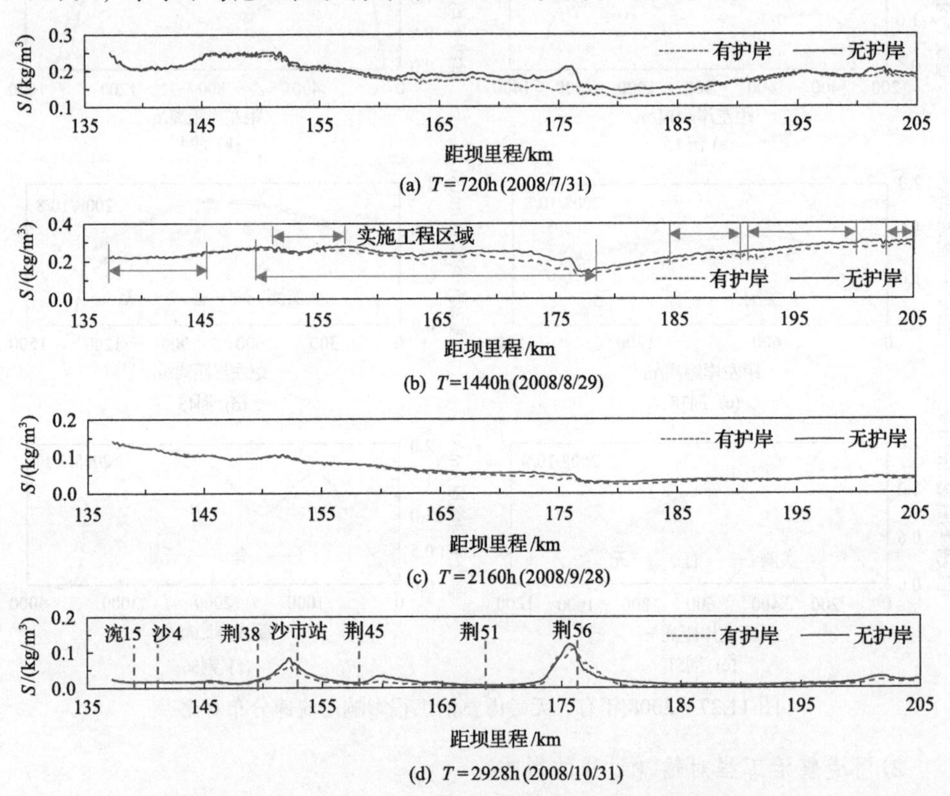

图 11.28　2008 年有、无考虑整治工程影响的沿程含沙量对比

图 11.29 进一步给出了 2008 年有、无考虑工程影响下陈家湾-郝穴河段 6 个固定断面的含沙量横向分布对比，其距离三峡大坝位置如图 11.28(d)所示。由图 11.29 可知，在不考虑工程影响下，涴 15、沙 4、荆 38、荆 45 和荆 51 断面平均含沙量分别为 0.053kg/m³、0.043kg/m³、0.044kg/m³、0.033kg/m³ 和 0.025kg/m³；而在模型中考虑了整治工程影响时，相应的断面含沙量分别为 0.053kg/m³、

$0.045kg/m^3$、$0.042kg/m^3$、$0.033kg/m^3$ 和 $0.025kg/m^3$。从断面平均值的角度来看，两者差别不大，且均接近于实测值($0.051kg/m^3$、$0.053kg/m^3$、$0.045kg/m^3$、$0.035kg/m^3$ 和 $0.046kg/m^3$)。但从垂线平均含沙量来看，仍存在一定差异。图 11.29(a)～(e)给出了汛末时刻陈家湾-郝穴河段典型断面含沙量的对比，结果表明在小流量条件下整治工程对悬沙输移及河床变形的影响相对较小。但在荆 56 断面，考虑或不考虑工程影响下的流速分布在汛期差异显著(图 11.27(f))；进一步研究其含沙量分布特点(图 11.29(f))可知，在河道整治工程影响下的垂线平均含沙量(0.05～$1.14kg/m^3$)显著小于不考虑工程时的计算结果(0.17～$2.56kg/m^3$)。这与图 11.28 显示的南星洲附近计算含沙量偏小(考虑工程影响)一致。

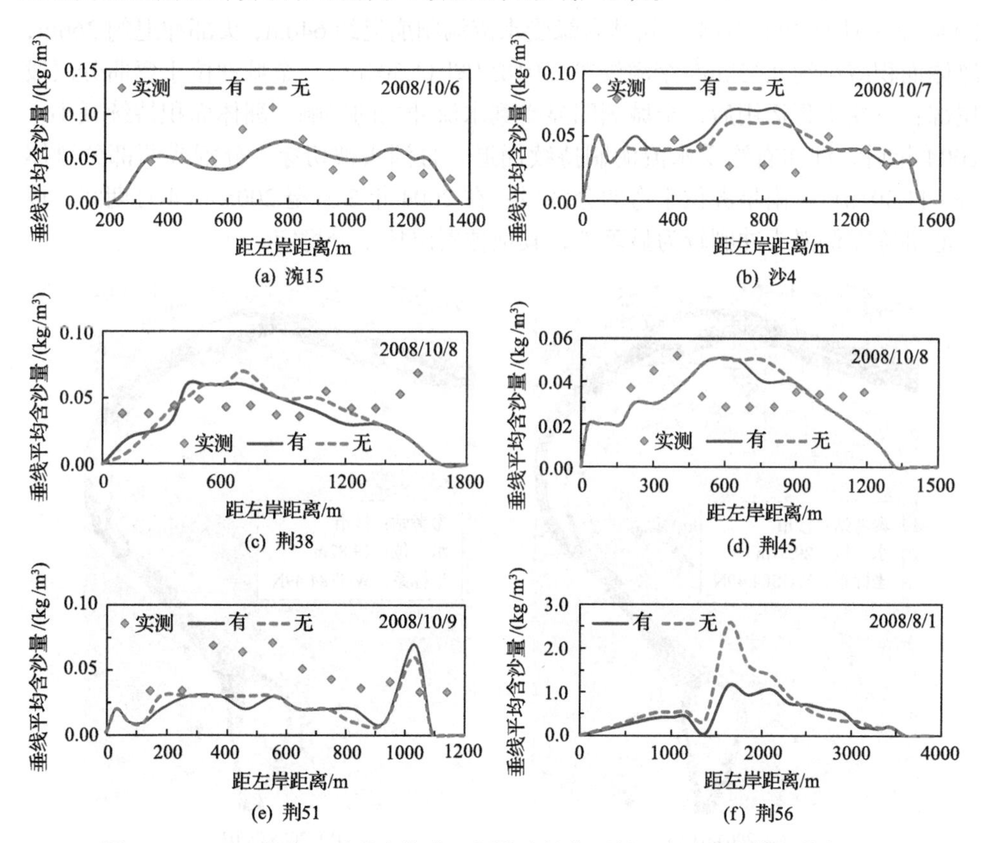

图 11.29　2008 年有、无考虑整治工程影响的典型断面含沙量的横向分布对比

3) 河道整治工程对平面形态调整的影响

平面形态变形方面，此处主要研究河道整治工程对洲滩调整的影响。

(1)卫星遥感影像显示的洲滩调整过程。陈家湾-郝穴河段主要有太平口心滩、三八滩、金城洲、南星洲 4 个江心洲。本节利用分辨率为 30m 的卫星遥感影像资料(Landsat 5 和 Landsat 7 系列)，对陈家湾-郝穴河段 2004 年和 2008 年的水域进行提取(图 11.30 和图 11.31)，并着重研究河段内江心洲的调整情况。为使江心洲的面积具有可比性，本节以沙市站为参考站，选择水位约为 30m 时相应的卫星遥感影像，该水位下洲滩出露较为明显，对比的结果也将更为清晰。

首先，对比 2004 年 3 月 15 日和 2005 年 4 月 3 日研究河段的卫星遥感影像(图 11.30)。太平口心滩位于顺直分汊段尾部：三峡工程运用后，太平口心滩在年内遵循涨水淤积，退水冲刷的规律，在 2004 年 3 月至 2005 年 4 月间总体表现为淤积，滩体面积增大(李溢汶等, 2018)(图 11.30(b))；此外，由于腊林洲边滩头部冲退，其对太平口心滩尾部的控制逐渐减弱，使太平口心滩淤积上延，如图 11.30(b)所示。三八滩位于弯曲分汊段进口：三峡工程运用后，三八滩呈持续冲刷趋势，2004 年 3 月至 2005 年 4 月间其右缘受水流淘刷崩退约 640m，头部冲退约 360m，滩体面积减小约 0.45km^2(李溢汶等, 2018)(图 11.30(b))。金城洲位于弯曲分汊段尾部：三峡工程运用后，金城洲明显受到水流冲刷的影响，洲体面积持续减小；2004 年后，洲体右缘受水流淘刷持续崩退，且洲头被切穿，分割成两部分滩体(图 11.30(b))。南星洲位于弯曲分汊段：在 2004 年 3 月至 2005 年 4 月期间，该江心洲除左侧滩头冲刷较为显著外，其他位置滩体十分稳定。

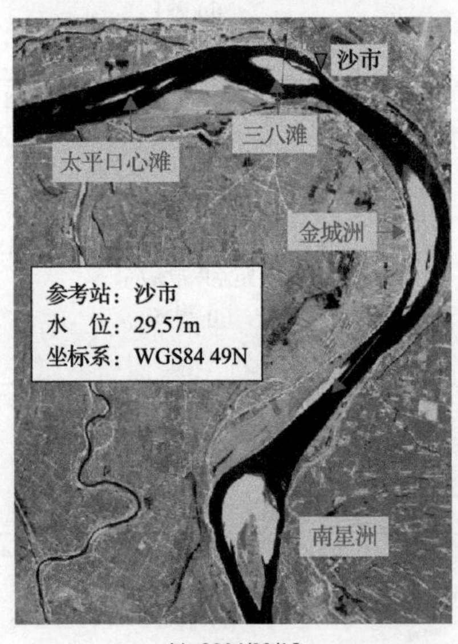

(a) 2004/03/15

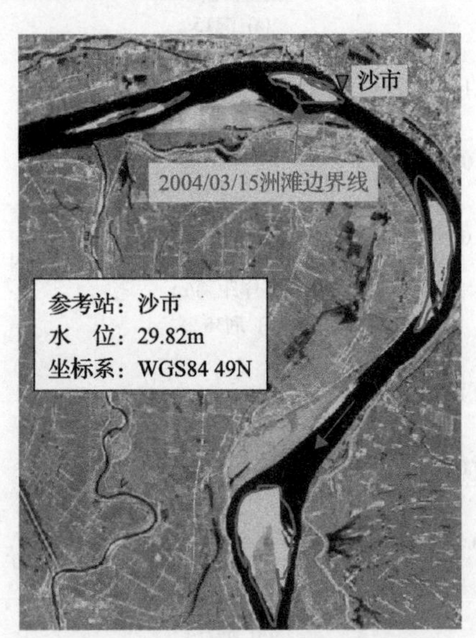

(b) 2005/04/03

图 11.30　计算河段遥感图像

接着，对比 2005/04/03、2008/03/26 和 2008/12/15 研究河段的卫星遥感影像(图 11.31)。观察陈家湾-郝穴河段江心洲的调整过程。

太平口心滩：2005 年 4 月 3 日～2008 年 3 月 26 日，太平口心滩的上部滩体不断淤积，但下部滩体有较大程度的冲刷(图 11.31(a))；在 2008 年汛期，太平口心滩又转为上部冲刷，下部淤积(图 11.31(b))；目前已有研究表明(李溢汶等, 2018)，太平口心滩大小与腊林洲边滩的面积变化密切相关，腊林洲边滩中上部崩退使顺直分汊段尾部河道放宽，促进了太平口心滩尾部的泥沙淤落。

三八滩：2005 年 4 月 3 日～2008 年 3 月 26 日，三八滩滩体显著冲刷，面积减小约 1.0km^2，但右槽水流条件变缓，淤积出新滩体(图 11.31(a))；由于 2008 年 4 月三八滩应急守护二期工程的实施，2008 年汛期三八滩保持相对稳定(图 11.31(b))。

金城洲：2005 年 4 月 3 日～2008 年 3 月 26 日，金城洲主滩体较为稳定，但洲头处分割开的滩体经历了冲刷下移，在右侧形成狭长的边滩(图 11.31(a))；随后至 2008 年 12 月 15 日，金城洲洲头两侧均受冲刷，洲尾右缘也有一定程度的冲刷但左缘相对稳定(图 11.31(b))。

南星洲：2005 年 4 月 3 日～2008 年 3 月 26 日，南星洲洲尾左缘冲刷崩退显著(图 11.31(a))；随着 2007 年 6 月长江中游马家咀水道航道整治一期主体工程的完工(图 11.12(a))，南星洲逐渐稳定，至 2008 年 12 月 15 日滩体无明显变化(图 11.31(b))。

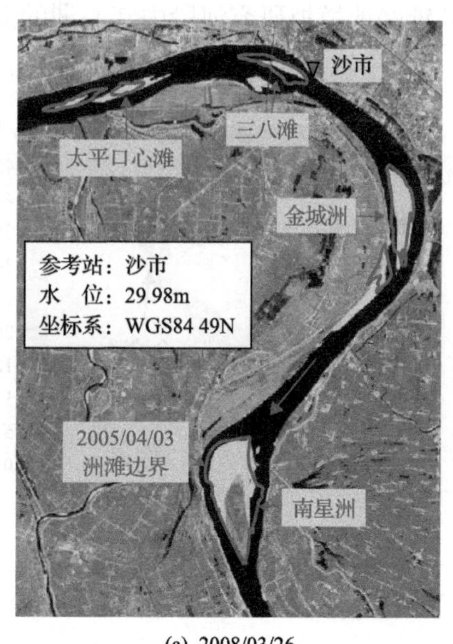

(a) 2008/03/26

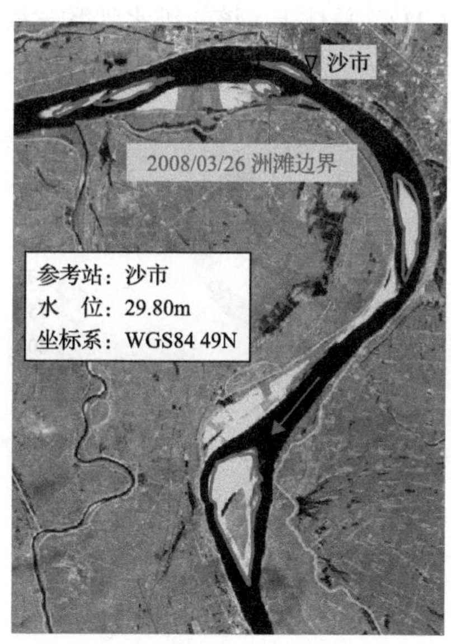

(b) 2008/12/15

图 11.31　计算河段遥感图像

(2)改进模型计算的洲滩调整过程。本节采用改进的二维水沙数学模型模拟洲滩的调整过程，并进一步研究有或未考虑护滩工程对模拟结果的影响。为与卫星遥感影像具有对比性，本节根据长程河道地形图，采用 30m 地形等高线来确定江心洲的边界。图 11.32(a)给出了 2004 年 7 月 1 日和 2004 年 10 月 31 日(初始时刻与计算时段末)陈家湾-郝穴河段 4 个江心洲的边界，用以体现计算时段内江心洲的变化过程，并将其与卫星遥感影像显示的洲滩变化进行对比(图 11.30)。从图中可以看出，①计算时段内 4 个江心洲均遭受了明显的水流冲刷，面积有所减小；②太平口心滩冲刷下移，但 2004 年 3 月 15 日至 2005 年 4 月 3 日的卫星遥感图显示，太平口心滩淤积下移，故模拟结果与实际情况存在一定误差；③三八滩右缘冲刷明显，与实测情况符合较好；④金城洲头部冲刷明显，与实际情况符合，但其洲尾在 2004～2005 年间被切穿，分割成两部分滩体，这点未在模拟结果中体现；⑤南星洲头部右缘遭受显著的冲刷，但实际上其头部左缘冲刷幅度较大。

图 11.32(b)给出了 2008 年 7 月 1 日～2008 年 10 月 31 日洲滩调整的模拟结果：①计算时段内 4 个江心洲总体上趋于稳定，但仍表现为冲刷萎缩趋势；②实测的卫星遥感图表明，2008 年 3 月 26 日～2008 年 12 月 15 日，太平口心滩滩体冲刷，呈向上游移动趋势；但在模拟结果中，滩体尾部冲刷较为显著，而头部冲刷不明显，位置未发生显著变化；③三八滩继续保持相对稳定，与遥感图像符合较好；④金城洲在 2008 年汛期内较为稳定，滩尾有小幅的冲刷，但冲刷幅度小于实际值；⑤南星洲在 2008 年汛期内十分稳定，与卫星遥感图显示的结果基本一致(图 11.31)。总体上，该二维水沙数学模型可较好地模拟研究河段内江心洲的演变过程。

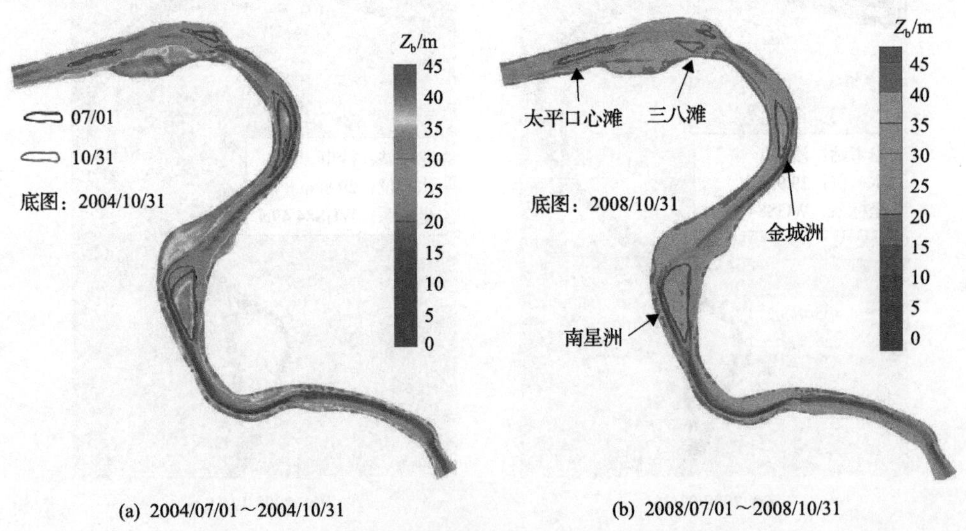

图 11.32 考虑整治工程影响下的洲滩边界变化模拟结果

(3)有无考虑整治工程影响的洲滩调整过程对比。为研究有或未考虑河道整治工程对洲滩调整模拟结果的影响，进一步对比这两种情况下 2004 年和 2008 年研究河段的洲滩变化过程。如图 11.34 所示，以初始时刻地形为底图，比较考虑和不考虑整治工程时二维模型计算得到的洲滩边界(30m 水位)。由图 11.33(a)可知，在两种情况下 2004 年陈家湾-郝穴河段的洲滩调整过程基本一致。主要是由于 2004 年以前该河段尚未实施大规模的护滩工程，仅在三八滩处布置了一期应急守护工程。

由图 11.33(b)可知，考虑或不考虑整治工程影响时，2008 年陈家湾-郝穴河段洲滩调整过程存在一定的差异。当考虑工程影响时，南星洲滩体十分稳定，与计算初始时刻相比未有显著冲刷；而不考虑工程影响时，模拟结果显示南星洲滩尾右缘冲刷剧烈，与实际情况不符(图 11.31(b))。这主要是由于马家咀水道航道整治一期工程的实施对南星洲起到了良好的守护作用，故考虑该工程影响时的模拟结果更接近实际情况。此外，三八滩应急守护二期工程等整治工程的实施，使三八滩在 2008 年汛期保持相对稳定。

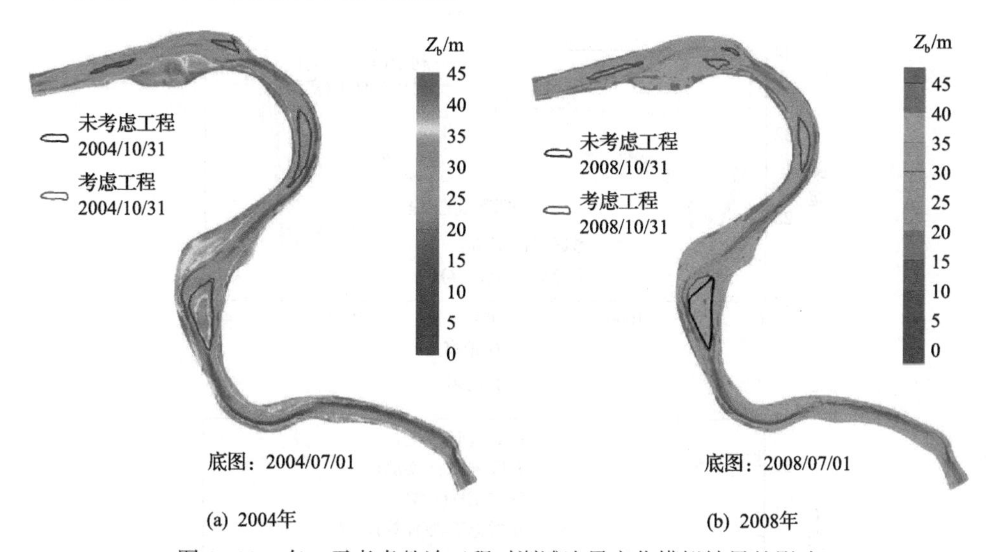

图 11.33　有、无考虑整治工程对洲滩边界变化模拟结果的影响

4) 河道整治工程对断面形态调整的影响

本节还分析了河道整治工程对河槽断面形态调整的影响。相比于一维数学模型，二维模型能更为准确地模拟河床冲淤变形在横向上的分布特点。图 11.34 给出了 2008 年陈家湾-郝穴河段典型断面 2008 年 7 月和 2008 年 11 月的实测断面地形，并与考虑或不考虑工程影响情况下计算得到的断面形态进行对比。

(1)荆 39 断面右侧河床实施了护滩(底)工程。当模型不考虑工程影响时，模拟结果显示守护区域河床继续冲刷，平均下切深度达 1.03m，与实际情况不符；而考虑工程影响时，模型对守护区域的河床冲刷进行了限制，与实际符合良好(图 11.34(a))。

(2)荆 56 断面经过南星洲，2007 年 6 月该局部河段实施了马甲咀航道整治工程，对南星洲洲头右缘起到了很好的守护作用。如图 11.34(b)所示，当不考虑工程影响时，荆 56 断面江心洲右侧冲刷剧烈，下切深度约 6.19m，崩岸宽度接近 600m；而考虑工程影响时，护滩工程的实施限制了江心洲的冲刷，接近于实际的稳定情况。

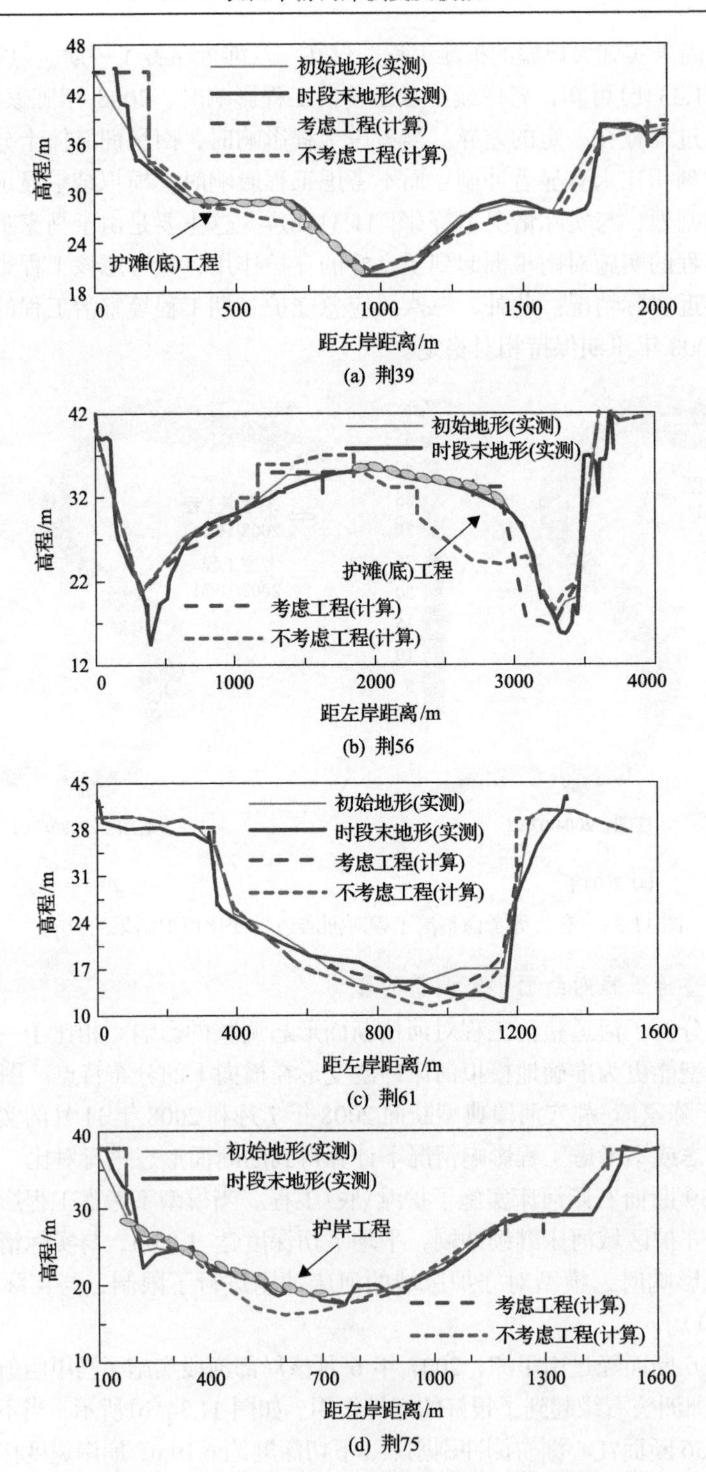

图 11.34　有、无考虑整治工程影响的典型断面形态对比

(3)荆 61 断面位于公安弯道出口处，虽未受到工程守护，但上游河段工程的实施导致该断面整体的冲刷强度减弱。当不考虑工程影响时，计算得到的河床平均冲刷深度为 1.93m；考虑工程影响后，该值减小为 0.71m，更符合实际的河床平均冲刷深度(–0.2m)(图 11.34(c))。

(4)荆 75 断面位于研究河段出口处，左岸实施了护岸工程。在不考虑工程影响时，左侧河槽坡脚处有较为显著的冲刷，计算得到该区域的河床平均下切深度为 0.91m；而考虑工程影响时，护岸工程的实施限制了坡脚冲刷，与实际情况更为符合(图 11.34(d))。因此，若不在模型中考虑河道整治工程，上述影响将被忽略。

5)不同床沙组成插值方式对断面形态调整的影响

床沙组成插值方式不同对流速分布、悬沙输移及河道平面形态调整的影响很小，故此处仅从断面形态的角度来分析其影响。由 11.3.3 节可知，在长江中游陈家湾-郝穴河段，采用普通 Kriging 法插值得到的床沙组成考虑了各向异性，与直接采用断面平均值相比，更接近实际值。然而陈家湾-郝穴河段总体为沙质河床，床沙组成较为均匀，故两种方法的计算结果总体差异不大，但在局部位置较为显著。此处选取了若干个典型断面作为研究对象，来比较不同的床沙插值方式对 2008 年陈家湾-郝穴河段断面形态模拟结果的影响，模型中其他计算条件全部一致。图 11.35 分别给出了荆 31、荆 34、荆 47 和荆 67 断面形态计算结果的对比情况。荆 31 断面自左向右共 6 个床沙实测点，床沙中值粒径分别为 0.226mm、0.210mm、0.198mm、0.244mm、0.282mm 和 0.336mm，而断面平均中值粒径为 0.231mm。如图 11.35(a)所示，当采用普通 Kriging 法计算床沙组成时，模拟结果显示距左岸 800～1200m 的河床下切深度小于采用断面平均中值粒径的计算结果。主要是由于该区域床沙较粗，不易发生冲刷，而采用断面平均中值粒径(0.231mm)时冲刷深度相对较大。在荆 34 断面，6 个实测点的床沙中值粒径分别为 0.185mm、0.252mm、0.198mm、0.196mm、0.255mm 和 0.271mm，中间河床的床沙粒径小于两侧主槽的床沙，且断面平均中值粒径为 0.220mm(图 11.35(b))。故将采用普通 Kriging 法计算床沙组成与采用断面平均中值粒径代替节点床沙组成的模拟结果

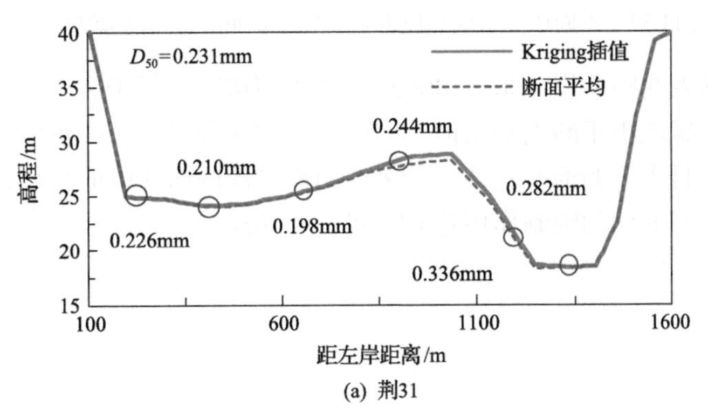

(a) 荆31

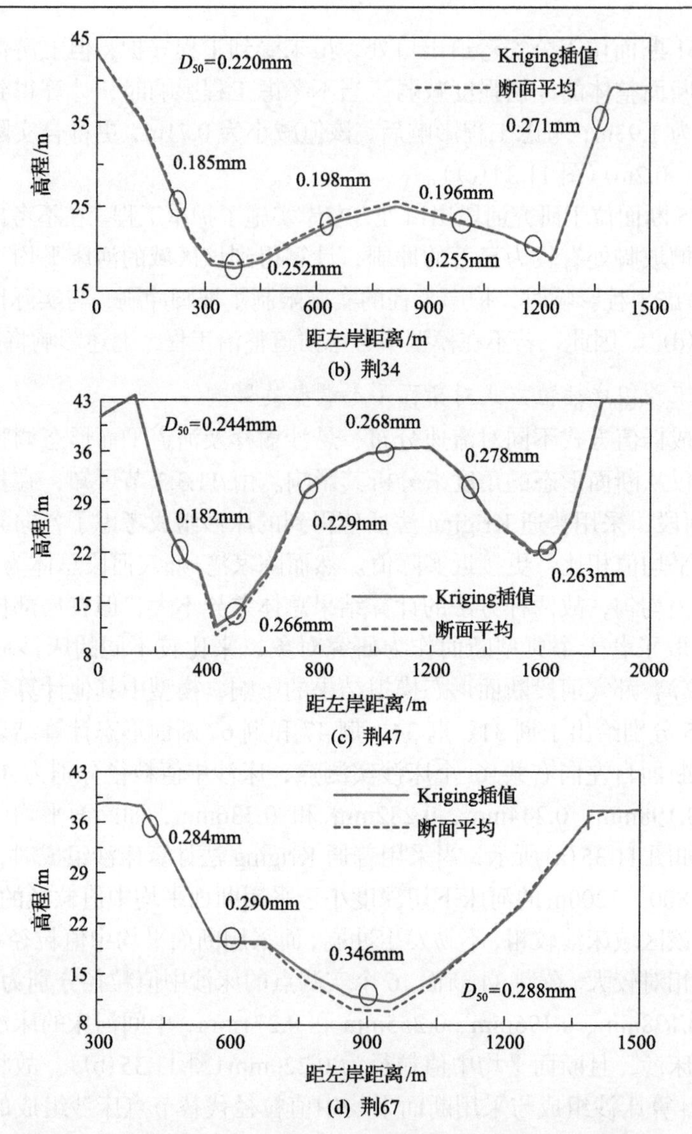

图 11.35　不同床沙组成插值方式下典型断面形态的模拟结果对比

进行比较，前者在距左岸 500～1000m 的计算河床高程低于后者，其原因为该区域的实际床沙组成小于断面平均值。同样在荆 47 断面和荆 67 断面，主槽附近的床沙组成较大且大于断面平均值，若采用断面平均的床沙中值粒径，将忽略较粗床沙对河床冲刷下切的限制作用(图 11.35(c)、(d))。

参 考 文 献

长江科学院. 1998. 三峡水库下游宜昌至大通河段冲淤一维数模计算分析(二)[R]//三峡工程泥沙课题专家组. 泥沙问题研究 95 成果. 北京: 三峡工程泥沙课题专家组.

长江科学院. 2017. 湖北荆江河段 2016 年度河道监测成果分析[R]. 武汉: 长江水利委员会长江科学院.

长江流域规划办公室水文局. 1983. 长江中下游河道基本特征[M]. 武汉: 长江流域规划办公室水文局.

长江委水文局. 2015. 荆江河段崩岸模型与预警技术分析[R]. 武汉: 长江水利委员会水文局.

长江委水文局. 2018. 2017 年度三峡水库进出库水沙特性、水库淤积及坝下游河道冲刷分析[R]. 武汉: 长江水利委员会水文局.

陈飞, 李义天, 唐金武, 等. 2010. 水库下游分组沙冲淤特性分析[J]. 水力发电学报, 29(1): 164-170.

陈建国, 周文浩, 袁玉萍. 2002. 三门峡水库典型运用时段黄河下游粗细泥沙的输移和调整规律[J]. 泥沙研究, (2): 15-22.

陈立, 陈帆, 张为, 等. 2020. 荆江沙市段分流比计算公式的改进及应用[J]. 湖泊科学, 32(3): 840-849.

陈绪坚, 胡春宏. 2006. 河床演变的均衡稳定理论及其在黄河下游的应用[J]. 泥沙研究, (3): 14-22.

陈怡君, 江凌. 2019. 长江中下游航道工程建设及整治效果评价[J]. 水运工程, (1): 6-11,34.

程海云, 葛守西, 李玉荣. 2005. 水动力学模型实时校正方法研究[J]. 人民长江, 36(2): 6-8.

崔占峰, 张小峰, 冯小香. 2008. 丁坝冲刷的三维紊流模拟研究[J]. 水动力学研究与进展, (1): 43-51.

邓安军, 郭庆超, 陈建国. 2007. 挟沙水流综合糙率系数的研究[J]. 泥沙研究, (5): 24-29.

窦国仁. 1963. 潮汐水流中的悬沙运动及冲淤计算[J]. 水利学报, (4): 13-24.

方波. 2004. 长江下游大通-镇江河道干流水流挟沙力公式[J]. 人民长江, 35(12): 42-44.

冯民权, 范术芳, 郑邦民, 等. 2009. 导流板的布置方式及其导流效果[J]. 武汉大学学报(工学版), 42(1): 87-91.

冯普林, 梁志勇, 黄金池, 等. 2005. 黄河下游河槽形态演变与水沙关系研究[J]. 泥沙研究, (2): 66-74.

高凯春, 李义天. 2000. 三峡工程坝下游沙卵石浅滩河段一、二维数学模型计算[R]//三峡工程泥沙课题专家组. 泥沙问题研究 95 成果. 北京: 三峡工程泥沙课题专家组.

葛华, 朱玲玲, 张细兵. 2011. 水库下游非均匀沙恢复饱和系数特性[J]. 武汉大学学报(工学版), 44(6): 711-714,764.

葛守西, 程海云, 李玉荣. 2005. 水动力学模型卡尔曼滤波实时校正技术[J]. 水利学报, 36(6): 687-693.

郭庆超. 2006. 天然河道水流挟沙能力研究[J]. 泥沙研究, (5): 45-51.

郭小虎, 李义天, 渠庚, 等. 2014. 三峡工程蓄水后长江中游泥沙输移规律分析[J]. 泥沙研究, (5): 11-17.

郭小虎, 渠庚, 刘亚, 等. 2020. 三峡工程运用后坝下游河道泥沙输移变化规律[J]. 湖泊科学, 32(2): 564-572.

韩其为. 1979. 非均匀悬移质不平衡输沙的研究[J]. 科学通报, (17): 804-808.

韩其为. 2006. 三峡水库运行后城汉河段会只淤不冲吗?——对“关于三峡工程对城陵矶防洪能力影响有关研究的讨论”的讨论[J]. 水力发电学报, 25(6): 79-90.

韩其为, 陈绪坚. 2008. 恢复饱和系数的理论计算方法[J]. 泥沙研究, (6): 8-16.

韩其为, 何明民. 1997. 恢复饱和系数初步研究[J]. 泥沙研究, (3): 32-40.

韩其为, 何明民. 1999. 底层泥沙交换和状态概率及推悬比研究[J]. 水利学报, (10): 7-16.

胡春宏. 1998. 关于泥沙运动基本概率的研究[J]. 水科学进展, 9(1): 15-21.

胡春宏, 郭庆超. 2004. 黄河下游河道泥沙数学模型及动力平衡临界阈值探讨[J]. 中国科学 E 辑: 技术科学, 34(S1): 133-143.

胡春宏, 张双虎. 2020. 论长江开发与保护策略[J]. 人民长江, 51(1): 1-5.
胡向阳. 2012. 三峡工程下游宜昌至湖口河段河道演变研究[J]. 人民长江, 43(24): 1-4,24.
胡振鹏, 傅静. 2018. 长江与鄱阳湖水文关系及其演变的定量分析[J]. 水利学报, 49(5): 570-579.
黄才安, 赵晓冬, 龚敏飞. 2004. 基于水流功率理论的动床阻力计算方法[J]. 扬州大学学报(自然科学), 7(4): 71-74.
江凌. 2018. 长江干线中游沙质河床演变特点及航道整治方法总结[J]. 中国水运. 航道科技, 535(1): 2622-3127.
金正, 朱小荣, 黄火林. 2009. 三峡工程蓄水前宜枝河段河床演变分析[J]. 长江工程职业技术学院学报, 26(2): 22-26.
乐培九, 闫金祥, 杨细根. 1992. 长江中下游阻力估算公式的选择[J]. 水道港口, (2): 16-21.
李昌华, 刘建民. 1963. 冲积河流的阻力[R]. 南京: 南京水利科学研究院.
李东颇, 刘宏. 2014. 天然河道糙率问题的理论探讨[J]. 农业与技术, 34(12): 37.
李侃禹. 2018. 水库非均匀沙恢复饱和系数特性[J]. 武汉大学学报(工学版), 51(9): 778-781, 816.
李明, 黄成涛, 刘林, 等. 2012. 三峡工程清水下泄条件下分汊河段控制措施[J]. 水运工程, (10): 30-34.
李肖男, 张红武, 钟德钰, 等. 2017. 黄河下游河道治理三维数值模拟研究[J]. 水利学报, 48(11): 1280-1292.
李义天. 1987. 冲淤平衡状态下床沙质级配初探[J]. 泥沙研究, (1): 82-87.
李溢汶, 夏军强, 周美蓉, 等. 2018. 三峡工程运用后沙市段洲滩形态调整特点分析[J]. 水力发电学报, 37(10): 76-85.
李志威, 李艳富, 王兆印, 等. 2016. 分汊河流江心洲洲头冲淤概化模型[J]. 水科学进展, 27(1): 1-10.
刘怀汉, 曹民雄, 潘美元, 等. 2011. 鱼骨坝工程水流结构与水毁机理研究[J]. 水运工程, (1): 192-197.
刘怀汉, 黄召彪, 高凯春. 2015. 长江中游荆江河段航道整治关键技术[M]. 北京: 人民交通出版社.
刘怀湘, 徐成伟. 2011. 三峡水库蓄水后宜昌—杨家脑河段冲刷及粗化[J]. 水利水运工程学报, (4): 57-63.
刘鑫, 夏军强, 周美蓉, 等. 2020. 长江中游动床阻力计算[J]. 水科学进展, 31(4): 535-546.
龙毓骞, 梁国亭. 1994. "黄河泥沙输移数据库"技术报告 94001 号[R]. 郑州: 黄河水利委员会水力学研究室.
卢金友, 姚仕明, 邵学军, 等. 2012. 三峡工程运用后初期坝下游江湖响应过程[M]. 北京: 科学出版社.
卢金友, 朱勇辉. 2014. 三峡水库下游江湖演变与治理若干问题探讨[J]. 长江科学院院报, 31(2): 98-107.
潘军峰, 冯民权, 郑邦民, 等. 2005. 丁坝绕流及局部冲刷坑二维数值模拟[J]. 工程科学与技术, 37(1): 15-18.
钱宁, 洪柔嘉, 麦乔威, 等. 1959. 黄河下游的糙率问题[J]. 泥沙研究, (1): 3-17.
钱宁, 张仁, 周志德. 1987. 河床演变学[M]. 北京: 科学出版社.
史传文, 罗全胜. 2003. 一维超饱和输沙法恢复饱和系数 α 的计算模型研究[J]. 泥沙研究, (1): 59-63.
孙东坡, 孟志华, 耿明全, 等. 2012. 新型管桩潜坝的局部冲刷研究[J]. 水力发电学报, (3): 88-93.
孙昭华, 曹绮欣, 韩剑桥, 等. 2015. 二维贴体坐标系下的非均质河床组成空间插值[J]. 泥沙研究, (5): 69-74.
孙昭华, 李义天, 黄颖, 等. 2011. 长江中游城陵矶–湖口分汊河道洲滩演变及碍航成因探析[J]. 水利学报, 42(12): 1398-1406.
唐金武, 邓金运, 由星莹, 等. 2012. 长江中下游河道崩岸预测方法[J]. 四川大学学报(工程科学版), 44(1): 75-81.
唐金武, 由星莹, 李义天, 等. 2014. 三峡水库蓄水对长江中下游航道影响分析[J]. 水力发电学报, 33(1): 102-107.
王士强. 1990. 冲积河渠床面阻力试验研究[J]. 水利学报, (12): 18-29.
王新宏, 曹如轩, 沈晋. 2003. 非均匀悬移质恢复饱和系数的探讨[J]. 水利学报, 34(3): 120-124, 128.
韦直林, 赵良奎, 付小平. 1997. 黄河泥沙数学模型研究[J]. 武汉水利电力大学学报, 30(5): 21-25.
吴保生. 2008a. 冲积河流河床演变的滞后响应模型-Ⅰ模型建立[J]. 泥沙研究, (6): 1-7.
吴保生. 2008b. 冲积河流河床演变的滞后响应模型-Ⅱ模型应用[J]. 泥沙研究, (6): 32-39.
吴保生, 夏军强, 王兆印. 2006. 三门峡水库淤积及潼关高程的滞后响应[J]. 泥沙研究, (1): 9-16.

吴保生, 张原锋, 夏军强. 2008. 黄河下游高村站平滩面积变化分析[J]. 泥沙研究, (2): 34-40.

吴保生, 郑珊. 2015. 河床演变的滞后响应理论与应用[M]. 北京: 中国水利水电出版社.

武汉水利电力学院水流挟沙力研究组. 1959a. 长江中下游水流挟沙力研究——兼论以悬移质为主的挟沙水流能量平衡的一般规律[J]. 泥沙研究, 4(2): 54-73.

武汉水利电力学院水流挟沙力研究组. 1959b. 长江中下游水流挟沙力研究(续)——兼论以悬移质为主的挟沙水流能量平衡的一般规律[J]. 泥沙研究, 4(3): 59-72.

夏军强, 邓珊珊, 周美蓉. 2017. 荆江河段崩岸机理及多尺度模拟方法[J]. 人民长江, 48(19): 1-11.

夏军强, 李洁, 张诗媛, 等. 2016. 小浪底水库运用后黄河下游河床调整规律[J]. 人民黄河, 38(10): 49-55.

夏军强, 林芬芬, 周美蓉, 等. 2017. 三峡工程运用后荆江段崩岸过程及特点[J]. 水科学进展, 28(4): 543-552.

夏军强, 刘鑫, 姚记卓, 等. 2021. 近期长江中游枯水河槽调整及其对航运的影响[J]. 水力发电学报, 40(2): 1-11.

夏军强, 王光谦, 吴保生. 2004. 平面二维河床纵向与横向变形数学模型[J]. 中国科学 E 辑: 技术科学, 34(S1): 165-174.

夏军强, 王光谦, 吴保生. 2005. 游荡型河流演变及其数值模拟[M]. 北京: 中国水利水电出版社.

夏军强, 吴保生, 李文文. 2009. 黄河下游平滩流量不同确定方法的比较[J]. 泥沙研究, (3): 20-29.

夏军强, 吴保生, 王艳平, 等. 2010. 黄河下游河段平滩流量计算及变化过程分析[J]. 泥沙研究, (2): 6-14.

夏军强, 张晓雷, 邓珊珊, 等. 2015. 黄河下游高含沙洪水过程一维水沙耦合数学模型[J]. 水科学进展, 26(5): 686-697.

夏军强, 宗全利, 邓珊珊, 等. 2015. 三峡工程运用后荆江河段平滩河槽形态调整特点[J]. 浙江大学学报(工学版), 49(2): 238-245.

夏军强, 宗全利. 2015. 长江荆江段崩岸机理及其数值模拟[M]. 北京: 科学出版社.

谢鉴衡. 1990. 河流模拟[M]. 北京: 水利电力出版社.

谢鉴衡. 1997. 河床演变及整治[M]. 北京: 中国水利水电出版社.

熊海滨, 孙昭华, 李明, 等. 2020. 清水冲刷条件下长江中游沙卵石河段局部卵石淤积成因[J]. 水科学进展, 31(4): 524-534.

许炯心. 2006. 含沙量和悬沙粒径变化对长江宜昌-汉口河段年冲淤量的影响[J]. 水科学进展, 17(1): 67-73.

许全喜. 2012. 三峡水库蓄水以来水库淤积和坝下冲刷研究[J]. 人民长江, 47(7): 1-6.

许全喜. 2013. 三峡工程蓄水运用前后长江中下游干流河道冲淤规律研究[J]. 水力发电学报, 32(2): 146-154.

许全喜, 李思璇, 袁晶, 等. 2021. 三峡水库蓄水运用以来长江中下游沙量平衡分析[J]. 湖泊科学, 33(3): 806-818.

薛兴华, 常胜, 宋鄂平. 2018. 三峡水库蓄水后荆江洲滩变化特征[J]. 地理学报, 73(9): 1714-1727.

薛兴华, 常胜. 2017. 三峡水库运行后荆江段河湾平面形态演变特征[J]. 水力发电学报, 36(6): 12-22.

闫军, 刘怀汉, 岳志远, 等. 2012. 心滩守护工程对航道冲淤特性影响的数值模拟[J]. 水动力学研究与进展 A 辑, 27(5): 589-596.

阎颐, 王士强. 1991. 冲积床面形态及阻力的水槽试验研究[J]. 泥沙研究, (1): 67-74.

杨晋营. 2005. 沉沙池超饱和输沙法恢复饱和系数研究[J]. 泥沙研究, (3): 42-47.

杨云平, 张明进, 李义天, 等. 2016. 长江三峡水坝下游河道悬沙恢复和床沙补给机制[J]. 地理学报, 71(7): 1241-1254.

杨云平, 张明进, 孙昭华, 等. 2018. 基于河段单元尺度长江中游河床形态调整过程及差异性研究[J]. 应用基础与工程科学学报, 26(1): 70-84.

姚仕明. 2016. 长江中游河道崩岸机理与综合治理技术[M]. 北京: 科学出版社.

姚仕明, 余文畴, 董耀华. 2003. 分汊河道水沙运动特性及其对河道演变的影响[J]. 长江科学院院报, 20(1): 7-9, 16.

叶志伟. 2018. 长江中游天兴洲河段河床演变与航道整治思路研究[J]. 水道港口, 39(4): 434-439.

殷缶, 梅深. 2013. 44亿元整治荆江航道[J]. 水道港口, 34(5): 447.

余明辉, 杨国录. 2000. 平面二维非均匀沙数值模拟方法[J]. 水利学报, 31(5): 65-69.

余文畴, 卢金友. 2008. 长江河道崩岸与护岸[M]. 北京：中国水利水电出版社.

张红武, 张罗号, 彭昊, 等. 2020. 冲积河流糙率由来与计算方法研究[J]. 水利学报, 51(7): 774-787.

张红武, 张清. 1992. 黄河水流挟沙力的计算公式[J]. 人民黄河, (11): 7-9, 61.

张瑞瑾. 1961. 河流动力学[M]. 北京: 中国工业出版社.

张瑞瑾, 谢鉴衡, 陈文彪. 1961. 河流动力学[M]. 北京: 中国工业出版社.

张为, 何俊, 袁晶, 等. 2010. 二维水流数学模型在马家咀航道整治工程防洪评价中的应用[J]. 中国水运(下半月刊), (12): 196-198.

张小琴, 包为民, 梁文清, 等. 2008. 河道糙率问题研究进展[J]. 水力发电, 34(6): 98-100.

张晓雷, 夏军强, 李洁, 等. 2017. 冲淤面积分配模式对黄河下游一维模型计算结果的影响[J]. 泥沙研究, 42(1): 53-59.

张新周, 窦希萍, 王向明, 等. 2012. 感潮河段丁坝局部冲刷三维数值模拟[J]. 水科学进展, 23(2): 222-228.

张应龙. 1981. 荆江放淤实验工程实测资料分析[J]. 泥沙研究, (3): 82-90.

张植堂, 林万泉, 沈勇健. 1984. 天然河弯水流动力轴线的研究[J]. 长江水利水电科学研究院院报, (0): 47-57.

赵维阳, 杨云平, 张华庆, 等. 2020. 三峡大坝下游近坝段沙质河床形态调整及洲滩联动演变关系[J]. 水科学进展, 31(6): 862-874.

郑珊. 2013. 非平衡态河床演变过程模拟研究[D]. 北京: 清华大学.

钟德钰, 张红武, 张俊华, 等. 2009. 游荡型河流的平面二维水沙数学模型[J]. 水利学报, 40(9): 1040-1047.

周国栋, 刘琼铁, 王桂仙, 等. 2003. 床沙组成对水流阻力的影响[J]. 水动力学研究与进展, 18(5): 576-583.

周银军, 陈立, 刘金, 等. 2010. 桩式丁坝局部冲刷深度试验研究[J]. 应用基础与工程科学学报, (5): 750-758.

朱玲玲, 葛华, 李义天, 等. 2015. 三峡水库蓄水后长江中游分汊河道演变机理及趋势[J]. 应用基础与工程科学学报, 23(2): 246-258.

朱玲玲, 许全喜, 熊明, 等. 2017. 三峡水库蓄水后下荆江急弯河道凸冲凹淤成因[J]. 水科学进展, 28(2): 193-202.

庄灵光, 姚仕明, 赵占超. 2020. 水流动力轴线摆幅与弯曲河道曲率关系研究[J]. 水利水电技术, 51(8): 86-93.

Ackers P, White W R. 1973. Sediment transport: new approach and analysis[J]. Journal of the Hydraulics Division, ASCE, 99(11): 2041-2060.

Adamowski J, Chan H F, Prasher S O, et al. 2012. Comparison of multiple linear and nonlinear regression, autoregressive integrated moving average, artificial neural network, and wavelet artificial neural network methods for urban water demand forecasting in Montreal, Canada[J]. Water Resources Research, 48(1): 273-279.

Ahmandi S H, Amin S, Keshavarzi A R, et al. 2006. Simulating watershed outlet sediment concentration using the ANSWERS model by applying two sediment transport capacity equations[J]. Biosystems Engineering, 94(4): 615-626.

Ahn J K, Yang C T. 2015. Determination of recovery factor for simulation of non-equilibrium sedimentation in reservoir[J]. International Journal of Sediment Research, 30(1): 68-73.

Andharia B R, Patel P L, Maneka V L, et al. 2013. Prediction of friction factor and stage–discharge relationship in alluvial streams[J]. Journal of Hydraulic Engineering, 19(1): 49-54.

Asaro G, Paris E. 2000. The effects induced by a new embankment at the confluence between two rivers: TELEMAC results compared with a physical model[J]. Hydrological Processes, 14(13): 2345-2353.

Azamathulla H M. 2013. Gene-expression programming to predict friction factor for Southern Italian rivers[J]. Neural Computing and Applications, 23(5): 1421-1426.

Bagnold R A. 1966. An approach to the sediment transport problem from general physics [C]//U.S. Geological Survey. USGS Professional Paper. Washington D.C.: US Government Print Office.

Bartley R, Keen R J, Hawdon A A, et al. 2008. Bank erosion and channel width change in a tropical catchment[J]. Earth Surface Processes and Landforms, 33 (14): 2174-2200.

Bose S K, Dey S. 2013. Sediment entrainment probability and threshold of sediment suspension: exponential-based approach[J]. Journal of Hydraulic Engineering, 139 (10): 1099-1106.

Bowman D, Svoray T, Devora S, et al. 2010. Extreme rates of channel incision and shape evolution in response to a continuous, rapid base level fall, the Dead Sea, Israel[J]. Geomorphology, 114: 227-237.

Bray D I. 1982. Regime equations for gravel-bed rivers [C]// Hey R D, Bathust J C, Thorne C R. Gravel Bed Rivers: Fluvial Processes, Engineering and Management. Wiley: 517-541.

Bricker J D, Gibson S, Takagi H, et al. 2015. On the need for larger manning's roughness coefficients in depth-integrated tsunami inundation models[J]. Coastal Engineering Journal, 57 (2): 1550005.

Campbell J B, Wynne R H. 2011. Introduction to Remote Sensing[M]. New York: Guilford Press.

Chen X Q, Yan Y X, Fu R S, et al. 2008. Sediment transport from the Yangtze River, China, into the sea over the Post-Three Gorge Dam Period: A discussion[J]. Quaternary International, 186 (1): 55-64.

Cheng N S, Chiew Y M. 1999. Analysis of initiation of sediment suspension from bed load[J]. Journal of Hydraulic Engineering, 125 (8): 855-861.

Einstein H A, Barbarosssan N L. 1952. River channel roughness[J]. Transactions of the American Society Civil Engineering, 117 (1): 1121-1132.

Engelund F, Hansen E. 1967. A monograph on sediment transport in alluvial streams[J]. Copenhagen: Teknisk forlag.

Engelund F. 1966. Hydraulic resistance of alluvial streams[J]. Journal of Hydraulic Engineering, 92 (2): 315-326.

Ferguson R. 2010. Time to abandon the Manning equation[J]. Earth Surface Processes and Landforms, 35 (15): 1873-1876.

Ferro V, Porto P. 2018. Applying hypothesis of self-similarity for flow-resistance law in Calabrian gravel-bed rivers[J]. Journal of Hydraulic Engineering, 144 (2): 04017061.

Fischer W A, Hemphill W R, Kover A. 1976. Progress in remote sensing (1972–1976) [J]. Photogrammetria, 32 (2): 33-72.

Giri S, Shimizu Y, Surajate B. 2004. Laboratory measurement and numerical simulation of flow and turbulence in a meandering-like flume with spurs[J]. Flow Measurement and Instrumentation, 15 (5): 301-309.

Guo Q C, Hu C H, Ishidaira R. 2008. Numerical modelling of hyper-concentrated sediment transport in the lower Yellow River[J]. Journal of Hydraulic Research, 46 (5): 659-667.

Habersack H, Hein T, Stanica A, et al. 2016. Challenges of river basin management: current status of, and prospects for, the River Danube from a river engineering perspective[J]. Science of Total Environment, 543: 828-845.

He L, Chen D, Zhang S Y, et al. 2018. Evaluating Regime Change of Sediment Transport in the Jingjiang River Reach, Yangtze River, China[J]. Water, 10 (3): 1-19.

He L, Duan J G, Wang G Q, et al. 2012. Numerical simulation of unsteady hyper-concentrated sediment-laden flow in the Yellow River[J]. Journal of Hydraulic Engineering, 138 (11): 958-969.

Hessel R, Jetten V. 2007. Suitability of transport equations in modeling soil erosion for a small Loess Plateau catchment[J]. Engineering Geology, 91 (1): 56-71.

Hooke J M, Yorke L. 2011. Channel bar dynamics on multi-decadal timescales in an active meandering river[J]. Earth Surface Processes and Landforms, 36 (14): 1910-1928.

Hu C H. 2020. Implications of water-sediment co-varying trends in large rivers[J]. Science Bulletin, 65(1): 4-6.

Julien P Y. 2002. River Mechanics[M]. Cambridge: Cambridge University Press.

Jung H C, Hamski J, Durand M, et al. 2010. Characterization of complex fluvial systems using remote sensing of spatial and temporal water level variations in the Amazon, Congo, and Brahmaputra Rivers[J]. Earth Surface Processes and Landforms, 35(3): 294-304.

Karim F. 1995. Bed configuration and hydraulic resistance in alluvial channel flows[J]. Journal of Hydraulic Engineering, 121(1): 15-25.

Kuai K Z, Tsai C W. 2016. Discrete-time Markov chain model for transport of mixed-size sediment particles under unsteady flow conditions[J]. Journal of Hydrologic Engineering, 21(11): 04016039.

Kumar B, Rao A R. 2010. Metamodeling approach to predict friction factor of alluvial channel[J]. Computers and Electronics in Agriculture, 70(1): 144-150.

Kumar B. 2011. Flow resistance in alluvial channel[J]. Water Resource, 38(6): 745-754.

Lane E W. 1955. The importance of fluvial morphology in hydraulic engineering[J]. Proceedings of American Society of Civil Engineers, 81(795): 1-17.

Lee J S, Julien P Y. 2006. Downstream hydraulic geometry of alluvial channels[J]. ASCE Journal of Hydraulic Engineering, 132(12): 1347-1352.

Leopold L B, Maddock T. 1953. The hydraulic geometry of stream channels and some physiographic implications [C]//U.S. Geological Survey. USGS Professional Paper. Washington D.C.: US Government Print Office.

Li D F, Lu X X, Yang X K, et al. 2018. Sediment load responses to climate variation and cascade reservoirs in the Yangtze River: A case study of the Jinsha River[J]. Geomorphology, 322: 41-52.

Li D, Lu X X, Chen L, et al. 2019. Downstream geomorphic impact of the Three Gorges Dam: With special reference to the channel bars in the Middle Yangtze River[J]. Earth Surface Processes and Landforms, 44(13): 2660-2670.

Li J D, Sun J, Lin B L. 2018. Bed-load transport rate based on the entrainment probabilities of sediment grains by rolling and lifting[J]. International Journal of Sediment Research, 33(2): 126-136.

Li L, Ni J R, Chang F, et al. 2020. Global trends in water and sediment fluxes of the world's large rivers[J]. Science Bulletin, 65(1): 62-69.

Li Y T, Chen F. 2008. Non-uniform sediment transport downstream from reservoir[J]. Transactions of Tianjin University, 14(4): 263-270.

Li Y, Sun Z, Yun L, et al. 2009. Channel degradation downstream from the Three Gorges Project and its impacts on flood level[J]. Journal of Hydraulic Engineering, 135(9): 718-728.

Li Z W, Yu G A, Brierley G J, et al. 2017. Migration and cutoff of meanders in the hyperarid environment of the middle Tarim River northwestern China[J]. Geomorphology, 276: 116-124.

Liu C, Sui J Y, He Y, et al. 2013. Changes in runoff and sediment load from major Chinese rivers to the Pacific Ocean over the period 1955-2010[J]. International Journal of Sediment Research, 28(4): 486-495.

Liu Q Q, Chen L, Li J C, et al. 2010. A non-equilibrium sediment transport model for rill erosion[J]. Hydrological Processes, 21(8): 1074-1084.

Long J L, Li H, Wang Z Y, et al. 2021. Three decadal morphodynamic evolution of a large channel bar in the middle Yangtze River: Influence of natural and anthropogenic interferences[J]. Catena, 199: 105128.

Lou Y Y, Mei X F, Dai Z J, et al. 2018. Evolution of the mid-channel bars in the middle and lower reaches of the Changjiang (Yangtze) River from 1989 to 2014 based on the Landsat satellite images: Impact of the Three Gorges Dam[J]. Environmental Earth Sciences, 77(10): 394.

Louise J S. 2016. To what extent have changes in channel capacity contributed to flood hazard trends in England and Wales[J]? Earth Surface Processes and Landforms, 41 (8) : 1115-1128.

Lyu Y W, Fagherazzi S, Zheng S, et al. 2020. Enhanced hysteresis of suspended sediment transport in response to upstream damming: an example of the middle Yangtze River downstream of the Three Gorges Dam[J]. Earth Surface Process Processes and Landforms, 45 (8) : 1846-1859.

Makaske B, Maathuis B H P, Padovani C R, et al. 2012. Up-stream and downstream controls of recent avulsions on the Taquari megafan, Pantanal, south-western Brazil[J]. Earth Surface Processes and Landforms, 37 (12) : 1313-1326.

Marcus W A, Fonstad M A. 2010. Remote sensing of rivers: the emergence of a subdiscipline in the river sciences[J]. Earth Surface Processes and Landforms, 35 (15) : 1867-1872.

Minor B, Rennie C D, Townsend R D. 2007. "Barbs" for river bend bank protection: application of a three-dimensional numerical model[J]. Canadian Journal of Civil Engineering, 34 (34) : 1087-1095.

Musselman Z A. 2011. The localized role of base level lowering on channel adjustment of tributary streams in the Trinity River basin downstream of Livingston Dam, Texas, USA[J]. Geomorphology, 128 (1-2) : 42-56.

Nakagawa H, Zhang H, Baba Y, et al. 2013. Hydraulic characteristics of typical bank protection works along the Brahmaputra Jamuna River, Bangladesh[J]. Journal of Flood Risk Management, 6 (4) : 345-359.

Navratil O, Albert M B. 2010. Non-linearity of reach hydraulic geometry relations[J]. Journal of Hydrology, 388 (3-4) : 280-290.

Niazkar M, Talebbeydokhti N, Afzali S H. 2019a. Novel grain and form roughness estimator scheme incorporating artificial intelligence models[J]. Water Resources Management, 33 (2) : 757-773.

Niazkar M, Talebbeydokhti N, Afzali S H. 2019b. One dimensional hydraulic flow routing incorporating a variable grain roughness coefficient[J]. Water Resource Management, 33 (13) : 4599-4620.

Niazkar M, Talebbeydokhti N, Afzali S H. 2019c. Development of a new flow-dependent scheme for calculating grain and form roughness coefficients[J]. Journal of Civil Engineering, 23 (5) : 2108-2116.

Park C C. 1977. World-wide variations in hydraulic geometry exponents of stream channels: an analysis and some observations[J]. Journal of Hydrology, 33 (1-2) : 133-146.

Peterson A W, Peterson A E. 1988. Mobile boundary flow: an assessment of velocity and sediment discharge relationships[J]. Canadian Journal of Civil Engineering, 15 (15) : 539-546.

Piegay H, Darby S E, Mosselman E, et al. 2005. A review of techniques available for delimiting the erodible river corridor: a sustainable approach to managing bank erosion[J]. River Research and Applications, 21 (7) : 773-789.

Rahman S, Mano A, Udo K. 2013. Quasi-2D sediment transport model combined with Bagnold-type bed load transport[J]. Journal of Coastal Research, 65: 368-373.

Roushangar K, Mouaze D, Shiri J. 2014. Evaluation of genetic programming-based models for simulating friction factor in alluvial channels[J]. Journal of Hydrology, 517 (1) : 1154-1161.

Rowland J C, Shelef E, Pope P A, et al. 2016. A morphology independent methodology for quantifying planview river change and characteristics from remotely sensed imagery[J]. Remote sensing of environment, 184: 212-228.

Rozo M G, Nogueira A C R, Castro C S. 2014. Remote sensing-based analysis of the planform changes in the Upper Amazon River over the period 1986–2006[J]. Journal of South American Earth Sciences, 51: 28-44.

Saghebian S M, Roushangar K, Kirca V S O, et al. 2020. Modeling total resistance and form resistance of movable bed channels via experimental data and a kernel-based approach[J]. Journal of Hydroinfomatics, 22 (3) : 528-540.

Schippa L, Cilli S, Ciavola P, et al. 2019. Dune contribution to flow resistance in alluvial rivers. Water, 11 (10) : 2094.

Schumm S A. 1968. River adjustment to altered hydrologic regimen in the Murrumbidgee River and palaeochannels, Australia [C]//U.S. Geological Survey. USGS Professional Paper. Washington D.C.: US Government Print Office.

Shibata K, Ito M. 2014. Relationships of bankfull channel width and discharge parameters for modern fluvial systems in the Japanese Islands[J]. Geomorphology, 214(2): 97-113.

Shin Y H, Julien P Y. 2010. Changes in hydraulic geometry of the Hwang River below the Hapcheon Re-regulation Dam, South Korea[J]. International Journal of River Basin Management, 8(2): 139-150.

Song S, Schmalz B, Xu Y P, et al. 2017. Seasonality of roughness-the indicator of annual river flow resistance condition in a lowland catchment[J]. Water Resources Management, 31:3299-3312.

Tan G M, Fang H W, Dey S, et al. 2018. Rui-Jin Zhang's research on sediment transport[J]. Journal of Hydraulic Engineering, 144(6): 02518002.

Thakur P K, Laha C, Aggarwal S P. 2012. River bank erosion hazard study of river Ganga, upstream of Farakka barrage using remote sensing and GIS[J]. Natural Hazards, 61(3): 967-987.

Vachtman D, Laronne J B. 2013. Hydraulic geometry of cohesive channels undergoing base level drop[J]. Geomorphology, 197(5): 76-84.

van Rijn L C. 1984a. Sediment transport, part I: bed load transport[J]. Journal of Hydraulic Engineering, 110(10): 1431-1456.

van Rijn L C. 1984b. Sediment transport, part II: suspended load transport[J]. Journal of Hydraulic Engineering, 110(11): 1613-1641.

van Rijn L C. 1984c. Sediment transport; Part III, Bed forms and alluvial roughness[J]. Journal of Hydraulic Engineering, 110(12): 1733-1754.

Wang J, Dai Z J, Mei X F, et al. 2018. Immediately downstream effects of Three Gorges Dam on channel sandbars morphodynamics between Yichang-Chenglingji Reach of the Changjiang River, China[J]. Journal of Geographical Sciences, 28(5): 629-646.

Wang S Q, White W R. 1993. Alluvial resistance in transition regime[J]. Journal of Hydraulic Engineering, 119(6): 725-741.

Weatherly H, Jakob M. 2014. Geomorphic response of Lillooet River, British Columbia, to meander cut-offs and base level lowering[J]. Geomorphology, 217(217): 48-60.

Wen Z F, Yang H, Zhang C, et al. 2020. Remotely sensed mid-channel bar dynamics in downstream of the Three Gorges Dam, China[J]. Remote Sensing, 12(3): 409.

Wilkerson G V, Parker G. 2011. Physical basis for quasi-universal relationships describing bankfull hydraulic geometry of sand-bed rivers[J]. Journal of Hydraulic Engineering, 137(7): 739-753.

Williams G P, Wolman M G. 1984. Downstream effects of dams on alluvial rivers[C]//U.S. Geological Survey. USGS Professional Paper. Washington D.C.: US Government Print Office.

Williams, Garnett P. 1978. Bank-full discharge of rivers[J]. Water Resources Research, 14(6): 1141-1154.

Wolman M G, Leopold L B. 1957. River flood plains: some observations on their formation [C]//U.S. Geological Survey. USGS Professional Paper. Washington D.C.: US Government Print Office.

Wu B S, Maren D S, Li L Y. 2008. Predictability of sediment transport in the Yellow River using selected transport formulae[J]. International Journal of Sediment Research, 23(4): 283-298.

Wu B S, Zheng S, Thorne C R. 2012. A general framework for using the rate law to simulate morphological response to disturbance in the fluvial system[J]. Progress in Physical Geography, 36(5): 575-597.

Wu F C, Chou Y J. 2003. Rolling and lifting probabilities for sediment entrainment[J]. Journal of Hydraulic Engineering, 129(2): 110-119.

Wu F C, Yang K H. 2004. Entrainment probabilities of mixed-size sediment incorporating near-bed coherent flow structures[J]. Journal of Hydraulic Engineering, 130(12): 1187-1197.

Wu W M, Wang S S Y. 1999. Movable bed roughness in alluvial rivers[J]. Journal of Hydraulic Engineering, 125(12): 1309-1312.

Xia J Q, Deng S S, Lu J Y, et al. 2016. Dynamic channel adjustments in the Jingjiang Reach of the Middle Yangtze River[J]. Scientific Reports, 6(1): 22802.

Xia J Q, Deng S S, Zhou M R, et al. 2017. Geomorphic response of the Jingjiang Reach to the Three Gorges Project operation[J]. Earth Surface Processes and Landforms, 42(6):866-876.

Xia J Q, Li X J, Li T, et al. 2014. Response of reach-scale bankfull channel geometry in the Lower Yellow River to the altered flow and sediment regime in the Lower Yellow River[J]. Geomorphology, 213(4): 255-265.

Xia J Q, Zhang X L, Wang Z H, et al. 2018. Modelling of hyper-concentrated flood and channel evolution in a braided reach using a dynamically coupled one-dimensional approach[J]. Journal of Hydrology, 561: 622-635.

Xia J Q, Zhou M R, Lin F F, et al. 2017. Variation in reach-scale bankfull discharge of the Jingjiang Reach undergoing upstream and downstream boundary controls[J]. Journal of Hydrology, 547: 534-543.

Xie Z H, Huang H Q, Yu G A, et al. 2018. Quantifying the effects of dramatic changes in runoff and sediment on the channel morphology of a large, wandering river using remote sensing images[J]. Water, 10(12): 1767.

Yalin M S. 1963. An expression for bed-load transportation[J]. Journal of the Hydraulics Division, 89(3): 221-248.

Yang C T, Marsooli R. 2010. Recovery factor for non-equilibrium sedimentation processes[J]. Journal of Hydraulic Research, 48(3): 409-413.

Yang C T, Molinas A, Wu B S. 1996. Sediment transport in the Yellow River[J]. Journal of Hydraulic Engineering, 122(5): 237-244.

Yang C T. 1973. Incipient motion and sediment transport[J]. Journal of the Hydraulics Division, 99(10): 1679-1703.

Yang C, Cai X B, Wang X L, et al. 2015. Remotely sensed trajectory analysis of channel migration in Lower Jingjiang Reach during the period of 1983–2013[J]. Remote Sensing, 7(12): 16241-16256.

Yang S Q, Tan S K, Lim S Y. 2005. Flow resistance and bed form geometry in a wide alluvial channel[J]. Water Resources Research, 41(9): 477-487.

Yu G L, Lim S Y. 2003. Modified Manning formula for flow in alluvial channels with sand beds[J]. Journal of Hydraulic Research, 41(6): 597-608.

Yuan W H, Yin D W, Finlayson B, et al. 2012. Assessing the potential for change in the middle Yangtze River channel following impoundment of the Three Gorges Dam[J]. Geomorphology, 147-148(8): 27-34.

Zeng Y H, Huai W X. 2009. Application of artificial neural network to predict the friction factor of open channel flow[J]. Communications in Nonlinear Science and Numerical Simulation, 14(5): 2373-2378.

Zhan Z Z, Jiang F S, Chen P S, et al. 2020. Effect of gravel content on the sediment transport capacity of overland flow[J]. Catena, 188: 104447.

Zhou G, Wang H, Shao X J, et al. 2009. Numerical model for sediment transport and bed degradation in the Yangtze River channel downstream of Three Gorges Reservoir[J]. Journal of Hydraulic Engineering, 135(9): 729-740.

附录——水流挟沙力计算资料

第一组数据

（摘自：武汉水利电力学院水流挟沙力研究组. 长江中下游水流挟沙力研究(续)
—兼论以悬移质为主的挟沙水流能量平衡的一般规律[J]. 泥沙研究, 1959, 4 (3) : 59-72.）

站点	测验时间	Z /m	Q /(m^3/s)	U /(m/s)	h /m	T /℃	悬移质总量 S /(kg/m^3)	悬移质总量 ω_m /(cm/s)	悬移质总量 $C=\frac{U^3}{gh\omega_m}$	悬移质中床沙质 S' /(kg/m^3)	悬移质中床沙质 ω'_m /(cm/s)	悬移质中床沙质 $C'=\frac{U^3}{gh\omega'_m}$
宜昌	1956.7.24	46.06	15300	1.58	11.4	27.0	1.020	0.318	11.091	0.071	2.967	1.189
	8.29	50.09	31100	2.27	15.8	24.0	2.060	0.264	28.586	0.113	3.213	2.349
	9.30	49.06	28400	2.04	16.1	22.9	0.915	0.600	8.959	0.137	1.720	3.125
	10.18	44.61	11300	1.22	11.6	18.5	0.542	0.337	4.735	0.047	2.627	0.607
	11.30	42.61	7450	0.94	9.6	12.6	0.182	0.480	1.837	0.025	2.503	0.352
	12.25	40.70	5030	0.78	10.0	13.5	0.078	0.220	2.199	0.003	3.332	0.145
	1957.4.28	42.30	6720	0.90	9.0	18.4	0.507	0.116	7.118	0.031	1.396	0.592
	5.30	47.58	22000	1.88	13.7	23.1	1.180	0.501	9.868	0.379	1.525	3.243
	6.25	48.11	25500	2.15	13.7	23.8	1.630	0.529	13.979	0.311	2.248	3.290
	7.19	50.68	39000	2.79	16.1	27.0	2.480	0.473	29.071	0.360	2.769	4.966
	8.27	46.19	15000	1.36	12.9	26.7	1.100	0.476	4.176	0.167	2.698	0.737
	9.28	46.90	18500	1.65	13.1	20.0	0.968	0.426	8.205	0.156	2.256	1.549
	10.23	45.32	13600	1.46	11.0	20.0	0.585	0.513	5.622	0.138	1.990	1.449
陈家湾	1957.9.17	38.25	11700	1.22	9.0	23.7	0.421	0.495	4.178	0.047	3.244	0.638
	10.10	39.67	19700	1.74	10.1	19.9	0.614	0.571	9.284	0.152	2.130	2.489
	11.15	37.56	10100	1.15	8.5	16.7	0.318	0.507	3.597	0.068	2.039	0.895
沙市	1958.5.27	36.48	8300	1.00	7.9	20.0	0.204	0.575	2.244	0.052	2.150	0.600
	5.27	36.34	8060	0.93	7.4	20.0	0.172	0.391	2.834	0.081	0.805	1.376
	5.27	36.25	7800	0.87	6.3	20.0	0.206	0.499	2.135	0.062	1.580	0.674
	5.27	36.09	7470	1.13	8.4	20.0	0.199	0.509	3.440	0.133	0.768	2.280

续表

站点	测验时间	Z /m	Q /(m^3/s)	U /(m/s)	h /m	T /℃	悬移质总量			悬移质中床沙质		
							S /(kg/m^3)	ω_m /(cm/s)	$C=\frac{U^3}{gh\omega_m}$	S' /(kg/m^3)	ω'_m /(cm/s)	$C'=\frac{U^3}{gh\omega'_m}$
沙市	5.29	35.95	8380	1.03	9.4	20.0				0.134	1.188	0.997
	5.29	35.99	7560	1.08	7.3	20.0				0.201	1.598	1.101
	5.29	35.81	8090	0.97	7.1	20.0	0.231	0.524	2.501	0.127	0.963	1.361
新厂	1956.9.28	35.83	15800	1.22	9.1	22.3	0.515	0.281	7.239	0.088	1.461	1.392
	10.20	33.78	9900	0.97	7.1	19.7	0.520	0.449	2.918	0.111	1.911	0.686
	11.9	32.87	8210	0.94	6.3	18.0	0.352	0.722	1.861	0.132	1.795	0.749
	1957.1.16	30.71	4550	0.90	3.8	8.5	0.247	0.905	2.161	0.183	1.443	1.356
	2.19	30.60	4230	0.93	3.4	9.8	0.128	0.788	3.106	0.045	2.058	1.189
	3.14	31.08	4940	0.96	3.8	10.4	0.134	0.800	2.975	0.064	1.577	1.509
	4.20	31.88	5910	1.03	5.3	18.8	0.146	0.659	3.207	0.038	1.915	1.104
	5.15	33.40	8630	0.95	6.3	20.4	0.402	0.559	2.482	0.031	2.234	0.621
	6.13	33.77	8990	0.98	6.4	24.8	0.502	0.249	6.020	0.038	2.700	0.555
	7.27	38.45	28800	1.77	10.8	25.3	2.580	0.186	28.139	0.157	2.375	2.204
	8.10	38.54	30100	1.91	10.4	23.6	1.230	0.407	16.780	0.174	2.371	2.881
	9.14	34.40	11100	1.08	7.1	24.1	0.650	0.420	4.306	0.146	1.730	1.046
	10.12	35.67	18200	1.61	7.8	20.2	0.670	0.671	8.128	0.211	1.972	2.765
	11.6	33.36	9650	1.15	5.8	15.4	0.491	0.653	4.093	0.234	1.335	2.002
监利	1956.7.9	33.34	17300	1.42	11.2	20.0	0.938	0.230	11.331	0.094	1.803	1.445
	8.15	29.37	11800	1.57	7.2	27.7	1.430	0.203	26.990	0.129	1.800	3.044
	9.15	31.62	14500	1.49	9.1	22.3	0.972	0.269	13.775	0.097	2.125	1.744
	10.6	28.85	8680	1.34	6.3	25.0	0.726	0.371	10.494	0.116	1.999	1.948
	11.15	26.75	7730	1.32	5.8	10.3	0.510	0.536	7.542	0.179	1.557	2.596
	12.22	24.68	4660	1.26	5.1	10.3	0.363	0.650	6.175	0.120	1.843	2.178
	1957.1.15	24.23	4230	1.24	3.1	5.0	0.362	0.763	8.244	0.192	1.404	4.480
	2.16	24.65	4160	1.03	4.1	9.0	0.272	0.671	4.089	0.115	1.521	1.804

续表

站点	测验时间	Z /m	Q /(m³/s)	U /(m/s)	h /m	T /℃	悬移质总量 S /(kg/m³)	悬移质总量 ω_m /(cm/s)	悬移质总量 $C=\frac{U^3}{gh\omega_m}$	悬移质中床沙质 S' /(kg/m³)	悬移质中床沙质 ω'_m /(cm/s)	悬移质中床沙质 $C'=\frac{U^3}{gh\omega'_m}$
监利	3.17	24.85	4430	0.91	4.8	11.6	0.203	0.728	2.203	0.068	1.815	0.884
	4.29	28.11	6830	0.81	8.1	19.7	0.511	0.116	5.766	0.015	2.438	0.274
	5.24	28.64	7260	0.85	8.2	22.4	0.472	0.170	4.491	0.019	2.486	0.307
	6.8	29.95	11000	1.14	9.2	25.0	0.882	0.242	6.783	0.062	2.685	0.611
	7.11	32.59	20700	1.70	11.3	25.8	2.250	0.179	24.760	0.113	2.850	1.555
	8.20	33.35	18000	1.51	10.9	25.8	1.180	0.306	10.522	0.145	2.212	1.456
	9.25	28.94	12900	1.67	7.4	21.6	1.340	0.467	13.738	0.261	2.200	2.916
	10.5	29.89	15300	1.78	8.2	21.0	1.180	0.370	18.949	0.295	1.340	5.232
	11.7	27.50	8220	1.39	5.7	17.1	0.558	0.542	8.861	0.198	1.470	3.267
洪水港	1956.7.16	31.18	16600	1.67	11.6	26.0	0.160	0.118	34.714	0.058	1.660	2.466
螺山	1956.1.25	17.12	7000	0.88	5.6	8.0	0.376	0.418	2.968	0.083	0.605	2.050
	4.15	19.79	11800	0.99	7.5	18.2	0.304	0.315	4.187	0.040	1.770	0.745
	6.18	23.66	19400	1.08	11.2	27.0	0.389	0.260	4.410	0.070	1.318	0.870
	8.24	29.38	37900	1.36	16.8	28.0	0.604	0.035	43.608	0.045	2.240	0.681
	10.22	23.58	20100	1.16	10.7	18.2	0.682	0.281	5.292	0.324	0.589	2.525
汉口	1957.4.12	16.33	14000	0.95	8.9	17.5	0.410	0.125	7.856	0.158	0.306	3.209
	5.28	22.22	35200	1.42	13.8	19.5	0.631	0.264	8.011	0.088	1.451	1.458
	6.19	19.96	20600	1.11	10.8	27.5	0.353	0.265	4.871	0.034	2.145	0.602
	7.6	22.77	34100	1.41	13.8	26.0	0.724	0.177	11.699	0.058	1.504	1.377
	9.29	19.18	70500	1.05	11.5	19.0	0.893	0.094	10.916	0.411	0.202	5.080
	10.19	19.68	21600	1.03	12.2	21.1	0.898	0.186	4.909	0.075	1.660	0.550
青山(南)	1956.3.15	14.41	3720	0.78	10.0	7.5	0.204	0.074	6.582	0.007	1.555	0.311
	5.16	21.39	12100	1.43	16.1	10.0	0.487	0.114	16.241	0.017	1.761	1.051
	8.29	24.07	16100	1.65	17.9	28.0	1.060	0.118	21.679	0.032	2.074	1.233
	9.18	11.92	6900	0.99	14.0	24.1	0.507	0.114	6.197	0.018	2.143	0.330

续表

站点	测验时间	Z /m	Q /(m³/s)	U /(m/s)	h /m	T /℃	悬移质总量			悬移质中床沙质		
							S /(kg/m³)	ω_m /(cm/s)	$C=\frac{U^3}{gh\omega_m}$	S' /(kg/m³)	ω'_m /(cm/s)	$C'=\frac{U^3}{gh\omega'_m}$
青山(南)	1957.3.15	14.44	3860	0.75	10.5	8.6	0.168	0.147	2.786	0.029	0.825	0.496
	5.11	21.05	11100	1.29	16.2	18.5	0.341	0.230	5.873	0.031	1.925	0.702
青山(北)	5.10	21.14	18600	1.22	13.9	17.9	0.699	0.226	5.892	0.057	1.430	0.931
	7.4	22.15	21100	1.23	15.4	25.6	0.635	0.191	6.449	0.083	1.020	1.208
	9.2	22.24	18600	1.20	14.0	29.8	0.389	0.300	4.194	0.040	2.190	0.575

第二组数据

(摘自：龙毓骞, 梁国亭. “黄河泥沙输移数据库”技术报告 94001 号. 郑州: 黄河水利委员会水力学研究室, 1994.)

站点	测验时间	Z /m	Q /(m³/s)	U /(m/s)	h /m	T /℃	悬移质总量			悬移质中床沙质			d_c /mm	$P_{冲}$ /%
							S /(kg/m³)	ω_m /(cm/s)	$C=\frac{U^3}{gh\omega_m}$	S' /(kg/m³)	ω'_m /(cm/s)	$C'=\frac{U^3}{gh\omega'_m}$		
新厂	1982.9.17		27700	1.46	13.3	22.1	0.850	0.449	5.267	0.356	0.011	2.223	0.0424	58.09
	10.9		19100	1.18	11.4	17.4	0.650	0.386	3.803	0.301	0.008	1.771	0.0328	53.66
	10.19		15600	1.02	10.9	13.1	1.240	0.188	5.211	0.543	0.004	2.307	0.0293	56.20
	11.8		10000	0.86	8.4	18.3	0.680	0.335	2.271	0.274	0.008	0.925	0.0264	59.73
	12.24		5810	1.00	4.3	10.8	0.210	0.804	2.958	0.122	0.014	1.735	0.0550	41.95
	1983.1.12		5250	0.86	4.6	8.6	0.370	1.104	1.268	0.251	0.016	0.864	0.0746	32.17
	3.19		4290	0.89	3.6	12.5	0.270	1.513	1.348	0.251	0.016	1.253	0.0160	7.020
	4.23		8540	1.10	5.6	18.2	0.250	0.574	4.186	0.139	0.010	2.331	0.0321	44.44
	5.14		7530	0.90	6.0	21.0	0.220	0.575	2.177	0.052	0.023	0.552	0.1026	76.34
	5.23		10200	0.99	7.4	24.0	0.680	0.300	4.392	0.060	0.029	0.449	0.1041	91.25
	6.11		16200	1.28	9.0	23.0	0.950	0.830	2.841	0.229	0.033	0.722	0.1028	75.89
	6.22		12600	1.11	8.1	24.0	0.500	0.615	2.808	0.095	0.030	0.566	0.1023	81.08
	6.29		29900	1.84	11.3	23.5	1.880	0.372	15.048	0.382	0.018	3.199	0.0798	79.69
	7.13		26700	1.43	13.0	24.0	1.130	0.329	6.913	0.117	0.027	0.835	0.1036	89.68
	7.27		23900	1.43	11.7	24.6	1.140	0.364	6.978	0.117	0.029	0.889	0.1043	89.72
	8.7		37600	1.85	13.3	24.0	1.720	0.313	15.451	0.159	0.025	1.924	0.1033	90.75
	8.22		32200	1.80	12.5	26.0	1.480	0.359	13.267	0.166	0.026	1.836	0.102	88.78
	9.1		18100	1.26	10.1	26.4	1.280	0.196	10.372	0.074	0.024	0.849	0.1007	94.24
	9.17		31700	1.86	11.9	23.0	2.000	0.246	22.548	0.148	0.025	2.176	0.1017	92.60

续表

站点	测验时间	Z /m	Q /(m^3/s)	U /(m/s)	h /m	T /℃	悬移质总量 S /(kg/m^3)	悬移质总量 ω_m /(cm/s)	悬移质总量 $C=\frac{U^3}{gh\omega_m}$	悬移质中床沙质 S' /(kg/m^3)	悬移质中床沙质 ω'_m /(cm/s)	悬移质中床沙质 $C'=\frac{U^3}{gh\omega'_m}$	d_c /mm	$P_{冲}$ /%
新厂	10.18		13700	1.05	9.4	21.0	0.770	0.173	7.255	0.044	0.022	0.567	0.1007	94.24
	10.21		18600	1.37	9.6	18.5	0.780	0.284	9.708	0.086	0.019	1.436	0.1019	89.00
	11.6		9390	0.93	7.3	18.2	0.380	0.230	4.815	0.058	0.014	0.810	0.0857	84.62
	1984.5.1		9410	1.04	6.6	22.4	0.300	0.920	1.894	0.165	0.017	1.055	0.0546	44.95
	6.14		22000	1.81	8.6	24.4	1.060	0.495	14.282	0.183	0.025	2.819	0.1035	82.7
	6.27		21200	1.75	8.6	26.2	1.640	0.343	18.452	0.172	0.029	2.197	0.1031	89.54
	7.1		25200	1.89	9.4	24.2	2.850	0.185	39.482	0.161	0.022	3.268	0.1031	94.36
	7.16		30400	1.85	11.5	24.6	1.970	0.286	19.584	0.177	0.025	2.214	0.1002	91.02
	7.28		41200	2.10	13.1	24.6	2.140	0.321	22.378	0.673	0.010	7.103	0.0368	68.57
	8.15		18100	1.14	11.3	25.4	3.760	0.066	20.537	0.553	0.004	3.246	0.0325	85.29
	9.6		20300	1.35	10.6	24.4	1.760	0.201	11.748	0.833	0.004	5.557	0.0165	52.65
	9.14		21100	1.45	10.2	21.8	3.300	0.185	16.402	0.312	0.017	1.760	0.0755	90.55
	10.11		15300	1.15	9.5	19.4	0.470	0.665	2.455	0.245	0.013	1.282	0.0306	47.89
	11.22		6960	0.89	6.0	14.4	0.210	0.531	2.270	0.061	0.016	0.741	0.1019	70.85
	12.26		5540	0.78	5.6	10.0	0.120	0.471	1.828	0.041	0.012	0.726	0.1004	65.76
	1985.1.3		4080	0.77	4.4	8.4	0.093	0.811	1.284	0.056	0.013	0.811	0.1010	40.32
	4.16		10800	1.21	6.5	17.5	0.550	0.562	4.980	0.137	0.019	1.449	0.1001	75.12
	6.28		19300	1.46	9.4	24.0	0.990	0.369	9.074	0.112	0.028	1.215	0.1039	88.73
	7.22		27700	1.81	10.8	25.0	2.250	0.283	19.646	0.148	0.026	2.105	0.1024	93.43
	9.26		26100	1.60	11.5	21.0	0.880	0.545	6.637	0.654	0.007	4.939	0.0102	25.63
	11.2		13200	1.09	8.7	18.4	0.470	0.754	2.023	0.363	0.010	1.563	0.0106	22.77

第三组数据

站点	测验时间	Z /m	Q /(m^3/s)	U /(m/s)	h /m	T /℃	悬移质总量 S /(kg/m^3)	悬移质总量 ω_m /(cm/s)	悬移质总量 $C=\frac{U^3}{gh\omega_m}$	悬移质中床沙质 S' /(kg/m^3)	悬移质中床沙质 ω'_m /(cm/s)	悬移质中床沙质 $C'=\frac{U^3}{gh\omega'_m}$	d_c /mm	$P_{冲}$ /%
枝城	2003.1.20	37.50	4390	0.57	9.0	11.0	0.015	0.398	0.527	0.003	0.014	0.147	0.0817	81.94
	2.7	36.98	3460	0.48	8.7	11.5	0.012	0.275	0.471	0.001	0.016	0.080	0.1113	87.83
	2.10	36.85	3040	0.43	8.6	11.6	0.013	0.254	0.371	0.001	0.016	0.057	0.1204	88.97
	3.12	37.33	4100	0.56	8.7	13.1	0.017	0.300	0.687	0.002	0.018	0.117	0.1278	85.70
	3.26	37.46	4320	0.58	8.8	14.0	0.015	0.406	0.557	0.003	0.018	0.127	0.1275	80.12
	4.2	38.02	5850	0.72	9.4	15.1	0.057	0.554	0.730	0.014	0.019	0.218	0.1272	75.98
	5.6	38.58	6690	0.81	9.4	20.6	0.057	0.835	0.690	0.020	0.021	0.271	0.1282	65.47

续表

站点	测验时间	Z /m	Q /(m^3/s)	U /(m/s)	h /m	T /℃	悬移质总量 S /(kg/m^3)	ω_m /(cm/s)	$C=\frac{U^3}{gh\omega_m}$	悬移质中床沙质 S′ /(kg/m^3)	ω'_m /(cm/s)	$C'=\frac{U^3}{gh\omega'_m}$	d_c /mm	$P_{冲}$ /%
枝城	6.5	37.60	4640	0.61	8.9	21.4	0.028	0.410	0.634	0.005	0.020	0.131	0.1269	80.41
	6.18	41.78	15700	1.35	9.2	24.2	0.146	1.009	2.703	0.057	0.022	1.254	0.1264	60.78
	9.10	46.18	39300	2.30	13.0	24.2	0.630	0.584	16.324	0.117	0.019	4.941	0.0729	81.35
	9.19	44.12	25400	1.76	11.2	22.9	0.281	0.947	5.242	0.080	0.021	2.394	0.0976	71.56
	9.29	43.63	22100	1.59	10.9	22.5	0.292	0.873	4.304	0.081	0.022	1.748	0.1260	72.19
	10.5	43.44	22300	1.57	11.1	22.7	0.173	0.992	3.583	0.060	0.022	1.597	0.1276	65.09
	11.10	39.77	9800	1.06	9.8	18.8	0.035	0.692	1.791	0.009	0.022	0.562	0.1318	74.43
	2004.1.7	37.54	4200	0.59	8.3	12.6	0.004	0.554	0.455	0.001	0.021	0.120	0.1363	80.76
	3.10	38.37	6130	0.78	8.2	12.2	0.014	1.164	0.507	0.007	0.021	0.276	0.1366	53.53
	4.27	38.39	8020	0.93	8.2	18.5	0.014	1.035	0.966	0.005	0.026	0.383	0.1390	67.39
	5.5	41.52	15700	1.35	9.2	19.2	0.086	1.822	1.496	0.049	0.026	1.051	0.1369	42.83
	6.12	41.10	13000	1.19	8.7	22.4	0.059	1.525	1.295	0.031	0.020	0.993	0.1042	47.43
	6.16	44.87	30500	1.89	12.4	22.6	0.163	2.713	2.046	0.125	0.020	2.761	0.0959	23.21
	6.24	42.81	19200	1.49	10.2	22.0	0.102	1.167	2.832	0.038	0.022	1.503	0.1293	62.67
	7.8	43.21	21300	1.55	10.7	24.4	0.107	1.048	3.386	0.033	0.021	1.706	0.0863	68.73
	8.17	42.60	17900	1.47	9.6	25.2	0.141	1.249	2.701	0.044	0.025	1.360	0.1333	68.97
	8.24	42.60	17400	1.44	9.5	26.4	0.098	1.427	2.246	0.035	0.024	1.332	0.1314	63.87
	8.29	43.18	20400	1.59	10.0	26.6	0.084	1.998	2.051	0.041	0.024	1.731	0.1265	50.79
	9.4	43.19	20900	1.60	10.2	25.3	0.107	2.095	1.954	0.054	0.021	1.970	0.0853	49.91
	9.26	43.46	20800	1.48	11.0	22.3	0.124	1.223	2.457	0.049	0.024	1.264	0.1292	60.53
	10.2	42.72	19500	1.46	10.5	22.1	0.091	1.135	2.661	0.032	0.026	1.159	0.1370	65.00
	10.19	41.50	14400	1.21	9.4	19.5	0.063	0.964	1.993	0.021	0.023	0.831	0.1341	66.98
	10.22	41.20	13600	1.18	9.1	19.3	0.054	1.184	1.554	0.019	0.023	0.816	0.1337	64.61
	10.31	40.38	10500	1.04	9.3	18.8	0.023	1.173	1.051	0.009	0.022	0.555	0.1336	61.13
	2005.1.18	37.83	5140	0.65	9.2	12.0	0.007	0.449	0.677	0.001	0.022	0.141	0.1369	85.50
	2.12	37.46	4400	0.57	9.4	10.6	0.010	0.344	0.584	0.001	0.020	0.100	0.1351	87.23
	3.6	37.82	5170	0.64	9.3	10.8	0.007	0.401	0.716	0.001	0.020	0.141	0.1355	85.66
	3.14	37.95	5690	0.70	9.4	11.3	0.006	0.477	0.779	0.001	0.021	0.176	0.1363	83.98
	5.21	40.83	12300	1.14	8.6	22.2	0.023	1.520	1.155	0.010	0.024	0.722	0.1347	57.88
	6.26	41.75	14700	1.25	9.3	25.0	0.035	1.280	1.673	0.015	0.024	0.887	0.1217	58.36
	7.4	42.92	19400	1.46	10.4	26.0	0.093	1.421	2.146	0.042	0.020	1.511	0.0647	54.33
	7.30	44.26	24800	1.71	11.2	26.3	0.579	0.304	14.987	0.044	0.022	2.100	0.0923	92.39
	8.3	44.98	27900	1.82	11.8	26.5	0.450	0.435	11.984	0.048	0.022	2.355	0.0926	89.36

续表

站点	测验时间	Z /m	Q /(m³/s)	U /(m/s)	h /m	T /℃	悬移质总量			悬移质中床沙质			d_c /mm	$P_{冲}$ /%
							S /(kg/m³)	ω_m /(cm/s)	$C=\frac{U^3}{gh\omega_m}$	S' /(kg/m³)	ω'_m /(cm/s)	$C'=\frac{U^3}{gh\omega'_m}$		
	8.6	44.99	29600	1.93	11.8	26.6	0.336	0.590	10.531	0.047	0.022	2.775	0.0929	85.96
	8.30	47.32	42300	2.25	14.2	23.6	0.536	0.732	11.172	0.106	0.019	4.419	0.0627	80.22
	8.31	47.71	44800	2.32	14.6	23.5	0.574	0.670	13.006	0.099	0.020	4.285	0.0727	82.71
	9.23	41.98	14800	1.19	9.8	23.6	0.114	0.329	5.331	0.011	0.026	0.688	0.1338	90.34
	10.4	43.36	20500	1.45	11.0	23.3	0.106	1.403	2.013	0.038	0.026	1.106	0.1337	63.90
	10.30	41.94	15400	1.22	9.9	19.6	0.036	0.916	2.042	0.009	0.025	0.759	0.1362	75.08
	11.11	39.71	9060	0.92	7.8	18.5	0.023	0.969	1.050	0.006	0.023	0.444	0.1359	73.02
	12.26	37.75	5080	0.61	9.6	14.4	0.006	0.112	2.145	0.000	0.023	0.106	0.1377	97.35
	2006.1.12	37.89	5320	0.62	9.8	12.4	0.004	0.129	1.925	0.000	0.023	0.110	0.1378	96.64
	2.13	37.46	4430	0.55	9.5	10.8	0.005	0.278	0.643	0.000	0.021	0.086	0.1361	92.05
	4.21	38.46	7060	0.77	9.6	16.1	0.006	0.936	0.518	0.002	0.026	0.184	0.1402	73.08
	5.13	41.63	15400	1.20	10.1	19.3	0.035	1.989	0.877	0.017	0.026	0.675	0.1370	50.80
	5.21	39.69	9910	0.95	8.3	22.3	0.010	1.133	0.929	0.003	0.026	0.412	0.1364	66.37
	6.6	40.68	12800	1.09	9.3	22.9	0.021	1.988	0.714	0.011	0.027	0.523	0.1365	49.97
	7.1	42.14	17400	1.30	10.6	24.5	0.058	1.244	1.698	0.020	0.028	0.751	0.1366	64.70
	7.22	42.42	17900	1.30	10.9	26.9	0.188	0.440	4.671	0.020	0.029	0.699	0.1380	89.22
枝城	7.26	41.82	15500	1.19	10.2	27.1	0.123	0.439	3.835	0.013	0.029	0.579	0.1377	89.30
	8.2	40.42	12000	1.04	9.1	27.9	0.046	0.220	5.727	0.003	0.028	0.443	0.1371	93.10
	8.8	39.70	9930	0.94	8.4	28.3	0.023	0.126	7.984	0.001	0.029	0.349	0.1385	96.91
	8.26	39.38	9120	0.89	8.2	28.4	0.009	0.224	3.919	0.000	0.033	0.269	0.1446	95.20
	8.29	39.68	10700	1.01	8.5	28.4	0.010	0.259	4.773	0.001	0.032	0.386	0.1427	93.89
	10.20	40.22	11300	1.00	9.0	23.0	0.016	0.670	1.691	0.003	0.032	0.354	0.1456	80.22
	10.26	39.92	11100	1.01	8.8	23.0	0.013	0.689	1.732	0.002	0.030	0.396	0.1421	81.82
	12.3	37.58	4920	0.58	9.2	16.9	0.002	0.258	0.838	0.000	0.028	0.077	0.1443	93.37
	2007.3.1	37.73	5160	0.59	9.4	12.8	0.006	0.295	0.755	0.000	0.057	0.039	0.2793	96.75
	3.11	37.66	5060	0.59	9.4	12.6	0.005	0.365	0.610	0.000	0.057	0.039	0.2797	95.78
	4.2	37.74	5170	0.60	9.3	13.6	0.003	0.443	0.535	0.000	0.057	0.041	0.2800	95.09
	4.9	38.02	6080	0.68	9.6	14.2	0.005	0.447	0.747	0.000	0.059	0.057	0.2799	95.24
	4.15	37.88	5450	0.62	9.5	14.8	0.006	0.451	0.567	0.000	0.058	0.044	0.2799	95.38
	6.22	46.70	41100	2.10	15.0	22.9	0.245	1.304	4.828	0.060	0.059	1.068	0.2359	75.49
	7.25	46.44	34500	1.78	14.8	24.6	0.349	0.421	9.231	0.020	0.059	0.659	0.2553	94.18
	8.22	42.08	16500	1.16	11.0	25.9	0.046	0.643	2.249	0.004	0.063	0.231	0.2736	91.52
	9.11	44.43	25300	1.45	13.5	24.8	0.159	1.100	2.092	0.029	0.065	0.355	0.2597	81.54

续表

站点	测验时间	Z /m	Q /(m³/s)	U /(m/s)	h /m	T /℃	悬移质总量 S /(kg/m³)	悬移质总量 ω_m /(cm/s)	悬移质总量 $C=\frac{U^3}{gh\omega_m}$	悬移质中床沙质 S' /(kg/m³)	悬移质中床沙质 ω'_m /(cm/s)	悬移质中床沙质 $C'=\frac{U^3}{gh\omega'_m}$	d_c /mm	$P_{冲}$ /%
枝城	9.17	45.69	32100	1.67	14.8	23.2	0.248	1.120	2.863	0.047	0.066	0.487	0.2677	81.15
	9.22	45.16	29900	1.63	14.1	22.5	0.306	0.611	5.121	0.030	0.066	0.478	0.2753	90.22
	10.3	40.62	12100	0.95	9.9	22.2	0.043	0.480	1.840	0.003	0.062	0.142	0.2797	93.54
	10.11	40.81	13500	1.05	10.1	22.0	0.017	0.841	1.390	0.002	0.063	0.185	0.2802	88.28
	10.18	40.32	12200	0.99	9.7	22.3	0.014	0.364	2.801	0.000	0.063	0.162	0.2810	96.69
	10.29	40.25	11600	0.94	9.7	21.8	0.021	0.303	2.880	0.001	0.065	0.135	0.2846	96.50
	2008.1.17	37.69	4960	0.54	9.4	13.0	0.005	0.096	1.785	0.000	0.030	0.057	0.1513	97.36
	2.26	37.71	5150	0.56	9.5	10.5	0.004	0.179	1.051	0.000	0.028	0.067	0.1488	94.46
	3.21	38.08	6060	0.63	9.7	11.4	0.005	0.248	1.061	0.000	0.032	0.082	0.1560	91.68
	4.29	41.72	16300	1.18	10.9	16.2	0.027	1.503	1.022	0.012	0.028	0.541	0.1435	57.06
	6.7	40.50	12300	0.99	9.8	22.2	0.010	0.943	1.070	0.002	0.031	0.329	0.1442	75.68
	6.21	43.06	20900	1.35	12.1	24.1	0.031	1.619	1.280	0.012	0.030	0.682	0.1394	62.46
	7.19	42.55	18600	1.23	11.8	24.8	0.050	0.490	3.279	0.006	0.028	0.583	0.1288	87.56
	7.23	45.33	32000	1.71	14.4	25.0	0.140	1.411	2.509	0.043	0.029	1.239	0.1256	69.15
	8.2	43.10	19100	1.22	12.2	25.3	0.107	0.818	1.854	0.020	0.027	0.559	0.1169	81.13
	8.27	43.78	23100	1.37	13.1	24.0	0.112	0.810	2.470	0.024	0.026	0.786	0.0989	78.50
	9.4	45.78	31300	1.61	14.9	23.5	0.149	0.776	3.680	0.030	0.028	1.035	0.1052	80.11
	10.11	41.49	15100	1.07	11.2	23.0	0.030	0.351	3.173	0.003	0.036	0.312	0.1521	91.40
	2009.1.15	37.98	5640	0.57	9.4	14.0	0.004	0.463	0.434	0.000	0.034	0.058	0.1595	88.56
	3.19	37.97	6360	0.64	9.5	12.6	0.004	0.440	0.639	0.001	0.025	0.113	0.1374	86.72
	4.2	38.01	6130	0.61	9.6	13.5	0.005	0.557	0.433	0.001	0.026	0.094	0.1387	82.52
	5.27	40.30	15900	1.12	11.3	19.8	0.012	1.315	0.964	0.004	0.027	0.469	0.1032	66.72
	6.18	39.93	11500	0.92	10.0	20.8	0.034	0.565	1.404	0.005	0.031	0.253	0.1469	85.61
	6.23	41.21	15300	1.09	11.2	22.0	0.014	0.448	2.630	0.002	0.033	0.358	0.1470	88.92
	7.9	41.92	16500	1.09	11.9	23.9	0.061	0.806	1.377	0.013	0.023	0.473	0.0922	77.93
	7.10	42.33	19000	1.22	12.3	24.0	0.048	0.798	1.886	0.010	0.024	0.633	0.0930	78.38
	7.14	44.36	26500	1.46	14.1	24.3	0.079	0.765	2.940	0.016	0.026	0.876	0.0961	80.16
	7.17	44.83	29300	1.56	14.6	24.4	0.130	0.778	3.408	0.024	0.026	1.011	0.0983	81.32
	10.24	38.86	8740	0.72	9.8	22.6	0.007	0.417	0.932	0.001	0.024	0.159	0.1259	89.66
	12.10	37.90	5900	0.53	9.2	17.6	0.005	0.467	0.353	0.001	0.037	0.045	0.1646	88.62
	12.25	37.82	5810	0.53	9.2	17.6	0.012	0.467	0.353	0.001	0.037	0.044	0.1646	88.62
	2010.1.19	37.84	5600	0.51	9.2	14.3	0.004	0.203	0.723	0.000	0.034	0.044	0.1583	95.33
	2.6	37.83	5930	0.54	9.2	14.8	0.005	0.468	0.373	0.001	0.031	0.057	0.1479	89.90

续表

站点	测验时间	Z /m	Q /(m^3/s)	U /(m/s)	h /m	T /℃	悬移质总量 S /(kg/m^3)	悬移质总量 ω_m /(cm/s)	悬移质总量 $C=\frac{U^3}{gh\omega_m}$	悬移质中床沙质 S' /(kg/m^3)	悬移质中床沙质 ω'_m /(cm/s)	悬移质中床沙质 $C'=\frac{U^3}{gh\omega'_m}$	d_c /mm	$P_冲$ /%
枝城	3.19	37.78	5760	0.52	9.2	13.0	0.005	0.301	0.518	0.000	0.034	0.046	0.1557	92.27
	4.15	37.99	6360	0.57	9.2	12.6	0.006	0.351	0.585	0.001	0.030	0.070	0.1409	89.34
	5.27	40.51	14000	0.99	11.0	17.6	0.007	0.500	1.799	0.002	0.017	0.538	0.0391	70.13
	6.2	40.61	14000	0.99	11.1	19.8	0.013	0.433	2.058	0.001	0.033	0.267	0.1456	89.60
	6.8	42.41	19200	1.16	12.9	19.8	0.019	0.654	1.887	0.003	0.033	0.370	0.1478	85.38
	6.10	42.82	20800	1.21	13.3	19.8	0.022	0.727	1.867	0.004	0.033	0.410	0.1484	83.98
	6.22	41.42	16500	1.06	12.0	22.0	0.017	0.298	3.390	0.001	0.030	0.335	0.1372	93.02
	6.25	42.23	18900	1.15	12.8	21.6	0.022	0.477	2.538	0.006	0.009	1.298	0.0210	72.11
	7.4	42.84	20200	1.17	13.4	22.7	0.040	0.235	5.188	0.007	0.014	0.901	0.0367	83.74
	9.5	43.57	23800	1.24	15.0	25.0	0.104	0.109	11.898	0.005	0.022	0.595	0.0425	95.15
	9.18	43.26	22400	1.19	14.7	23.5	0.039	0.602	1.940	0.006	0.024	0.498	0.0667	85.30
	11.19	38.83	8680	0.66	10.7	20.4	0.008	2.424	0.113	0.004	0.038	0.073	0.1627	53.09
	2011.3.15	38.06	6600	0.53	10.1	11.6	0.005	0.205	0.733	0.000	0.028	0.053	0.1473	93.59
	4.26	38.74	8860	0.68	10.5	11.6	0.008	0.216	1.416	0.000	0.036	0.084	0.1749	95.60
	5.25	39.86	12300	0.85	11.6	18.8	0.012	0.484	1.115	0.003	0.013	0.414	0.0700	75.88
	6.20	42.25	19800	1.13	13.8	23.0	0.026	0.538	1.981	0.020	0.004	2.956	0.0052	24.75
	6.28	44.11	26000	1.30	15.5	23.7	0.095	0.225	6.409	0.047	0.006	2.263	0.0075	50.19
	7.8	44.12	27200	1.35	15.6	23.9	0.056	0.432	3.718	0.016	0.013	1.208	0.0159	70.56
	8.5	43.53	24800	1.28	15.2	24.2	0.053	0.263	5.350	0.008	0.019	0.746	0.0369	85.00
	8.18	42.71	20900	1.14	14.4	25.0	0.066	0.080	13.169	0.022	0.006	1.838	0.0099	67.25
	9.6	39.38	10600	0.75	11.4	25.7	0.009	0.163	2.313	0.000	0.028	0.137	0.1288	96.79
	9.30	39.17	9760	0.70	11.2	24.9	0.012	0.178	1.751	0.004	0.007	0.432	0.0167	65.07
	12.12	38.11	6770	0.52	10.4	16.8	0.003	0.292	0.472	0.000	0.033	0.042	0.1549	94.11
沙市	2003.1.9	31.45	4830	0.73	6.1	10.1	0.073	0.561	1.158	0.038	0.008	0.769	0.0622	48.03
	1.15	31.34	4630	0.72	6.0	10.1	0.078	0.561	1.130	0.041	0.008	0.750	0.0622	48.03
	1.20	31.24	4660	0.74	5.9	10.1	0.096	0.561	1.247	0.050	0.008	0.830	0.0622	48.03
	2.24	30.92	4350	0.75	5.4	10.9	0.069	0.644	1.236	0.035	0.010	0.826	0.0681	49.89
	4.8	31.48	5070	0.85	5.5	14.7	0.142	0.627	1.815	0.066	0.011	0.995	0.0720	53.58
	4.24	33.10	7560	0.98	7.0	18.8	0.154	0.910	1.506	0.096	0.014	1.010	0.0769	37.47
	5.29	35.14	9780	1.04	8.5	21.5	0.180	0.784	1.721	0.071	0.016	0.871	0.0822	60.50
	5.31	34.44	8440	0.98	7.8	22.0	0.124	0.887	1.387	0.059	0.016	0.779	0.0836	52.57
	6.24	37.24	16700	1.52	9.8	22.4	0.221	1.208	3.024	0.137	0.015	2.455	0.0769	38.20
	8.10	38.01	17100	1.32	11.6	25.6	0.249	0.948	2.132	0.107	0.021	0.986	0.1014	57.06
	9.21	39.58	24200	1.62	13.2	22.3	0.317	1.097	2.993	0.133	0.018	1.881	0.0847	57.91
	11.11	34.52	10100	1.03	8.8	18.6	0.112	0.657	1.926	0.044	0.018	0.710	0.0969	60.54

续表

站点	测验时间	Z /m	Q /(m^3/s)	U /(m/s)	h /m	T /℃	悬移质总量 S /(kg/m^3)	ω_m /(cm/s)	$C=\frac{U^3}{gh\omega_m}$	悬移质中床沙质 S' /(kg/m^3)	ω'_m /(cm/s)	$C'=\frac{U^3}{gh\omega'_m}$	d_c /mm	$P_{冲}$ /%
沙市	11.26	32.48	6330	0.83	6.9	16.0	0.059	0.596	1.418	0.022	0.017	0.496	0.1017	62.89
	12.15	32.85	7100	0.89	7.2	15.0	0.061	0.705	1.415	0.032	0.015	0.658	0.0805	47.00
	12.29	31.40	4940	0.77	5.9	15.0	0.046	0.706	1.118	0.024	0.015	0.535	0.0805	47.00
	2004.1.8	31.12	4610	0.76	5.6	12.0	0.078	0.613	1.304	0.033	0.016	0.502	0.0966	57.77
	1.19	31.61	5390	0.82	6.0	12.0	0.055	0.640	1.463	0.026	0.015	0.646	0.0824	52.30
	2.26	30.70	4620	0.80	6.2	12.1	0.079	0.835	1.008	0.055	0.010	0.873	0.0588	30.09
	3.15	31.96	6100	0.87	6.4	12.2	0.101	1.085	0.967	0.075	0.012	0.902	0.0687	26.06
	3.17	31.28	5190	0.83	5.7	12.5	0.120	1.069	0.957	0.087	0.012	0.878	0.0691	27.23
	4.7	32.14	6290	0.89	6.4	15.2	0.121	0.880	1.276	0.073	0.012	0.931	0.0727	39.66
	4.11	33.78	9200	1.04	8.0	15.7	0.128	0.841	1.705	0.074	0.013	1.143	0.0732	42.05
	4.15	32.64	6960	0.92	6.8	16.0	0.115	0.878	1.330	0.069	0.012	0.955	0.0738	40.02
	4.16	32.95	7630	0.97	7.1	16.0	0.118	0.894	1.466	0.072	0.013	1.048	0.0739	39.14
	4.19	34.18	9480	1.03	8.2	16.2	0.129	0.941	1.443	0.082	0.012	1.094	0.0743	36.51
	4.22	33.09	7320	0.93	7.1	16.7	0.123	0.961	1.202	0.078	0.013	0.916	0.0753	36.52
	4.24	32.78	7130	0.95	6.8	17.0	0.124	0.974	1.319	0.079	0.013	0.989	0.0761	36.53
	5.3	33.90	9600	1.11	7.8	18.3	0.234	1.035	1.727	0.148	0.015	1.211	0.0805	36.69
	5.25	35.39	10500	1.11	8.5	22.2	0.078	1.133	1.447	0.046	0.019	0.881	0.1025	40.62
	6.23	38.34	17900	1.44	11.0	21.6	0.177	0.939	2.948	0.069	0.020	1.376	0.1279	60.96
	7.16	39.03	20900	1.44	12.8	24.0	0.293	0.722	3.294	0.084	0.021	1.149	0.1260	71.28
	7.18	40.19	25800	1.61	14.0	24.2	0.426	0.513	5.922	0.088	0.021	1.455	0.1261	79.44
	8.25	37.88	16100	1.18	12.1	25.7	0.114	1.270	1.090	0.047	0.022	0.627	0.1283	58.96
	8.27	37.66	15900	1.19	11.9	25.9	0.107	1.415	1.020	0.047	0.022	0.648	0.1286	55.64
	11.12	34.55	10700	1.13	8.5	16.8	0.068	1.596	1.084	0.049	0.018	0.938	0.1160	27.63
	11.17	34.88	10300	1.05	8.7	16.5	0.064	1.440	0.942	0.041	0.018	0.735	0.1222	36.19
	11.23	34.10	9080	1.03	7.9	16.2	0.048	1.270	1.110	0.026	0.018	0.765	0.1255	46.27
	11.26	33.98	9020	1.05	7.8	16.0	0.098	1.231	1.229	0.053	0.019	0.815	0.1259	46.02
	2005.1.28	31.78	5790	0.87	8.0	9.6	0.035	0.755	1.112	0.016	0.017	0.507	0.1293	54.85
	2.17	30.82	4600	0.78	7.5	8.8	0.036	0.533	1.209	0.012	0.016	0.410	0.1285	67.95
	3.31	32.21	6580	0.95	8.0	12.7	0.044	1.134	0.963	0.024	0.018	0.605	0.1299	45.62
	4.16	34.00	8800	1.01	7.8	14.6	0.078	1.679	0.802	0.055	0.018	0.735	0.1296	29.78
	4.20	33.24	7760	0.98	7.1	15.9	0.074	1.693	0.798	0.051	0.019	0.723	0.1296	30.77
	4.25	32.97	7490	0.99	6.8	17.4	0.064	1.713	0.849	0.044	0.019	0.759	0.1295	32.03
	5.4	33.60	9010	1.10	7.4	17.8	0.079	1.597	1.148	0.050	0.019	0.951	0.1297	37.33

续表

站点	测验时间	Z /m	Q /(m^3/s)	U /(m/s)	h /m	T /℃	悬移质总量 S /(kg/m^3)	悬移质总量 ω_m /(cm/s)	悬移质总量 $C=\frac{U^3}{gh\omega_m}$	悬移质中床沙质 S' /(kg/m^3)	悬移质中床沙质 ω'_m /(cm/s)	悬移质中床沙质 $C'=\frac{U^3}{gh\omega'_m}$	d_c /mm	$P_冲$ /%
沙市	5.8	35.75	12600	1.20	9.4	18.0	0.106	1.545	1.213	0.064	0.019	0.966	0.1298	39.68
	5.9	35.56	11300	1.10	9.2	18.4	0.075	1.539	0.958	0.046	0.019	0.760	0.1298	39.11
	5.12	34.96	10500	1.09	8.6	19.6	0.076	1.526	1.006	0.048	0.020	0.779	0.1298	37.43
	5.19	35.35	10900	1.09	8.9	21.5	0.087	1.539	0.964	0.056	0.020	0.732	0.1295	36.18
	5.22	36.60	14200	1.23	10.2	21.9	0.078	1.568	1.186	0.049	0.020	0.914	0.1291	37.21
	5.29	37.78	17200	1.39	11.0	22.4	0.115	1.654	1.505	0.070	0.020	1.219	0.1285	38.94
	10.31	36.48	14200	1.19	10.6	20.2	0.080	0.877	1.847	0.033	0.020	0.814	0.1271	59.12
	12.1	32.64	6940	0.87	7.2	16.1	0.037	1.176	0.793	0.023	0.019	0.505	0.1282	39.09
	12.11	32.27	6000	0.79	6.9	14.8	0.033	1.308	0.557	0.022	0.018	0.406	0.1277	33.77
	12.30	31.15	4860	0.76	5.9	14.0	0.034	1.384	0.548	0.024	0.018	0.432	0.1275	30.56
	2006.1.13	31.50	5430	0.80	6.2	9.2	0.041	1.043	0.807	0.028	0.015	0.553	0.1261	32.31
	1.19	31.24	5400	0.85	5.9	9.3	0.043	1.020	1.040	0.028	0.015	0.699	0.1261	34.81
	2.23	32.06	6280	0.87	6.5	10.0	0.058	0.980	1.054	0.032	0.015	0.671	0.1264	45.06
	3.18	33.89	9290	1.03	8.0	11.2	0.119	1.406	0.990	0.087	0.016	0.879	0.1269	26.93
	3.21	32.79	7310	0.96	6.9	11.5	0.062	1.408	0.928	0.045	0.016	0.824	0.1272	27.43
	3.24	32.00	6010	0.89	6.1	11.8	0.042	1.409	0.836	0.030	0.016	0.737	0.1274	27.94
	4.7	32.05	6250	0.93	6.1	13.2	0.055	1.412	0.952	0.038	0.017	0.801	0.1283	30.27
	4.9	31.87	5950	0.91	5.9	13.4	0.075	1.412	0.922	0.052	0.017	0.776	0.1285	30.61
	4.19	32.23	6260	0.91	6.2	15.6	0.069	1.639	0.756	0.050	0.018	0.705	0.1288	27.19
	4.25	32.54	6940	0.96	6.5	16.7	0.043	1.600	0.867	0.031	0.018	0.778	0.1279	28.62
	5.5	32.82	7220	0.97	6.7	18.6	0.053	1.531	0.907	0.037	0.018	0.762	0.1267	31.09
	5.22	34.60	9870	1.05	8.4	22.2	0.064	1.520	0.924	0.050	0.015	0.962	0.0223	21.25
	6.1	33.92	8670	1.00	7.7	22.5	0.072	1.726	0.767	0.046	0.020	0.677	0.1270	36.08
	6.5	34.05	9110	1.04	7.8	22.6	0.064	1.692	0.869	0.040	0.019	0.757	0.1254	37.75
	6.24	36.69	14200	1.21	10.4	23.5	0.114	1.302	1.334	0.081	0.014	1.255	0.0101	28.60
	8.4	35.25	11200	1.08	9.2	28.0	0.055	0.663	2.105	0.015	0.022	0.630	0.1255	73.33
	8.18	33.55	8320	0.96	7.7	28.6	0.045	1.437	0.815	0.020	0.024	0.498	0.1268	55.45
	8.29	33.78	8740	0.98	7.9	28.8	0.036	1.439	0.844	0.019	0.023	0.523	0.1197	48.26
	8.31	34.58	10400	1.07	8.7	29.0	0.041	1.478	0.971	0.022	0.023	0.617	0.1161	46.65
	9.15	34.98	11000	1.09	8.9	25.6	0.054	0.877	1.691	0.021	0.020	0.753	0.0891	61.48
	9.25	33.49	8630	1.00	7.7	26.2	0.042	0.891	1.486	0.014	0.022	0.614	0.0998	66.64
	9.28	33.39	8410	0.99	7.6	25.1	0.036	1.136	1.146	0.014	0.023	0.560	0.1260	60.94
	10.1	33.48	8430	0.97	7.7	23.9	0.039	1.334	0.906	0.018	0.024	0.496	0.1312	54.88

续表

站点	测验时间	Z /m	Q /(m³/s)	U /(m/s)	h /m	T /℃	悬移质总量			悬移质中床沙质			d_c /mm	$P_{冲}$ /%
							S /(kg/m³)	ω_m /(cm/s)	$C=\frac{U^3}{gh\omega_m}$	S' /(kg/m³)	ω'_m /(cm/s)	$C'=\frac{U^3}{gh\omega'_m}$		
沙市	11.2	31.86	6150	0.85	6.6	18.4	0.023	0.796	1.191	0.010	0.020	0.486	0.1127	55.51
	12.11	31.68	5920	0.83	6.4	15.4	0.034	2.294	0.397	0.027	0.018	0.500	0.1117	21.81
	12.18	31.36	5560	0.83	6.1	15.5	0.025	1.682	0.568	0.017	0.018	0.537	0.1047	31.50
	12.26	30.83	4840	0.80	5.6	15.6	0.048	0.980	0.951	0.028	0.017	0.541	0.0986	42.41
	2007.1.15	30.66	4710	0.81	5.3	13.3	0.049	1.257	0.813	0.037	0.017	0.620	0.1065	25.13
	1.24	30.65	4640	0.80	5.3	13.0	0.056	1.320	0.746	0.042	0.017	0.579	0.1260	25.83
	2.12	30.78	4970	0.82	5.6	12.2	0.038	1.250	0.803	0.028	0.017	0.603	0.1147	25.60
	2.16	30.80	5030	0.82	5.6	12.1	0.033	1.129	0.889	0.022	0.017	0.600	0.1190	34.41
	2.25	30.89	5090	0.82	5.7	12.0	0.044	0.876	1.125	0.020	0.017	0.586	0.1255	53.87
	3.5	31.23	5440	0.83	6.0	11.8	0.081	0.634	1.532	0.024	0.017	0.576	0.1264	70.59
	4.15	31.76	6370	0.89	6.5	15.0	0.050	1.375	0.804	0.033	0.017	0.648	0.1193	33.20
	4.25	33.81	9580	1.02	8.4	15.9	0.126	1.444	0.892	0.084	0.018	0.724	0.1255	33.64
	4.30	34.10	9990	1.05	8.5	16.6	0.085	1.449	0.958	0.063	0.015	0.944	0.0782	26.19
	5.27	35.36	12200	1.12	9.6	21.2	0.092	1.839	0.811	0.077	0.015	0.998	0.0772	15.89
	6.1	34.89	11400	1.13	8.9	22.4	0.069	1.723	0.959	0.052	0.016	1.034	0.0815	24.13
	6.12	36.37	14000	1.20	10.4	23.6	0.121	2.509	0.675	0.090	0.022	0.789	0.1297	25.79
	7.2	37.71	16800	1.28	11.5	22.5	0.109	1.679	1.107	0.066	0.021	0.895	0.1287	39.76
	7.21	41.84	37100	2.05	15.5	25.2	0.437	1.238	4.576	0.193	0.022	2.575	0.1153	55.78
	8.23	37.37	15200	1.02	13.1	24.8	0.058	0.910	0.907	0.018	0.023	0.357	0.1307	68.55
	9.30	36.46	13000	0.92	12.6	19.5	0.084	0.107	5.861	0.003	0.022	0.287	0.1304	96.12
	10.5	35.65	11800	0.89	11.8	20.1	0.040	0.289	2.104	0.005	0.022	0.276	0.1297	87.40
	11.23	32.94	7260	0.73	9.0	17.8	0.022	0.725	0.608	0.007	0.021	0.213	0.1288	68.15
	12.13	31.72	5750	0.67	7.9	15.9	0.017	0.701	0.554	0.006	0.020	0.197	0.1279	67.05
	12.18	31.58	5500	0.64	7.8	15.4	0.018	0.694	0.494	0.006	0.019	0.177	0.1277	66.77
	12.24	31.28	5190	0.63	7.5	15.4	0.013	0.694	0.490	0.004	0.019	0.176	0.1277	66.77
	2008.1.10	31.20	4970	0.63	7.3	10.0	0.014	0.597	0.585	0.005	0.016	0.214	0.1253	67.21
	1.21	31.30	5450	0.67	7.4	10.0	0.012	0.597	0.694	0.004	0.016	0.255	0.1253	67.21
	1.29	31.25	5090	0.63	7.4	10.0	0.015	0.597	0.577	0.005	0.016	0.212	0.1253	67.21
	2.14	31.17	5060	0.65	7.2	10.1	0.016	0.739	0.526	0.007	0.017	0.236	0.1266	58.30
	2.27	31.16	5200	0.68	7.1	10.2	0.016	0.853	0.529	0.008	0.017	0.271	0.1277	51.24
	3.13	31.36	5600	0.71	7.2	10.8	0.015	0.877	0.578	0.007	0.017	0.294	0.1289	50.89
	3.21	31.87	6090	0.72	7.7	11.2	0.026	0.889	0.556	0.013	0.018	0.281	0.1296	50.74
	4.3	32.82	7670	0.81	8.5	12.3	0.028	0.910	0.700	0.014	0.018	0.351	0.1298	50.38

续表

站点	测验时间	Z /m	Q /(m^3/s)	U /(m/s)	h /m	T /℃	悬移质总量			悬移质中床沙质			d_c /mm	$P_冲$ /%
							S /(kg/m^3)	ω_m /(cm/s)	$C=\frac{U^3}{gh\omega_m}$	S' /(kg/m^3)	ω'_m /(cm/s)	$C'=\frac{U^3}{gh\omega'_m}$		
	4.10	33.28	8550	0.86	9.0	13.2	0.035	0.924	0.780	0.017	0.019	0.387	0.1297	50.15
	4.12	33.69	8940	0.85	9.4	13.4	0.033	0.928	0.718	0.016	0.019	0.357	0.1297	50.09
	4.15	33.10	7950	0.82	8.8	13.7	0.025	0.934	0.684	0.013	0.019	0.340	0.1296	49.99
	4.22	33.50	8800	0.87	9.0	14.6	0.048	0.946	0.788	0.024	0.019	0.392	0.1294	49.75
	5.4	35.12	11400	0.97	10.4	17.0	0.042	1.283	0.697	0.025	0.019	0.463	0.1294	40.63
	5.22	34.30	10100	0.94	9.6	21.0	0.032	1.926	0.458	0.024	0.020	0.444	0.1294	24.32
	6.13	34.82	10700	0.97	9.7	22.7	0.034	2.036	0.471	0.024	0.021	0.465	0.1301	30.11
	6.19	37.84	17100	1.21	12.4	22.9	0.100	2.092	0.696	0.068	0.021	0.699	0.1300	31.64
	6.30	36.72	14200	1.11	11.3	24.6	0.085	1.757	0.702	0.050	0.022	0.568	0.1305	41.61
	8.1	38.29	18200	1.25	12.8	25.5	0.174	1.275	1.220	0.072	0.023	0.680	0.1310	58.88
	8.3	38.50	19600	1.32	13.0	25.8	0.173	1.306	1.381	0.072	0.023	0.781	0.1311	58.33
	9.21	39.51	22100	1.28	15.0	23.3	0.140	0.673	2.118	0.033	0.025	0.578	0.1326	76.44
	12.15	31.97	5890	0.67	8.0	16.1	0.014	0.584	0.656	0.004	0.019	0.198	0.1301	72.79
	12.26	31.46	5620	0.69	7.5	15.8	0.017	0.543	0.822	0.004	0.019	0.232	0.1304	75.24
	2009.1.15	31.70	6080	0.73	7.7	13.0	0.021	1.132	0.455	0.014	0.006	0.886	0.0635	32.52
	3.13	31.84	6100	0.76	7.3	12.5	0.022	1.390	0.441	0.018	0.006	1.089	0.0644	18.70
沙市	3.27	31.63	6080	0.79	7.1	13.0	0.033	1.316	0.538	0.026	0.006	1.254	0.0642	21.39
	4.13	31.92	6400	0.80	7.3	14.4	0.027	1.436	0.498	0.022	0.006	1.194	0.0646	18.49
	5.11	34.77	10800	0.98	9.7	18.5	0.045	1.802	0.549	0.037	0.006	1.596	0.0639	17.73
	6.9	36.10	14000	1.16	10.7	21.5	0.033	1.354	1.098	0.020	0.007	2.273	0.0646	40.14
	6.11	36.19	13300	1.09	10.8	21.6	0.041	1.198	1.020	0.022	0.006	1.886	0.0647	46.81
	6.18	34.96	11300	1.04	9.6	22.0	0.067	0.648	1.844	0.020	0.007	1.806	0.0648	70.16
	7.12	38.48	19900	1.34	13.0	24.4	0.176	1.457	1.295	0.092	0.007	2.699	0.0644	47.60
	7.31	38.76	20100	1.30	13.5	25.7	0.175	0.699	2.373	0.041	0.007	2.357	0.0645	76.30
	8.25	39.92	25800	1.52	14.8	25.0	0.242	0.621	3.893	0.051	0.008	2.895	0.0652	78.98
	8.26	40.21	26700	1.53	15.1	25.0	0.292	0.620	3.898	0.061	0.008	2.897	0.0651	79.19
	9.10	36.78	14800	1.07	12.1	24.0	0.080	0.382	2.699	0.014	0.009	1.186	0.0660	82.80
	9.30	34.93	11400	0.97	10.4	24.8	0.030	0.534	1.674	0.009	0.008	1.062	0.0652	71.21
	10.15	32.87	7960	0.83	8.6	22.9	0.017	0.372	1.824	0.004	0.008	0.823	0.0650	78.69
	10.28	33.67	9530	0.92	9.3	22.2	0.018	0.891	0.958	0.009	0.009	0.987	0.0660	48.34
	11.21	31.78	6540	0.80	7.5	17.9	0.015	0.808	0.861	0.006	0.007	0.961	0.0648	57.38
	12.17	31.27	5880	0.77	7.0	15.5	0.016	0.731	0.910	0.007	0.007	1.010	0.0643	53.14
	12.30	31.16	5840	0.78	6.9	15.5	0.034	0.730	0.960	0.016	0.007	1.079	0.0643	53.14

续表

站点	测验时间	Z /m	Q /(m^3/s)	U /(m/s)	h /m	T /℃	悬移质总量 S /(kg/m^3)	ω_m /(cm/s)	$C=\frac{U^3}{gh\omega_m}$	悬移质中床沙质 S' /(kg/m^3)	ω'_m /(cm/s)	$C'=\frac{U^3}{gh\omega'_m}$	d_c /mm	$P_{冲}$ /%
沙市	2010.2.3	31.32	5990	0.82	6.7	12.0	0.037	0.862	0.973	0.011	0.018	0.476	0.1297	70.78
	3.5	31.31	6070	0.85	6.6	10.9	0.037	1.619	0.586	0.020	0.017	0.549	0.1314	46.96
	3.25	31.18	5900	0.85	6.3	11.5	0.028	2.024	0.491	0.018	0.017	0.574	0.1309	34.03
	4.16	31.67	6370	0.87	6.7	13.1	0.042	2.123	0.472	0.028	0.018	0.547	0.1321	32.47
	4.29	32.35	7130	0.88	7.3	15.1	0.024	1.721	0.553	0.013	0.019	0.500	0.1321	47.82
	5.7	33.43	9310	0.99	8.4	16.3	0.053	1.459	0.807	0.023	0.020	0.594	0.1321	57.27
	5.19	35.23	12100	1.07	10.0	17.5	0.068	1.521	0.821	0.030	0.021	0.604	0.1327	55.45
	5.28	35.93	13400	1.11	10.7	19.4	0.058	1.639	0.795	0.026	0.022	0.597	0.1330	54.67
	6.8	37.72	17400	1.25	12.2	20.6	0.086	2.074	0.787	0.047	0.022	0.733	0.1329	45.27
	7.11	40.65	26900	1.55	15.0	23.6	0.266	0.437	5.786	0.029	0.025	1.028	0.1332	89.06
	7.18	41.45	28500	1.57	15.6	24.6	0.254	0.716	3.530	0.044	0.025	1.019	0.1331	82.72
	7.21	42.23	33500	1.76	16.1	24.4	0.318	0.822	4.200	0.067	0.024	1.434	0.1317	79.05
	8.2	40.89	24300	1.37	15.3	25.1	0.337	0.392	4.369	0.030	0.027	0.644	0.1349	91.13
	9.29	36.15	13100	1.02	11.3	22.9	0.031	0.498	1.924	0.003	0.032	0.302	0.1445	89.05
	10.29	34.95	11500	1.01	10.1	21.0	0.017	0.534	1.948	0.003	0.030	0.343	0.1426	85.25
	12.10	31.30	5930	0.79	6.9	17.8	0.012	0.378	1.927	0.001	0.024	0.305	0.1350	89.39
	12.29	31.58	6320	0.81	7.2	17.8	0.015	0.378	1.990	0.002	0.024	0.314	0.1350	89.39
	2011.1.24	32.63	8110	0.91	8.1	13.0	0.024	0.823	1.153	0.006	0.022	0.429	0.1357	73.05
	2.22	31.52	6520	0.83	7.2	11.8	0.018	1.058	0.765	0.006	0.020	0.410	0.1329	64.22
	3.16	31.64	6750	0.84	7.3	11.0	0.017	1.246	0.664	0.007	0.018	0.451	0.1311	58.50
	4.20	32.94	8760	0.93	8.5	14.2	0.036	1.457	0.662	0.017	0.018	0.528	0.1286	52.54
	5.17	32.81	8570	0.92	8.4	17.4	0.024	1.425	0.663	0.010	0.020	0.470	0.1305	57.02
	5.23	33.90	10200	0.96	9.5	17.2	0.034	1.472	0.645	0.014	0.020	0.469	0.1309	59.13
	7.29	37.24	17400	1.24	12.3	24.9	0.101	0.767	2.059	0.020	0.025	0.636	0.1332	80.46
	10.14	32.86	8290	0.91	8.2	22.0	0.018	0.394	2.379	0.002	0.025	0.372	0.1352	88.91
	12.8	31.67	6970	0.89	7.2	16.6	0.025	0.871	1.146	0.007	0.022	0.460	0.1335	72.75
	12.23	31.18	6240	0.86	6.7	16.6	0.019	0.871	1.111	0.005	0.022	0.450	0.1335	72.75
	2012.1.19	31.31	6420	0.84	7.0	13.3	0.021	1.004	0.860	0.007	0.020	0.430	0.1333	68.57
	2.17	31.54	6850	0.88	7.1	11.7	0.025	0.885	1.105	0.007	0.019	0.512	0.1331	71.77
	3.9	31.38	6360	0.85	6.9	10.3	0.035	1.409	0.644	0.016	0.018	0.493	0.1331	54.55
	4.28	32.59	8250	0.91	8.2	14.2	0.037	1.450	0.646	0.016	0.020	0.481	0.1325	57.86
	5.21	36.84	15500	1.14	11.9	19.4	0.035	1.768	0.718	0.015	0.022	0.570	0.1333	55.96
	5.31	38.30	19800	1.30	13.3	20.9	0.078	1.313	1.282	0.026	0.024	0.696	0.1340	66.78

续表

站点	测验时间	Z /m	Q /(m³/s)	U /(m/s)	h /m	T /℃	悬移质总量			悬移质中床沙质			d_c /mm	$P_{冲}$ /%
							S /(kg/m³)	ω_m /(cm/s)	$C=\frac{U^3}{gh\omega_m}$	S' /(kg/m³)	ω'_m /(cm/s)	$C'=\frac{U^3}{gh\omega'_m}$		
沙市	7.26	42.77	37500	1.84	17.1	23.9	0.380	0.317	11.729	0.028	0.032	1.167	0.1413	92.58
	8.3	41.72	31100	1.55	17.2	23.9	0.356	0.419	5.269	0.035	0.029	0.763	0.1370	90.12
	8.23	38.90	19700	1.18	14.5	25.4	0.219	0.245	4.706	0.013	0.031	0.369	0.1403	94.26
	9.6	39.12	22200	1.33	14.5	25.9	0.074	0.695	2.380	0.013	0.036	0.455	0.1465	82.92
	10.11	37.68	19300	1.25	13.5	21.8	0.050	1.299	1.135	0.017	0.032	0.466	0.1423	66.73
	11.13	33.83	9980	0.90	9.9	18.5	0.031	1.387	0.541	0.013	0.025	0.304	0.1364	57.44
	12.18	31.27	6310	0.77	7.5	15.1	0.032	1.007	0.616	0.010	0.021	0.299	0.1330	67.83
	12.28	32.13	7440	0.82	8.3	15.1	0.033	1.008	0.672	0.011	0.021	0.325	0.1330	67.83
	2013.2.5	31.20	6260	0.81	7.1	12.0	0.027	0.553	1.381	0.005	0.018	0.422	0.1314	83.26
	3.7	31.24	6430	0.84	7.0	12.8	0.016	1.897	0.455	0.009	0.019	0.464	0.1324	42.22
	3.29	31.24	6350	0.82	7.1	13.7	0.024	1.519	0.521	0.011	0.019	0.416	0.1326	55.02
	4.8	31.23	6200	0.80	7.1	14.1	0.015	1.344	0.547	0.006	0.019	0.384	0.1327	60.83
	4.24	32.86	8580	0.91	8.5	14.8	0.029	1.059	0.853	0.009	0.020	0.458	0.1329	70.11
	4.28	32.46	8070	0.91	8.1	15.5	0.035	0.956	0.992	0.009	0.020	0.474	0.1330	73.39
	5.31	37.34	16900	1.22	12.2	20.8	0.055	1.528	0.993	0.021	0.025	0.618	0.1348	61.16
	8.2	39.50	24600	1.45	14.8	25.8	0.179	0.442	4.755	0.019	0.030	0.701	0.1376	89.62
	9.16	35.86	14000	1.07	11.6	26.0	0.032	0.768	1.401	0.006	0.028	0.387	0.1368	81.60
	9.26	37.15	17100	1.17	12.8	22.7	0.055	0.549	2.322	0.007	0.025	0.506	0.1373	87.13
	11.19	32.15	7720	0.83	8.4	20.3	0.013	0.413	1.682	0.001	0.025	0.279	0.1365	90.79
	11.27	31.31	6780	0.81	7.6	19.4	0.019	0.591	1.207	0.003	0.025	0.286	0.1367	85.20
	12.3	30.66	5870	0.78	6.9	18.7	0.014	0.721	0.972	0.003	0.025	0.286	0.1369	81.02
	12.25	30.86	6060	0.81	6.9	17.5	0.014	0.934	0.841	0.004	0.024	0.324	0.1373	74.08
	2015.1.20	31.16	6700	0.81	7.7	14.3	0.020	0.953	0.738	0.006	0.019	0.375	0.1309	70.40
	2.11	31.42	7070	0.82	7.9	12.6	0.016	0.511	1.391	0.002	0.018	0.388	0.1311	84.88
	3.5	32.06	7980	0.86	8.5	12.5	0.024	0.664	1.149	0.005	0.018	0.418	0.1311	80.25
	3.19	32.22	8400	0.90	8.6	12.5	0.019	0.761	1.135	0.004	0.018	0.475	0.1312	77.31
	3.25	31.56	7250	0.83	8.0	12.9	0.022	0.839	0.868	0.006	0.019	0.392	0.1315	75.00
	4.10	32.49	8630	0.88	9.0	13.9	0.031	1.050	0.735	0.010	0.020	0.382	0.1323	68.91
	5.8	34.52	12300	1.03	10.6	18.6	0.033	1.639	0.641	0.016	0.022	0.475	0.1335	51.54
	6.5	32.78	8230	0.84	8.9	21.0	0.018	0.485	1.400	0.002	0.022	0.314	0.1321	87.87
	7.30	35.94	14000	1.09	11.4	25.9	0.033	0.801	1.446	0.007	0.025	0.463	0.1344	80.18
	8.10	35.26	13400	1.10	10.9	26.2	0.047	1.109	1.122	0.013	0.028	0.444	0.1370	73.17
	9.5	36.44	15600	1.18	11.7	25.5	0.032	1.610	0.889	0.012	0.032	0.448	0.1425	61.44

续表

站点	测验时间	Z /m	Q /(m³/s)	U /(m/s)	h /m	T /℃	悬移质总量			悬移质中床沙质			d_c /mm	$P_冲$ /%
							S /(kg/m³)	ω_m /(cm/s)	$C=\frac{U^3}{gh\omega_m}$	S' /(kg/m³)	ω'_m /(cm/s)	$C'=\frac{U^3}{gh\omega'_m}$		
沙市	10.16	34.54	11900	1.08	9.8	22.3	0.023	2.409	0.544	0.015	0.032	0.415	0.1455	36.36
	11.26	31.01	6460	0.88	6.8	18.4	0.010	0.419	2.437	0.001	0.029	0.350	0.1450	89.96
	12.15	31.27	7100	0.92	7.1	17.9	0.019	0.334	3.347	0.001	0.028	0.395	0.1426	92.25
	12.29	31.48	7310	0.91	7.3	17.9	0.019	0.334	3.150	0.001	0.028	0.374	0.1426	92.25
	2016.1.14	31.32	7270	0.90	7.4	15.1	0.019	0.928	1.082	0.004	0.024	0.425	0.1365	76.83
	1.26	32.58	9110	0.96	8.6	14.5	0.023	0.954	1.099	0.006	0.024	0.434	0.1375	75.12
	2.3	31.57	7590	0.92	7.6	14.0	0.013	0.971	1.076	0.003	0.024	0.427	0.1383	74.02
	3.10	31.66	7930	0.94	7.7	12.9	0.015	0.647	1.699	0.003	0.023	0.479	0.1341	80.89
	3.16	31.94	8280	0.95	8.0	12.8	0.018	0.540	2.024	0.003	0.022	0.492	0.1327	83.72
	3.25	32.18	8510	0.95	8.2	13.4	0.018	0.710	1.502	0.004	0.023	0.462	0.1349	79.05
	4.6	32.74	9770	1.01	8.8	14.3	0.030	0.938	1.272	0.008	0.025	0.477	0.1382	73.06
	5.23	35.96	14000	1.09	11.3	19.6	0.019	0.648	1.803	0.003	0.023	0.519	0.1339	83.68
	6.1	36.49	15500	1.17	11.8	21.7	0.026	0.632	2.188	0.004	0.025	0.560	0.1356	84.08
	7.13	38.82	19000	1.22	13.7	23.5	0.053	1.267	1.066	0.015	0.030	0.455	0.1426	71.11
	7.21	41.27	27600	1.52	15.7	24.7	0.248	1.750	1.303	0.100	0.032	0.704	0.1429	59.80
	7.29	40.68	26100	1.50	15.1	25.6	0.098	1.679	1.357	0.035	0.034	0.672	0.1441	64.16
	8.19	37.20	16800	1.23	12.1	26.4	0.051	0.480	3.266	0.005	0.032	0.490	0.1424	89.84
	9.1	34.10	11200	1.10	9.1	26.9	0.033	0.707	2.110	0.005	0.041	0.363	0.1614	85.84
	10.14	31.90	8180	1.00	7.5	22.3	0.019	0.652	2.086	0.003	0.030	0.460	0.1426	85.52
	11.8	33.25	10800	1.09	9.0	20.8	0.030	0.762	1.926	0.006	0.028	0.530	0.1398	80.23
	12.7	31.63	8150	1.02	7.3	18.2	0.019	0.258	5.747	0.001	0.031	0.471	0.1481	92.98
监利	2002.1.8	25.26	4950	0.80	5.7	11.0	0.069	0.915	1.001	0.044	0.010	0.930	0.0282	36.73
	1.14	25.00	4960	0.84	5.5	11.0	0.065	0.915	1.201	0.041	0.010	1.111	0.0282	36.73
	2.11	23.91	3670	0.76	4.5	9.6	0.069	0.761	1.316	0.039	0.009	1.128	0.0228	42.78
	2.21	25.16	4120	0.70	5.5	10.4	0.062	0.640	0.993	0.033	0.009	0.699	0.0234	46.98
	3.4	25.17	3970	0.68	5.4	11.8	0.073	0.468	1.268	0.034	0.009	0.679	0.0251	52.82
	3.14	25.21	4350	0.72	5.6	13.2	0.061	0.303	2.244	0.025	0.009	0.727	0.0265	58.32
	5.8	28.16	7410	0.81	8.2	20.2	0.101	0.437	1.512	0.048	0.009	0.727	0.0202	51.99
	5.10	28.58	7730	0.81	8.6	20.7	0.097	0.451	1.397	0.049	0.009	0.682	0.0208	49.07
	5.26	31.62	12000	0.93	11.2	20.2	0.229	0.331	2.210	0.122	0.010	0.764	0.0187	46.65
	6.1	29.81	8080	0.75	9.6	22.2	0.081	0.285	1.571	0.016	0.012	0.371	0.0669	80.51
	6.8	27.20	5230	0.67	7.1	23.0	0.053	0.286	1.512	0.022	0.007	0.578	0.0171	58.77
	6.24	30.42	13600	1.16	10.4	22.4	0.247	0.789	1.938	0.165	0.009	1.691	0.0366	33.25

续表

站点	测验时间	Z /m	Q /(m^3/s)	U /(m/s)	h /m	T /℃	悬移质总量 S /(kg/m^3)	ω_m /(cm/s)	$C=\frac{U^3}{gh\omega_m}$	悬移质中床沙质 S' /(kg/m^3)	ω'_m /(cm/s)	$C'=\frac{U^3}{gh\omega'_m}$	d_c /mm	$P_冲$ /%
	9.21	32.54	21400	1.78	10.0	22.9	0.356	0.522	11.023	0.146	0.008	7.465	0.0428	59.09
	10.23	28.35	11100	1.57	6.3	20.4	0.136	0.994	6.300	0.078	0.009	7.092	0.0664	42.53
	11.18	26.16	7670	1.30	5.4	17.0	0.267	1.219	3.401	0.191	0.010	3.992	0.0692	28.55
	12.2	25.38	6580	1.12	5.4	16.0	0.248	1.270	2.088	0.175	0.011	2.351	0.0663	29.52
	2004.1.11	24.22	4730	0.84	5.2	12.2	0.093	1.091	1.065	0.059	0.013	0.920	0.0798	36.08
	1.14	24.42	5190	0.90	5.4	12.2	0.144	1.090	1.262	0.092	0.013	1.084	0.0798	36.08
	2.13	23.99	4640	0.93	4.6	12.2	0.148	1.236	1.442	0.094	0.015	1.187	0.1133	36.45
	4.3	25.86	6160	0.87	6.4	15.0	0.074	1.247	0.841	0.048	0.016	0.677	0.1005	35.16
	4.8	25.50	5200	0.83	5.7	15.8	0.127	1.272	0.804	0.079	0.016	0.635	0.1107	37.64
	4.14	26.30	6940	0.92	6.8	16.8	0.140	1.261	0.926	0.088	0.016	0.718	0.1015	36.81
	4.29	26.88	7890	0.92	7.7	19.0	0.125	1.070	0.963	0.080	0.016	0.659	0.0767	35.86
	6.7	31.14	16900	1.39	10.7	23.1	0.204	1.616	1.583	0.127	0.019	1.347	0.1069	37.60
	6.9	30.96	15000	1.25	10.5	23.1	0.190	1.757	1.079	0.118	0.020	0.967	0.1252	38.06
	6.14	30.38	15300	1.30	10.4	22.0	0.214	1.640	1.313	0.146	0.018	1.200	0.0937	31.84
	8.7	32.78	22100	1.39	13.1	26.2	0.317	0.963	2.169	0.132	0.010	2.048	0.0652	58.26
	8.20	31.52	15700	1.15	11.8	26.6	0.188	1.339	0.981	0.106	0.010	1.335	0.0647	43.51
监利	8.25	31.18	15900	1.18	11.8	26.0	0.194	1.598	0.888	0.128	0.009	1.581	0.0409	33.96
	2005.1.7	24.92	5420	0.88	5.6	11.0	0.105	1.603	0.774	0.081	0.014	0.896	0.0926	23.17
	2.4	24.99	4900	0.77	5.8	11.0	0.051	1.208	0.664	0.032	0.014	0.584	0.0936	36.82
	2.28	25.82	4810	0.68	6.4	10.3	0.052	0.972	0.515	0.030	0.012	0.409	0.0841	41.99
	3.14	25.46	5210	0.77	6.2	9.6	0.058	0.935	0.803	0.034	0.011	0.667	0.0790	41.05
	3.18	25.92	6450	0.86	6.7	10.3	0.081	1.013	0.955	0.050	0.012	0.830	0.0793	38.11
	5.5	27.05	9130	1.10	7.4	19.4	0.124	1.524	1.203	0.094	0.014	1.314	0.0780	24.12
	5.23	30.08	12500	1.13	9.8	23.1	0.150	1.438	1.044	0.106	0.013	1.144	0.0731	29.56
	5.27	31.36	15600	1.24	11.0	23.8	0.206	1.495	1.182	0.152	0.013	1.363	0.0724	26.28
	7.16	32.70	20500	1.39	12.2	25.6	0.525	0.408	5.498	0.181	0.008	2.943	0.0259	65.58
	7.25	33.70	31000	2.08	12.2	25.0	0.763	0.396	19.002	0.346	0.008	9.224	0.0171	54.60
	8.17	34.30	33600	2.43	11.1	25.0	0.812	0.291	45.330	0.177	0.011	12.253	0.0485	78.24
	12.23	25.26	6250	1.00	6.0	12.8	0.104	2.013	0.844	0.083	0.016	1.080	0.1253	19.71
	12.30	24.56	5130	0.91	5.5	12.8	0.064	2.012	0.694	0.051	0.016	0.890	0.1253	19.71
	2006.1.11	24.72	5360	0.91	5.7	11.0	0.092	1.249	1.079	0.066	0.015	0.899	0.1201	28.05
	2.6	24.22	4370	0.82	5.3	9.0	0.081	1.492	0.711	0.062	0.014	0.750	0.1131	23.20
	2.18	24.46	4700	0.82	5.6	10.4	0.073	1.761	0.570	0.055	0.014	0.712	0.1003	24.06

续表

站点	测验时间	Z /m	Q /(m³/s)	U /(m/s)	h /m	T /℃	悬移质总量 S /(kg/m³)	悬移质总量 ω_m /(cm/s)	悬移质总量 $C=\frac{U^3}{gh\omega_m}$	悬移质中床沙质 S' /(kg/m³)	悬移质中床沙质 ω'_m /(cm/s)	悬移质中床沙质 $C'=\frac{U^3}{gh\omega'_m}$	d_c /mm	$P_{冲}$ /%
监利	3.13	26.36	6100	0.83	6.6	11.4	0.065	1.320	0.669	0.049	0.012	0.759	0.0779	24.65
	3.17	27.20	8180	0.98	7.4	11.6	0.138	1.241	1.045	0.104	0.012	1.119	0.0763	24.85
	3.20	27.19	7750	0.94	7.4	12.0	0.104	1.137	1.006	0.073	0.012	0.969	0.0769	29.60
	5.1	26.61	6790	0.88	7.0	16.9	0.055	1.135	0.874	0.035	0.015	0.670	0.0877	37.15
	5.8	26.87	7500	0.94	7.2	18.6	0.081	1.215	0.968	0.053	0.015	0.778	0.0859	34.12
	5.17	30.46	13900	1.17	10.4	20.6	0.194	1.144	1.372	0.112	0.016	0.964	0.0877	42.49
	5.31	28.93	9720	0.97	8.8	22.8	0.074	1.000	1.057	0.038	0.017	0.617	0.0908	48.27
	6.16	30.50	12100	1.03	10.4	24.6	0.090	1.346	0.796	0.057	0.017	0.615	0.0853	36.54
	6.25	30.80	13100	1.08	10.6	24.9	0.139	1.241	0.976	0.083	0.018	0.679	0.0874	40.17
	7.6	30.84	17100	1.42	10.5	26.0	0.301	1.731	1.606	0.214	0.018	1.587	0.0844	28.98
	7.31	30.52	12000	1.03	10.2	27.5	0.137	0.943	1.158	0.056	0.017	0.632	0.0743	58.87
	8.11	28.47	8860	0.93	8.4	28.9	0.078	1.310	0.745	0.043	0.019	0.505	0.0875	44.29
	8.18	27.60	8250	0.96	7.7	29.2	0.107	1.437	0.815	0.065	0.020	0.597	0.0902	39.33
	8.22	26.88	7510	0.95	7.0	28.7	0.096	1.545	0.808	0.062	0.019	0.656	0.0894	35.14
	8.23	26.87	8280	1.05	7.0	28.6	0.120	1.571	1.073	0.079	0.019	0.889	0.0893	34.12
	8.28	27.30	8800	1.05	7.5	28.4	0.114	1.788	0.880	0.082	0.019	0.845	0.0887	28.21
	9.7	27.85	10900	1.19	8.2	27.2	0.197	1.915	1.094	0.153	0.017	1.226	0.0800	22.46
	9.26	26.59	9080	1.19	6.8	26.0	0.142	2.294	1.101	0.118	0.014	1.835	0.0533	16.61
	10.13	26.71	10400	1.27	7.3	23.6	0.164	2.190	1.306	0.139	0.014	1.987	0.0683	15.12
	10.17	27.11	10900	1.26	7.7	22.0	0.153	1.607	1.648	0.100	0.014	1.908	0.0725	34.49
	10.21	27.42	10200	1.14	8.0	22.1	0.202	1.932	0.977	0.152	0.014	1.318	0.0741	24.60
	10.26	27.12	9550	1.11	7.7	22.2	0.189	2.339	0.774	0.166	0.015	1.218	0.0765	12.23
	11.15	25.64	6850	0.98	6.4	18.8	0.130	2.296	0.653	0.110	0.017	0.863	0.0880	15.65
	11.29	25.50	5830	0.85	6.3	16.4	0.046	1.299	0.765	0.029	0.017	0.602	0.0919	36.46
	12.30	24.25	4710	0.84	5.2	14.8	0.055	1.478	0.786	0.039	0.016	0.726	0.0952	29.02
	2007.1.8	24.25	4750	0.84	5.3	13.2	0.062	1.606	0.710	0.011	0.046	0.246	0.2537	82.38
	1.13	24.18	4730	0.85	5.2	11.2	0.053	1.240	0.971	0.006	0.045	0.268	0.2532	88.32
	1.20	24.32	4630	0.81	5.3	11.7	0.034	1.265	0.808	0.004	0.045	0.227	0.2526	89.69
	2.12	24.37	4660	0.79	5.4	12.8	0.052	1.209	0.770	0.004	0.046	0.204	0.2504	93.06
	2.20	24.72	4760	0.76	5.8	13.0	0.050	0.572	1.349	0.004	0.045	0.170	0.2444	92.09
	3.4	25.40	5190	0.75	6.3	12.3	0.048	0.679	1.005	0.007	0.044	0.155	0.2276	85.65
	3.16	25.11	5190	0.78	6.1	11.2	0.049	0.658	1.206	0.008	0.043	0.187	0.2130	82.70
	3.23	25.21	5230	0.78	6.2	12.7	0.054	0.735	1.061	0.010	0.043	0.182	0.2105	80.78

续表

站点	测验时间	Z /m	Q /(m³/s)	U /(m/s)	h /m	T /℃	悬移质总量			悬移质中床沙质			d_c /mm	$P_{冲}$ /%
							S /(kg/m³)	ω_m /(cm/s)	$C=\frac{U^3}{gh\omega_m}$	S' /(kg/m³)	ω'_m /(cm/s)	$C'=\frac{U^3}{gh\omega'_m}$		
	3.30	25.24	5120	0.75	6.3	14.3	0.043	0.813	0.840	0.009	0.043	0.158	0.2086	79.05
	4.6	25.19	5060	0.74	6.3	15.8	0.062	0.891	0.736	0.014	0.044	0.149	0.2072	77.44
	4.16	25.33	5920	0.85	6.4	16.7	0.071	0.929	1.053	0.019	0.044	0.222	0.1984	73.45
	5.7	27.30	8140	0.91	8.0	21.4	0.069	1.242	0.773	0.026	0.045	0.214	0.1797	62.73
	5.14	26.35	6870	0.88	7.1	19.2	0.059	0.896	1.092	0.018	0.043	0.230	0.1733	68.97
	6.10	28.45	10500	1.08	8.6	24.4	0.078	1.663	0.898	0.039	0.040	0.373	0.1643	49.83
	8.2	35.77	35900	1.88	15.0	25.8	0.634	0.478	9.452	0.233	0.017	2.602	0.0284	63.32
	9.3	32.63	22900	1.72	11.1	26.7	0.245	1.253	3.729	0.106	0.034	1.388	0.1429	56.79
	9.12	32.54	21100	1.64	10.8	25.6	0.276	0.792	5.258	0.084	0.032	1.314	0.1414	69.52
	11.22	25.89	7460	1.12	6.0	17.6	0.133	1.539	1.551	0.018	0.048	0.498	0.2504	86.28
	2008.1.29	24.56	5270	0.95	6.5	8.5	0.085	1.466	0.917	0.054	0.016	0.868	0.1293	36.78
	2.14	24.60	5300	0.96	6.5	9.2	0.052	1.352	1.026	0.033	0.016	0.888	0.1292	37.01
	2.29	24.64	5270	0.95	6.5	11.5	0.051	1.117	1.204	0.028	0.016	0.836	0.1283	44.83
	3.28	26.22	6570	0.90	6.6	13.8	0.067	1.229	0.916	0.041	0.016	0.695	0.1264	39.37
	4.15	26.64	7940	1.01	7.0	14.0	0.099	1.357	1.106	0.068	0.016	0.941	0.1235	31.80
	4.17	27.24	8830	1.03	7.6	14.6	0.088	1.423	1.030	0.063	0.016	0.912	0.1186	28.13
监利	4.20	27.45	9030	1.03	7.8	15.4	0.099	1.484	0.962	0.073	0.016	0.883	0.1124	26.01
	5.5	28.57	11600	1.14	9.0	20.2	0.130	1.514	1.108	0.093	0.018	0.934	0.1147	28.36
	5.16	28.12	9860	1.07	8.2	23.6	0.082	1.928	0.790	0.065	0.020	0.782	0.1254	20.93
	5.27	28.67	13300	1.32	8.9	22.2	0.231	1.901	1.386	0.177	0.019	1.362	0.1258	23.28
	6.15	29.59	11600	1.06	9.6	24.5	0.082	1.759	0.719	0.062	0.020	0.638	0.1204	24.61
	6.18	31.01	15800	1.24	11.0	24.4	0.189	1.736	1.018	0.143	0.020	0.888	0.1187	24.56
	8.11	32.16	22100	1.59	12.0	27.4	0.265	1.420	2.404	0.160	0.016	2.203	0.0760	39.63
	8.21	33.80	23300	1.45	13.2	26.0	0.579	0.296	7.966	0.089	0.014	1.737	0.0731	84.71
	8.26	33.13	20000	1.32	12.5	25.4	0.376	0.363	5.170	0.062	0.014	1.368	0.0739	83.43
	11.8	31.59	21600	1.76	10.6	20.7	0.208	1.131	4.634	0.146	0.014	3.836	0.0762	29.78
	2009.1.16	24.94	6220	1.07	7.6	12.6	0.110	1.830	0.898	0.091	0.016	1.005	0.1278	17.69
	2.18	25.03	6370	1.04	8.0	11.2	0.126	1.826	0.785	0.100	0.016	0.890	0.1279	20.78
	4.9	25.36	6360	1.00	6.9	15.1	0.075	1.408	1.049	0.052	0.016	0.926	0.1022	30.74
	5.8	29.81	13300	1.20	9.7	20.6	0.090	1.536	1.182	0.076	0.014	1.263	0.0776	15.86
	6.19	29.56	11700	1.07	9.6	24.0	0.074	1.596	0.815	0.055	0.016	0.828	0.0805	25.78
	6.30	30.13	15100	1.31	10.1	25.1	0.154	1.373	1.653	0.108	0.017	1.358	0.0818	30.06
	7.18	32.67	22800	1.58	12.1	27.0	0.292	0.955	3.478	0.137	0.017	2.012	0.0780	53.01

续表

站点	测验时间	Z /m	Q /(m³/s)	U /(m/s)	h /m	T /℃	悬移质总量			悬移质中床沙质			d_c /mm	$P_冲$ /%
							S /(kg/m³)	ω_m /(cm/s)	$C=\frac{U^3}{gh\omega_m}$	S' /(kg/m³)	ω'_m /(cm/s)	$C'=\frac{U^3}{gh\omega'_m}$		
	7.30	32.17	18700	1.33	12.2	25.5	0.223	0.828	2.375	0.088	0.016	1.228	0.0784	60.74
	8.25	32.84	24300	1.66	12.2	26.6	0.298	0.498	7.678	0.078	0.012	3.195	0.0675	73.94
	11.4	26.61	9460	1.34	7.3	22.0	0.115	2.237	1.502	0.090	0.019	1.760	0.1259	21.79
	12.18	24.71	5950	1.02	6.9	16.2	0.057	2.156	0.727	0.044	0.018	0.860	0.1303	23.65
	12.28	24.72	5860	1.01	6.9	16.2	0.077	2.156	0.706	0.059	0.018	0.834	0.1303	23.65
	2010.1.25	24.95	6020	1.03	7.0	13.5	0.072	1.675	0.950	0.040	0.017	0.957	0.1278	44.86
	2.7	25.14	6040	0.97	7.3	12.6	0.050	1.792	0.711	0.030	0.016	0.781	0.1282	40.55
	4.7	25.62	6110	0.85	7.9	12.8	0.035	1.607	0.493	0.019	0.016	0.483	0.1289	46.56
	4.28	28.13	6530	0.71	8.9	15.3	0.021	0.545	0.752	0.004	0.017	0.244	0.1279	83.17
	5.5	27.12	7480	0.94	8.0	16.9	0.067	0.996	1.063	0.020	0.018	0.606	0.1271	70.85
	5.17	29.48	11300	1.06	9.5	18.2	0.125	1.849	0.691	0.076	0.015	0.856	0.0832	39.05
	5.31	30.77	12300	1.02	10.4	22.0	0.053	1.275	0.816	0.024	0.015	0.696	0.0803	54.14
	7.14	34.50	20700	1.25	13.4	24.4	0.333	0.565	2.630	0.060	0.013	1.146	0.0655	82.07
	8.24	32.39	20000	1.53	11.2	28.3	0.154	1.115	2.923	0.051	0.015	2.130	0.0747	67.21
	10.19	28.47	9970	1.13	10.0	22.8	0.090	1.631	0.902	0.039	0.020	0.738	0.1284	56.27
	12.23	25.66	6310	0.95	8.2	19.2	0.039	1.014	1.051	0.012	0.019	0.556	0.1303	70.09
监利	2011.1.18	26.16	7890	1.11	8.7	11.8	0.122	1.155	1.387	0.048	0.017	0.952	0.1300	60.42
	2.9	25.21	6620	1.05	7.9	11.2	0.064	1.210	1.234	0.026	0.016	0.911	0.1293	59.45
	3.18	25.52	6780	1.03	8.1	12.0	0.085	2.152	0.639	0.060	0.017	0.832	0.1290	29.80
	4.20	26.28	8590	1.17	8.7	15.3	0.133	1.670	1.124	0.072	0.018	1.065	0.1289	46.01
	5.16	26.20	7940	1.09	8.8	17.6	0.076	1.669	0.899	0.040	0.019	0.806	0.1298	47.25
	5.28	27.71	11400	1.33	10.0	19.2	0.177	2.071	1.158	0.109	0.018	1.302	0.1267	38.62
	6.30	32.29	18000	1.33	11.6	25.0	0.227	0.797	2.593	0.049	0.020	1.038	0.1252	78.23
	7.4	31.66	15800	1.24	11.0	26.2	0.166	0.670	2.636	0.033	0.020	0.874	0.1173	80.06
	7.8	31.62	18000	1.42	11.0	26.2	0.184	1.070	2.480	0.057	0.020	1.314	0.1136	69.04
	7.11	31.92	20100	1.53	11.3	26.2	0.215	1.370	2.358	0.084	0.020	1.605	0.1112	60.70
	7.25	30.48	16500	1.42	10.2	26.2	0.184	1.181	2.422	0.065	0.020	1.442	0.1037	64.93
	8.7	31.22	22500	1.80	10.9	26.1	0.259	1.345	4.054	0.106	0.019	2.916	0.0893	58.95
	8.13	31.73	21200	1.67	11.0	26.9	0.185	0.715	6.038	0.042	0.020	2.122	0.1070	77.05
	9.1	28.40	11500	1.20	11.0	26.7	0.094	1.549	1.034	0.039	0.021	0.756	0.1265	58.18
	10.14	26.80	8600	1.08	9.4	22.8	0.079	1.188	1.150	0.025	0.021	0.668	0.1286	68.19
	11.1	26.37	8350	1.10	9.0	20.4	0.118	1.500	1.005	0.054	0.020	0.769	0.1277	54.36
	11.4	27.26	11300	1.34	9.9	19.9	0.204	1.586	1.562	0.101	0.020	1.269	0.1274	50.51

续表

站点	测验时间	Z /m	Q /(m^3/s)	U /(m/s)	h /m	T /℃	悬移质总量			悬移质中床沙质			d_c /mm	$P_{冲}$ /%
							S /(kg/m^3)	ω_m /(cm/s)	$C=\frac{U^3}{gh\omega_m}$	S' /(kg/m^3)	ω'_m /(cm/s)	$C'=\frac{U^3}{gh\omega'_m}$		
监利	11.24	27.17	10000	1.19	9.8	17.9	0.153	1.496	1.172	0.073	0.019	0.937	0.1275	52.50
	12.8	25.39	6890	1.00	8.4	15.9	0.054	1.265	0.959	0.022	0.018	0.669	0.1293	60.11
	2012.1.15	24.95	6390	0.95	8.2	13.0	0.048	0.911	1.170	0.015	0.017	0.647	0.1276	69.17
	1.20	25.43	6380	0.89	8.7	12.8	0.046	0.953	0.867	0.015	0.016	0.506	0.1277	67.64
	1.27	25.45	6500	0.91	8.7	12.4	0.044	1.009	0.875	0.015	0.016	0.543	0.1278	65.51
	2.13	25.30	6650	0.94	8.6	11.6	0.048	1.145	0.860	0.019	0.016	0.611	0.1280	60.33
	2.28	25.18	6400	0.92	8.5	10.8	0.062	1.260	0.741	0.027	0.016	0.587	0.1282	55.78
	3.6	25.59	6310	0.86	8.9	10.9	0.037	1.192	0.611	0.016	0.016	0.460	0.1279	57.78
	4.9	25.48	6350	0.88	8.7	13.2	0.044	1.128	0.708	0.022	0.015	0.521	0.1012	50.52
	4.16	26.17	6440	0.82	9.4	14.0	0.039	1.128	0.530	0.017	0.016	0.371	0.1147	56.12
	5.4	28.11	9190	0.96	11.1	16.1	0.059	1.197	0.679	0.023	0.018	0.457	0.1265	61.27
	5.21	31.62	15200	1.16	11.4	19.1	0.099	1.466	0.952	0.050	0.018	0.781	0.1017	49.03
	6.6	32.47	18000	1.29	11.9	21.9	0.126	1.280	1.437	0.053	0.019	0.993	0.0965	57.87
	6.11	32.59	16800	1.20	12.0	22.5	0.088	1.060	1.385	0.030	0.019	0.773	0.1007	65.78
	6.15	32.20	14000	1.04	11.6	23.0	0.055	0.881	1.122	0.015	0.019	0.516	0.1049	72.05
	7.6	33.89	30500	1.93	12.8	24.0	0.256	0.740	7.732	0.085	0.012	4.715	0.0678	66.84
	10.3	29.54	12600	1.34	8.6	23.5	0.119	1.633	1.746	0.063	0.017	1.706	0.0862	47.11
	10.7	29.70	16100	1.67	8.8	23.0	0.149	1.662	3.246	0.080	0.017	3.179	0.0868	46.20
	10.24	28.62	12000	1.37	8.6	21.2	0.118	1.709	1.783	0.059	0.019	1.631	0.1251	49.83
	12.21	25.27	6190	0.99	7.9	16.0	0.037	1.115	1.123	0.013	0.018	0.684	0.1302	65.68
	2015.2.26	25.31	6630	0.97	7.6	12.1	0.047	2.010	0.609	0.033	0.016	0.753	0.1291	29.82
	3.13	26.27	8000	1.04	8.3	12.5	0.076	1.957	0.706	0.052	0.017	0.819	0.1297	31.77
	3.20	26.52	8350	1.04	8.6	13.3	0.074	2.130	0.626	0.053	0.017	0.772	0.1299	27.94
	4.20	27.32	9850	1.13	9.2	15.9	0.074	1.861	0.859	0.043	0.019	0.858	0.1305	41.89
	5.6	28.30	12500	1.28	9.8	18.5	0.112	2.351	0.928	0.079	0.019	1.128	0.1296	29.22
	5.23	29.39	10800	0.98	10.2	20.8	0.036	1.539	0.611	0.016	0.019	0.485	0.1287	54.45
	6.8	29.46	8750	0.78	10.4	21.7	0.024	1.082	0.430	0.010	0.013	0.346	0.0751	57.77
	6.27	33.16	17600	1.16	13.1	23.6	0.071	1.305	0.931	0.031	0.018	0.693	0.0886	56.61
	7.31	30.99	13800	1.10	11.0	26.6	0.064	1.835	0.672	0.034	0.021	0.596	0.1267	47.40
	8.11	29.04	13600	1.26	10.2	26.5	0.188	2.816	0.710	0.140	0.021	0.958	0.1274	25.32
	11.8	27.53	9620	1.08	9.4	19.1	0.101	2.663	0.513	0.075	0.021	0.641	0.1330	25.51
	12.8	26.19	6220	0.80	8.8	16.9	0.018	0.917	0.647	0.005	0.020	0.292	0.1344	73.56
	2016.1.11	25.76	7250	0.99	8.4	13.2	0.043	2.443	0.482	0.031	0.017	0.676	0.1301	29.01

续表

站点	测验时间	Z /m	Q /(m³/s)	U /(m/s)	h /m	T /℃	悬移质总量			悬移质中床沙质			d_c /mm	$P_{冲}$ /%
							S /(kg/m³)	ω_m /(cm/s)	$C=\frac{U^3}{gh\omega_m}$	S' /(kg/m³)	ω'_m /(cm/s)	$C'=\frac{U^3}{gh\omega'_m}$		
监利	1.21	26.40	7860	0.99	9.0	13.2	0.049	2.442	0.450	0.035	0.018	0.629	0.1301	29.01
	2.29	26.04	7670	1.01	8.7	13.7	0.021	2.326	0.519	0.015	0.019	0.627	0.1329	27.68
	3.10	25.82	7780	1.05	8.5	13.7	0.049	2.283	0.608	0.035	0.020	0.712	0.1335	29.38
	3.22	26.81	8490	1.02	9.4	13.6	0.065	2.230	0.516	0.045	0.020	0.583	0.1342	31.41
	3.28	27.57	8430	0.94	10.1	14.1	0.034	1.991	0.421	0.021	0.019	0.434	0.1336	38.54
	4.5	27.12	8650	1.00	9.7	14.9	0.049	1.671	0.629	0.025	0.019	0.541	0.1328	48.14
	4.15	27.60	12300	1.10	10.5	15.8	0.054	1.392	0.928	0.024	0.020	0.650	0.1327	55.31
	4.28	31.32	14900	1.13	11.6	16.8	0.063	0.968	1.310	0.019	0.022	0.586	0.1345	70.10
	5.9	31.10	13700	1.07	11.2	17.7	0.059	1.016	1.097	0.019	0.021	0.525	0.1344	67.75
	5.18	31.85	15300	1.12	12.0	19.6	0.077	2.286	0.522	0.054	0.019	0.623	0.1269	29.54
	5.23	31.64	14200	1.05	11.8	19.6	0.051	2.058	0.486	0.031	0.018	0.555	0.1158	39.47
	6.19	31.80	14800	1.07	12.1	23.3	0.105	1.863	0.554	0.057	0.019	0.548	0.1100	45.35
	6.22	32.72	19400	1.30	13.0	23.9	0.111	1.964	0.877	0.063	0.019	0.916	0.1028	43.69
	10.4	26.76	9810	1.21	7.7	24.5	0.108	2.950	0.795	0.077	0.020	1.174	0.1269	29.10
	10.13	26.10	8450	1.14	7.1	22.6	0.085	3.017	0.705	0.061	0.019	1.100	0.1277	28.06
	10.29	26.93	11000	1.28	8.2	21.7	0.106	2.900	0.899	0.078	0.019	1.351	0.1277	26.14
	11.20	27.24	9410	1.04	8.6	20.2	0.085	2.813	0.474	0.065	0.019	0.707	0.1278	23.00
	12.9	25.68	8140	1.06	7.5	18.0	0.067	2.954	0.548	0.054	0.018	0.887	0.1281	18.84
	12.19	25.90	7360	1.06	7.8	18.0	0.101	2.954	0.527	0.082	0.018	0.852	0.1281	18.84
螺山	2002.1.13	18.68	6720	0.84	6.0	12.7	0.154	0.465	2.160	0.048	0.009	1.130	0.0588	67.40
	1.27	18.48	6910	0.88	6.0	10.6	0.132	0.330	3.499	0.035	0.009	1.301	0.0632	72.38
	2.19	18.80	7190	0.84	6.4	11.8	0.136	0.381	2.464	0.036	0.009	0.989	0.0665	72.76
	3.6	21.66	12900	1.03	8.2	12.5	0.158	0.372	3.662	0.054	0.010	1.350	0.0686	77.11
	3.18	22.04	14100	1.07	8.5	15.1	0.175	0.377	3.892	0.047	0.011	1.320	0.0701	78.01
	3.20	22.58	15600	1.11	9.0	15.6	0.165	0.378	4.089	0.049	0.011	1.366	0.0704	78.08
	3.23	22.38	14200	1.04	8.8	16.3	0.153	0.379	3.423	0.034	0.012	1.128	0.0708	78.19
	3.26	21.92	12700	0.98	8.4	17.1	0.141	0.380	3.008	0.029	0.012	0.986	0.0712	78.30
	3.30	21.49	12000	0.98	8.0	18.1	0.130	0.382	3.146	0.025	0.012	1.001	0.0718	78.45
	4.5	21.18	11700	0.98	7.7	19.6	0.126	0.384	3.236	0.037	0.013	0.985	0.0728	78.67
	4.26	24.56	20600	1.19	11.0	17.1	0.145	0.462	3.396	0.073	0.013	1.171	0.0767	72.63
	6.3	27.88	30300	1.33	14.0	24.2	0.093	0.257	6.650	0.022	0.016	1.077	0.0808	85.46
	6.18	28.44	36200	1.57	14.2	26.4	0.131	0.160	17.399	0.072	0.017	1.654	0.0812	88.99
	7.17	29.29	34100	1.45	14.4	29.5	0.166	0.167	12.903	0.053	0.018	1.231	0.0822	91.72

续表

站点	测验时间	Z /m	Q /(m^3/s)	U /(m/s)	h /m	T /℃	悬移质总量			悬移质中床沙质			d_c /mm	$P_{冲}$ /%
							S /(kg/m^3)	ω_m /(cm/s)	$C=\frac{U^3}{gh\omega_m}$	S' /(kg/m^3)	ω'_m /(cm/s)	$C'=\frac{U^3}{gh\omega'_m}$		
螺山	7.24	28.32	29500	1.33	13.6	28.1	0.254	0.416	4.231	0.073	0.017	1.028	0.0824	81.61
	7.26	28.91	31600	1.36	14.2	28.2	0.275	0.446	4.043	0.073	0.017	1.048	0.0825	80.73
	8.19	31.84	57100	2.02	15.8	25.0	0.160	0.310	17.103	0.112	0.017	3.176	0.0833	83.49
	8.23	33.70	66700	2.08	17.9	26.1	0.213	0.286	17.938	0.065	0.017	2.983	0.0835	85.44
	9.28	24.39	16700	1.06	10.1	24.0	0.145	0.144	8.389	0.022	0.016	0.764	0.0841	92.84
	10.21	23.10	15300	1.08	9.1	20.6	0.189	0.194	7.260	0.039	0.015	0.941	0.0841	89.47
	10.23	23.57	16800	1.13	9.6	20.1	0.177	0.287	5.359	0.039	0.015	1.027	0.0841	85.14
	10.29	23.81	17000	1.11	9.8	18.6	0.159	0.557	2.552	0.058	0.015	0.980	0.0841	72.17
	11.20	23.22	14200	1.03	8.9	16.3	0.129	0.487	2.585	0.038	0.014	0.912	0.0841	72.55
	11.25	22.62	13300	1.04	8.3	14.9	0.133	0.499	2.781	0.040	0.013	1.044	0.0841	70.69
	11.30	21.93	11700	0.99	7.6	13.7	0.175	0.477	2.726	0.036	0.013	1.008	0.0841	72.42
	12.28	22.67	12800	1.04	7.9	9.9	0.298	0.331	4.363	0.027	0.012	1.203	0.0841	77.83
	2003.1.5	21.52	10700	1.05	6.6	8.8	0.090	0.508	3.529	0.030	0.012	1.507	0.0838	70.90
	4.3	21.24	11100	1.11	6.7	16.5	0.146	1.034	2.021	0.060	0.014	1.472	0.0829	65.19
	4.12	22.38	13500	1.14	7.6	17.5	0.183	0.633	3.158	0.027	0.013	1.585	0.0757	80.20
	4.21	23.44	15900	1.15	8.8	19.5	0.139	0.490	3.596	0.023	0.011	1.547	0.0718	78.23
	6.12	25.10	20500	1.21	10.7	24.7	0.248	0.539	3.131	0.035	0.020	0.852	0.1268	80.62
	6.14	26.64	27200	1.42	12.0	24.4	0.201	0.544	4.473	0.060	0.020	1.228	0.1269	79.30
	6.25	26.58	23600	1.25	11.8	25.5	0.126	0.717	2.350	0.032	0.020	0.826	0.1273	77.29
	6.27	27.48	24300	1.42	12.9	25.5	0.115	0.905	2.509	0.042	0.020	1.124	0.1273	77.29
	6.29	28.88	33600	1.59	14.4	24.3	0.158	0.646	4.417	0.069	0.020	1.406	0.1275	81.35
	6.30	29.34	39500	1.64	14.8	25.0	0.200	6.816	0.446	0.386	0.022	1.363	0.1271	80.89
	7.10	29.52	39400	1.63	14.7	25.5	0.209	0.791	3.796	0.077	0.020	1.479	0.1269	74.17
	7.27	30.46	39800	1.52	15.8	27.3	0.120	0.605	3.749	0.055	0.021	1.096	0.1262	78.54
	8.1	29.09	32000	1.34	14.7	28.4	0.095	0.694	2.412	0.036	0.021	0.793	0.1261	75.37
	8.8	27.83	28200	1.29	13.5	28.6	0.077	0.631	2.577	0.038	0.021	0.767	0.1259	77.55
	8.12	27.13	26000	1.26	12.8	28.0	0.071	0.492	3.238	0.026	0.021	0.759	0.1258	82.34
	9.8	29.14	35600	1.49	14.7	25.9	0.097	0.348	6.613	0.121	0.017	1.322	0.0854	83.18
	10.11	26.45	22900	1.17	12.3	22.4	0.120	0.531	2.509	0.045	0.015	0.865	0.0813	71.42
	11.28	20.06	8160	0.84	7.3	15.0	0.130	0.522	1.576	0.032	0.011	0.748	0.0492	63.27
	12.7	19.80	7690	0.82	7.2	14.1	0.147	0.634	1.233	0.048	0.007	1.049	0.0259	48.75
	12.31	19.09	6430	0.74	6.8	12.2	0.107	0.586	1.036	0.039	0.006	1.095	0.0160	45.20
	2004.1.11	18.80	6260	0.76	6.6	10.5	0.064	0.499	1.365	0.023	0.009	0.740	0.0620	62.13

续表

站点	测验时间	Z /m	Q /(m³/s)	U /(m/s)	h /m	T /℃	悬移质总量 S /(kg/m³)	悬移质总量 ω_m /(cm/s)	悬移质总量 $C=\frac{U^3}{gh\omega_m}$	悬移质中床沙质 S′ /(kg/m³)	悬移质中床沙质 ω'_m /(cm/s)	悬移质中床沙质 $C'=\frac{U^3}{gh\omega'_m}$	d_c /mm	$P_冲$ /%
螺山	2.7	18.60	6600	0.81	6.6	9.9	0.061	0.574	1.440	0.030	0.006	1.496	0.0099	41.47
	2.12	18.67	6430	0.78	6.6	11.1	0.067	0.639	1.151	0.027	0.005	1.467	0.0082	37.11
	3.7	21.00	11600	1.02	8.1	12.4	0.069	0.717	1.865	0.148	0.003	3.944	0.0037	21.66
	4.5	21.07	10900	0.93	8.3	15.7	0.051	0.527	1.876	0.068	0.004	2.409	0.0049	31.57
	5.8	24.91	20500	1.16	11.1	20.4	0.043	0.672	2.124	0.140	0.006	2.493	0.0063	21.10
	5.13	24.86	20300	1.17	11.0	21.8	0.067	0.575	2.591	0.080	0.009	1.718	0.0141	42.84
	5.20	26.47	27300	1.36	12.6	22.5	0.077	0.865	2.360	0.103	0.017	1.208	0.0877	55.01
	5.25	26.21	24600	1.25	12.3	25.1	0.065	1.080	1.498	0.079	0.018	0.894	0.0909	44.25
	6.21	28.07	34100	1.50	14.0	24.0	0.055	0.835	2.940	0.089	0.019	1.266	0.1126	61.36
	7.10	27.60	28900	1.33	13.4	27.1	0.218	0.879	2.037	0.074	0.020	0.886	0.1112	59.02
	8.05	28.60	31700	1.38	14.1	27.6	0.088	0.765	2.493	0.056	0.021	0.921	0.1254	72.71
	8.12	28.39	30800	1.38	13.8	28.7	0.096	0.966	2.005	0.065	0.021	0.914	0.1255	63.88
	8.16	27.98	29000	1.34	13.4	28.0	0.103	0.939	1.950	0.057	0.021	0.872	0.1255	64.51
	8.30	27.05	26100	1.29	12.6	26.5	0.094	0.663	2.628	0.031	0.021	0.846	0.1257	73.79
	9.5	27.13	26600	1.31	12.6	26.5	0.086	0.760	2.391	0.030	0.021	0.878	0.1258	71.62
	9.7	27.62	30100	1.42	13.1	25.4	0.086	0.745	2.993	0.072	0.020	1.093	0.1258	73.31
	10.8	26.20	23400	1.24	11.8	21.7	0.115	0.803	2.050	0.048	0.019	0.866	0.1250	67.02
	12.18	19.73	7610	0.83	7.0	15.7	0.123	0.935	0.887	0.043	0.015	0.553	0.0906	46.23
	12.31	19.92	8180	0.91	6.9	15.7	0.094	0.934	1.197	0.052	0.015	0.745	0.0906	46.23
	2005.1.19	19.86	8350	0.91	7.0	7.9	0.093	1.063	1.038	0.038	0.007	1.593	0.0236	41.67
	1.27	20.37	10100	1.01	7.4	6.9	0.081	0.925	1.532	0.060	0.007	2.087	0.0182	42.55
	2.6	20.20	9160	0.91	7.5	5.7	0.075	0.759	1.343	0.041	0.006	1.575	0.0138	42.10
	3.15	21.34	11500	0.99	8.2	12.5	0.073	0.761	1.580	0.044	0.011	1.064	0.0746	61.76
	3.26	21.58	11700	0.98	8.4	13.5	0.085	0.719	1.590	0.030	0.011	1.021	0.0738	64.75
	5.6	22.85	15900	1.17	8.7	21.1	0.082	1.057	1.772	0.071	0.015	1.282	0.0787	46.27
	5.10	24.66	19800	1.20	10.4	21.3	0.117	1.028	1.642	0.055	0.015	1.103	0.0811	48.03
	5.24	26.35	25900	1.36	11.9	22.1	0.187	0.920	2.345	0.055	0.018	1.219	0.0976	55.13
	5.29	27.83	32500	1.51	13.3	23.6	0.313	1.149	2.301	0.091	0.019	1.407	0.1121	46.56
	6.3	28.53	37100	1.63	14.0	24.9	0.545	0.891	3.540	0.059	0.020	1.610	0.1119	59.59
	7.3	27.36	27300	1.32	12.9	27.2	0.162	0.928	1.964	0.042	0.021	0.885	0.1231	60.77
	7.7	27.13	26600	1.30	12.7	27.6	0.134	0.944	1.872	0.051	0.021	0.850	0.1250	63.40
	7.13	28.83	35500	1.54	14.2	26.2	0.091	0.295	8.902	0.079	0.020	1.320	0.1038	84.98
	7.14	29.08	37300	1.58	14.5	26.3	0.096	0.412	6.737	0.105	0.020	1.417	0.0977	80.46

续表

站点	测验时间	Z /m	Q /(m³/s)	U /(m/s)	h /m	T /℃	悬移质总量 S /(kg/m³)	悬移质总量 ω_m /(cm/s)	悬移质总量 $C=\frac{U^3}{gh\omega_m}$	悬移质中床沙质 S' /(kg/m³)	悬移质中床沙质 ω'_m /(cm/s)	悬移质中床沙质 $C'=\frac{U^3}{gh\omega'_m}$	d_c /mm	$P_冲$ /%
	7.17	28.62	32800	1.43	14.1	26.4	0.107	0.406	5.223	0.067	0.020	1.088	0.0975	80.32
	10.5	25.73	21200	1.17	11.4	22.3	0.102	0.757	1.896	0.062	0.019	0.771	0.1058	65.34
	10.22	23.02	14100	1.00	9.0	22.0	0.089	0.729	1.557	0.038	0.017	0.688	0.0882	65.28
	11.4	23.94	16600	1.06	9.9	20.2	0.067	0.752	1.624	0.034	0.015	0.820	0.0820	60.72
	11.13	23.72	15800	1.04	9.7	18.8	0.087	0.751	1.577	0.049	0.013	0.897	0.0735	58.16
	11.22	23.02	14100	1.00	9.0	17.2	0.108	0.734	1.546	0.030	0.011	1.014	0.0591	55.45
	2006.2.10	18.78	6780	0.85	6.2	7.7	0.102	1.105	0.911	0.075	0.004	2.684	0.0034	15.00
	3.2	22.58	16100	1.16	8.9	8.4	0.081	0.416	4.295	0.173	0.005	3.630	0.0044	32.17
	3.10	22.33	12900	0.96	8.7	9.9	0.109	0.502	2.064	0.082	0.005	2.007	0.0049	31.41
	3.18	22.94	14900	1.03	9.2	11.5	0.154	0.679	1.778	0.093	0.006	2.074	0.0055	30.18
	3.21	22.74	14400	1.02	9.0	12.3	0.148	0.776	1.543	0.065	0.006	2.025	0.0058	29.56
	3.29	22.09	12600	0.97	8.4	14.3	0.134	1.045	1.061	0.081	0.006	1.746	0.0069	27.87
	4.11	21.90	12800	1.02	8.1	19.5	0.115	0.849	1.567	0.098	0.008	1.665	0.0100	40.38
	4.18	24.27	18300	1.11	10.4	16.6	0.082	0.488	2.738	0.033	0.013	1.068	0.0689	70.50
	4.27	22.85	14300	1.01	9.1	19.8	0.079	0.620	1.861	0.040	0.011	1.049	0.0419	61.54
螺山	5.5	22.56	13000	0.95	8.8	22.7	0.084	0.745	1.337	0.053	0.009	1.063	0.0225	50.53
	5.28	25.10	19900	1.14	11.0	22.2	0.088	0.851	1.612	0.044	0.014	1.016	0.0648	56.57
	6.2	24.96	19100	1.11	10.9	23.0	0.088	0.877	1.459	0.042	0.015	0.853	0.0732	57.57
	6.18	27.11	27300	1.33	12.7	24.8	0.102	0.893	2.110	0.050	0.018	1.035	0.0917	59.72
	7.6	26.09	22600	1.18	11.9	26.5	0.142	0.847	1.657	0.036	0.020	0.698	0.1111	65.00
	7.12	27.75	30900	1.44	13.3	27.3	0.126	0.645	3.556	0.066	0.020	1.130	0.1109	72.58
	8.22	22.30	12900	0.98	8.5	29.5	0.121	1.007	1.128	0.040	0.021	0.549	0.1061	59.61
	9.2	22.45	13900	1.05	8.5	27.6	0.131	0.932	1.496	0.035	0.020	0.684	0.1126	61.24
	10.18	21.73	13300	1.09	7.9	23.4	0.124	1.648	1.018	0.062	0.009	1.935	0.0143	32.32
	10.30	22.44	14100	1.05	8.6	22.4	0.154	1.247	1.102	0.064	0.008	1.651	0.0133	31.05
	11.12	20.38	9390	0.93	7.4	20.3	0.112	1.410	0.789	0.065	0.007	1.535	0.0123	32.59
	12.29	18.90	6770	0.80	6.6	15.9	0.112	1.404	0.560	0.055	0.006	1.389	0.0096	26.87
	2007.3.29	21.24	11700	0.96	8.5	13.8	0.058	0.762	1.398	0.028	0.013	0.832	0.0814	61.01
	4.10	20.25	9300	0.87	7.9	16.4	0.080	0.832	1.025	0.024	0.013	0.666	0.0794	54.58
	4.14	20.38	9880	0.91	8.0	17.1	0.090	0.850	1.136	0.024	0.013	0.748	0.0788	52.74
	5.1	23.12	16600	1.11	9.6	18.2	0.084	0.860	1.686	0.056	0.013	1.132	0.0767	48.48

续表

站点	测验时间	Z /m	Q /(m³/s)	U /(m/s)	h /m	T /℃	悬移质总量 S /(kg/m³)	ω_m /(cm/s)	$C=\frac{U^3}{gh\omega_m}$	悬移质中床沙质 S' /(kg/m³)	ω'_m /(cm/s)	$C'=\frac{U^3}{gh\omega'_m}$	d_c /mm	$P_冲$ /%
螺山	5.29	22.83	15400	1.07	9.2	24.3	0.052	1.025	1.320	0.034	0.013	1.033	0.0740	47.04
	6.4	23.48	17000	1.10	9.9	24.7	0.047	0.998	1.377	0.036	0.013	1.057	0.0736	49.30
	6.22	28.18	35300	1.55	14.1	25.1	0.080	0.662	4.076	0.122	0.012	2.211	0.0710	57.03
	6.27	28.14	31900	1.41	14.0	24.7	0.090	1.052	1.948	0.122	0.012	1.751	0.0707	44.05
	7.5	27.29	27400	1.29	13.2	26.5	0.086	1.049	1.577	0.043	0.012	1.390	0.0706	43.24
	7.8	27.39	28100	1.31	13.3	25.5	0.075	1.095	1.575	0.079	0.012	1.449	0.0706	39.98
	7.12	28.46	33500	1.45	14.2	26.3	0.128	0.725	3.027	0.144	0.012	1.783	0.0705	46.95
	8.28	28.10	29000	1.31	13.6	27.9	0.070	0.939	1.789	0.072	0.008	2.228	0.0094	40.19
	9.29	27.31	26900	1.28	13.0	23.1	0.047	0.777	2.110	0.093	0.007	2.271	0.0094	45.49
	10.2	26.37	23000	1.19	12.1	22.7	0.050	0.801	1.768	0.068	0.007	2.020	0.0094	46.38
	10.17	23.72	15900	1.06	9.6	21.1	0.051	0.947	1.342	0.045	0.007	1.950	0.0094	31.70
	11.7	21.76	11800	0.98	7.9	18.9	0.056	0.780	1.565	0.051	0.006	2.001	0.0094	36.82
	12.17	19.20	6970	0.85	6.4	12.8	0.057	0.809	1.207	0.039	0.006	1.760	0.0094	37.06
	12.26	19.18	7220	0.88	6.4	12.8	0.059	0.809	1.346	0.048	0.006	1.934	0.0094	37.06
	2008.2.18	19.32	7790	0.88	6.9	9.4	0.078	1.406	0.717	0.063	0.002	4.201	0.0027	7.66
	2.27	19.52	8110	0.88	7.0	10.5	0.082	1.136	0.871	0.071	0.003	3.942	0.0027	10.71
	3.29	22.16	13400	1.01	8.6	16.2	0.097	0.566	2.147	0.100	0.003	3.896	0.0030	17.66
	4.4	22.62	14900	1.04	9.2	16.4	0.087	0.611	2.032	0.098	0.003	3.944	0.0030	18.29
	4.7	22.36	14000	1.01	9.0	16.4	0.081	0.634	1.847	0.095	0.003	3.826	0.0031	18.63
	4.21	23.33	15900	1.04	9.8	17.8	0.094	0.806	1.459	0.062	0.003	3.389	0.0034	18.91
	5.03	24.38	19500	1.15	10.8	20.9	0.115	1.115	1.292	0.086	0.005	2.760	0.0037	14.81
	5.15	23.92	17400	1.08	10.3	21.8	0.103	0.945	1.326	0.053	0.008	1.640	0.0048	26.97
	5.19	23.48	16300	1.06	9.8	22.7	0.097	1.050	1.179	0.052	0.008	1.581	0.0066	28.24
	5.27	23.53	17400	1.14	9.8	23.5	0.082	1.075	1.441	0.080	0.008	1.837	0.0110	26.57
	6.12	25.18	21600	1.21	11.2	24.9	0.087	0.585	2.760	0.035	0.016	1.041	0.0785	68.28
	7.2	26.30	24100	1.24	12.2	26.9	0.086	0.930	1.714	0.045	0.018	0.896	0.0856	56.92
	7.23	26.56	25100	1.27	12.3	26.4	0.063	0.676	2.509	0.043	0.018	0.927	0.0895	67.88
	8.8	27.48	28800	1.36	13.2	27.8	0.072	0.813	2.395	0.055	0.019	1.025	0.0912	61.43
	10.4	26.30	23900	1.23	12.1	22.7	0.112	1.022	1.530	0.046	0.019	0.823	0.1177	59.69
	10.20	23.71	15900	1.07	9.5	23.0	0.189	0.617	2.132	0.040	0.019	0.704	0.1058	70.33
	12.20	19.89	8380	0.91	7.2	14.8	0.119	0.461	2.322	0.024	0.015	0.738	0.0856	71.99
	12.30	19.66	7950	0.90	6.9	14.8	0.117	0.461	2.330	0.024	0.015	0.741	0.0856	71.99
	2009.1.21	19.52	8320	0.95	6.9	10.8	0.092	0.606	2.077	0.063	0.005	2.469	0.0033	25.22

续表

站点	测验时间	Z /m	Q /(m³/s)	U /(m/s)	h /m	T /℃	悬移质总量			悬移质中床沙质			d_c /mm	$P_{冲}$ /%
							S /(kg/m³)	ω_m /(cm/s)	$C=\frac{U^3}{gh\omega_m}$	S' /(kg/m³)	ω'_m /(cm/s)	$C'=\frac{U^3}{gh\omega'_m}$		
螺山	4.22	24.46	20600	1.28	10.2	18.9	0.095	0.456	4.599	0.045	0.015	1.437	0.0729	78.52
	5.20	25.71	24200	1.33	11.5	20.8	0.093	1.312	1.597	0.051	0.014	1.496	0.0740	46.66
	6.6	26.61	26100	1.31	12.5	23.7	0.092	0.952	1.926	0.029	0.020	0.940	0.1259	61.66
	7.3	27.45	29500	1.39	13.1	25.0	0.089	0.384	5.453	0.018	0.020	1.040	0.1267	85.16
	8.4	28.36	32600	1.46	13.7	27.0	0.085	0.329	7.014	0.023	0.021	1.115	0.1263	87.48
	8.14	29.45	37400	1.59	14.3	26.8	0.091	0.313	9.133	0.042	0.021	1.395	0.1254	89.02
	9.16	25.47	21500	1.26	10.8	25.1	0.095	0.757	2.507	0.031	0.020	0.953	0.1259	69.21
	12.5	19.23	7180	0.81	7.4	15.7	0.099	0.670	1.100	0.020	0.017	0.424	0.1294	68.61
	12.31	19.22	7070	0.81	7.2	15.7	0.100	0.670	1.118	0.024	0.017	0.431	0.1294	68.61
	2011.4.22	21.16	11900	1.01	8.6	26.2	0.079	1.002	1.219	0.060	0.002	5.131	0.0032	9.03
	6.2	22.50	15200	1.10	8.9	22.7	0.084	0.904	1.687	0.065	0.003	4.902	0.0050	15.44
	6.7	23.27	17900	1.20	9.6	23.5	0.086	0.551	3.333	0.111	0.005	3.662	0.0055	28.71
	8.14	26.93	27500	1.35	12.6	27.7	0.064	0.626	3.182	0.028	0.019	1.064	0.0897	77.15
	8.30	23.71	16600	1.09	9.7	27.8	0.063	0.510	2.669	0.014	0.020	0.667	0.1143	83.39
	9.22	23.92	15800	1.02	9.9	24.7	0.063	0.670	1.632	0.018	0.020	0.557	0.1252	79.82
	11.3	20.94	11100	1.01	8.3	21.3	0.067	1.264	1.001	0.044	0.008	1.508	0.0118	35.00
	12.22	19.51	8290	0.88	7.6	12.3	0.072	0.530	1.725	0.063	0.004	2.166	0.0051	30.52
	2012.4.25	23.20	16900	1.15	9.4	17.9	0.068	0.475	3.473	0.046	0.008	2.034	0.0119	44.97
	5.2	24.43	19800	1.18	10.6	18.9	0.076	0.498	3.173	0.044	0.013	1.264	0.0359	68.39
	5.12	26.29	26400	1.35	12.2	20.5	0.091	0.354	5.814	0.019	0.016	1.285	0.0803	84.70
	6.14	29.28	38600	1.62	14.5	25.0	0.109	0.538	5.558	0.031	0.017	1.769	0.0732	78.58
	7.8	29.65	39000	1.59	15.0	26.3	0.082	0.712	3.836	0.126	0.014	1.979	0.0169	59.39
	8.27	28.52	30300	1.36	13.7	27.1	0.074	0.512	3.655	0.032	0.015	1.265	0.0223	69.60
	8.31	27.68	27200	1.30	12.9	27.7	0.072	0.574	3.022	0.021	0.016	1.092	0.0297	71.58
	9.3	27.07	25400	1.28	12.3	28.2	0.070	0.623	2.790	0.021	0.017	1.028	0.0414	73.19
	9.29	26.58	24600	1.30	11.8	24.1	0.063	0.314	6.048	0.019	0.014	1.318	0.0274	78.52
	10.6	24.57	18800	1.19	10.0	22.9	0.061	0.578	2.972	0.028	0.013	1.342	0.0227	64.06
	10.18	25.10	21100	1.26	10.5	20.9	0.059	0.827	2.348	0.045	0.011	1.704	0.0180	49.61
	12.11	20.50	10100	1.02	7.7	13.8	0.153	0.333	4.215	0.041	0.005	2.733	0.0085	48.90
	2014.1.28	19.32	8780	0.94	7.7	11.7	0.068	0.494	2.225	0.032	0.003	3.302	0.0034	8.82
	3.3	21.16	12800	1.08	8.9	10.3	0.062	0.217	6.652	0.095	0.003	4.580	0.0031	12.99
	4.1	21.23	13000	1.07	9.2	16.5	0.061	0.229	5.930	0.121	0.003	3.969	0.0034	15.48
	5.28	26.98	28800	1.40	12.7	22.5	0.073	1.044	2.110	0.067	0.020	1.101	0.1265	69.41

续表

站点	测验时间	Z /m	Q /(m³/s)	U /(m/s)	h /m	T /℃	悬移质总量			悬移质中床沙质			d_c /mm	$P_{冲}$ /%
							S /(kg/m³)	ω_m /(cm/s)	$C=\dfrac{U^3}{gh\omega_m}$	S' /(kg/m³)	ω'_m /(cm/s)	$C'=\dfrac{U^3}{gh\omega'_m}$		
螺山	6.10	27.42	30200	1.42	13.2	23.2	0.074	0.805	2.748	0.020	0.020	1.106	0.1278	78.39
	6.16	26.55	26000	1.32	12.3	23.8	0.072	0.826	2.307	0.019	0.020	0.939	0.1280	78.35
	7.6	28.54	34300	1.51	13.9	24.6	0.067	0.777	3.250	0.027	0.021	1.220	0.1278	77.93
	8.5	28.27	30600	1.40	13.5	28.7	0.048	0.515	4.024	0.012	0.022	0.950	0.1284	85.41
	8.27	28.68	34600	1.55	13.7	26.1	0.040	1.034	2.680	0.030	0.021	1.339	0.1273	69.51
	12.30	20.10	9430	0.92	8.0	12.3	0.039	1.048	0.947	0.056	0.005	1.858	0.0065	32.31
	2015.1.23	19.50	8730	0.90	7.8	13.0	0.081	0.834	1.142	0.030	0.012	0.807	0.0716	70.57
	2.12	19.50	8610	0.88	7.8	11.0	0.081	0.927	0.961	0.022	0.012	0.774	0.0704	63.51
	3.4	21.56	12800	1.03	9.4	11.0	0.081	0.762	1.555	0.029	0.012	1.013	0.0690	72.31
	5.19	25.88	23800	1.27	11.7	21.9	0.088	0.397	4.494	0.052	0.007	2.640	0.0090	40.65
	5.28	26.04	23500	1.25	11.8	22.5	0.090	0.413	4.090	0.049	0.006	2.649	0.0068	37.23
	6.19	29.64	35400	1.44	15.0	23.8	0.098	0.948	2.140	0.017	0.020	1.035	0.1270	72.77
	7.4	30.02	39400	1.57	15.3	25.1	0.100	1.202	2.145	0.045	0.020	1.264	0.1274	64.89
	7.21	28.04	28900	1.31	13.6	26.0	0.100	0.451	3.736	0.009	0.021	0.806	0.1288	87.09
	9.15	26.52	26900	1.39	12.1	25.3	0.089	0.882	2.564	0.024	0.020	1.109	0.1280	73.72
	11.18	24.90	21700	1.28	10.7	17.2	0.073	0.278	7.190	0.028	0.011	1.784	0.0709	89.11
	11.22	25.00	20800	1.22	10.8	16.5	0.072	0.502	3.416	0.027	0.012	1.393	0.0743	83.83
	12.31	21.20	11800	1.00	9.0	13.7	0.066	0.511	2.215	0.013	0.016	0.691	0.1256	86.34
	2016.4.12	25.50	24600	1.38	11.1	17.4	0.112	0.153	15.799	0.010	0.018	1.356	0.1023	93.61
	5.11	28.32	33600	1.45	14.2	20.6	0.119	0.426	5.138	0.017	0.021	1.062	0.1282	86.65
	5.28	28.60	33000	1.42	14.3	20.2	0.139	0.279	7.322	0.009	0.020	1.031	0.1289	91.09
	6.7	28.80	32800	1.38	14.6	22.4	0.163	0.398	4.612	0.009	0.021	0.886	0.1290	86.87
	6.23	28.88	32200	1.34	14.7	25.7	0.180	0.231	7.233	0.004	0.021	0.780	0.1287	93.71
	7.6	33.14	50700	1.62	17.5	24.3	0.133	0.335	7.382	0.011	0.021	1.202	0.1269	89.34
	7.20	32.00	45400	1.53	16.6	26.1	0.074	0.268	8.215	0.005	0.022	1.023	0.1276	93.35
	7.22	32.26	43700	1.46	16.9	26.3	0.072	0.216	8.679	0.004	0.022	0.869	0.1277	94.67
	8.10	30.50	38100	1.42	16.3	28.1	0.061	0.295	6.073	0.008	0.022	0.799	0.1287	91.88
	8.24	27.97	28400	1.25	14.1	28.7	0.056	0.229	6.165	0.004	0.022	0.648	0.1278	94.15
	9.13	23.26	17000	1.10	9.9	27.7	0.048	0.347	3.947	0.023	0.018	0.779	0.0452	78.73
	11.4	22.06	14800	1.10	8.8	18.4	0.105	0.546	2.826	0.070	0.005	3.011	0.0041	20.91
	2017.2.3	19.69	10000	0.85	9.1	9.9	0.095	0.351	1.962	0.029	0.003	2.405	0.0034	14.89
	2.18	19.41	9730	0.86	8.8	12.5	0.099	0.315	2.338	0.041	0.003	2.699	0.0035	14.97
	3.26	24.88	22800	1.17	12.3	12.4	0.085	0.224	5.918	0.160	0.005	2.830	0.0037	15.59

续表

站点	测验时间	Z /m	Q /(m³/s)	U /(m/s)	h /m	T /℃	悬移质总量 S /(kg/m³)	悬移质总量 ω_m /(cm/s)	悬移质总量 $C=\frac{U^3}{gh\omega_m}$	悬移质中床沙质 S′ /(kg/m³)	悬移质中床沙质 ω'_m /(cm/s)	悬移质中床沙质 $C'=\frac{U^3}{gh\omega'_m}$	d_c /mm	$P_{冲}$ /%
螺山	3.27	24.83	22400	1.15	12.3	12.8	0.083	0.198	6.371	0.109	0.005	2.593	0.0038	17.92
	4.18	24.44	19800	1.05	11.9	17.9	0.082	0.332	2.984	0.006	0.018	0.563	0.1277	89.63
	5.15	25.34	23900	1.19	12.6	21.4	0.073	0.439	3.106	0.008	0.019	0.729	0.1269	86.51
	6.9	25.84	25500	1.23	12.9	23.6	0.063	0.441	3.338	0.010	0.019	0.762	0.1260	86.40
	7.23	29.49	36300	1.46	15.2	27.7	0.034	0.593	3.521	0.011	0.021	1.003	0.1268	83.54
	8.4	26.61	25200	1.26	12.4	29.4	0.039	0.400	4.106	0.006	0.022	0.758	0.1279	89.35
	8.7	25.59	22000	1.21	11.4	29.4	0.041	0.426	3.717	0.005	0.022	0.730	0.1282	88.33
	8.25	26.34	24800	1.26	12.3	28.6	0.046	0.470	3.531	0.008	0.021	0.778	0.1268	87.10
	9.11	25.70	23200	1.25	11.6	26.0	0.048	0.405	4.239	0.009	0.021	0.837	0.1274	88.03
	9.19	25.30	22300	1.25	11.3	25.9	0.050	0.271	6.505	0.004	0.020	0.872	0.1266	93.10
	10.20	27.38	27900	1.32	13.2	19.5	0.049	0.772	2.301	0.014	0.018	0.981	0.1271	74.03
	12.26	18.88	8940	0.95	7.5	14.0	0.049	0.203	5.736	0.046	0.002	4.815	0.0036	17.15
汉口	2003.1.31	16.04	11900	0.86	8.8	8.7	0.091	0.374	1.969	0.022	0.011	0.652	0.0804	78.12
	2.8	15.57	10700	0.82	8.3	8.8	0.093	0.371	1.817	0.010	0.011	0.618	0.0787	78.65
	2.24	16.82	13600	0.87	9.9	9.4	0.084	0.437	1.555	0.021	0.011	0.624	0.0773	76.53
	2.28	16.83	13400	0.86	9.9	9.6	0.078	0.478	1.374	0.020	0.011	0.597	0.0774	74.98
	3.4	17.60	15600	0.92	10.6	9.9	0.075	0.519	1.438	0.036	0.011	0.667	0.0776	73.43
	3.20	18.04	16600	0.94	11.1	11.6	0.063	0.589	1.292	0.026	0.012	0.650	0.0781	71.68
	3.24	18.10	16000	0.89	11.2	13.0	0.061	0.496	1.295	0.020	0.012	0.535	0.0783	76.09
	4.15	18.22	17000	0.96	11.1	17.6	0.062	0.286	2.849	0.018	0.013	0.632	0.0767	83.23
	6.6	21.22	25600	1.19	13.3	24.3	0.049	0.784	1.651	0.032	0.014	0.945	0.0750	62.63
	6.8	20.52	23100	1.14	12.6	24.6	0.047	0.799	1.506	0.032	0.014	0.878	0.0751	61.59
	6.10	20.10	21100	1.08	12.1	24.9	0.051	0.814	1.303	0.036	0.014	0.768	0.0752	60.55
	7.31	24.38	37600	1.47	14.2	28.5	0.068	0.355	6.443	0.061	0.009	2.591	0.0241	64.16
	8.29	22.04	30200	1.37	13.6	27.0	0.093	0.208	9.299	0.027	0.013	1.496	0.0706	86.66
	9.4	22.46	35200	1.53	14.2	25.6	0.100	0.432	5.957	0.136	0.014	1.877	0.0747	70.70
	10.23	20.00	20600	1.03	12.5	20.0	0.080	0.419	2.128	0.036	0.014	0.619	0.0821	77.52
	11.9	16.52	12600	0.86	9.4	19.3	0.112	0.098	7.046	0.008	0.014	0.509	0.0804	93.63
	11.28	15.60	10500	0.77	8.8	12.0	0.118	0.102	5.150	0.005	0.013	0.411	0.0869	92.93
	12.15	15.46	10700	0.79	8.8	12.0	0.101	0.207	2.772	0.006	0.014	0.418	0.0930	89.66
	12.23	15.19	9830	0.76	8.4	12.0	0.098	0.207	2.565	0.006	0.014	0.390	0.0930	89.66
	12.31	14.62	8860	0.73	7.9	12.0	0.097	0.207	2.425	0.006	0.014	0.371	0.0930	89.66
	2004.2.2	13.66	7280	0.68	7.1	11.2	0.076	0.253	1.774	0.007	0.014	0.321	0.1015	87.20

续表

站点	测验时间	Z /m	Q /(m^3/s)	U /(m/s)	h /m	T /℃	悬移质总量			悬移质中床沙质			d_c /mm	$P_{冲}$ /%
							S /(kg/m^3)	ω_m /(cm/s)	$C=\frac{U^3}{gh\omega_m}$	S' /(kg/m^3)	ω'_m /(cm/s)	$C'=\frac{U^3}{gh\omega'_m}$		
	3.1	13.88	8110	0.72	7.3	13.2	0.078	0.218	2.404	0.011	0.013	0.393	0.0857	86.01
	3.18	15.29	10600	0.79	8.7	13.5	0.067	0.279	2.080	0.011	0.014	0.415	0.0909	85.10
	4.8	15.93	11900	0.84	9.0	16.5	0.061	0.419	1.595	0.017	0.015	0.434	0.0956	79.96
	4.30	17.34	15600	0.96	10.3	20.6	0.056	0.646	1.361	0.027	0.017	0.524	0.0948	70.33
	5.28	20.67	24200	1.18	12.8	25.2	0.048	0.821	1.593	0.042	0.013	0.990	0.0719	53.44
	6.8	21.85	31200	1.37	14.0	23.8	0.051	0.891	2.099	0.083	0.013	1.439	0.0727	49.55
	9.14	24.18	45500	1.72	15.0	24.6	0.064	0.285	12.121	0.236	0.011	3.293	0.0265	74.31
	11.9	17.12	14400	0.95	9.6	17.9	0.174	0.534	1.702	0.023	0.015	0.598	0.0900	67.81
	11.22	18.05	16800	0.99	10.7	16.7	0.115	0.553	1.673	0.027	0.016	0.574	0.0993	72.03
	11.26	17.16	14300	0.93	9.8	16.4	0.110	0.557	1.501	0.018	0.016	0.519	0.1016	74.27
	12.13	15.92	11800	0.84	9.0	15.6	0.086	0.570	1.181	0.011	0.016	0.416	0.1089	79.54
	12.17	15.28	10300	0.80	8.3	15.6	0.086	0.570	1.108	0.010	0.016	0.395	0.1089	79.54
	12.31	15.02	10400	0.84	8.1	15.6	0.090	0.570	1.316	0.015	0.016	0.466	0.1089	79.54
	2005.1.13	14.71	9820	0.80	7.9	8.8	0.071	0.469	1.406	0.014	0.011	0.583	0.0845	78.28
	2.4	15.67	11800	0.87	8.7	6.9	0.056	0.543	1.417	0.022	0.011	0.694	0.0843	66.44
	2.18	17.34	18600	1.13	10.5	5.6	0.061	0.454	3.097	0.087	0.011	1.280	0.0832	67.91
汉口	3.22	16.50	13700	0.92	9.6	11.4	0.057	0.606	1.372	0.017	0.012	0.698	0.0804	72.26
	4.1	16.64	14900	0.97	9.7	14.5	0.058	0.495	1.943	0.018	0.013	0.769	0.0799	75.93
	4.22	16.82	14000	0.91	9.8	19.7	0.077	0.518	1.520	0.013	0.014	0.575	0.0805	73.42
	4.30	16.56	13600	0.89	9.6	21.4	0.083	0.598	1.249	0.014	0.014	0.522	0.0811	70.12
	5.6	17.34	15300	0.93	10.4	21.1	0.088	0.489	1.615	0.020	0.015	0.537	0.0816	74.93
	5.7	17.99	18200	1.04	11.0	21.2	0.081	0.518	2.010	0.026	0.015	0.708	0.0806	72.15
	5.14	19.54	22100	1.11	12.4	22.8	0.065	0.726	1.544	0.053	0.014	0.830	0.0758	54.21
	6.6	23.92	41400	1.54	15.4	24.7	0.052	0.702	3.446	0.098	0.011	2.238	0.0386	47.00
	7.4	22.33	30100	1.30	14.2	28.0	0.160	0.769	2.046	0.034	0.014	1.166	0.0741	57.70
	8.26	25.24	52900	1.79	16.2	25.6	0.100	0.405	8.921	0.256	0.009	3.939	0.0240	66.92
	10.8	22.36	36200	1.51	14.7	22.5	0.076	0.532	4.482	0.138	0.011	2.129	0.0691	66.40
	11.25	18.22	16800	0.97	11.0	15.6	0.089	0.419	2.015	0.024	0.013	0.650	0.0798	77.06
	12.2	16.76	13200	0.87	9.7	14.3	0.087	0.384	1.804	0.020	0.013	0.550	0.0804	77.61
	12.24	15.16	10800	0.86	8.1	13.6	0.068	0.365	2.187	0.015	0.012	0.648	0.0807	77.92
	12.31	14.34	8970	0.80	7.3	13.6	0.062	0.365	1.968	0.014	0.012	0.593	0.0807	77.92
	2006.1.12	14.29	9380	0.83	7.3	8.6	0.069	0.462	1.720	0.017	0.012	0.640	0.0888	74.72
	1.20	14.53	9590	0.81	7.6	8.4	0.068	0.419	1.699	0.019	0.012	0.579	0.0889	76.82

续表

站点	测验时间	Z /m	Q /(m³/s)	U /(m/s)	h /m	T /℃	悬移质总量 S /(kg/m³)	悬移质总量 ω_m /(cm/s)	悬移质总量 $C=\frac{U^3}{gh\omega_m}$	悬移质中床沙质 S' /(kg/m³)	悬移质中床沙质 ω'_m /(cm/s)	悬移质中床沙质 $C'=\frac{U^3}{gh\omega'_m}$	d_c /mm	$P_{冲}$ /%
汉口	2.13	14.02	9090	0.82	7.2	8.2	0.077	0.361	2.157	0.013	0.012	0.666	0.0859	78.45
	3.9	17.61	16300	0.98	10.5	12.4	0.053	0.588	1.553	0.045	0.012	0.787	0.0775	62.27
	3.14	17.26	15700	0.98	10.2	13.2	0.051	0.711	1.325	0.057	0.012	0.791	0.0777	62.95
	3.31	16.97	14300	0.93	9.8	16.0	0.066	1.138	0.739	0.021	0.013	0.673	0.0784	65.16
	4.7	16.48	13400	0.91	9.4	17.1	0.073	1.317	0.623	0.020	0.013	0.641	0.0787	66.03
	4.28	18.11	17100	1.01	10.6	19.7	0.079	0.441	2.238	0.016	0.013	0.790	0.0757	73.45
	5.29	20.28	23300	1.17	12.4	24.7	0.043	0.663	1.980	0.042	0.012	1.141	0.0714	60.73
	6.8	20.12	22700	1.14	12.4	24.6	0.051	0.649	1.871	0.030	0.010	1.216	0.0302	62.34
	6.26	22.12	29600	1.29	14.1	27.3	0.059	0.395	3.918	0.019	0.012	1.312	0.0634	78.66
	7.13	22.55	34500	1.46	14.4	26.9	0.066	1.072	2.056	0.075	0.013	1.645	0.0737	61.58
	7.31	22.01	29300	1.34	13.5	28.2	0.110	0.734	2.472	0.052	0.014	1.315	0.0748	69.80
	8.16	19.16	18900	1.09	10.9	30.1	0.207	0.821	1.478	0.029	0.015	0.837	0.0771	60.91
	8.18	18.62	17600	1.07	10.3	30.4	0.192	0.849	1.426	0.030	0.015	0.835	0.0774	59.62
	9.1	17.12	15200	1.06	9.1	30.8	0.140	0.663	2.022	0.016	0.016	0.866	0.0800	72.11
	9.10	17.76	17600	1.12	9.9	26.7	0.126	1.115	1.301	0.056	0.015	0.942	0.0814	51.11
	9.20	17.61	16100	1.06	9.6	25.8	0.148	0.748	1.687	0.025	0.015	0.820	0.0831	64.16
	10.10	15.17	10900	0.93	7.6	23.8	0.137	0.293	3.711	0.009	0.016	0.701	0.0874	85.10
	10.15	15.81	12500	0.98	8.2	23.6	0.117	0.590	1.981	0.016	0.016	0.730	0.0880	70.36
	12.14	15.14	10000	0.83	7.8	12.3	0.056	0.701	1.065	0.016	0.011	0.666	0.0811	66.85
	12.26	14.06	8270	0.79	6.8	12.3	0.056	0.701	1.052	0.012	0.011	0.676	0.0811	66.85
	2007.1.26	14.69	10300	0.87	7.6	9.3	0.045	0.211	4.174	0.011	0.013	0.689	0.0933	85.87
	3.12	16.81	14500	0.97	9.5	11.4	0.042	0.353	2.775	0.022	0.013	0.778	0.0861	76.80
	3.30	16.19	13100	0.96	8.7	15.6	0.048	0.334	3.089	0.011	0.013	0.813	0.0824	78.64
	4.6	15.74	11600	0.89	8.3	17.2	0.055	0.325	2.651	0.011	0.013	0.689	0.0812	79.39
	4.20	15.03	10700	0.89	7.7	20.5	0.061	0.303	3.087	0.009	0.013	0.742	0.0792	80.90
	4.27	16.37	14800	1.03	9.1	21.0	0.063	0.389	3.146	0.019	0.012	0.986	0.0770	79.50
	5.13	17.32	15500	0.98	10.0	20.9	0.070	0.521	1.841	0.017	0.011	0.857	0.0746	76.05
	6.08	18.71	19100	1.08	11.1	25.6	0.044	0.854	1.360	0.046	0.012	0.936	0.0738	53.05
	6.19	21.33	29400	1.35	13.4	25.2	0.040	0.654	2.864	0.065	0.013	1.397	0.0749	61.71
	6.23	22.95	38300	1.56	14.5	25.0	0.047	0.357	7.477	0.048	0.012	2.206	0.0718	78.12
	6.28	22.88	35400	1.44	14.6	25.1	0.039	0.727	2.858	0.087	0.012	1.777	0.0669	56.41
	7.7	22.48	31100	1.30	14.6	27.2	0.041	0.669	2.302	0.052	0.012	1.304	0.0692	61.26
	10.3	21.36	25900	1.22	13.2	23.5	0.061	0.421	3.323	0.035	0.016	0.903	0.0820	76.55

续表

站点	测验时间	Z /m	Q /(m³/s)	U /(m/s)	h /m	T /℃	悬移质总量			悬移质中床沙质			d_c /mm	$P_冲$ /%
							S /(kg/m³)	ω_m /(cm/s)	$C=\frac{U^3}{gh\omega_m}$	S′ /(kg/m³)	ω'_m /(cm/s)	$C'=\frac{U^3}{gh\omega'_m}$		
汉口	10.22	17.87	16300	1.00	10.3	20.1	0.053	0.903	1.101	0.030	0.016	0.610	0.0926	54.47
	11.5	17.17	15100	0.99	9.7	18.6	0.060	0.789	1.295	0.024	0.016	0.651	0.0923	67.55
	11.12	16.07	12200	0.88	8.9	17.8	0.067	0.736	1.067	0.015	0.015	0.510	0.0922	74.10
	12.3	14.66	9580	0.81	7.7	14.7	0.054	0.470	1.506	0.010	0.015	0.465	0.1014	80.63
	12.18	14.13	8900	0.82	7.1	13.0	0.046	0.338	2.357	0.007	0.015	0.524	0.1086	84.18
	2008.1.18	14.02	8890	0.82	7.1	10.2	0.039	0.496	1.590	0.014	0.014	0.572	0.0997	74.75
	2.6	13.88	8890	0.85	6.9	10.2	0.049	0.649	1.399	0.015	0.013	0.678	0.0957	64.72
	2.10	14.40	9920	0.86	7.5	10.2	0.043	0.682	1.273	0.019	0.013	0.648	0.0949	62.61
	2.22	14.08	9340	0.85	7.2	10.2	0.038	0.778	1.119	0.021	0.013	0.670	0.0928	56.29
	2.28	14.16	9610	0.86	7.3	11.1	0.033	0.820	1.080	0.020	0.014	0.651	0.0952	59.12
	3.14	13.96	9220	0.85	7.1	13.4	0.030	0.922	0.954	0.011	0.015	0.590	0.1029	66.65
	4.8	17.19	15800	0.98	10.2	16.2	0.056	0.509	1.850	0.027	0.015	0.611	0.0958	74.82
	5.4	19.22	21000	1.12	11.8	20.1	0.053	0.741	1.644	0.064	0.014	0.890	0.0799	54.41
	5.27	18.14	18500	1.08	10.8	23.0	0.044	0.670	1.783	0.030	0.013	0.933	0.0762	57.84
	7.17	21.80	28000	1.28	13.5	28.3	0.045	0.424	3.732	0.028	0.012	1.351	0.0703	73.84
	8.8	22.48	30400	1.32	14.1	28.4	0.053	0.613	2.714	0.058	0.012	1.447	0.0675	61.95
	8.31	24.58	38100	1.45	14.6	26.4	0.048	0.680	3.139	0.093	0.008	2.702	0.0164	48.66
	10.9	20.27	22300	1.23	11.3	22.4	0.040	0.798	2.102	0.066	0.014	1.224	0.0796	57.51
	10.21	18.74	17900	1.07	10.5	22.1	0.043	0.317	3.750	0.016	0.013	0.908	0.0770	81.17
	12.31	14.58	9710	0.84	7.7	11.8	0.155	0.210	3.723	0.008	0.014	0.543	0.1028	86.90
	2009.1.24	14.18	9490	0.83	7.8	10.6	0.052	0.161	4.639	0.005	0.014	0.521	0.1095	89.70
	3.6	17.49	17400	1.05	10.4	13.7	0.052	0.205	5.527	0.025	0.014	0.785	0.0943	86.56
	3.31	16.03	13100	0.91	9.3	15.7	0.052	0.264	3.135	0.013	0.014	0.591	0.0878	82.37
	4.7	15.74	12200	0.88	9.0	16.6	0.049	0.292	2.648	0.012	0.014	0.557	0.0866	80.87
	4.17	17.20	17400	1.07	10.4	18.0	0.045	0.335	3.591	0.032	0.014	0.847	0.0851	78.79
	4.30	20.54	27100	1.24	13.6	19.5	0.027	0.645	2.216	0.072	0.013	1.066	0.0787	57.22
	5.27	20.70	27000	1.27	13.2	21.7	0.049	0.501	3.164	0.029	0.013	1.248	0.0750	65.06
	5.31	21.63	30400	1.33	14.1	21.5	0.044	0.482	3.534	0.070	0.013	1.311	0.0758	64.79
	7.1	21.78	27200	1.19	14.1	27.3	0.029	0.524	2.318	0.029	0.013	0.957	0.0722	66.65
	8.7	23.62	37300	1.45	14.4	27.1	0.035	0.305	7.045	0.042	0.013	1.643	0.0718	83.40
	9.8	22.19	29000	1.22	14.6	27.3	0.058	0.351	3.609	0.027	0.014	0.932	0.0736	80.37
	9.21	20.05	22400	1.10	12.7	25.7	0.047	0.500	2.139	0.027	0.015	0.737	0.0769	73.27
	9.28	19.34	20100	1.05	12.0	24.8	0.051	0.628	1.566	0.021	0.015	0.660	0.0793	66.17

续表

站点	测验时间	Z /m	Q /(m³/s)	U /(m/s)	h /m	T /℃	悬移质总量			悬移质中床沙质			d_c /mm	$P_冲$ /%
							S /(kg/m³)	ω_m /(cm/s)	$C=\frac{U^3}{gh\omega_m}$	S' /(kg/m³)	ω'_m /(cm/s)	$C'=\frac{U^3}{gh\omega'_m}$		
汉口	10.9	16.63	13700	0.91	9.6	23.0	0.063	0.316	2.526	0.016	0.016	0.515	0.0848	82.53
	10.31	15.75	12400	0.91	8.8	22.6	0.081	0.418	2.097	0.009	0.017	0.512	0.0937	81.76
	11.27	14.32	9440	0.81	7.9	15.0	0.124	0.226	3.037	0.007	0.015	0.460	0.0968	87.67
	12.4	14.31	10300	0.87	8.0	14.0	0.144	0.207	4.065	0.007	0.015	0.561	0.1010	88.42
	12.14	14.15	9810	0.85	7.8	14.0	0.164	0.207	3.888	0.008	0.015	0.537	0.1010	88.42
	12.23	14.46	10000	0.83	8.1	14.0	0.183	0.207	3.494	0.007	0.015	0.483	0.1010	88.42
	12.31	14.02	9450	0.84	7.6	14.0	0.196	0.207	3.816	0.006	0.015	0.527	0.1010	88.42
	2011.1.18	15.67	12500	0.88	9.2	9.6	0.073	0.390	1.943	0.033	0.008	0.937	0.0165	51.56
	2.1	15.88	14200	0.97	9.5	10.4	0.075	0.301	3.260	0.010	0.012	0.846	0.0670	80.12
	2.7	15.03	11600	0.86	8.8	10.7	0.077	0.255	2.901	0.006	0.013	0.578	0.0815	84.43
	3.15	14.87	11400	0.86	8.7	11.8	0.084	0.210	3.555	0.006	0.014	0.537	0.0936	91.05
	3.30	16.20	14100	0.92	9.8	12.6	0.089	0.641	1.263	0.025	0.015	0.547	0.0983	73.82
	4.13	15.66	13300	0.91	9.4	14.9	0.094	0.551	1.480	0.018	0.014	0.578	0.0868	76.22
	4.29	15.34	12400	0.88	9.2	19.0	0.102	0.322	2.356	0.007	0.013	0.583	0.0780	85.09
	6.10	18.36	20000	1.08	11.7	24.0	0.088	0.792	1.386	0.047	0.013	0.857	0.0729	65.70
	6.13	19.62	23700	1.16	12.8	24.2	0.083	0.520	2.390	0.045	0.012	1.062	0.0681	73.95
	7.13	22.10	31000	1.31	14.6	27.0	0.052	0.784	2.005	0.027	0.013	1.248	0.0629	71.15
	8.26	20.17	23700	1.16	12.7	26.2	0.050	0.731	1.718	0.036	0.013	0.974	0.0649	69.99
	9.13	16.99	15800	1.03	9.8	25.8	0.044	0.454	2.501	0.029	0.014	0.805	0.0777	78.33
	9.16	17.46	18100	1.11	10.3	27.2	0.042	0.337	4.009	0.055	0.012	1.135	0.0704	83.48
	9.20	19.03	24100	1.30	11.7	23.6	0.036	0.669	2.863	0.172	0.009	2.056	0.0649	66.83
	9.30	19.84	24000	1.25	12.0	24.2	0.047	0.847	1.959	0.067	0.009	1.918	0.0610	60.05
	10.27	16.49	15000	1.05	9.2	19.4	0.050	0.845	1.523	0.045	0.010	1.274	0.0705	57.89
	12.12	15.15	12500	1.03	8.0	13.0	0.052	0.458	3.034	0.045	0.009	1.575	0.0682	70.31
	2012.3.8	17.07	16200	1.12	9.2	7.8	0.216	0.402	3.854	0.039	0.020	0.760	0.1416	85.08
	4.18	17.83	19100	1.17	10.3	15.8	0.221	0.731	2.163	0.082	0.024	0.656	0.1435	72.46
	5.2	19.32	21100	1.17	11.3	19.2	0.213	0.694	2.081	0.058	0.009	1.602	0.0638	64.55
	5.11	20.96	26100	1.25	12.9	20.4	0.203	0.891	1.730	0.082	0.009	1.675	0.0622	49.08
	6.1	23.50	37100	1.47	14.2	22.4	0.185	0.799	2.851	0.050	0.008	2.834	0.0361	51.45
	6.15	24.06	39900	1.54	14.5	24.3	0.178	0.657	3.915	0.048	0.010	2.686	0.0661	63.02
	9.21	22.32	30900	1.38	13.8	25.2	0.149	0.931	2.080	0.070	0.015	1.300	0.0773	59.75
	11.15	18.05	17900	1.06	10.7	17.6	0.149	0.356	3.190	0.023	0.014	0.805	0.0827	83.99
	12.13	15.65	11900	0.89	8.8	13.2	0.164	0.581	1.412	0.017	0.012	0.684	0.0804	77.17

续表

站点	测验时间	Z /m	Q /(m³/s)	U /(m/s)	h /m	T /℃	悬移质总量 S /(kg/m³)	悬移质总量 ω_m /(cm/s)	悬移质总量 $C=\frac{U^3}{gh\omega_m}$	悬移质中床沙质 S′ /(kg/m³)	悬移质中床沙质 ω'_m /(cm/s)	悬移质中床沙质 $C'=\frac{U^3}{gh\omega'_m}$	d_c /mm	$P_{冲}$ /%
汉口	12.24	15.42	11700	0.89	8.7	13.2	0.172	0.581	1.425	0.019	0.012	0.684	0.0804	77.17
	2014.2.7	13.51	9050	0.83	7.5	7.3	0.055	0.263	2.970	0.005	0.012	0.640	0.0868	84.94
	2.17	13.97	9890	0.85	8.0	6.2	0.051	0.222	3.535	0.005	0.013	0.624	0.1003	87.00
	5.13	20.29	25700	1.21	13.2	20.2	0.048	0.479	2.850	0.034	0.011	1.288	0.0662	74.48
	6.16	21.50	28500	1.22	14.5	24.6	0.041	0.575	2.215	0.028	0.011	1.158	0.0400	65.75
	8.27	23.37	37000	1.44	14.5	26.8	0.027	0.999	2.099	0.045	0.013	1.651	0.0713	60.95
	12.25	14.80	11100	0.86	8.6	14.2	0.034	0.831	0.907	0.019	0.010	0.739	0.0722	71.03
	2015.2.11	14.04	10200	0.85	8.1	10.7	0.061	0.414	1.880	0.008	0.014	0.576	0.0948	85.29
	3.2	16.06	13900	0.94	9.8	10.8	0.059	0.409	2.114	0.015	0.013	0.675	0.0865	81.34
	4.5	17.93	18400	1.02	11.5	15.2	0.055	0.223	4.235	0.015	0.011	0.850	0.0646	88.25
	4.12	19.72	22100	1.07	12.9	14.5	0.059	0.336	2.882	0.032	0.011	0.873	0.0693	81.65
	5.18	20.82	26500	1.20	13.7	22.0	0.063	0.780	1.654	0.034	0.011	1.228	0.0662	64.35
	6.4	22.04	28500	1.19	14.8	23.1	0.063	0.379	3.075	0.020	0.011	1.088	0.0558	78.20
	8.7	20.30	22000	1.09	12.6	29.6	0.059	0.801	1.312	0.025	0.015	0.705	0.0764	68.01
	9.7	20.42	24800	1.19	13.0	28.0	0.057	0.934	1.414	0.041	0.015	0.881	0.0773	61.54
	9.14	20.98	27300	1.26	13.5	26.0	0.056	0.777	1.948	0.024	0.015	1.022	0.0763	65.03
	10.9	19.90	23200	1.13	12.9	23.0	0.055	0.631	1.811	0.023	0.015	0.756	0.0812	70.66
	10.28	16.90	15000	0.96	10.2	22.2	0.054	0.305	2.898	0.006	0.014	0.636	0.0783	88.60
	11.18	19.42	22500	1.14	12.4	17.4	0.053	0.226	5.402	0.033	0.014	0.853	0.0827	88.97
	11.19	19.64	22900	1.13	12.6	17.2	0.053	0.215	5.415	0.030	0.014	0.814	0.0829	89.32
	12.3	17.64	15900	0.91	11.2	14.6	0.042	0.146	4.721	0.008	0.012	0.569	0.0791	91.39
	12.28	16.76	14700	0.91	10.6	12.2	0.034	0.151	4.807	0.011	0.012	0.625	0.0715	89.94
	2016.1.19	16.60	15100	0.94	10.5	11.6	0.085	0.025	32.175	0.002	0.012	0.665	0.0874	98.20
	2.16	15.39	12300	0.85	9.6	10.2	0.087	0.042	15.357	0.002	0.012	0.567	0.0874	95.42
	3.25	18.12	20700	1.11	11.9	13.6	0.077	0.263	4.468	0.021	0.011	1.120	0.0714	81.50
	4.11	19.80	24200	1.14	13.3	15.6	0.078	0.324	3.502	0.031	0.009	1.259	0.0623	79.05
	5.12	23.42	34200	1.25	15.5	20.1	0.095	0.320	4.015	0.035	0.007	1.721	0.0265	67.59
	5.23	23.48	34900	1.27	15.5	20.3	0.099	0.476	2.833	0.034	0.008	1.665	0.0387	64.70
	7.8	28.26	57800	1.60	18.0	26.6	0.040	0.760	3.049	0.075	0.008	2.980	0.0215	52.23
	9.23	16.60	14500	0.91	10.5	26.2	0.044	0.117	6.292	0.003	0.019	0.387	0.1058	94.97
	10.8	16.18	13600	0.91	9.9	24.3	0.045	0.161	4.810	0.004	0.017	0.463	0.0949	94.16
	10.13	15.74	12800	0.90	9.5	22.5	0.046	0.104	7.503	0.003	0.016	0.500	0.0923	95.56
	11.14	18.09	19400	1.07	11.8	18.6	0.048	0.406	2.616	0.022	0.016	0.673	0.0963	79.83

续表

站点	测验时间	Z /m	Q /(m³/s)	U /(m/s)	h /m	T /℃	悬移质总量			悬移质中床沙质			d_c /mm	$P_{冲}$ /%
							S /(kg/m³)	ω_m /(cm/s)	$C=\frac{U^3}{gh\omega_m}$	S' /(kg/m³)	ω'_m /(cm/s)	$C'=\frac{U^3}{gh\omega'_m}$		
汉口	12.12	15.11	11800	0.86	9.2	15.3	0.050	0.173	4.062	0.004	0.014	0.522	0.0914	91.54
	12.22	14.54	10800	0.84	8.7	15.3	0.049	0.174	4.021	0.005	0.014	0.517	0.0914	91.54
	2017.1.26	15.49	12700	0.88	9.7	10.7	0.073	0.177	4.045	0.003	0.014	0.508	0.0994	90.54
	3.15	16.33	15600	0.98	10.5	13.0	0.073	0.170	5.379	0.011	0.014	0.672	0.0854	89.15
	3.24	19.16	23100	1.14	12.8	12.2	0.076	0.276	4.272	0.033	0.012	1.026	0.0693	80.29
	4.18	19.95	22700	1.05	13.5	17.2	0.076	0.327	2.675	0.013	0.013	0.662	0.0746	78.41
	4.27	19.18	21200	1.04	12.8	17.9	0.072	0.425	2.106	0.011	0.014	0.635	0.0806	76.21
	5.8	19.38	22200	1.07	13.0	19.6	0.069	0.665	1.445	0.021	0.014	0.701	0.0713	64.62
	9.25	22.41	25300	1.16	13.6	25.2	0.035	0.720	1.626	0.032	0.013	0.921	0.0669	65.86
	11.15	17.40	16400	0.94	11.2	17.2	0.038	0.418	1.809	0.014	0.014	0.548	0.0806	77.49
	12.28	13.82	9810	0.82	8.2	15.0	0.042	0.034	20.377	0.001	0.013	0.544	0.0798	98.59